塔里木超深油气井
钻工具管理与使用指南

主　　编：王春生
副 主 编：冯少波　卢　强

石油工业出版社

内 容 提 要

本书依据石油勘探开发用钻工具制造、检测分级及修理等相关标准，从钻工具基础知识、塔里木油田常用钻工具、超深井钻柱受力分析、典型钻工具失效分析等方面展开，结合塔里木油田 30 多年来钻工具管理与使用经验，详细总结分析了深地塔科 1 井钻工具安全保障措施，明确了特深层钻工具源头质量管控、使用过程安全管控、现场探伤检测等具体要求。

本书可供钻工具制造商、服务商及现场管理与使用等相关专业人员参考。

图书在版编目（CIP）数据

塔里木超深油气井钻工具管理与使用指南 / 王春生主编 . -- 北京：石油工业出版社，2025.2. -- ISBN 978-7-5183-7238-6

Ⅰ . TE92-62

中国国家版本馆 CIP 数据核字第 2025G9A682 号

出版发行：石油工业出版社

（北京安定门外安华里 2 区 1 号　100011）

网　　址：www.petropub.com

编辑部：（010）64523760

图书营销中心：（010）64523633

经　　销：全国新华书店

印　　刷：北京中石油彩色印刷有限责任公司

2025 年 2 月第 1 版　2025 年 2 月第 1 次印刷

787×1092 毫米　开本：1/16　印张：19.75

字数：530 千字

定价：150.00 元

（如出现印装质量问题，我社图书营销中心负责调换）

版权所有，翻印必究

《塔里木超深油气井钻工具管理与使用指南》
编委会

主　　编：王春生
副 主 编：冯少波　卢　强
委　　员：（按姓氏笔画排序）

申　彪　　卢俊安　　刘双伟　　何思龙　　李　宁
张　志　　迟　军　　明传中　　段永贤　　梁红军
董　仁

编写组

成　　员：陈家磊　龚建文　汤平汉　狄勤丰　张　豪
曲　豪　鲁　慧　高　淼　庞晓勇　陈志涛
武新国　谢居良　李吉荣　葛保胜　段振江
陈江林　宋海涛　邓　强　包盼虎　史永哲
阳君奇　吕晓刚　刘金龙　丁　峰　鲍秀猛
冯伟雄　刘学青　邹　博　王孝亮　胡芳婷
李泽木

塔里木盆地位于新疆维吾尔自治区天山以南、欧亚大陆中部，东西长约1400km，南北最宽520km，总面积$56×10^4km^2$，油气资源丰富，是中国最具勘探潜力的盆地。其工程技术面临的最大难题就是超深、超高温、高含硫化氢，同时山前构造存在高陡、巨厚砾石层和膏盐层及强研磨性地层等，给钻工具带来一系列问题，主要表现在超深井钻进时管柱承受高的拉应力，砾石层钻进时近钻头钻工具需承受较高的振动载荷（不小于50g，g为重力加速度）等，入井钻工具需要具有较高的抗拉、抗扭、抗振动和耐腐蚀等性能。如在超深井钻井过程中，钻具抗拉强度不足，抗拉余量小，应对事故复杂能力弱，安全余量低。定向井、大位移井及水平井钻井中，特别是采用"上大下小"复合钻具时，底部小直径钻具强度不足往往成为失效的关键；砾石层钻进时严重蹩跳易造成钻具和随钻工具早期失效。

塔里木油田钻工具技术人员通过探索、总结，以及与国内院校、科研院所及钻工具生产厂联合研究等形式不断提升钻工具性能，研发新产品、根据油田钻井工况不断补充完善钻工具订货技术条件，钻工具失效得到有效控制，钻具失效由每万米进尺0.57起降到0.08起。

本书在总结塔里木油田30多年钻工具管理与使用经验基础上成稿，主要供钻工具管理人员、检修人员及钻井工程相关技术人员使用和参考，全书分为六章。内容涵盖塔里木油田方钻杆、钻杆、加重钻杆、钻铤等常用钻具和震击器、减振器、螺杆等钻井工具的规格尺寸、技术参数、典型案例，以及塔里木油田钻工具订货、检验、检测、修理、使用等关键环节管理要求，还收集整理了钻工具金属材料及热处理、钻柱组合、失效分析与预防等基础知识。其中第一章介绍了塔里木油田30多年来钻工具管理、使用与发展历程；第二章介绍了钻具选材、钻具螺纹、管体，以及钻具无损检测与修理等方面基础知识和塔里木油田钻具方面的技术创新；第三章介绍了塔里木油田在用的钻具规格、技术参数、性能、分级检测规范和管理与使用要求等；第四章介绍了钻井提速工具、扩眼器、减振器、随钻震击器、取心工具和卡瓦的技术参数、性能、检测规范和管理与使用要求等；第五章介绍了底部钻具组合（BHA）设计、塔标系列井身结构各开钻具组合及作业参数推荐和钻柱的井下工作状态分析等；第六章介绍了失效分析方法、石油钻工具主要失效因素、断口分析与失效图例/案例等。

本书由中国石油塔里木油田公司应急中心（应急管理部）组织编写，中国石油塔里木油田公司油气工艺研究院、塔里木油田工程技术部、渤海能克钻杆股份有限公司、山西风雷钻具有限公司、上海海隆股份有限公司等单位提供了支持。

本书编写过程中力求做到结合实际，突出重点，适用于塔里木盆地超深层钻工具管理与使用，其他区域超深层钻工具管理与使用也可借鉴。由于编者水平有限，可能存在不足之处，敬请广大读者批评指正。

目录 CONTENTS

第一章　概述 ··· 1
　　第一节　塔里木油田工程地质概况及钻工具面临的挑战 ·························· 1
　　第二节　钻具使用与管理发展历程 ··· 2
　　第三节　工具发展历程 ·· 4

第二章　钻具基础知识 ·· 5
　　第一节　钢铁 ·· 5
　　第二节　钻具螺纹 ··· 10
　　第三节　常用计算 ··· 21
　　第四节　新钻具质量控制 ··· 29
　　第五节　钻具无损检测 ·· 31
　　第六节　螺纹修理 ··· 44

第三章　塔里木常用钻具 ·· 56
　　第一节　钻杆 ·· 56
　　第二节　方钻杆 ··· 73
　　第三节　加重钻杆 ··· 78
　　第四节　钻铤 ·· 85
　　第五节　钻具稳定器 ·· 96
　　第六节　钻柱转换接头 ·· 103
　　第七节　塔里木特色钻具 ··· 108

第四章　塔里木常用钻井工具 ·· 137
　　第一节　钻井提速工具 ·· 137
　　第二节　扩眼器 ··· 172
　　第三节　减振器 ··· 178
　　第四节　随钻震击器 ··· 187
　　第五节　取心工具 ··· 202
　　第六节　卡瓦 ·· 210

第五章　超深井钻柱井下工作状态及受力分析 235
　第一节　底部钻具组合（BHA）设计 235
　第二节　塔标系列井身结构各开钻具组合及作业参数推荐 239
　第三节　钻柱的井下工作状态分析 249

第六章　塔里木典型钻工具失效分析与预防 287
　第一节　失效分析概述 287
　第二节　石油钻具主要失效因素及失效预防 290
　第三节　断口分析与失效图例 302

参考文献 308

第一章 概　　述

塔里木石油大会战以来，塔里木油田钻井工程技术的发展先后经历了中深层、深层和超深层三大阶段。1989—2000 年为中深层钻井阶段，井深 3000~5000m；2001—2008 年为深层钻井阶段，井深 5000~6000m；2008 年以来为超深层钻井阶段，井深 6000~9000m，平均井深超过 7000m，深地塔科 1 井完井井深超 10000m。

塔里木盆地由于地质条件的不确定性，往往导致钻井工作极为困难，具体表现在：地层压力、岩性、层位、深度变化是造成山前构造钻井钻工具事故、复杂情况频繁发生的主要原因；适应和应对地质变化引发事故、复杂情况的套管层次、钻井技术手段、钻工具性能不足是山前钻井的第一大难题；山前地区钻井周期长，钻工具磨损严重；地层倾角大，控制井斜和提高钻井速度的矛盾突出；复合盐层蠕变速率高，缩径严重；盐溶后充填在盐岩、膏岩中的碎屑、砂泥岩薄夹层失去支撑引起井壁坍塌；地层的复杂多变严重影响了入井钻柱工况，部分符合 API 标准的钻杆性能已不能满足钻井需求，需要从钻工具源头开展工作，改进钻工具结构或提升性能，以满足不断提高的钻工具服役工况需求，同时对钻工具的管理提出了更高要求。

塔克拉玛干特殊超深超高压超巨厚砾石层、巨厚盐膏层的世界级难题，给塔里木油田钻工具带来巨大的困难。通过 30 多年的持续攻关，形成了国内领先的塔标钻杆，推广应用了先进的钻井工具，促进了国产钻工具质量的发展与提升。

第一节　塔里木油田工程地质概况及钻工具面临的挑战

塔里木盆地地处新疆维吾尔自治区，面积 $56×10^4 km^2$，是我国陆上最大的含油气盆地，也是世界上唯一以深层、超深层资源勘探开发为主体的大型盆地。塔里木盆地介于天山、昆仑山、阿尔金山三大山系之间，盆地中心是世界上第二大流动沙漠——塔克拉玛干沙漠。塔里木盆地是一个大型叠合复合盆地，盆地周缘山前地带为前陆区，盆地中心为台盆区，目前勘探开发活动主要集中在库车山前和台盆区。

一、库车山前

库车山前位于塔里木盆地北缘天山南麓，已发现气藏群埋深主体在 5500~8500m 之间，受构造应力作用局部裂缝发育，受强烈的挤压推覆，盐下目的层被挤压破碎，构造异常复杂；白垩系目的层天然气充注程度极高，但其成藏机理、油气分布与富集规律也十分复杂。

库车山前地下发育巨厚砾石层、巨厚盐膏层和复杂构造，油气藏存在"两低三超"现象："低孔隙、低渗透"和"超深、超高温、超高压"，钻完井工程难度"全球少有、国内独有"。砾石层主要分布在克拉苏构造带。在已钻井中发现博孜区块砾石厚超 5900m，砾石含量高、砾径大、钻井难度大、周期长；砾石层非均质性强，钻进过程中钻具振动剧烈；上部砾石层成岩性差，钻进过程中涡动和跳钻严重，存在横向振动等；未成岩、准成岩砾石层振动严重，易发生井漏、遇阻、蹩跳钻、卡钻；成岩段压实程度变高，难钻，易发生遇阻、卡钻、蹩跳钻。在砾石层钻进时，钻工具面临振动失效风险，主要表现在下部钻具螺纹早期疲劳失效、入井工具早期失效等。

二、台盆区

台盆区超深油气田位于盆地中北部沙漠腹地，主体埋深达 6000~10000m。台盆区超深油气藏具有地层时代老、埋深大、储集空间复杂、控油因素特殊等特点。

台盆区地表为号称"死亡之海"的塔克拉玛干沙漠，地下则面临碳酸盐岩强非均质性缝洞型储层。深层受巨厚火成岩、膏岩盐等多套特殊岩性的屏蔽，目的层缝洞体地震清晰成像困难且空间不归位；受复杂地质条件影响，常规井身结构不能满足塔里木勘探开发要求。为此，塔里木油田先后开发了塔标Ⅰ、塔标Ⅱ、塔标Ⅲ系列井身结构。塔标Ⅰ主要用于中深层、深层钻完井作业，塔标Ⅱ主要用于库车山前深层、超深层复杂区域钻完井作业，塔标Ⅲ主要用于台盆区深层、超深层钻完井作业，简化版塔标Ⅱ主要用于台盆区 8000m 以上超深层复杂区域钻完井作业。

要在 8000m 深的地下用分米级大小的钻头去钻探有效缝洞体储层，相当于隔着一座地下珠穆朗玛峰"定向打靶"，加上碳酸盐岩缝洞油气层易喷易漏又高含硫，超长钻柱面临上部钻具存在超高拉应力、下部小尺寸钻具抗扭强度不足，以及高应力状况下的氢脆断裂的安全风险。

针对塔里木盆地深井、超深井及高压高含硫化氢井钻井对钻工具使用特殊要求，塔里木油田从钻工具管理、使用及技术创新等方面不断探索和完善，形成了具有塔里木特色的钻工具管理与使用模式。

第二节　钻具使用与管理发展历程

一、管理模式变化

1986 年，南疆石油勘探公司根据石油工业部的要求，实行甲乙方管理体制，钻探工作面向全国招标选用施工队伍。新疆油田、中原油田、四川油田的钻探队伍通过招投标方式，进入塔里木盆地承担钻探施工任务，钻机及钻工具由钻探队伍自带并管理，钻具技术状况参差不齐。1988 年，轮南 1 井、轮南 2 井取得重大突破。1989 年 4 月，塔里木石油勘探开发指挥部（简称"塔指"）成立，塔指租赁中心负责钻井工具采购、维修、送井等后勤支持工作，负责油田 46 台（1992 年）6000~7000m 电驱动钻机和部分深井机械钻机的钻工具保障工作；1989—2013 年，钻具由塔里木油田公司统一提供，这期间制定并发布了一系列适应塔里木工程需求的钻具标准和规范；2013—2019 年总体以油田统一提供为主、部分勘探公司自带钻具为辅的保障模式；2019 年以来，逐步形成以西部钻探总体保障、个别勘探公司自带为辅的保障格局。

1996 年之前，塔里木油田钻具采用成套定队管理模式，不同状况的钻杆一起混合使用，管理比较粗放，钻具事故频发，钻具螺纹修复采用手磨刀具，螺纹质量难以保证也是导致钻具螺纹失效的主要原因。为降低钻具失效，从1996年开始，钻具采用分级管理模式，推广数字扣和LET扣技术修复钻具螺纹，钻具失效得到有效控制。

二、钻具国产化进程

1997年，国产18°斜坡钻杆在塔里木油田开始试用；1998年，国产斜坡钻杆全面推广使用并逐步替代进口直角钻杆。1999年，开始使用内涂层钻杆，内涂层大大增强了钻杆的抗腐蚀性能，有效延长了钻杆的使用寿命。2005年之前，塔里木油田使用的加重钻杆和方钻杆主要为法国SMF公司生产的产品，钻铤主要为日本大同和法国SMF公司生产的产品。2005年后，加重钻杆、方钻杆和钻铤逐步实现了国产化替代。2000年以来，随着塔里木加快勘探开发，PDC钻头得到推广应用，低钻压、高转速的钻井提速措施给钻具安全带来较大挑战，常规API 5in钻杆年度管体刺穿失效快速上升，塔里木油田在立项开展钻杆防刺漏失效科研项目的基础上，于2004年立项开展塔标钻杆的研究与开发。该项目联合石油院校、科研院所和国内钻杆生产厂家共同研究攻关，成功研发出具有多项自主知识产权的5in塔标钻杆等系列适合塔里木油田超深井钻井的塔标钻具，推动了钻具国产化进程和质量提升进程。

1. 耐磨带技术

山前井钻进中，钻井周期长，钻具接头和套管的磨损都较大，造成套管强度降低甚至磨穿和钻杆提前降级或报废。英科1井历时716天完成6406m钻井进尺，$9\frac{5}{8}$in套管严重磨损，604.1~690.61m处$9\frac{5}{8}$in套管破裂，381根全新5in钻杆降级报废，其中磨损最严重的钻杆接头壁厚由新钻杆的17mm磨薄至6mm。以往碳化钨耐磨带材料只对钻杆接头起保护作用，但将加剧套管磨损。为解决套管和钻杆的磨损问题，塔里木油田从2001年开始推广使用新型钻杆防磨技术。新型耐磨带由单纯保护钻具发展到既保护钻具又能减轻套管磨损，达到对套管和钻杆接头的双重保护，西安管材研究所试验结果表明：敷焊新型耐磨带的钻杆接头对套管磨损程度比普通的钻杆接头要降低50%左右。敷焊新型耐磨带后，山前井钻杆磨损寿命提高2倍，台盆区钻杆磨损寿命延长7倍。

2. 特殊钻具

2005年，塔里木油田联合国内石油院校和制造厂家，研制出具有塔里木油田自主知识产权的塔标钻杆。相继在台盆区和山前5口井进行工业性试用，同比分析，3000m井深时5in塔标钻杆相对于同规格API钻杆排量提高27.5%；5000m井深时，排量提高30%；接头耐磨性能提高18%。累计进尺2.4×10^4m，未发生钻杆刺漏、断裂等失效情况。塔标钻杆的研发成功，有力推动了钻杆国产化和质量提升进程。

2007年，为应对超深复杂井小井眼钻井过程中小尺寸钻铤频繁发生螺纹断裂、胀扣脱扣落井难题，在借鉴双台肩螺纹钻杆抗扭强度提升经验基础上，研发了$4\frac{3}{4}$in、$3\frac{1}{2}$in等系列双台肩钻铤螺纹，首次在国内小尺寸钻铤上应用双台肩技术。对比常规螺纹，双台肩螺纹抗扭强度提高40%，螺纹疲劳寿命有效延长，推动油田钻具失效率下降约60%，提高了超深井钻井及应对复杂事故的能力。

2010年，随着油田勘探开发向8000m以上超深层进军，S135钢级钻杆已很难满足油田钻完井作业需求，油田引进$5\frac{7}{8}$in V150钢级钻杆并逐步替代常规$5\frac{1}{2}$in S135钢级钻杆。

2016年，联合院校和生产厂家研制生产 5½in UH165 钢级钻杆并在库车山前井试验获得成功，该钻杆与同规格 S135 钢级钻杆相比，管体抗拉强度和抗扭强度均提高 20% 以上，在钻杆高强度与高韧性匹配的关键制造技术上取得突破，为塔里木油田 9000m 以上特深井钻探做好技术储备。2024 年，为满足万米科探井深地塔科 1 井超深、超重尾管送入作业需求，联合研制抗拉强度近 1000t 6⅝in V150 钢级送入钻杆，确保深地塔科 1 井中完作业顺利实施。

3. 钻具信息系统

2002 年，塔里木油田钻具管理部门自主开发了钻具单根检测数据库，每次回收检测的技术信息都录入单根管理数据库便于备查。2003 年，自主开发钻具管理信息系统，建立钻具历史使用记录和相应技术参数数据库，将每一根钻具从入井信息、服役情况、分级检测情况和螺纹修复等信息录入系统，基本建立起钻具单根全生命周期管理雏形。2019 年，为适应市场化条件下钻具管理，升级开发覆盖钻具订货、入库验收、现场使用、回收检测、螺纹修理等钻具全生命周期管理信息系统，具备现场探伤、中途更换等自动预警功能。

第三节 工具发展历程

一、常规工具

塔里木油田自 1989 年成立开始就引进和使用当时较为先进的钻井工具、打捞工具及取心工具，如随钻震击器、减振器等。1996 年 5in×18°-350t 斜坡吊卡首次在塔里木油田引进使用；2009 年油田首次引进 750t 套管吊卡；为预防单吊环事故，减轻起下钻劳动强度，实现一吊一卡起下钻作业，2010 年油田引进使用 500t 气动卡瓦。这期间，为提高井下复杂应对能力，油田引进镁粉切割工具、高效磨鞋、打捞震击器等管柱类打捞工具。

二、提速工具

2004 年，塔里木油田在国内率先引进斯伦贝谢公司的 Power-V 系统、贝克休斯公司的 VTK 系统、德国智能钻井公司的 ZBE 系统，针对试验中出现的问题，油田联合垂直钻井服务商、钻头厂家及科研院所等单位开展技术攻关，在高陡构造地层钻进中，有效地解决了防斜和加大钻压之间的矛盾，可以大幅度提高钻井速度。2008 年以后，在规模推广国外垂直钻井系统的同时，国内自主研发的垂直钻井系统也逐步走向成熟，主要有渤海钻探研发的 BH-VDT 垂直钻井系统，西部钻探研发的 AVDS 垂直钻井系统。同时，为提高钻井效益，在成功实验基础上，全面推广应用 PDC 加螺杆复合钻进、预弯钻具组合等钻井技术。

第二章　钻具基础知识

钻具是方钻杆、钻杆、加重钻杆、钻铤、钻具稳定器、转换接头等几种入井管柱的总称。在钻井过程中，将方钻杆、钻杆、加重钻杆、钻铤、钻具稳定器、钻具转换接头等通过螺纹连接起来所组成的入井管串称为钻柱。钻柱的主要作用：把地面动力传递给钻头并施加钻压，使钻头破碎岩石、加深井眼并起下钻头；提供从地面到钻头的钻井液通道，输送钻井液，将井底的岩屑携带返出地面；使用井下动力钻具钻井时，为井下动力钻具输送液体能量；固井时进行挤水泥作业，尾管固井作业时，送入尾管并为固井水泥浆提供通道；进行取心及处理井下事故与复杂情况，打捞落物；了解与观察钻头工作情况、井眼状况及地层情况等；对地层流体及压力状况进行测试与评价。钻柱的具体组成部分随不同的目的和要求而不同，主要分为钻杆段和下部钻具组合两大部分。

为保障钻井过程中井下钻具安全，需要从钻具材料、热处理、钻具连接螺纹、钻具结构等方面进行优化和组合，提升钻具的性能以满足不断加深的井深和钻井参数的强化需求。本章从钻具材料和钻具螺纹选用、钻具机械性能优化、质量控制、钻具无损检测及钻具检维修等方面进行总结介绍，也对塔里木油田在深井超深井钻具研究攻关及推广应用方面取得的成果进行了介绍。

第一节　钢铁

铁碳合金分为钢与铁两大类，钢含碳量为0.03%~2.00%，铁含碳量为2.00%~4.30%。不同的钻工具是用不同机械性能的合金钢制造而成，基础材料为碳素钢。碳素钢是钢中除铁、碳外，还含有少量锰、硅、硫、磷等元素的铁碳合金。合金钢是在碳素钢中加入一些合金元素而炼成的钢，如铬钢、锰钢、铬锰钢、铬镍钢等用以改善钢的性能，按其合金元素的总含量，可分为低合金钢、中合金钢和高合金钢。钻工具用钢一般为低合金钢。

一、钢的分类

1. 碳素钢

碳素钢是指钢中除铁、碳外，还含有少量锰、硅、硫、磷等元素的铁碳合金，随含碳量升高，碳钢的硬度增加、韧性下降。常见碳素钢：A3低碳钢、45号中碳钢、T7高碳钢。按其含碳量（W_c）的不同，可分为：低碳钢——$W_c \leqslant 0.25\%$，中碳钢——$0.25\% < W_c < 0.60\%$，高碳钢——$W_c \geqslant 0.60\%$。

2. 合金钢

为了改善钢的性能，在碳素钢中加入一些合金元素而炼成的钢，如铬钢、锰钢、铬锰钢、铬镍钢等。按其合金元素的总含量，可分为：低合金钢——合金元素的总含量不大于

5%，中合金钢——合金元素的总含量为5%~10%，高合金钢——合金元素的总含量不小于10%。

二、化学成分对钢铁性能的影响

钢铁中不同元素的加入会影响合金钢的机械性能。有的元素的加入会改善钢铁的机械性能，有的元素的存在会降低钢铁的机械性能。

（1）碳（C）：碳含量提高，钢中的珠光体随之增多，硬度相应提高，而塑性和韧性则相应降低，可焊性降低，淬透性提高。碳是决定钢材性能的最重要元素，钢中含碳量增加，屈服点和抗拉强度升高，但是塑性和冲击韧性会降低，而且当碳量超过0.23%时，钢的焊接性能也会变差，因此用于焊接的低合金结构钢，含碳量一般不能超过0.20%。含碳量高还会降低钢的耐大气腐蚀能力，例如，在露天料场的高碳钢就特别容易锈蚀。此外，碳能增加钢的冷脆性和时效敏感性，在实际生产中含碳量对于钢材的性能有着极大的影响。

（2）硅（Si）：当含量较低（小于1%）时，可提高钢的强度，对塑性和韧性影响不明显。硅是钢材中的主加合金元素。在炼钢过程中加硅是作为还原剂和脱氧剂，所以一般镇静钢含有0.15%~0.30%的硅。如果钢中含硅量超过0.50%，硅就算合金元素。硅能显著提高钢的弹性极限、屈服点和抗拉强度，故广泛用于制作弹簧钢。在调质结构钢中加入1.0%~1.2%的硅，强度可提高15%~20%。

（3）锰（Mn）：锰能消减硫和氧所引起的热脆性，使钢材的热加工性质改善。锰可提高钢强度和淬透性，是低合金结构钢的主加合金元素，含量一般在1%~2%内。在炼钢过程中，锰是良好的脱氧剂和脱硫剂，一般钢中含锰0.30%~1.00%。在碳素钢中加入0.70%以上时就算"锰钢"，较一般锰量的钢不但有足够的韧性，且有较高的强度和硬度，提高钢的淬性，改善钢的热加工性能，如16Mn钢比A3钢屈服点高40%。另外，随着含锰量的增高，会减弱钢的抗腐蚀能力，降低焊接性能。

（4）镍元素（Ni）：镍能提高钢的强度，又保持良好的塑性和韧性。镍对酸碱有较高的耐腐蚀能力，在高温下有防锈和耐热能力，是很多不锈钢、耐热钢中的重要合金元素。

（5）钛元素（Ti）：钛是钢中强脱氧剂。它能使钢的内部组织致密，细化晶粒；降低时效敏感性和冷脆性；改善焊接性能。在Cr18Ni9奥氏体不锈钢中加入适当的钛，可避免晶间腐蚀。

（6）钼元素（Mo）：钼能使钢的晶粒细化，提高淬透性和热强性能，在高温时保持足够强度和抗蠕变能力（长期在高温下受到应力而发生变形，称蠕变）。结构钢中加入钼，能提高机械性能，另外，钼还可以抑制合金钢由于淬火而引起的脆性。在工具钢中，钼可提高红硬性（指材料在一定温度下保持一定时间后所能保持其硬度的能力）。

（7）铌元素（Nb）：能细化晶粒和降低钢的过热敏感性及回火脆性，提高强度，但塑性和韧性有所下降。在普通低合金钢中加铌，可提高抗大气腐蚀及高温下抗氢、氮、氨腐蚀能力。另外，在奥氏体不锈钢中加铌，可防止晶间腐蚀现象。

（8）钒元素（V）：钒是钢的优良脱氧剂。钢中加0.5%左右的钒可细化组织晶粒，提高强度和韧性。钒与碳形成的碳化物，在高温高压下可提高抗氢腐蚀能力。

（9）铬元素（Cr）：在结构钢和工具钢中，铬能显著提高强度、硬度和耐磨性，但同时降低塑性和韧性。铬又能提高钢的抗氧化性和耐腐蚀性，是不锈钢、耐热钢的重要合金元素。

（10）钨元素（W）：钨熔点高，密度大，是贵重合金元素。钨与碳形成碳化钨有很高的硬度和耐磨性。在工具钢中加钨，可显著提高红硬性和热强性，通常做切削工具钢（高速钢）及锻模具钢用。

（11）钴元素（Co）：多用于特殊钢和合金中，如热强钢和磁性材料，提高热强钢的抗氧化性能，以及增加磁性材料的磁饱和性能。

（12）锡（Sn）：锡影响钢的冲击功。锡含量越高，冲击功越低。

（13）氧（O）：氧是钢中的有害杂质，主要存在于非金属夹杂物内，降低钢的力学性能，特别是韧性，降低可焊性。

（14）氮（N）：氮主要嵌溶于铁素体中，也可呈化合物形式存在。氮使钢材的强度提高，塑性特别是韧性显著下降，增加时效敏感性。

（15）硫（S）：硫是危害性较大的元素。硫化物夹杂物存在于钢中，降低各种力学性能。硫化物所造成的低熔点使钢在焊接时易产生热裂纹，显著降低可焊性。硫亦有强烈的偏析作用，增加了危害性。在实际生产中都需要控制硫的含量，一般要求硫含量不超过0.05%，含量越低对钢材性能越有利。

（16）磷（P）：磷是碳钢中的有害杂质。可提高钢的强度，但塑性和韧性显著下降，特别是温度越低，对塑性和韧性的影响越大；增大钢的冷脆性，显著降低钢材的可焊性。实际生产中都需要控制磷的含量，一般要求磷含量不超过0.045%，含量越低对钢材性能越有利。

三、金属热处理

金属热处理是指材料在固态下，通过加热、保温和冷却的手段，以获得预期组织和性能的一种金属热加工工艺。金属热处理是机械制造中的重要工艺之一，与其他加工工艺相比，热处理一般不改变工件的形状和整体的化学成分，而是通过改变工件内部的显微组织，或改变工件表面的化学成分，赋予或改善工件的使用性能。钢铁是机械工业中应用最广的材料，钢铁显微组织复杂，可以通过热处理予以控制，钢铁的热处理是金属热处理的主要内容。整体热处理是对工件整体加热，然后以适当的速度冷却，以改变其整体力学性能的金属热处理工艺。钢铁整体热处理大致有退火、正火、淬火和回火四种基本工艺。钻工具使用的金属材料均需要经过适当的金属热处理工艺获得需要的机械性能。

1. 金属热处理过程

金属热处理工艺一般包括加热、保温、冷却三个过程，有时只有加热和冷却两个过程。这些过程互相衔接，不可间断。

（1）加热。加热温度是热处理工艺的重要工艺参数之一，选择和控制加热温度，是保证热处理质量的关键。加热温度随被处理的金属材料和热处理的目的不同而异，但一般都是加热到相变温度以上，以获得高温组织。

（2）保温。当金属工件表面达到要求的加热温度时，还须在此温度保持一定时间，使内外温度一致，使显微组织转变完全，这段时间称为保温时间。

（3）冷却。冷却速度是热处理工艺的重要工艺参数之一。冷却方法因工艺不同而不同，主要是控制冷却速度。一般退火的冷却速度最慢，正火的冷却速度较快，淬火的冷却速度更快。

2. 钢的热处理工艺

（1）正火。将钢材或钢件加热到临界点以上的适当温度保持一定时间后在空气中冷却，得到珠光体类组织的热处理工艺。

（2）退火。将钢件加热至临界点以上适当温度，在炉内保温缓慢冷却的工艺方法。

（3）淬火。将钢奥氏体化后以适当的冷却速度冷却，使工件在横截面内全部或一定的范围内发生马氏体等不稳定组织结构转变的热处理工艺。

（4）回火。将经过淬火的工件加热到临界点以下的适当温度保持一定时间，随后用符合要求的方法冷却，以获得所需要的组织和性能的热处理工艺。

（5）调质。淬火加高温回火相结合的热处理称为调质处理。调质处理后得到回火索氏体组织，它的机械性能均比相同硬度的正火索氏体组织更优。

四、机械性能

钻工具使用的金属材料经炼钢—锻造—调质热处理等工艺过程，最终达到强度、塑性、韧性、硬度等最佳匹配的状态，满足钻井工况使用。单独提高其中的一项性能，则其他性能相对就会降低，影响综合性能。钻工具的金属材料需要经过调质热处理才能达到最优机械性能。塑性指标较高的材料却不一定都有较高的冲击韧性，这是因为在静载荷下能够缓慢塑性变形的材料，在冲击载荷下不一定能够迅速发生塑性变形。

（1）强度。是指金属材料在外力作用下对抗变形或断裂的抗力。抗拉强度和屈服强度是评价材料强度性能的两个主要指标，抗拉强度指金属材料在静载荷（拉力）作用下对抗断裂的能力，屈服强度指金属材料在静载荷（拉力）作用下对抗变形的能力。材料强度指标可以通过拉伸试验测出，拉伸过程分为四个阶段：弹性阶段、屈服阶段、强化阶段和颈缩阶段。

（2）塑性。是指材料在载荷作用下断裂前发生不可逆永久变形的能力。评定材料塑性的指标通常为伸长率和断面收缩率。伸长率 δ，即试样在静载荷（拉力）作用拉断后的相对伸长量；断面收缩率 ψ，即试样拉断后，拉断处横截面积的相对缩小量，通常具有高收缩率的材料可承受较高的冲击吸收功。

（3）韧性。是指材料在外加冲击载荷作用下断裂时消耗能量大小的特征，即金属材料抵抗冲击负荷的能力。韧性常用冲击功 A_k 和冲击韧性值 α_k 表示。A_k 值或 α_k 值除反映材料在冲击载荷作用下对抗断裂的能力外，还对材料的一些缺陷很敏感，能灵敏地反映出材料品质、宏观缺陷和显微组织方面的微小变化。

（4）硬度。材料抵抗局部塑性变形或表面损伤的能力，是衡量材料软硬程度的一个性能指标。硬度与强度有一定关系，一般情况下，硬度较高的材料其强度也较高，耐磨性较好。可通过测试硬度来估算材料强度。最常用的是静负荷压入法硬度试验，即布氏硬度 HB。另外还有洛氏硬度 HR、维氏硬度 HV、里氏硬度 HL。

五、钻具用钢及其化学成分

制造方钻杆、加重钻杆、钻铤、钻柱稳定器及转换接头、震击器、减振器一般用

4145H 钢。API 标准中对钻具钢材的规定，机械性能是其主要指标，化学成分只是达到所规定机械性能的措施之一。4145H 钢为美标合金钢，是一种高强度合金钢，具有优异的机械性能和耐磨性能。4145H 钢来源广泛，热处理容易，综合机械性能中等，性价比较高，满足中等强度工况使用，通过添加贵重金属 Ni、Mo、V 等，精炼精扎、合适的热处理，实现高强度与高韧性的匹配。

性能要求较高的如钻杆的接头、转换接头、震击器、减振器使用 4137（37CrMnMo）、4330V（30CrNi2MoV）钢（4330V 材料总体性能提升约 30%）。X95/G105 钻杆管体一般使用材料牌号 26CrMo，S135 钻杆管体一般使用材料牌号 27CrMo44s/1，为中碳锰钢、中碳锰钒钢、中碳铬钼钢或中碳铬镍钼钢，都属于低合金钢。

塔里木油田在钻井过程中曾在多口井发生单井多根钻杆内螺纹接头纵向开裂失效，经失效分析，横向冲击功不足是造成内螺纹接头纵向开裂失效的主要原因，塔里木油田通过将钻杆内螺纹接头的低温横向冲击功由原来的不低于 54J 提高至不低于 80J，材料的韧性提高，钻工具抗疲劳能力提高，有效预防了接头内螺纹在使用中发生纵向开裂；钻杆硫含量不得大于 0.01%，磷含量不得大于 0.005%；钻铤、方钻杆和钻杆接头硫含量不得大于 0.015%，磷含量不得大于 0.020%。常用钻工具金属材料元素含量见表 2-1。

表 2-1 常用钻工具金属材料元素含量　　　　　单位：%

材料	主要元素质量百分含量								
	C	Si	Mn	P	S	Cr	Mo	Ni	V
4145H	0.42~0.48	0.15~0.35	0.90~1.10	≤0.025	≤0.015	0.90~1.20	0.25~0.35	—	—
4137	0.35~0.38	0.15~0.30	0.85~1.00	≤0.015	≤0.01	0.90~1.20	0.28~0.33	≤0.25	
4330V	0.30~0.33	0.15~0.35	0.75~1.00	≤0.020	≤0.01	0.75~1.00	0.40~0.50	1.65~2.00	0.05~0.10
24CrMo48V	0.23~0.25	0.21~0.28	0.49~0.54	≤0.010	≤0.005	0.98~1.04	—	0.42~0.43	
26CrMo4s/2	0.24~0.30	0.20~0.35	1.05~1.20	≤0.015	≤0.008	0.80~1.00	0.15~0.20	≤0.25	
26CrMo32	0.24~0.28	0.20~0.35	0.90~1.05	≤0.015	≤0.008	0.60~0.80	0.08~0.12	≤0.25	
27CrMo44s	0.27~0.28	0.22~0.27	0.86~0.87	≤0.010	≤0.005	0.93~0.96	—	0.04~0.05	
27CrMo44s/1	0.25~0.30	0.17~0.35	0.80~1.05	≤0.015	≤0.008	0.90~1.05	0.40~0.45	≤0.25	
28CrMo47	0.25~0.30	0.20~0.35	0.80~1.00	≤0.015	≤0.008	1.25~1.45	0.65~0.75	≤0.20	
28CrMo45VB	0.26~0.30	0.15~0.35	0.40~0.60	≤0.015	≤0.008	1.00~1.15	0.40~0.55	≤0.15	0.02~0.06
29CrMo44/1	0.25~0.31	0.17~0.35	0.80~1.05	≤0.015	≤0.008	0.90~1.05	0.40~0.45	≤0.25	
30CrMnMo	0.25~0.31	0.17~0.35	1.00~1.20	≤0.015	≤0.008	0.85~1.10	0.15~0.25	≤0.25	
40MrNiMo	0.37~0.44	0.17~0.37	0.50~0.80	≤0.025	≤0.025	0.60~0.90	0.15~0.25	1.25~1.65	

六、无磁用钢

无磁钢属 Fe-Mn-Al-C 系列奥氏体，指没有铁磁性而不能被磁化的钢，和普通钢铁的构成比较相似，其特点是没有铁磁性，组织稳定，力学性能优良，磁导率低而电阻率高，在磁场中的涡流损耗极小等。无磁钢主要用于制造无磁钻铤和无磁加重钻杆（无磁承压钻杆）等定向井、水平井钻井工具。

国外普遍使用高氮铬锰无磁不锈钢（P 系列无磁钢），此类型钢种具有高耐力和韧性，以及钻探环境下的高耐腐蚀性能，主要用作钻铤材料。其主要化学成分见表 2-2。

国内无磁钢常用牌号见表 2-3。

表 2-2　部分无磁钢化学成分表　　　　单位：%

牌号	C	Mn	Cr	Mo	N	Ni
P530	≤0.05	18.5~20.0	13.0~14.0	0.4~0.6	0.25~0.40	≤2.0
P550	≤0.06	20.5~21.6	18.3~20.0	≥0.5	≥0.60	≥1.4
P580	≤0.06	22.0~24.5	20.5~22.0	≤1.5	≥0.75	≤2.5
P650	≤0.06	19.5~20.5	18.0~19.0	1.7~2.0	0.55~0.65	3.0~4.5
P690	≤0.05	3.0~8.0	22.0~28.0	3.0~5.0	≥0.40	14.0~18.0
P750	≤0.03	1.5~3.0	26.5~29.5	2.0~4.0	≥0.20	28.0~31.5

表 2-3　国内无磁钢常用牌号　　　　单位：%

牌号	主要元素质量百分含量									
	C	Si	Mn	P	S	Cr	Ni	Mo	N	Nb
Z1810A（P530 级）	≤0.080	≤1.00	18.00~22.00	≤0.030	≤0.020	14.00~16.00	0.80~1.50	0.40~0.60	0.30~0.60	—
Z2018A（P550 级）	≤0.060	≤1.00	18.00~25.00	≤0.030	≤0.020	18.30~20.00	1.50~3.00	0.50~1.20	0.50~0.80	—
TWZ-3	≤0.050	0.10~0.60	20.50~21.60	≤0.025	≤0.010	18.30~20.00	1.40~3.50	0.50~1.00	0.60~0.80	≤0.08
TWZ-4	≤0.040	≤1.00	20.00~23.50	≤0.025	≤0.010	18.00~19.00	3.00~45.00	1.70~2.50	0.55~0.70	—
WZT650（P530）	0.054	0.38	18.27	0.014	0.001	14.41	1.50	0.43	0.40	0.011
WZT680（P550）	0.050	0.28	21.94	0.024	0.007	17.86	2.50	0.51	0.62	0.030
SLW-2	0.014	0.49	19.20	0.025	0.002	14.60	1.03	0.5	0.38	0.007
SLW-3	0.018	0.43	19.92	0.021	0.002	19.43	2.52	0.53	0.63	0.004

第二节　钻具螺纹

石油钻具如方钻杆、钻杆、加重钻杆、钻铤、钻具稳定器及其他钻柱部件通过钻具螺纹连接组成钻柱，为钻头传递扭矩、钻井液并加深井眼。钻具螺纹具有其特殊性，是带密封台肩面的特殊螺纹[1]。

一、石油钻杆接头螺纹牙型图

石油钻具接头螺纹是牙形为 60° 三角形、大螺距、大锥度、带密封台肩面的特殊螺纹。适用于石油钻杆接头、水龙头、方钻杆、钻铤、钻头及其他钻柱部件的连接。螺纹牙型如图 2-1 所示,螺纹牙型尺寸见表 2-4。

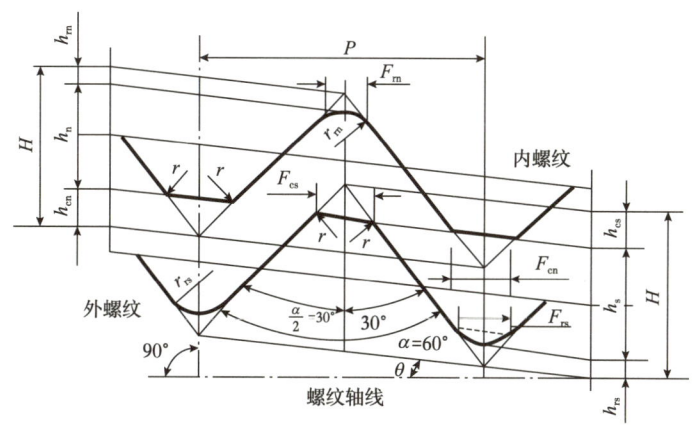

图 2-1　石油钻具接头螺纹牙型图

表 2-4　石油钻具螺纹尺寸

参数	符号	螺纹牙型代号						
		V-0.038R	V-0.038R	V-0.040	V-0.050	V-0.050	V-0.055	V-0.065
每 25.4mm 上的螺纹牙数	n	4	4	5	4	4	6	4
螺距(mm)	P	6.35	6.35	5.08	6.35	6.35	4.23	6.35
牙侧角(°)	$\theta(\pm 0.75°)$	30	30	30	30	30	30	30
锥度(mm/mm)	T	1:6	1:4	1:4	1:4	1:6	1:8	1:6
截顶前的螺纹参考高度(mm)	H	5.487	5.471	4.377	5.471	5.487	3.661	5.487
截顶后的螺纹高度(mm)	$h_n=h_s$	3.095	3.083	2.993	3.742	3.755	1.421	2.831
牙顶削平高度(mm)	$h_{cn}=h_{cs}$	1.427	1.423	0.875	1.094	1.097	1.208	1.426
牙底削平高度(mm)	$h_{rn}=h_{rs}$	0.965	0.965	0.508	0.635	0.635	1.032	1.229
牙顶宽度(mm)	$F_{cn}=F_{cs}$	1.651	1.651	1.016	1.270	1.270	1.397	1.651
牙底宽度(mm)	$F_{rn}=F_{rs}$	—	—	—	—	—	1.190	1.422
牙底圆弧半径(mm)	$r_{rn}=r_{rs}$	0.965	0.965	0.508	0.635	0.635	—	—
牙顶圆角半径(mm)	r	0.38	0.38	0.38	0.38	0.38	0.38	0.38

石油钻具接头牙型共有 V-0.038R(2 种)、V-0.040(1 种)、V-0.050(2 种)、V-0.055(1 种)、V-0.065(1 种)7 种牙型。V-0.038R 牙型,即牙底圆弧半径为 0.038in 的牙型;

V–0.040、V–0.050、V–0.055、V–0.065 牙型，即牙顶宽分别为 0.040in、0.050in、0.055in、0.065in 的牙型。

二、螺纹有关术语及定义

（1）螺纹锥度：一定螺纹长度上，中径圆锥直径的增加量。锥度用 mm/mm（in/ft）表示。

（2）测量基准点：在垂直于旋转式台肩连接的螺纹轴线的假想平面内的该点处测量螺纹中径 C。该平面位于距外螺纹端台肩 15.875mm（0.625in）处。

（3）倒角直径：旋转台肩式连接接触面的外径。

（4）螺纹中径：螺纹牙厚和槽宽相等处的直径。

（5）第一牙完整螺纹：距外螺纹端密封面最远或内螺纹端密封面最近，且具有完整螺纹牙顶和牙底的螺纹。

（6）全牙高螺纹：螺纹牙底位于外螺纹小端圆锥或内螺纹大径圆锥上的螺纹。

（7）螺纹牙型高度：螺纹牙顶到牙底在垂直于螺纹轴线方向上的距离。

（8）牙型角（α）：指螺纹轴向截面内两个牙侧边的夹角。垂直于螺纹轴线的牙型角的平分角线与牙侧边的夹角，称为牙型半角（$\alpha/2$）。

（9）螺距（P）：相邻两牙螺纹之间的轴向距离，对于单头螺纹，螺距等于导程。

（10）数字型螺纹（NC）：采用 V–0.038R 螺纹牙型的旋转台肩式连接的型号和规格。其代号用外螺纹测量基准点处的中径除以 2.54mm（0.1in）为单位折算的前两位数表示。

（11）内平型螺纹（IF）：采用 V–0.038R 螺纹牙型的旋转台肩式连接的型号和规格。

（12）贯眼型螺纹（FH）：采用 V–0.040 或 V–0.050 螺纹牙型的旋转台肩式连接的型号和规格。

（13）正规型螺纹（REG）：采用 V–0.040、V–0.050 或 V–0.055 螺纹牙型的旋转台肩式连接的型号和规格。

（14）紧密距：配对的量规或量规与产品的测量面之间的距离。

三、钻具螺纹工作原理

钻具螺纹接头属于旋转台肩连接（图 2-2），是一种粗牙锥螺纹和密封台肩的连接方式，密封台肩（外台肩）是钻具螺纹接头唯一的密封面，密封效果与密封台肩之间的接触应力紧密相关，取决于密封面的质量和螺纹接头的上扣扭矩。

外螺纹与内螺纹组成的运动副在机械学上称为螺旋副，它的相对运动可以看作一定重量的滑块沿着具有一定导角的斜面在水平力（相当于上扣圆周力）作用下等速上升的运动。斜面给滑块以法向力和摩擦力，螺纹接头拧紧时不但要克服螺纹牙之间的摩擦力，还要克服内外螺纹接头密封台肩面之间的摩擦力[1]。

螺纹连接在上扣扭矩或轴向外载下螺纹牙间、接触台肩面上可能处于拉伸或压缩状态。螺纹上载荷分布并非均匀，靠近台肩面的几个螺纹牙具有严重的应力集中，其中第一螺纹承担轴向总载荷的 30%~40%，承担周向总载荷的 40%~60%，到第 8 个螺纹牙以后几乎不再承担载荷。因此，靠近台肩面的几个螺纹是最易损坏的部位，现场钻井实践已证明了这一结论。

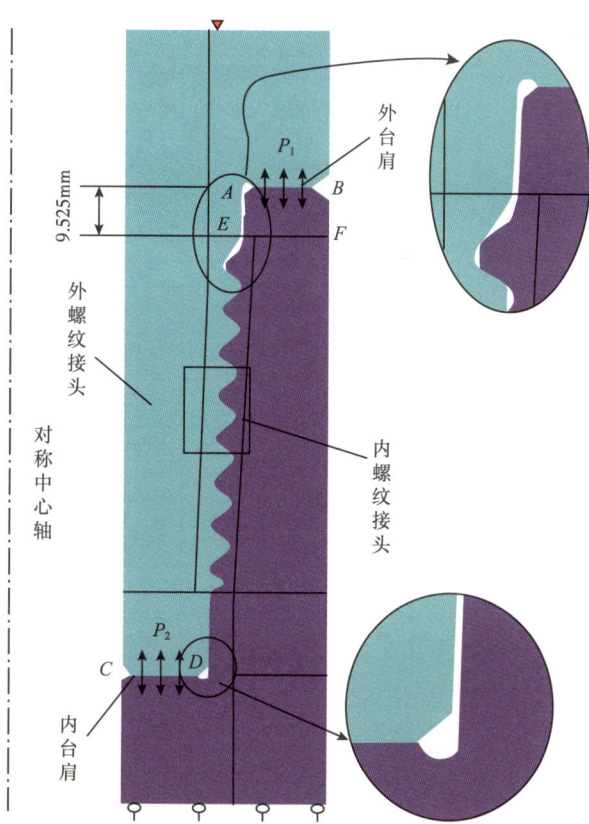

图 2-2 钻具螺纹接头旋合示意图

四、石油钻具螺纹尺寸

1. 常用石油钻具螺纹尺寸

常用石油钻具螺纹形貌及尺寸如图 2-3 所示，见表 2-5。

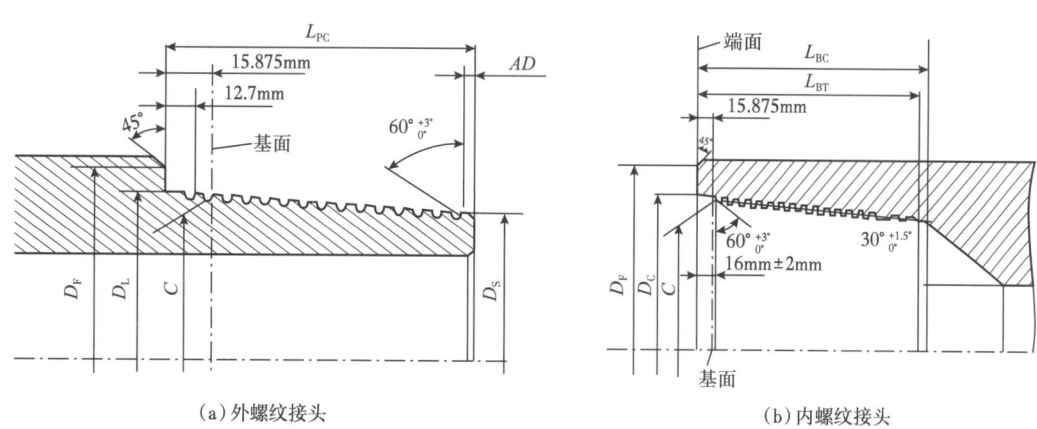

（a）外螺纹接头　　　　　　　　（b）内螺纹接头

图 2-3 石油钻杆接头螺纹

表2-5 石油钻杆接头螺纹尺寸

螺纹类型	螺纹牙型	螺距 P （mm）	每25.4mm牙数（牙）	锥度（mm/mm）	螺纹基面中径 C （mm）	外螺纹锥部大端直径 D_L （mm）	外螺纹圆柱部分直径 $D_{LF} \pm 0.4$ （mm）	外螺纹锥部小端直径 D_s （mm）	外螺纹锥部总长度 $L_{PC-3.2}^0$ （mm）	内螺纹最小有效长度 L_{BT} （mm）	内螺纹锥部长度 $L_{BC}+9.50$ （mm）	内螺纹扩锥孔大端直径 $Q_{C-0.4}^{+0.8}$ （mm）
数字型（NC）												
NC23	V-0.038R	6.35	4	1:6	59.82	65.10	61.90	52.40	76.2	79.4	92.1	66.7
NC26	V-0.038R	6.35	4	1:6	67.77	73.05	69.85	60.35	76.2	79.4	92.1	74.6
NC31	V-0.038R	6.35	4	1:6	80.85	86.13	82.96	71.32	88.9	92.1	104.8	87.7
NC35	V-0.038R	6.35	4	1:6	89.69	94.97	92.08	79.10	95.2	98.4	111.1	96.8
NC38	V-0.038R	6.35	4	1:6	96.72	102.01	98.83	85.07	101.6	104.8	117.5	103.6
NC40	V-0.038R	6.35	4	1:6	103.43	108.71	105.60	89.66	114.3	117.5	130.2	110.3
NC44	V-0.038R	6.35	4	1:6	112.19	117.48	114.27	98.43	114.3	117.5	130.2	119.1
NC46	V-0.038R	6.35	4	1:6	117.5	122.78	119.61	103.73	114.3	117.5	130.2	124.6
NC50	V-0.038R	6.35	4	1:6	128.06	133.35	130.43	114.30	114.3	117.5	130.2	134.9
NC52	V-0.038R	6.35	4	1:6	133.34	138.63	135.80	119.57	114.3	117.5	130.2	140.2
NC56	V-0.038R	6.35	4	1:4	142.65	149.25	144.86	117.50	127.0	130.2	142.9	150.8
NC61	V-0.038R	6.35	4	1:4	156.92	163.53	159.16	128.60	139.7	142.9	155.6	165.1
NC70	V-0.038R	6.35	4	1:4	178.15	185.75	181.38	147.65	152.4	155.6	168.3	187.3
NC77	V-0.038R	6.35	4	1:4	196.62	203.20	198.80	161.95	165.1	168.3	181.0	204.8
正规型（REG）												
2⅜ in REG	V-0.040	5.08	5	1:4	60.08	66.68	63.90	47.63	76.2	79.4	92.1	68.3
2⅞ in REG	V-0.040	5.08	5	1:4	69.61	76.20	73.40	53.98	88.9	92.1	104.8	77.8
3½ in REG	V-0.040	5.08	5	1:4	82.30	88.90	86.10	65.08	95.2	98.4	111.1	90.5
4½ in REG	V-0.040	5.08	5	1:4	110.87	117.48	114.70	90.48	107.9	111.1	123.8	119.1
5½ in REG	V-0.050	6.35	4	1:4	132.94	140.21	137.40	110.06	120.6	123.8	136.5	141.7
6⅝ in REG	V-0.050	6.35	4	1:6	146.25	152.20	149.40	131.04	127.0	130.2	142.9	154.0
7⅝ in REG	V-0.050	6.35	4	1:4	170.55	177.80	175.01	144.48	133.3	136.6	149.2	180.2
8⅝ in REG	V-0.050	6.35	4	1:4	194.73	201.98	199.14	167.84	136.5	139.7	152.4	204.4
贯眼型（FH）												
3½ in FH	V-0.040	5.08	5	1:4	94.84	101.45	—	77.62	95.2	98.4	111.1	102.8
4 in FH	V-0.065	6.35	4	1:6	103.43	108.71	105.60	89.66	114.3	117.5	130.2	110.3
4½ in FH	V-0.040	5.08	5	1:4	115.11	121.72	—	96.32	101.6	104.8	117.5	123.8
5½ in FH	V-0.050	6.35	4	1:6	142.01	147.96	—	126.80	127.0	130.2	142.9	150.0
6⅝ in FH	V-0.050	6.35	4	1:6	165.60	171.53	—	150.37	127.0	130.2	142.9	173.8

2. 塔里木油田常用钻具螺纹及倒角

塔里木油田常用螺纹及尺寸见表2-6。

表2-6 塔里木油田常用接头螺纹及倒角

序号	螺纹名称	螺纹类型	外螺纹锥部长度 $P_{PC-3.2}^{0}$ 双台肩螺纹锥部长度 $L_{PC-0.10}^{+0.06}$（mm）	外螺纹锥部大端直径 D_L（mm）	外螺纹锥部小端直径 D_s（mm）	内螺纹长度 L_{BTmin} 双台肩内螺纹长度 $L_{BT0}^{+3.2}$（mm）	内螺纹锥部长度 $L_{BC0}^{+9.5}$ 双台肩螺纹锥部长度 $L_{BC-0.06}^{+0.10}$（mm）	内螺纹扩锥孔直径 $Q_{C-0.4}^{+0.8}$（mm）	倒角直径 $D_F\pm0.40$（mm） 钻杆	方钻杆	钻铤、稳定器
1	数字型	NC23	76.20	65.10	52.40	79.40	92.10	66.70	—	—	76.2
2	数字型	NC26	76.20	73.05	60.35	79.40	92.10	74.60	82.9	82.9	82.9
3	双台肩	DS26	84.84	73.05	52.00	75.00	85.00	74.60	82.9		82.9
4	双台肩	BGXT24	85.84	63.68	53.70	76.00	86.00	66.18	74.6	—	—
5	双台肩	BGXT26	85.84	69.50	59.40	76.00	86.00	72.00	82.9		
6	数字型	NC31	88.90	86.13	71.32	92.10	104.80	87.70	100.4	100.4	100.4
7	双台肩	DS31	97.84	86.10	62.50	88.00	98.00	87.70	100.4		
8	数字型	NC35	95.20	94.97	79.09	98.40	111.10	96.80	114.7	—	114.7
9	双台肩	DS35	105.50	94.97	70.50	95.66	105.66	96.80	114.7		114.7
10	数字型	NC38	101.60	102.00	85.07	104.80	117.50	103.60	116.3	116.3	121.0
11	双台肩	DS38	111.84	102.00	76.40	102.00	112.00	103.60	—	—	121.0
12	双台肩	HT40	159.41	108.70	84.40	139.70	159.66	110.30	124.0		
13	双台肩	DS40	124.85	108.70	83.80	114.30	125.00	110.30	127.4		
14	数字型	NC46	114.30	122.78	103.73	117.50	130.20	124.60	150.0	—	150.0
15	数字型	NC50	114.30	133.35	114.30	117.50	130.20	134.90	154.0	154.0	164.7
16	双台肩	DS50	124.85	133.30	106.00	115.00	125.00	134.90	154.0		
17	数字型	NC52T	114.30	138.63	119.57	117.50	130.20	140.20	159.4	—	—
18	数字型	NC56	127.00	149.25	117.50	130.20	142.90	150.80	—	—	190.1
19	数字型	NC56	127.00	149.25	117.50	130.20	142.90	150.80			185.3
20	数字型	NC61	139.70	163.52	128.60	142.90	155.60	165.10			212.7
21	数字型	NC77	165.10	203.20	161.95	168.30	181.00	204.80			268.0
22	431×430	4½ in REG	107.90	117.47	90.47	111.10	123.80	119.10			135.3
23	521×520	5½ in FH	127.00	147.95	126.78	130.20	142.90	150.00	170.7	170.7	—
24	631×630	6⅝ in REG	127.00	152.19	131.04	130.20	142.90	154.00	—	186.1	195.7
25	731×730	7⅝ in REG	133.34	177.80	144.47	136.60	149.20	180.20			223.8
26	831×830	8⅝ in REG	136.52	201.98	167.84	139.70	152.40	204.39			266.7

注：8in 本体 NC56 螺纹倒角 190.1mm，7¾in 本体 NC56 螺纹倒角 185.3mm。

3. 六种可以互换的接头螺纹

在数字型接头中，有五种尺寸的接头与内平型相应的接头具有相同的基面节圆直径、锥度、螺距和长度；有一种尺寸与贯眼接头相同，所以可以互换，可以互换的螺纹有：

（1）NC26 与 $2\frac{3}{8}$ in IF（2A11×2A10）；

（2）NC31 与 $2\frac{7}{8}$ in IF（211×210）；

（3）NC38 与 $3\frac{1}{2}$ in IF（311×310）；

（4）NC40 与 4in FH（4A21×4A20）；

（5）NC46 与 4in IF（4A11×4A10）；

（6）NC50 与 $4\frac{1}{2}$ in IF（411×410）。

五、紧密距与传递值

1. 螺纹紧密距

钻具螺纹是中径啮合，为了确保不同厂家的产品能够连接互换，要严格控制螺纹的加工质量，其中紧密距是确保螺纹连接互换的一个重要参数，是油井管螺纹综合参数的重要衡量指标。紧密距是配对的量规、产品或量规与产品的测量面之间的距离，其偏差是指螺纹的测量面节径、螺距、螺纹半角、锥度等综合误差补偿后所引起螺纹中径变化，最终集中表现为紧密距的变化。

2. 螺纹量规传递值

螺纹量规的传递值是量值溯源的重要依据，因此螺纹工作量规应每年校验一次，并将传递值应用到每套量规的具体检验过程中。量规的校验应由有资质的专业机构完成，并出具校验报告。量规的校验需要用校对塞规对工作环规进行旋合；用校对环规对工作塞规进行旋合，然后再把配套的工作塞规与工作环规进行自配旋合，并记录其综合余隙的实际数据。校对规自配紧密距 S，工作塞规—校对环规 S_1，工作环规—校对塞规 S_2，传递值计算方法如下：塞规传递值 $(S-S_1)_0^{+0.254}$ mm，环规传递值 $S_2{}_{-0.127}^{+0.254}$ mm。塞规凹进去塞规传递值为正，塞规凸出来塞规传递值为负。螺纹紧密距检测示意如图 2-4 所示。

3. 紧密距值的测量

钻具螺纹经车修后应进行螺纹紧密距测量，螺纹紧密距应在室温下进行测量，测量前应将量规螺纹部分和测量面清洗干净，将工件固定后，螺纹量规缓缓旋入，并上卸几次，在确认旋合灵活无卡阻现象后用手柄初紧，人工使用加力棒旋紧后测量紧密距。紧密距测量如图 2-5 所示。螺纹紧密距值应在磷化前测量，用工作量规

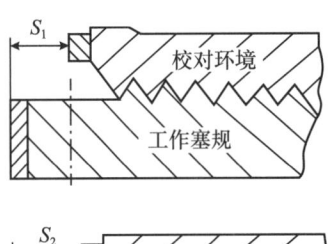
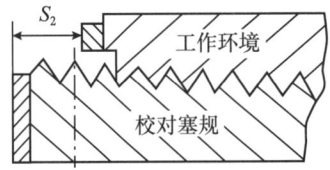
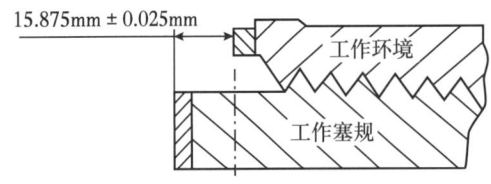

图 2-4　螺纹紧密距测量

S—校对规配对紧密距；S_1—工作塞规对校对环规的互换紧密距；S_2—工作环规对校对塞规的互换紧密距

检验螺纹接头紧密距,以一个人的臂力,通过150mm长的手柄,用60N至80N的力旋紧工作量规。外螺纹接头紧密距为$S_2{}^{+0.254}_{-0.127}$mm,内螺纹为$(S_1-S)^0_{-0.254}$mm。

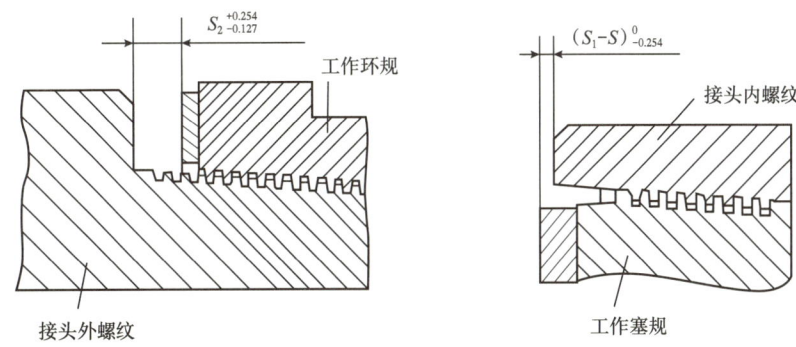

图2-5 用工作量规检验紧密距

(1)图中工作塞规测量可能凸于内螺纹接头端面,也可能凹进于内螺纹接头端面。(2)S—校对规的配对紧密距;S_1—工作塞规对校对环规的互换紧密距;S_2—工作环规对校对塞规的互换紧密距

4. 钻具螺纹成品检验

钻具螺纹修理完成后,需对相应螺纹参数进行检验及螺纹表面质量等按相应标准进行检验。

新车螺纹检查各参数尺寸公差为:

(1)外螺纹锥部长度:$L_{PC}{}^{0}_{-3.2}$mm。

(2)内螺纹锥部长度:$L_{BC}{}^{+9.5}_{0}$mm。

(3)内螺纹扩锥孔大端直径:$Q_C{}^{+0.8}_{-0.4}$mm。

(4)外螺纹圆锥根部直径:±0.4mm。

(5)螺距:每25.4mm±0.038mm,累计±0.114mm,或以螺距总长度的1/1000计算。两者取其最大值(每25.4mm的螺距公差是指在螺纹总长度内任一段25.4mm螺距的最大允许公差。螺纹总长度是指第一牙完整螺纹和最后一牙完整螺纹之间的长度)。

(6)牙型半角:30°±30′。

(7)用锥度规检查螺纹锥度允许偏差:内外螺纹间隙不大于0.07mm。

(8)外螺纹台肩和内螺纹密封端面对其螺纹轴线的垂直度为0.05mm。

(9)外螺纹退刀应小于12.7mm,内螺纹扩锥孔长为16mm±2mm。

(10)接头螺纹表面及外螺纹台肩面和内螺纹端面的粗糙度$R_a \leqslant 3.2$μm,不得有凹痕、裂纹、毛刺及破坏其连续性的缺陷。

六、螺纹量规使用与维护

(1)螺纹量规使用时应轻拿轻放,避免上卸扣时损伤螺纹量规螺纹。

(2)螺纹量规每日使用完后应擦拭干净,每周保养一次,不常用的螺纹规(如反扣螺纹规等)每月保养一次。

(3)螺纹量规保养时应用溶剂油或煤油清洗。

(4)清洗保养之后,螺纹量规应涂抹机械油或中性防锈油,不应用钙基润滑脂及其他油类防护。

（5）使用前，要将工件清扫干净，不准在车床旋转时上卸螺纹规。

（6）严禁不卸螺纹规而车修台肩面和端面。

（7）用螺纹规对工件检验时，不可用力过猛，避免螺纹规抱死。

（8）如果螺纹规抱死，不能用焊枪烤，更不能用车刀车，应用刀杆磨接头外径均匀加热后取出，在取出螺纹规时不应损伤其精度。

七、双台肩螺纹

为适应大斜度定向井和超深井等钻探的需要，推广和开发了高抗扭双台肩螺纹（图2-6和图2-7）接头，常用双台肩螺纹尺寸见表2-7。这种接头与普通接头相比多出两个台肩，分别位于内螺纹和外螺纹小端，称为第二台肩（又称副台肩）。当接头在工作过

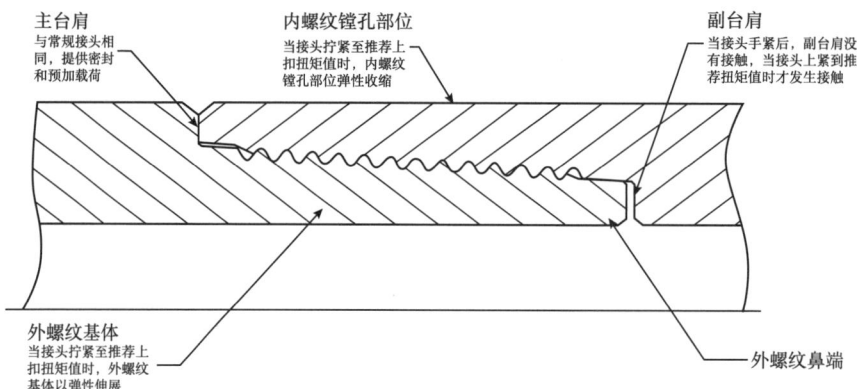

图2-6 双台肩螺纹各部位简介

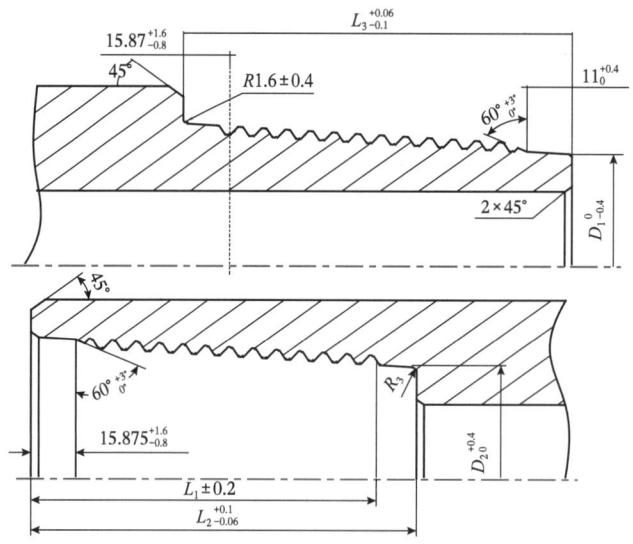

图2-7 双台肩内外螺纹示意图

程中使用超扭矩上扣或井下扭矩过大时,内外螺纹接头密封面、内螺纹镗孔部分和外螺纹基底发生变形,第二台肩处的间隙减小以至完全消失。内外螺纹第二台肩接触后,会对继续上扣产生阻抗作用,提高了螺纹抗扭能力,同时抗弯能力也得到提高,有利于防止接头螺纹失效[2]。这种接头螺纹的参数和锥度都没有改变,与同类型API螺纹接头可以正常互换。该螺纹接头技术目前在塔里木油田小尺寸钻铤和钻杆上得到普遍应用。与普通接头相比,双台肩螺纹的抗扭能力可提高40%,抗弯能力也有所提高,对井口上扣或井下产生的扭矩过大而造成的螺纹失效起到抑制作用。

表2-7 双台肩内外螺纹相应尺寸表

螺纹型号	各部位尺寸(mm)				
	L_1	L_2	L_3	D_1	D_2
DS23	74.5	85.00	84.84	43.7	45.6
DS26	74.5	85.00	84.84	52.0	53.5
DS31	87.6	98.00	97.84	62.5	64.0
DS35	95.2	105.66	105.50	70.5	72.2
DS38	101.6	112.00	111.84	76.2	78.1
DS40	114.5	125.00	124.84	81.5	83.3
DS46	114.5	125.00	124.84	95.8	97.6
DS50	114.5	125.00	124.84	106.0	108.0
DS52	114.5	125.00	124.84	111.6	113.4
5½FHDS	126.5	137.16	137.00	118.0	120.8
XT26	76.0	86.00	85.84	59.0	60.5
DS39	114.3	125.00	124.85	88.0	90.0

八、螺纹上扣扭矩

塔里木常用钻具螺纹推荐扭矩见表2-8和表2-9。

表2-8 塔里木油田常用钻杆螺纹推荐紧扣扭矩表

名称规格	扣型	锥度(mm/mm)	紧扣扭矩(kN·m)
2⅜in钻杆	NC26	1:6	4.4
2⅜in钻杆(双台肩)	DS26	1:6	5.5
2⅜in钻杆(非标)	XT24	1:16	4.5

续表

名称规格	扣型	锥度（mm/mm）	紧扣扭矩（kN·m）
2$\frac{7}{8}$in 钻杆	NC31	1:6	10.0
2$\frac{7}{8}$in 钻杆（双台肩）	DS31	1:6	13.0
2$\frac{7}{8}$in 钻杆（非标）	XT26	1:16	10.0
3$\frac{1}{2}$in 钻杆（加重钻杆）	NC38	1:6	17.0
3$\frac{1}{2}$in 钻杆（加重钻杆）（双台肩）	DS38	1:6	22.0
3$\frac{1}{2}$in 钻杆（非标）	DS31	1:6	13.0
4in 钻杆（双台肩）	DS40	1:6	27.0
4in 钻杆（加重钻杆）（双台肩）	HT40	1:6	27.0
4in 钻杆（反扣）（双台肩）	HT40LH	1:6	27.0
4in 钻杆（反扣）（双台肩）	ST39LH	1:12	30.0
4$\frac{1}{2}$in 钻杆（加重钻杆）（双台肩）	DS40	1:6	27.0
5in 钻杆（加重钻杆）	NC50	1:6	35.0
5in 钻杆（防硫）（双台肩）	DS50	1:6	35.0
5in 钻杆（塔标）	NC52	1:6	40.0
5$\frac{1}{2}$in 钻杆（加重钻杆）	5$\frac{1}{2}$in FH	1:6	45.0
5$\frac{1}{2}$in 钻杆（双台肩）	5$\frac{1}{2}$in FHDS	1:6	50.0
5$\frac{7}{8}$in 钻杆（双台肩）	5$\frac{1}{2}$in FHDS	1:6	58.0

注：5in 及以上规格钻杆螺纹上扣时，推荐上扣扭矩为下限值，实际作业时在推荐扭矩基础上可在 10% 范围内向上浮动。

表 2-9 塔里木油田常用大钻具螺纹推荐紧扣扭矩表

名称规格	扣型	锥度（mm/mm）	紧扣扭矩（kN·m）
3$\frac{1}{2}$in 钻铤	NC26	1:6	6
3$\frac{1}{2}$in 钻铤（双台肩）	DS26	1:6	8
3$\frac{1}{8}$in 钻铤（双台肩）	XT26	1:16	12
4$\frac{1}{8}$in 钻铤	NC31	1:6	10
4$\frac{3}{4}$in 钻铤（NC35 螺纹稳定器）	NC35	1:6	15

续表

名称规格	扣型	锥度（mm/mm）	紧扣扭矩（kN·m）
4¾in 钻铤（双台肩）	DS35	1∶6	18
5in 钻铤（NC38 螺纹稳定器）	NC38	1∶6	18
5in 钻铤（双台肩）	DS38	1∶6	22
6¼in 钻铤（NC46 螺纹稳定器）	NC46	1∶6	25
6¼in 钻铤（双台肩）	DS46	1∶6	30
7in 钻铤（NC50 螺纹稳定器）	NC50	1∶6	42
7in 钻铤（双台肩）	DS50	1∶6	50
7¾in 钻铤、8in 钻铤	NC56	1∶4	65
9in 钻铤（NC61 螺纹稳定器）	NC61	1∶4	92
11in 钻铤（NC77 螺纹稳定器）	NC77	1∶4	142

注：8in 及以上规格钻铤通过鼠洞接立柱时，应在下钻过程中在井口再次紧固螺纹或鼠洞紧扣时提高紧扣扭矩。

第三节 常用计算

一、钻柱质量

钻柱质量分钻柱在空气中的总质量和在钻井液中的质量，钻柱在空气中的质量为组成钻柱的各钻杆、钻铤等钻具在空气中的质量之和；钻柱在钻井液中的质量为钻柱在空气中的总质量减去钻井液对钻柱的浮力。

在空气中，钻柱总质量（kg）= 钻杆长度（m）× 钻杆每米质量（kg/m）+ 钻铤长度（m）× 钻铤每米质量（kg/m），钻杆每米质量可由资料查出，或通过公式（2-1）计算：

$$m = \frac{\pi}{4}\left(D^2 - d^2\right)\rho \times 10^{-3} \qquad (2-1)$$

式中　D——钻杆外径，cm；
　　　d——钻杆内径，cm；
　　　ρ——钢的密度，取 7.85g/cm³；
　　　m——钻杆每厘米质量，kg/cm。

在钻井液中，钻柱的质量 = 钻柱总质量 × 浮力系数。浮力系数取值见表 2-10。

表 2-10 浮力系数表

钻井液密度（g/cm³）	浮力系数 K_b	钻井液密度（g/cm³）	浮力系数 K_b	钻井液密度（g/cm³）	浮力系数 K_b	钻井液密度（g/cm³）	浮力系数 K_b
1.00	0.872	1.34	0.829	1.58	0.798	1.89	0.759
1.03	0.869	1.35	0.828	1.60	0.796	1.90	0.758
1.05	0.866	1.37	0.826	1.61	0.795	1.91	0.756
1.08	0.862	1.39	0.823	1.63	0.792	1.94	0.752
1.10	0.859	1.40	0.822	1.65	0.789	1.95	0.751
1.12	0.856	1.41	0.820	1.68	0.786	1.96	0.749
1.15	0.853	1.44	0.817	1.70	0.783	1.99	0.746
1.17	0.850	1.45	0.815	1.73	0.780	2.00	0.745
1.20	0.847	1.46	0.814	1.75	0.777	2.01	0.743
1.22	0.844	1.49	0.810	1.77	0.774	2.04	0.740
1.25	0.841	1.50	0.809	1.80	0.771	2.06	0.737
1.27	0.838	1.51	0.807	1.82	0.768	2.08	0.734
1.29	0.835	1.54	0.804	1.84	0.765	2.11	0.731
1.30	0.834	1.55	0.803	1.85	0.764	2.13	0.728
1.32	0.832	1.56	0.801	1.87	0.762	2.16	0.725

二、钻杆抗拉强度

钻杆抗拉强度是指钻杆由均匀塑性变形向局部集中塑性变形过渡的临界值，是钻杆在静载拉伸条件下的最大承载能力。钻杆抗拉强度受钻杆钢级、规格（尺寸、管体壁厚）等因素影响[3]。

钻杆抗拉强度计算如下：

$$P = 10^{-3} \sigma_s F \tag{2-2}$$

$$F = \frac{\pi}{4}\left(D^2 - d^2\right) \tag{2-3}$$

式中　P——钻杆抗拉强度，t；
　　　F——钻杆横截面积，cm²；
　　　D——钻杆外径，cm；
　　　d——钻杆内径，cm；
　　　σ_s——屈服强度，kgf/cm²。

在计算抗拉强度时，根据不同级别钻杆，应按最小的截面积和屈服强度计算。为了避免钻具出现持久拉长而产生塑性变形，因此屈服强度应取钻具受力后即将产生一定塑性变形的屈服点来计算。

$$P_a = P \times 0.9 \quad (2-4)$$

式中　P_a——最大允许拉力负荷，t；
　　　0.9——通常采用对屈服强度限制的比例常数。

拉力负荷 P 和最大的允许拉力负荷 P_a 差值即拉力余量：

$$M_{OP} = P - P_a \quad (2-5)$$

而二者以比率形式可计算出安全系数 S_F。

$$S_F = P_a / P \quad (2-6)$$

在进行抗拉强度计算时，适当地选择安全系数很重要，安全系数不充分会造成钻杆损耗、毁坏。若安全系数过大，就造成不必要的加重和功率浪费。因此在计算时应全面加以考虑。

根据不同钢级和不同级别的钻杆，决定在一定井段所允许的最大深度：

$$L = \frac{0.9P - M_{OP}}{W_{dq} K_b} - \frac{W_c L_c}{W_{dq}} \quad (2-7)$$

式中　W_{dq}——钻柱在空气中每米质量，kg/m；
　　　W_c——钻铤在空气中每米质量，kg/m；
　　　L_c——钻铤长度，m；
　　　L——钻柱长度，m；
　　　K_b——浮力系数；
　　　P——从表中查出的拉力负荷，t。

三、钻杆伸长

钻杆由于自重的伸长：

$$\lambda = \frac{QL}{2EF} \quad (2-8)$$

在拉力作用下的伸长：

$$\lambda_0 = \frac{PL_0}{EF} \quad (2-9)$$

式中　λ，λ_0——绝对伸长量，cm；
　　　P——拉力，kg；
　　　L，L_0——自由的钻杆长，cm；
　　　E——弹性率，取 2.1×10^6，kg/cm^2；
　　　F——钻杆环形面积，cm^2；
　　　Q——钻杆在钻井液中质量，kg。

四、钻杆抗外挤强度

API 根据不同套管外径与壁厚的比值 D/t 和屈服强度,将套管、油管、钻杆的抗挤毁压力计算分为四种公式分别计算。即屈服强度挤毁压力 p_{yp}、塑性挤毁压力 p_p、塑弹性挤毁压力 p_T、弹性挤毁压力 p_E。这四种公式应用的范围取决于 D/t 值的大小[3]。

1. 屈服强度挤毁

当 $D/t \leqslant (D/t)_{Y_p}$ 时:

$$p_{yp} = 2Y_p \frac{D/t - 1}{(D/t)^2} \tag{2-10}$$

2. 塑性挤毁

当 $(D/t)_{yp} < D/t \leqslant (D/t)_{PT}$ 时:

$$p_p = Y_p \left[\frac{A}{(D/t)} - B \right] - 6.894757C \tag{2-11}$$

3. 塑弹性挤毁

当 $(D/t)_T < D/t \leqslant (D/t)_{TE}$ 时:

$$p_T = Y_p \left(\frac{F}{D/t} - G \right) \tag{2-12}$$

4. 弹性挤毁

当 $(D/t)_{TE} < D/t$ 时:

$$p_E = \frac{323.7088 \times 10^6}{(D/t)[(D/t) - 1]^2} \tag{2-13}$$

式中　Y_p——最小屈服强度,kPa;

　　　D——管体外径,mm;

　　　t——管体壁厚,mm;

　　　p_{yp}——屈服强度挤毁压力,kPa;

　　　p_p——塑性挤毁压力,kPa;

　　　p_T——塑弹性挤毁压力,kPa;

　　　p_E——弹性挤毁压力,kPa;

　　　$(D/t)_{yp}$——屈服与塑性挤毁分界点上的 D/t 值;

　　　$(D/t)_{PT}$——塑性与塑弹性挤毁分界点上的 D/t 值;

　　　$(D/t)_{TE}$——塑弹性与弹性挤毁分界点上的 D/t 的值。

式(2-11)和式(2-12)中的 A、B、C、F、G 及分界点上的 D/t 值列于表 2-11。

表 2-11 API 公式的 D/t 分界值及其系数

钢级	D/t 范围			p_p			p_T	
	$(D/t)_\text{yp}$	$(D/t)_\text{PT}$	$(D/t)_\text{TE}$	A	B	C	F	G
H-40	16.40	26.62	42.70	2.950	0.0463	755	2.047	0.0341
H-50	15.24	25.63	38.83	2.976	0.0515	1056	2.003	0.0347
J-K-55 和 D	14.80	24.99	37.20	2.990	0.0541	1205	1.990	0.0360
J-K-60	14.44	24.42	35.73	3.005	0.0566	1356	1.983	0.0373
J-K-70	13.85	23.38	33.17	3.037	0.0617	1656	1.984	0.0403
C-75 和 E	13.67	23.09	32.05	3.060	0.0642	1805	1.985	0.0417
L-80 和 N-80	13.38	22.46	31.05	3.070	0.0667	1955	1.998	0.0434
L-90	13.01	21.69	29.18	3.166	0.0718	2254	2.017	0.0466
C-95	12.83	21.21	28.25	3.125	0.0745	2405	2.047	0.0490
C-100	12.70	21.00	27.60	3.142	0.0768	2553	2.040	0.0499
P-105	12.55	20.66	26.88	3.162	0.0795	2700	2.052	0.0515
P-110	12.42	20.09	26.20	3.180	0.0820	2855	2.075	0.0535
P-120	12.21	19.88	25.01	3.219	0.0870	3151	2.092	0.0565
P-125	21.12	19.65	24.53	3.240	0.0895	3300	2.102	0.0580
P-130	12.02	19.40	23.94	3.258	0.0920	3451	2.119	0.0599
P-135	11.90	19.14	23.42	3.280	0.0945	3600	2.129	0.0613
P-140	11.83	18.95	23.00	3.295	0.0970	3750	2.142	0.0630
P-150	11.67	18.57	22.12	3.335	0.1020	4055	2.170	0.0663
P-155	11.59	18.37	21.70	3.356	0.1047	4204	2.188	0.0683
P-160	11.52	18.19	21.32	3.375	0.1072	4356	2.202	0.0700
P-170	11.37	18.45	20.59	3.413	0.1123	4660	2.132	0.0698
P-180	11.23	17.47	19.93	3.449	0.1173	4966	2.261	0.0769

五、钻杆抗内压强度

抗内压强度是使管体钢材达到最小屈服强度时所需的内压力[3]，其计算公式如下：

$$p_\text{t} = 0.875 \frac{2Y_\text{p} t}{D} \tag{2-14}$$

式中 p_t——管体最小抗内压强度，kPa；

Y_p——管体最小屈服强度，kPa；

t——壁厚，mm；

D——外径，mm。

式（2-14）中 0.875 是考虑壁厚不均而引入的系数。

六、抗扭强度计算

1. 管体抗扭强度

$$Q = \frac{0.096167 J Y_m}{D} \tag{2-15}$$

$$J = \frac{\pi}{32}\left(D^4 - d^4\right) \tag{2-16}$$

式中　Q——最小抗扭强度，ft·lbf；

　　　Y_m——材料最小屈服强度，psi；

　　　J——极惯性矩，in^4；

　　　D——外径，in；

　　　d——内径，in。

2. 接头抗扭强度

$$T_y = \frac{Y_m A}{12}\left(\frac{p}{2\pi} + \frac{R_t f}{\cos\theta} + R_s f\right) \tag{2-17}$$

$$R_t = \frac{C + \left[C - \frac{1}{12}\left(L_{pc} - 0.625\right)T_{pr}\right]}{4} \tag{2-18}$$

$$R_s = \frac{1}{4}(OD + Q_c) \tag{2-19}$$

式中　T_y——接头抗扭强度，ft·lbf；

　　　Y_m——材料最小屈服强度，psi；

　　　p——螺距，in；

　　　f——摩擦系数，取 0.08；

　　　θ——牙型半角，(°)；

　　　R_t——螺纹的平均中间半径，in；

　　　L_{pc}——外螺纹锥部总长度，in；

　　　R_s——台肩的平均半径，in；

　　　T_{pr}——锥度，in/ft❶；

　　　A——横截面积，取外螺纹 A_p 和内螺纹 A_b 中的较小值，in^2；

---

❶1mm/mm=12in/ft。

OD——接头外径，in；
Q_c——内螺纹扩锥孔大端直径，in。

其中，对于无应力槽：

$$A_p = \frac{\pi}{4}\left[(C-B)^2 - \text{ID}^2\right] \qquad (2\text{-}20)$$

对于有应力槽：

$$A_p = \frac{\pi}{4}\left[D_{RG}^2 - \text{ID}^2\right] \qquad (2\text{-}21)$$

$$B = 2\left(\frac{H}{2} - S_{rs}\right) + T_{pr} \times \frac{1}{8} \times \frac{1}{12} \qquad (2\text{-}22)$$

式中　D_{RG}——应力槽直径，in；
　　　C——螺纹基面中径，in；
　　　ID——接头外螺纹内径，in；
　　　H——螺纹原始三角形高度，in；
　　　S_{rs}——牙底削平高度，in。

$$A_b = \frac{\pi}{4}\left[\text{OD}^2 - (Q_c - E)^2\right] \qquad (2\text{-}23)$$

$$E = T_{pr} \times \frac{3}{8} \times \frac{1}{12} \qquad (2\text{-}24)$$

双台肩接头的抗扭强度计算如下：

$$T_y^1 = \frac{Y_m A}{12}\left(\frac{p}{2\pi} + \frac{R_t f}{\cos\theta} + R_s f\right) + \frac{Y_m A_n}{12}\left(\frac{p}{2\pi} + \frac{R_t f}{\cos\theta} + R_n f\right) \qquad (2\text{-}25)$$

$$A_n = \frac{\pi}{4}\left(D_s^2 - \text{ID}^2\right) \qquad (2\text{-}26)$$

$$R_n = \frac{1}{4}\left(D_s + \text{ID}\right) \qquad (2\text{-}27)$$

式中　D_s——外螺纹锥部小端直径，in。

式（2-25）是美国石油学会（API）推荐的接头理论扭矩计算公式，是参照矩形螺纹受力公式推导而来。由于钻具螺纹接头系锥度螺纹，因此采用螺纹中部的平均直径 R_t 作为计算依据；钻具螺纹为三角形，总的法向压力比矩形螺纹大，可以认为是摩擦系数增大的结果，因此采用了相当摩擦系数 $\dfrac{f}{\cos\theta}$；拧紧螺纹接头还需要克服内螺纹接头与外螺纹接头台肩之间的摩擦力矩 R_{sf}。

轴向内力在内螺纹中产生压应力,而在外螺纹中产生拉应力。按 API 规定,内螺纹接头内的压应力是指距台肩 3/8in 处的截面(面积为 A_b)内的应力;而外螺纹接头上的拉应力是指距接头台肩 3/4in 处的截面(面积为 A_p)内的应力。

由公式可知,内外螺纹接头的危险截面积对接头抗扭强度影响很大。因此,钻杆接头的内外径的大小对抗扭强度来说是决定性的因素。接头的外径影响着内螺纹的截面积,接头的内径影响着外螺纹的截面积。

API 规定钻具螺纹上紧后内外螺纹接头台肩应有足够压应力,以保证:在不超过钻柱抗拉强度的轴向力作用下台肩不分离;在同一轴向力作用下,在接触台肩的接触应力影响范围内,外螺纹和内螺纹应变基本一致。其标准是内螺纹横截面积 A_b 与外螺纹横截面积 A_p 应基本相同。

计算公式已经过多年的实际应用证明是成功的。但要保证配合面之间的摩擦系数为 0.08。此时要求使用按质量百分比,含 40%~60% 锌粉、铅粉等金属粉末的质量合格的螺纹脂,并均匀地涂抹在配合面上。螺纹脂的作用主要有两个:一是利用螺纹脂中的固体含量来堵塞存在于螺纹啮合间的通道,提高密封性能;二是利用其润滑作用调节摩擦系数防止螺纹黏结。

七、钻铤弯曲强度比

钻铤的弯曲强度比一般为 (2.25~2.75):1,最大允许范围为 (2.0~3.2):1,计算方法如下[3]:

内螺纹与外螺纹连接时弯曲刚度比为 2.5:1,这通常被认为是平衡的,即等强度连接。所谓内外螺纹抗弯刚度比是指外螺纹末端处内螺纹接头截面模数与离接头台肩 19mm(3/4in)处外螺纹接头截面模数之比。由于钻铤外径磨损比内径磨损快得多,螺纹弯曲强度比将相应减少,当弯曲强度比下降到 2.0:1 以下时,连接即可能出问题,因此,根据钻铤的内外径选择合适的连接方式十分重要。

$$B_{sr} = \frac{Z_b}{Z_p} = \frac{\dfrac{D^4 - b^4}{D}}{\dfrac{R^4 - d^4}{R}} \quad (2-28)$$

式中　B_{sr}——弯曲强度比;
　　　Z_b——内螺纹接头截面模数,mm³;
　　　Z_p——外螺纹接头截面模数,mm³;
　　　D——内螺纹接头外径,mm;
　　　d——外螺纹接头内径,mm;
　　　b——外螺纹接头末端处的内螺纹底径,mm;
　　　R——离外螺纹接头台肩 19.05mm 处的外螺纹底径,mm。

应用公式(2-28)前,首先计算牙底高 H_r 及 b 和 R:

$$H_r = \frac{H}{2} - F_{rn} \quad (2-29)$$

$$b = C - T_{pr} \times (L_p - 15.875) + H_r \quad (2-30)$$

$$R = C - H_r - T_{pr} \times 3.175 \quad (2-31)$$

式中　H——螺纹理论高度，mm；
　　　H_r——牙底高度，mm；
　　　F_{rn}——截底高度，mm；
　　　C——基面中径，mm；
　　　T_{pr}——锥度；
　　　L_p——外螺纹长度，mm。

第四节　新钻具质量控制

塔里木油田所用钻具为甲方监管下的市场化保障模式，所有钻具投用前均实施入网管理。入网流程：订货技术条件报备审核 → 钻具资产方到货验收 → 提供方申请入网 → 监管人员查验相关质量证明材料（含抽样第三方机械性能检测报告）→ 独立第三方无损检测抽检 → 监管人员审核 → 钻具入网。

一、订货技术要求

塔里木油田在总结油田钻具使用经验基础上编制包含各类钻具的订货技术要求库，对钻具的关键性能指标（如冲击韧性、材料强度、晶粒度、非金属夹杂物等）提出了比 API 标准更高的要求，结合管理与使用过程中发现的问题和现场工程需求，不定期修订完善相应钻具订货技术要求，钻具资产方在订购钻具时从订货技术库中选择相应技术要求。特别是钻铤、加重钻杆、转换接头等下部钻具材料冲击韧性，通过长期统计分析，冲击功由行标中的室温平均值 54J 提高到 80J。各类钻具关键性能要求见表 2-12 和表 2-13。

表 2-12　钻杆关键性能要求

种类	钢级（ksi）		冲击功最小平均值（J）			接头硬度（HB）	有害化学元素控制			晶粒度	夹杂物控制
	本体	接头	本体（纵向）	外接头（纵向）	内接头（横向）		P（%）	S（%）	H（μg/g）		
钻杆（S135）	135	120	≥90（20℃±3℃）≥75（-20℃±3℃）	≥80（20℃±3℃）	≥80（-20℃±3℃）	285~341	≤0.010	≤0.005	≤2	≥7.0	A、B、C、D 单项不超过 1.0 级，四类总和不超过 2.0 级
钻杆（V150）	150	130	≥100（-20℃±3℃）	≥100（20℃±3℃）	≥80（-20℃±3℃）	285~360	≤0.010	≤0.005	≤2	≥7.5	A、B、C、D 单项不超过 1.0 级，四类总和不超过 2.5 级

表 2-13 其他钻具关键性能要求

种类	屈服强度（MPa）	抗拉强度（MPa）	冲击功最小平均值（J）	硬度（HB）	有害化学元素控制（%）		晶粒度	夹杂物控制
					P	S		
方钻杆	≥827	≥965	纵向：≥80 横向：≥54 (20℃±3℃)	285~341	≤0.020	≤0.015	≥7.5	A、B、C、D 单项不超过 1.0 级，四类总和不超过 2.0 级
加重钻杆								
钻铤 转换接头 钻井工具	758（7in 以下）	965（7in 以下）						A、B、C、D 单项不超过 1.0 级，四类总和不超过 2.5 级
	689（7in 及以上）	931（7in 及以上）						
钻具稳定器	758	965						稳定器扶正段引导角不大于 45°，最好不大于 30°

二、钻具制造商选择

对方钻杆、钻杆、加重钻杆、钻铤等主力钻具，优选行业内技术实力强的厂家长期稳定合作。非油田历史主流钻具供应商的钻具进入塔里木油田需要通过试用评价，试用产品一般经过塔里木台盆和山前 2~3 口 7000m 以深的井试用合格后，再进行试推广，产品成熟后才能在油田广泛应用。钻具供应商数量保持相对稳定，一般各类钻具供应商保持 3~5 家。

三、大宗钻具驻厂监造

督促钻具提供方针对大宗钻具采购计划开展驻厂监造工作，制定监造大纲，明确所用材料、热处理、机械性能检测等关键控制点，选派合格的监造人员，监造大纲须在钻具监管部门报备。要求进行订货技术要求的三方解读，订货方、制造方和监造方针对订货技术要求的关键条款进行解读，确保订货技术要求理解到位，执行到位。

四、机械性能第三方检测

为便于出现质量问题后进行追溯，针对钻铤、加重钻杆、钻具稳定器、转换接头等，要求钻具供应方按批次提供随炉试样备查。钻具稳定器和转换接头是容易出现断裂失效的钻具，在入网时要求钻具提供方随机抽取实物样品送第三方进行机械性能抽检，如发现存在不达标情况则拒绝该批次钻具的入网或采取全部实物取样第三方机械性能检测方式，合格一件入网一件，从根本上保证钻具源头质量。针对早期失效钻具、产品性能存在疑义的钻具采用实物取样检测分析，根据第三方检测分析结果确定是否对该批次钻具采取剔除入网、禁止入网等措施。

五、第三方抽样无损检测

除按照标准要求开展入库验收外，塔里木油田对新钻具验收时要求资产方实施以下检测要求的同时，开展第三方抽样无损检测。

（1）方钻杆：焊缝部位100%使用超声波K1探头、磁粉检测，以及硬度检测。

（2）钻杆：焊缝部位100%使用超声波K1探头、磁粉检测，5%做硬度抽样和加厚过渡带内锥面成型质量检测。

（3）加重钻杆、钻铤、钻具稳定器、转换接头：100%做硬度检测。

（4）入网钻井工具：100%做硬度检测。

第五节　钻具无损检测

无损检测是在不损坏工件或原材料工作状态的前提下，对被检验部件的表面和内部质量进行检查的一种检测手段。钻具无损检测主要检测钻具连接部位（螺纹、焊缝）、结构变化部位（内外径改变），以及管体损伤（腐蚀、机械损伤、变形）等受应力变化较大易产生疲劳裂纹的部位。目前塔里木油田常用的无损检测方法有超声检测（UT）、磁粉检测（MT）、涡流检测（ET）、渗透检测（PT）等。

一、超声波无损检测

1. 超声波检测原理

超声波是一种频率大于20kHz的声波，具有反射、折射、衍射等波的特性。不同的物体具有不同的声速和声阻抗，根据反射定理，超声波在两种不同声阻抗的介质的界面上会发生反射。根据这一原理，当超声波探伤仪的探头在物体中发射超声波进行传播时，若物体中存在缺陷，缺陷和材料之间形成一个不同介质之间的交界面，交界面之间的声阻抗不同，当发射的超声波遇到这个界面之后就会发生反射。此时用超声波探伤仪对反射回来的声波进行接收，在显示器屏幕中横坐标的一定的位置就会显示出一个反射波波形，横坐标的这个位置就是缺陷波在被检测材料中的深度。这个反射波的高度和形状因不同的缺陷而不同，反映了缺陷的性质（图2-8）[4]。

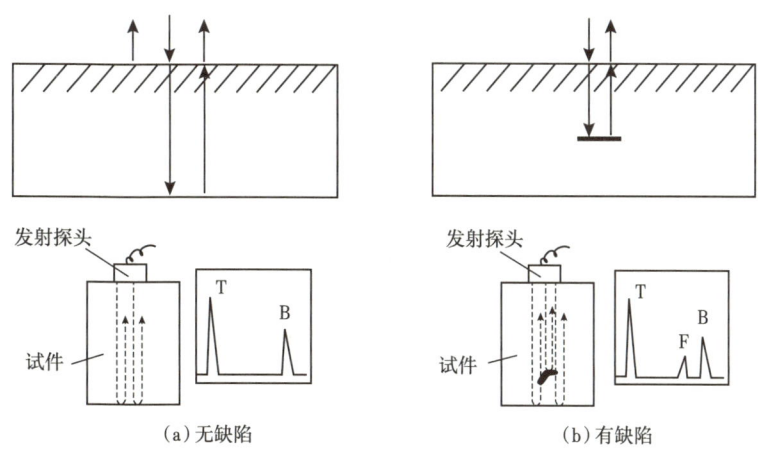

图2-8　超声波检测示意图

2. 常用超声波探伤仪特点

超声波检测目前广泛使用 A 型（波形显示）脉冲反射式数字式超声波探伤仪，塔里木油田常用的 CTS 和 SH 系列数字超声波探伤仪，采用高亮度内刻度示波管，具有工作频率范围宽、探伤灵敏度高、稳定性好、示波管波形清晰、体积小、重量轻、操作方便等特点（图 2-9）。超声波检测适用性比较广泛，可用于钻具螺纹、管体和焊缝等部位的检测。

3. 钻杆加厚过渡带、焊缝、管体区域的超声波探伤

1）超声波探伤时的一般要求

（1）耦合剂应选用机油、浆糊等透声性好，且不损伤检测表面的耦合剂，仪器校验时所用的耦合剂应与实际检验用耦合剂相同。

（2）检测表面应平整、无油污和其他影响探伤的附着物。当检测面与对比试样表面存在差异时应考虑补偿。

（3）用于调节检测灵敏度的对比试块，其厚度、曲率半径及钢级应与所检测的钻杆管体部位相同，人工缺陷反射体为 $\phi 1.6mm$ 的径向通孔。孔至试块边缘的距离为 40mm。

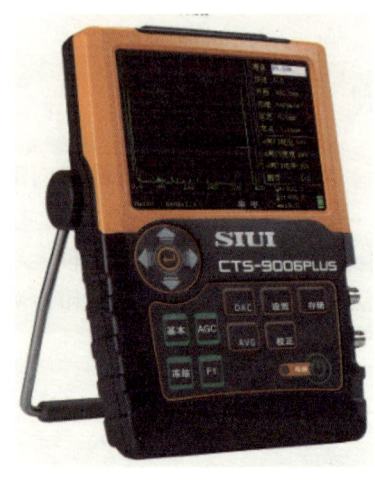

图 2-9　CTS9006 超声波探伤仪

（4）探头的选择：

① 采用单晶片带有硬质保护楔块的斜探头；

② 探头的频率为 2.5MHz，频率误差不超过 ±10%；

③ 探头的 K 值根据钻杆加厚部位的尺寸在 2.5~3.5 之间选择，以便检查整个加厚过渡带和焊缝。

2）检测方法

（1）扫描线的调节及灵敏度的确定。

粗探伤时将仪器深度范围调节到 1m 处，探头对准钻杆端面前后移动，将端面反射信号按水平调节至仪器面板相应的位置上，距离为 900mm（$3\frac{1}{2}$ in 以下规格钻杆距离为 700mm）时，其端面反射信号高度应大于满幅度的 80%。

精探伤时用 $\phi 1.6mm$ 径向通孔的上下端角反射，按 3、6、9 比例做出距离波幅曲线，降低 6dB 作为定量线灵敏度，$\phi 1.6mm$ 径向通孔的基准线则为判废线。检测时根据管子表面与对比试块声能传输损耗差的情况进行表面补偿。

（2）扫查方式。

为提高检测效率，保证检测质量，检测时在距钻杆内、外螺纹接头端面 800~900mm 处探头向管体方向做周向锯齿形扫查，在距钻杆内、外螺纹接头端面 900~1000mm 处探头向端面方向做周向锯齿形扫查。$3\frac{1}{2}$ in 及以下规格钻杆，检测时在距钻杆内、外螺纹接头端面 600~700mm 处探头向管体方向做周向锯齿形扫查，在距钻杆内、外螺纹接头端面 700~800mm 处探头向端面方向做周向锯齿形扫查。

探头沿周向移动扫查时，覆盖率不小于探头晶片尺寸的 15%。在探头移动过程中探头与钻杆轴线应平行，应保证探头与探测面良好的声接触，其移动速度应不超过 75mm/s。

如发现可疑信号，按检测方法的要求进行精确探伤。

3）缺陷的判定

（1）回波高度大于或等于对比试块上人工反射体相应的回波高度时应认定为缺陷（图2-10a）。

（2）回波高度低于对比试块上人工反射体相应部位的回波高度，但指示长度大于15mm时，应判为缺陷（图2-10b）。

（a）回波高度大于人工缺陷波

（b）回波低于人工缺陷波但指示长度大于15mm

图2-10　缺陷波在探伤仪视波屏中的显示

（3）不允许存在下列缺陷：

①位于判废线及判废线以上的缺陷；

②位于判废线以下至定量线之间且周向指示长度大于15mm的缺陷；

③检测人员认为的裂纹等危害性缺陷。

4）复检的判定

（1）检测结束时，用对比试块验证灵敏度已变化2dB；

（2）发现检测过程中操作方法有误；

（3）供需双方有争议或认为有其他需要时。

4. 钻具螺纹超声波探伤

1）探伤时的一般要求

（1）耦合剂：同钻杆加厚过渡带、焊缝、管体区域的超声波探伤）要求。

（2）检测表面应平整、无油污和其他影响探伤的附着物。当检测面不平整时应考虑补偿，修整后达不到超声波探伤要求的钻具螺纹改用荧光磁粉探伤。

（3）探头的选择：

①根据所探工件的材质、螺纹型号和密封面宽度选择合适频率的探头，对于奥氏体不锈钢采用探头频率为0.5~2.5MHz，其余采用2.5MHz。如果探测深度超过500mm则采用0.5~2.5MHz。

②探头采用单晶片直探头，锥度应与被检测螺纹一致。晶片尺寸的选择根据所探工件螺纹探测面宽度而定。对于探测面宽在7mm以上的采用直径为14mm的晶片，对于探测面宽在5~7mm的钻具螺纹采用直径10mm的晶片。

2）检测方法

（1）仪器校准及检测灵敏度的确定。

①关闭仪器抑制旋钮,用 50mm 的回波探头或者相应声程的试块对超声波探伤仪按照 250mm 调节探测范围。

②单晶直探头以最后一个完整螺纹回波调节到满屏的 10% 作为检测灵敏度。

③锥度直探头以最后一个完整螺纹回波在显示屏上消失时的灵敏度作为检测灵敏度。

(2)扫查方式。

探伤时探头垂直于探测面,施加均匀压力,沿顺时针方向靠内外圆周面平缓地对螺纹进行扫查,扫查时探头与工件的接触面积不能低于探头晶片面积的一半。对于螺纹端面厚度大于 10mm 时,采用锯齿形扫查,扫查速度不超过 100mm/s,覆盖率不小于 15%。

3)缺陷的判定

(1)用单晶片直探头时,回波高度大于或等于相同距离正常螺纹反射回波 6dB 判定为缺陷,需切头修扣。回波高度低于 6dB,但周向指示长度大于 15mm 时,仍应判为缺陷,需切头修扣。

(2)用锥度直探头时,出现高度大于基准 10% 的反射回波,且有一定长度时,判定为缺陷。

(3)缺陷的判定应避开近场区,有可疑信号无法判定时,应用荧光磁粉探伤加以确认(图 2-11)。

图 2-11 螺纹缺陷波在探伤仪视波屏中的显示

二、磁粉无损检测

1. 磁粉无损检测原理

磁粉探伤的基础是缺陷处漏磁场与磁粉的磁场相互作用。铁磁性材料或工件被磁化后,由于不连续性的存在,使工件表面和近表面的磁力线发生局部畸变而产生漏磁场,吸附施加在工件表面的磁粉(磁悬液),磁粉粒子便会吸附在缺陷区域,在合适的光照下形成目视可见的磁痕,从而显示出不连续性的位置、大小、形状和严重程度(图 2-12)。这就是磁粉探伤的基本原理。塔里木油田对钻具螺纹、变径部位均采用磁粉探伤[4]。

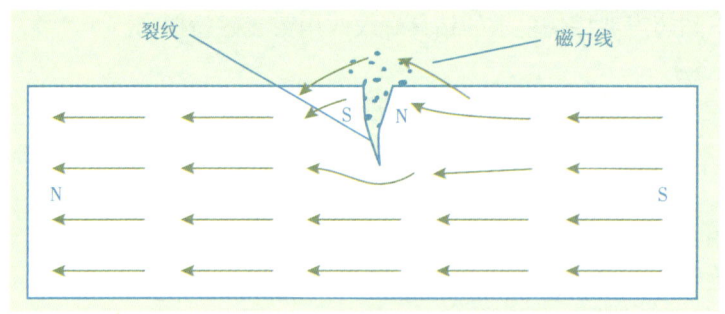

图 2-12 磁化裂纹产生的漏磁场及磁痕显示

2. 工件表面要求

被检工件表面应清洁，没有油脂、铁锈、氧化皮、涂层和其他附着物，被检工件的检验区域的表面粗糙度 R_a 不大于 12.5μm，被检工件表面需经外观检查合格后，方可进行探伤。

3. 磁粉检测设备

（1）当采用荧光法检测时，所使用的紫外线灯在工件表面的紫外线强度应不低于 1000μW/cm²，紫外线的波长应在 0.32~0.40μm 的范围内。

（2）磁轭探伤机提升力的测定，将磁轭放在磁力称量试板上通以电流提起的最大重量为该磁轭探伤机提升力（图 2-13）。当电磁轭极间距为 200mm 时，交流电磁轭至少应有 44N（4.5kgf）提升力。

(a) 磁轭

(b) 线圈

图 2-13 磁轭和线圈

（3）辅助设备（图 2-14）：
①A 型试片和 C 型试片；
②磁场指示器（八角试块）；
③磁悬液浓度测定梨形沉淀管；
④2~10 倍放大镜；
⑤紫外线灯；
⑥场强仪；
⑦磁场强度计。

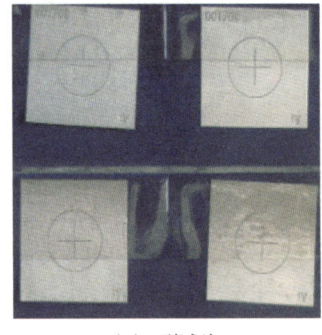
(a) A型试片

(b) C型试片

(c) 磁场指示器（八角试块）

图 2-14 辅助设备

4. 磁悬液

（1）磁粉：选用非荧光黑磁膏或荧光磁粉。

（2）磁悬液的配制：用煤油或水作为分散媒介。若以水为媒介时，应加入适当的防锈剂和表面活性剂。油基载体磁悬液的运动黏度在 38℃ 时小于或等于 $3.0mm^2/s$，最低使用温度下小于或等于 $5.0mm^2/s$，闪点不低于 94℃，无荧光、无活性和无异味。

（3）磁悬液的浓度：应根据磁粉种类、粒度，以及施加方法、时间来确定。一般情况下，新配制的非荧光磁粉浓度为 10~25g/L，荧光磁粉浓度为 1~3g/L。

（4）磁悬液浓度的测定：测量前充分搅拌磁悬液，使其均匀后，取 100mL 磁悬液注入梨形沉淀管使其沉淀。煤油和水配制的磁悬液须静置 30min，沉淀在管底的容积即表示磁悬液的浓度。一般情况下，非荧光磁粉沉淀体积值为 1.2~2.4mL，荧光磁粉的沉淀体积为 0.1~0.4mL。

5. 灵敏度试片及灵敏度的校验方法

（1）采用 A 型或 C 型试片时，应将试片无人工缺陷的面朝外，为使试片与被检测面接触良好，可用透明胶带将其平整地粘贴在被检测面上，注意胶带不能覆盖试片上的人工缺陷。测试时，应使用连续法。

（2）钻具螺纹、管体等部位的检测推荐采用 15/50 的 A 型灵敏度试片。

6. 磁化方法

（1）采用磁轭磁化工件时，在工件表面至少进行两次不同方向的磁化检验。两个方向检验时，磁力线应尽量相互垂直。

（2）磁轭的磁极间距应控制在 200mm 之间，检验有效区域为两极连线两侧各 50mm 范围内，磁化区区域每次应有 10% 的重叠。

（3）对钻具螺纹和吊卡台肩采用交直流线圈纵向法磁化，不排除其他磁化方法。

（4）对所探工件进行纵向（工件长径比 $L/D > 3$）磁化（利用剩磁检测时，应有足够的磁场强度）。

（5）在利用剩磁法检验前，应用磁场强度计进行验证，磁场强度大于 8kA/m 方可使用。如不能则改用连续法进行检测。施加磁粉或磁悬液之前，任何强磁性物体不得接触被检工件表面。

（6）钻杆经电磁检测工序后，钻具螺纹和吊卡直角台肩处剩余磁感应强度用场强仪测量必须大于或等于 0.8T，方可用剩磁法进行探伤，否则应采用连续法探伤。

（7）采用剩磁法磁化时磁化线圈应与钻具螺纹（或直角台肩处）同心或偏心，线圈纵向位置应使钻具螺纹端面凸出 20mm，每次通电时间为 0.5~1s，重复通电 3~5 次后停止磁化（图 2-15）。

（a）线圈检测

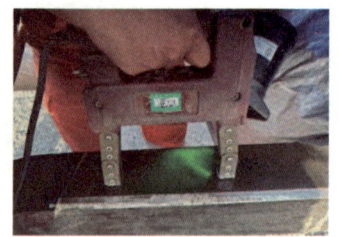
（b）磁轭检测

图 2-15　磁粉无损检测

7. 磁悬液的施加方法

（1）工作时应确定整个检测面能被磁悬液良好地湿润后，再施加磁悬液。

（2）磁悬液的施加方法可采用喷、浇、浸湿等，不可采用刷涂法，磁悬液在检测表面的流动速度不能过快。

（3）使用连续法时磁悬液的施加必须在磁化的同时施加，通电时间为1~3s，停施磁悬液至少1s后方可停止磁化。

（4）在检测过程中已形成的磁痕不要被流动的磁悬液破坏。

8. 磁痕的观察

（1）荧光磁粉检测时，磁痕的评定应在暗室进行，暗室内可见光照度应不大于20Lx，工件被检表面的黑光辐照度应大于或等于$1000\mu W/cm^2$。

（2）非荧光磁粉检测时，磁痕的评定应在可见光下进行，工件被检测表面的可见光照度不小于500Lx。

（3）除能确认磁痕是由于工件材料局部磁性不均或操作不当造成的之外，其他磁痕显示均应作为缺陷磁痕处理。

（4）当辨认细小缺陷磁痕显示，观察时应辅以2~10倍放大镜（图2-16）。

图2-16 磁痕显示（裂纹）

三、漏磁无损检测

1. 漏磁无损检测原理

当铁磁性构件被外加磁化器磁化后，在构件内可产生磁场，若构件上存在腐蚀或机械损伤等缺陷，则磁力线会泄漏到构件外部，从而在其表面形成漏磁场，如在磁化器中部放置一个磁场传感器（通常采用霍尔元件或线圈等磁场传感器），则可探测到该漏磁场。由于漏磁场强度与缺陷深度和大小有关，可以通过分析漏磁场信号获得构件上缺陷情况（图2-17）[4]。

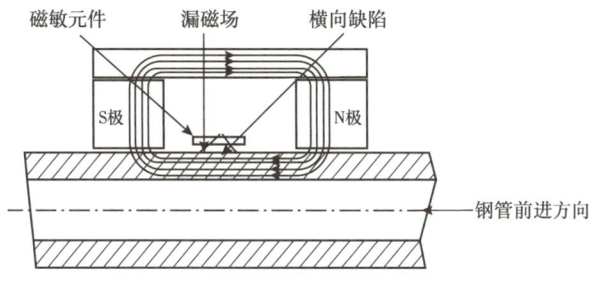

图2-17 电磁检测原理图

塔里木油田对使用过的各种规格的钻杆均采用电磁检测,电磁检测分移动式和固定式两种SV3装置。

SV3检测装置是采用电涡流检测、漏磁检测和霍尔效应对使用过的钻杆进行钢级对比、横向缺陷、腐蚀和壁厚变化进行检测的一种检测设备。

2. 工件要求

(1)被检钻杆表面应清洁,不应有影响检测的附着物(油脂、铁锈、氧化皮、钻井液等)存在,被检工件表面需经外观检查合格后,方可进行探伤。

(2)钻杆直线度为:管体全长(不包括加厚区)直线度不大于6mm,管端(除过加厚区)直线度不大于2mm/1.5m。

3. 检测环境要求

(1)检测场地温度:夏天不超过50℃,冬天不低于-20℃。

(2)检测场地相对湿度:最大95%,非凝结型。

(3)电源:电源供电电压波动应不超过探伤装置额定电压的±5%,并清洁无尖峰。

(4)压缩空气:工作压力不小于0.5MPa,排量不小于0.15m³/min。压缩空气应清洁、干燥。

4. 漏磁检测设备

漏磁检测设备分固定式和移动式,均由磁化装置、探头装置、操作控制系统、信号记录与处理系统、标记系统及动力传动系统等构成(图2-18)。

(1)磁化装置由磁化线圈、钢级对比线圈和退磁线圈组成。励磁电流连续可调。

①磁化线圈对要进行检测钻杆纵向磁化,以便进行横向缺陷和壁厚损失变化的检测;

②钢级对比线圈判断被检测管子与已知钢级的管子是否为相同钢级;

③退磁线圈把经过探头的钻杆进行退磁,退磁后剩余磁场强度应低于25Gs。

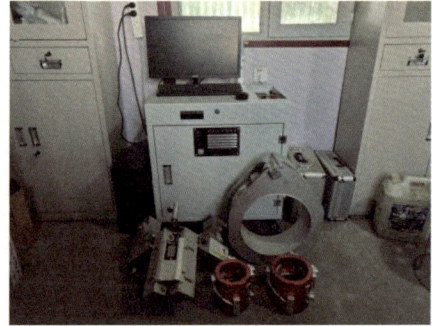

(a)固定式电磁检测设备　　　　(b)移动式电磁检测设备

图2-18　电磁检测设备

(2)探头装置由横向缺陷检测探头和壁厚检测探头组成。

①横向缺陷检测探头可以有效地探测到钻杆内、外表面上存在的横向裂纹,轧压形成的重叠、凹痕、划伤及腐蚀麻坑等缺陷,并且把检测结果显示到监视屏幕上;

②壁厚探头利用霍尔效应元件探测管子壁厚的变化,壁厚变化的信息经过工业计算机处理分析,然后与正常的管子信息对比,钻杆壁厚变化的信息会显示到监视屏幕上。

（3）操作控制系统通过工业计算机操作来控制磁化线圈移动、探头移动（或钻杆输送），实现探伤全过程控制和监视探伤结果。

（4）信号记录处理系统处理和监视缺陷信号，调整电噪声，并防止噪声干扰。对探伤信号的实时采集处理，数字化传送到计算机进行跟踪显示和储存；缺陷探伤显示和壁厚变化分屏显示；屏幕显示管子长度和次序编号等功能。

（5）标记系统在计算机控制下，在有缺陷的钻杆喷印标记指出缺陷的位置和严重程度（或发出声光报警）。

（6）动力传动系统给磁化线圈移动、探头移动（或钻杆输送）提供动力。

5. 探头扫查方式

1）移动SV3探伤装置探头直进式移动，钻杆固定。

2）固定SV3探伤装置探头固定，钻杆直进式移动。

6. 对比试样

（1）对比试样用于标定探伤装置综合性能，调整探伤装置的初始灵敏度。

（2）对比试样应在新钻杆上截取，制作人工缺陷。检测不同规格的钻杆应有相应规格的对比试样。

（3）人工缺陷在对比试样上加工成轴向矩形槽或圆柱形通孔。对比试样上人工缺陷可采用机械加工、电火花加工、化学腐蚀等方法制作。

（4）对比试样的人工缺陷名称：矩形槽用N表示，通孔用D表示。人工缺陷尺寸见表2-14。

表2-14　对比试样的人工缺陷名称与尺寸

槽的名称	深度	深度公差	宽度（mm）	长度（mm）	通孔名称	通孔直径（mm）	孔径公差
N5	管壁厚的5%	深度小于1.0mm时为±0.05mm；深度不小于1.0mm时为±0.1mm	<1	>25	D0.8	0.8	孔径小于2.0mm时为±0.05mm
N10	管壁厚的10%				D1.0	1.0	
N12.5	管壁厚的12.5%				D1.2	1.2	
N15	管壁厚的15%				D1.6	1.6	
N25	管壁厚的20%				D2.0	2.0	孔径不小于2.0mm时为±0.1mm
N30	管壁厚的25%				D2.5	2.5	
N40	管壁厚的30%				D3.2	3.2	

7. 检测步骤

（1）开机预热20~30min，调节每个电源的输出为合适大小的恒流恒压，使整个探伤装置达到稳定良好的工作状态。

（2）探伤装置校准。

横向缺陷检测探头和壁厚检测探头校准按《移动式SV3操作规程》和《固定式SV3操作规程》进行；钢级对比校准按《固定式SV3操作规程》进行。校准的时机和频次为：

①每次关闭电源后重新开机，应进行校准；

②SV3每检完50根后；

③探头维修或更换后；
④检测人员认为必要时可进行校准。
每次校准后必须打印并保存灵敏度记录。
（3）检测人员对检测全过程进行操作和监控。
（4）使用工业计算机对检测结果进行记录存储。
（5）可疑信号的处理。
发现可疑信号应对信号产生部位进行重复检测；对可疑信号部位进行人工验证，验证包含以下内容：
①目视检验观察管体外观状况；
②腐蚀麻坑、机械损伤的深度测量；
③内外壁信号的超声波验证；
④壁厚变化的超声测厚；
⑤如有必要，进行表面缺陷的磁粉检测。

8. 退磁

当钻杆需要退磁时，用退磁线圈对已探伤的钻杆退磁，退磁后剩余磁场强度应低于25 高斯。

四、渗透无损检测

1. 渗透无损检测原理

渗透探伤是将一种含有染料的着色或荧光渗透剂涂覆在零件表面上，在毛细作用下，由于液体的润湿与毛细管作用使渗透剂渗入表面开口缺陷中，然后去除掉零件表面上多余的渗透剂，再在零件表面涂上一层薄层显像剂，缺陷中的渗透剂在毛细作用下重新被吸附到零件表面上来而形成放大了的缺陷图像显示，在紫外线灯（荧光检验法）或白光灯（着色检验法）下观察缺陷显示（图2-19）。渗透检测作业多用于石油钻柱中的无磁承压钻杆、无磁钻铤等非磁钻工具[4]。

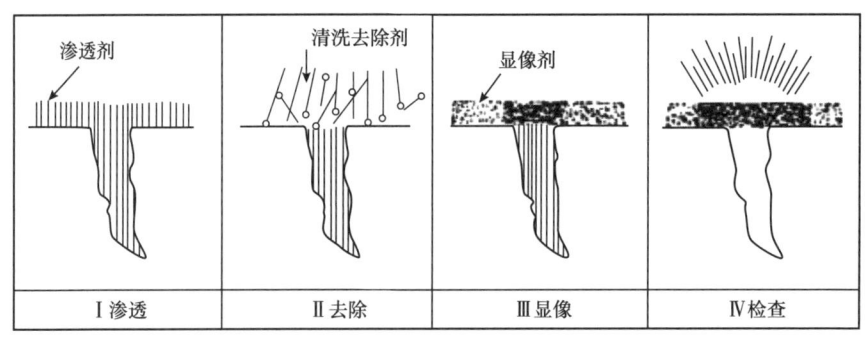

图2-19　渗透检测的步骤

2. 渗透检测方法的分类

渗透探伤包括荧光法和着色法。荧光法是将含有荧光物质的渗透液涂敷在被探伤件表面，通过毛细作用渗入表面缺陷中，然后清洗去除表面的渗透液，将缺陷中的渗透液保留下来，进行显像。典型的显像方法是将均匀的白色粉末撒在被探伤件表面，将渗透液从缺陷处吸出并扩展到表面。这时，在暗处用紫外线灯照射表面，缺陷处发出明亮的荧光。着色法与荧光法相似，只是渗透液内不含荧光物质，而含着色染料，使渗透液鲜明可见，可在白光或日光下检查。一般情况下，荧光法的灵敏度高于着色法。这两种方法都包括渗透、清洗、显像和检查四个基本步骤。根据从被探伤件上清洗渗透液的方法，渗透探伤的方法又可分为水洗型、后乳化型和溶剂去除型三种。常用的渗透探伤方法有着色渗透探伤、荧光渗透探伤、水洗型渗透探伤、溶剂去除渗透探伤、干式显像渗透探伤、湿式显像渗透探伤，实际探伤时经常是将几种不同方法组合应用（表2-15）。

表2-15 渗透检测方法分类

分类	渗透剂	渗透剂的去除	显像剂
检测方法	荧光； 着色； 荧光着色	水洗型； 溶剂去除型； （亲油）后乳化型； （亲水）后乳化型	干粉显像剂； 水溶解显像剂； 水悬浮显像剂； 溶剂悬浮显像剂； 自显像

注：渗透检测方法的名称：渗透剂的去除+渗透剂+显像剂（强调时备注）。如：后乳化型着色法。

3. 渗透探伤特点

1）着色法（V）

只需在白光和日光下进行，在无水无电的场所下工作。

（1）水洗型着色法（VA）：适用于检查表面较粗糙、要求不太高的零件。探伤灵敏度低，不易发现细微缺陷。

（2）后乳化型着色法（VB）：应用广泛，灵敏度高，适用于检查较精密的零件。

2）荧光法（F）

需要配合紫外线灯和暗室，无法在没电的场所工作。

（1）水洗型荧光法（FA）。

主要优点：

①缺陷显示在紫外线灯下有明亮的荧光和高的可见度。

②零件表面多余的渗透剂可直接用水去除，相对于后乳化型渗透检验工艺，具有操作简单、检验费用低等优点。

③用于粗糙表面的零件和形状复杂的零件的检验，能检出零件的拐角、键槽、螺纹等部位的缺陷。

④高灵敏度的水洗型荧光剂能检查出非常细微的缺陷。

主要缺点：

①所用材料多数是可燃和易挥发的，不宜在开口槽中使用。

②相对于水洗型和后乳化型而言，不太适合于批量零件的连续检验。

③不太适用于表面粗糙的工件检测，不宜对喷砂的工件表面进行检测。

④擦除表面多余的渗透剂要细心，否则易将浅而宽的缺陷中的渗透剂擦除掉，造成缺陷漏检。

⑤重复检验效果差。

⑥需要暗室和紫外线灯,并要求在紫外线灯下检验。
(2)后乳化型荧光法(FB)。
主要优点:
①缺陷显示在黑光灯下有明亮的荧光和高的可见度。
②能检出浅而宽的开口缺陷。
③渗透剂中不含乳化剂,有利于渗入表面开口缺陷中去,可发现更细微的缺陷,检验灵敏度高。
④渗透剂中荧光染料的浓度高,故显示亮度比水洗型荧光渗透剂要高。
⑤不含乳化剂的渗透剂渗透速度较快,渗透时间比水洗型要短。
⑥酸和铬酸盐对乳化型渗透剂的影响较小(因为酸和铬酸盐仅在有水的情况下与荧光染料发生反应,后乳化型渗透剂中不含乳化剂,不能吸收水分,故酸和铬酸盐对乳化型渗透剂的影响较小)。
⑦重复检验效果较好。
⑧后乳化型渗透剂中因不含乳化剂,水进入后将沉淀槽底,故水对后乳化型渗透剂污染影响小。
⑨乳化型渗透剂中因不含乳化剂,温度变化时,不产生分离、沉淀和凝胶现象。
主要缺点:
①要进行单独的乳化工序,操作周期长,检验费用高。
②必须严格控制乳化时间,才能保证检验灵敏度。
③零件上的键槽、螺纹、拐角、凹槽等部位的渗透剂不易被清洗。为保证这些部位的灵敏度,乳化前,这些部位的渗透剂需充分滴落干净。
④大型工件用后乳化型渗透检验比较困难。
⑤需要暗室和紫外线灯,并要求在紫外线灯下检验。

4. 作业流程

1)清洗

渗透探伤前,必须进行表面清理和预清洗,清除被检零件表面所有污染物;机加工件表面粗糙度应小于12.5μm。准备工作范围应以探伤部位四周向外扩展25mm。清除污物的方法有机械方法、化学方法及溶剂去除法等。

2)渗透

渗透施加方法应根据零件大小、形状、数量和检查部位来选择喷涂、刷涂、浇涂及浸涂等方法。在渗透过程中时间的长短与温度范围对探测缺陷的灵敏度有很大影响,渗透温度在15~50℃范围内时,渗透时间一般为5~10min;当渗透温度为3~15℃时应根据温度变化增加渗透时间。

3)去除

溶剂去除型渗透剂用清洗剂去除,除了特别难以去除的情况外,一般都用蘸有清洗剂的布和纸擦拭;不得往复擦拭,不得将被检件浸于清洗剂中或过量地使用清洗剂;在用水喷法清洗时,水管压力以0.21MPa为宜,水压不得大于0.34MPa,水温不超过40℃。

4)干燥

干燥方法有用干净布擦干、压缩空气吹干、热风吹干、热空气循环烘干等。被检物表面的干燥温度应不大于50℃，当采用溶剂去除多余渗透剂时，应在室温下自然干燥。

5）显像

显像过程是用显像剂将缺陷处的渗透液吸附至零件表面，产生清晰可见的缺陷图像。显像时间不能太长，显像剂不能太厚，否则缺陷显示会变模糊。显像时间一般应不小于10min，且不大于60min。

6）观察

观察显示迹痕应在显像剂施加后7~30min内进行。如显示迹痕的大小不发生变化，则可超过上述时间。

为确保检查细微的缺陷，被检零件上的照度至少达到500Lx。

探伤结束后，为防止残留的显像剂腐蚀被检物表面或影响其使用，必要时应清除显像剂。清除方法可用刷洗、喷气、喷水、用布或纸擦除等方法。

五、现场探伤

对于井上使用的钻具，在使用过程中受力复杂，将产生疲劳积累，疲劳积累到一定程度，就会在应力集中严重的部位产生疲劳裂纹。现场探伤检测希望在裂纹萌生初期发现，防止钻具失效事故发生。裂纹萌生是在一定的疲劳积累条件下发生的，因此探伤时间的选择就显得尤为重要。合适的探伤周期能够保障检测的有效性，及时发现有缺陷钻具，起到预防作用。探伤周期也不是一成不变，需要根据钻井工况和参数变化、井眼轨迹和钻具失效情况及时优化调整。

1. 现场探伤周期

现场探伤项目见表2-16，不同钻具探伤周期见表2-17。

表2-16 现场探伤项目

钻具名称	方钻杆	钻杆	加重钻杆	钻铤、工具接头、内防喷工具	钻具稳定器
探伤部位	螺纹、近接头本体	加厚过渡区	焊缝、螺纹、中间耐磨辊两侧	螺纹	螺纹、本体与工作体过渡区

注：场地探伤应对螺纹进行磁粉检测，无磁钻井工具及转换接头螺纹应进行超声和渗透检测。

表2-17 现场探伤周期表

类别	技术状况	井眼尺寸	探伤周期（h）	备注
钻杆	全新	—	2000±100	所受拉力达到相应级别抗拉强度的90%时，应在复杂解除后立即对受拉达到90%钻杆及以下500m钻杆进行现场探伤
	一级	—	1000±100	
方钻杆	—	—	1000±100	井口偏心超过30mm时，旋转时间（250±50）h
加重钻杆、钻铤、钻具稳定器、转换接头、无磁加重钻杆、无磁钻铤	—	8½in及以上	450±50	钻遇蹩跳钻严重地层时，适当缩短探伤周期
	—	5⅞~6¾in	200±50	
	—	4⅜in及以下	—	宜每趟钻倒换使用，并甩至场地进行现场探伤

注：探伤周期为累计纯钻时间，根据探伤数据统计分析可对探伤周期进行优化。

2. 现场探伤注意事项

井队现场探伤主要针对下部钻具组合的螺纹和钻杆加厚过渡带，探伤方式主要采取超声波起钻探伤和井队场地磁粉探伤。就大钻具螺纹来说最好的检测方式是将钻具甩到场地清洗干净后进行磁粉探伤，但每次将钻具甩到场地需要耽误很多时间，因此塔里木油田采取超声波在井口螺纹进行探伤。这种方式是考虑检测准确性和检测效率的折中选择，存在螺纹微裂纹漏检的风险。

3. 超声波探头选择

探头选择非常关键，要求半扩散角控制在 4°~8° 范围，确保能够沿螺纹根部扫查。还可以选用锥度直探头，锥度应与被检螺纹锥度一致。用超声波探伤灵敏度的选定也特别关键，探螺纹时不能选定固定灵敏度，因为回收钻具接头端面粗糙度相差比较大，声耦合差别也大，这样导致反射回波高度差别也加大，如果选用固定灵敏度势必引起误判。因此在实际中采用螺纹回波作为参考波调节灵敏度，伤波高度与螺纹回波高度进行对比进行判定以确保探伤准确性，用超声波检测发现螺纹缺陷最终还需要用磁粉检测来验证。

4. 速度控制

现场起钻探钻时起到探伤部位一定要求井队停顿，给探伤人员一定的时间进行扫查和观察。钻杆起钻加厚过渡带探伤扫查分上下两个方向，检查加厚过渡带和卡瓦牙咬伤区域。探伤人员一手拿仪器一手抹探头，如果钻杆不停顿留给探伤人员的时间很有限，而且要分心观察仪器信号，一方面不安全，另一方面容易导致漏检，单手拿探头要绕不断上升的钻杆扫查一整圈，很难做到扫查区域 100% 覆盖，容易导致漏检。

5. 无磁钻具检测

无磁承压钻杆、无磁钻铤是定向井、水平井钻井时常用的工具，一般采用奥氏体不锈钢，晶粒比较粗大，采用超声波探伤杂波反射高，容易漏检。由于不能磁化也不能采用磁粉探伤，最合适的无损检测方法是用渗透检测，但用渗透检测螺纹操作难度比较大，螺纹牙底的清洁和内螺纹的显像剂均匀喷洒和观察都比较困难，需要很高的操作技巧。塔里木油田一般采用超声波和渗透两种方法同时使用，避免漏检和误判。

第六节　螺纹修理

螺纹质量直接影响钻具的连接强度、密封性能和使用寿命。在钻具螺纹修复中，加工高质量的螺纹是钻具修复的主要任务，也是减少钻具井下事故、延长钻具使用寿命的重要措施。塔里木油田钻具管理部门不断总结和完善螺纹修理经验，摸索出适合塔里木油田深井超深井的螺纹预防性维修体系。

一、螺纹主要尺寸

钻具接头螺纹牙型尺寸应符合 GB/T 22512.2—2008《石油天然气工业　旋转钻井设备　第 2 部分：旋转台肩式螺纹连接的加工与测量》中 6.1.7 规定。

1.API 石油钻具接头螺纹

API 石油钻具接头螺纹尺寸见表 2-5。

2. 塔里木油田石油钻具接头螺纹

（1）塔里木油田常用石油钻具接头螺纹加工尺寸见表2-6。
（2）塔里木油田石油钻具接头螺纹加工尺寸公差见表2-18。

表2-18 塔里木油田石油钻具接头螺纹加工尺寸公差　　　单位：mm

单项元素	极限偏差		
外螺纹锥部长度 L_{PC}	0 -3.2		
内螺纹锥孔长度 L_{BC}	+9.5 0		
内螺纹扩锥孔大端直径 Q_C	+0.8 -0.4		
外螺纹锥部大端直径 D_r	±0.4		
外螺纹台肩面和内螺纹密封端面对其轴线垂直度	0.05		
螺纹轴线对本体的同轴度	0°3′35″ （或 1/1000）		
外螺纹锥度间隙	径向间隙	轴向间隙	
		锥度 1:4	锥度 1:6（1:16）
	+0.07 0	0 -1.2	0 -1.8
内螺纹锥度间隙	+0.07 0	0 -1.2	0 -1.8
螺距	每 25.4±0.038		
	累计 ±0.114，或以螺纹总长度的 1/1000 计算，二者取较大者		
DS 系列双台肩螺纹锥部总长	外螺纹	内螺纹	
	+0.06 -0.10	+0.10 -0.06	

二、螺纹加工设备

1. 车床加工精度

管螺纹车床加工出来的工件精度应达到如下要求：
（1）椭圆度不大于 0.007%［椭圆度 $=2(D_{max}-D_{min})/(D_{max}+D_{min})\times 100\%$（同一截面）］；
（2）轴线偏差不大于 1mm/m；
（3）外螺纹接头锥度偏差 2.50~0mm/m，内螺纹接头锥度偏差 0~2.50mm/m；
（4）螺纹接头台肩密封面平面度应不大于 0.05mm；
（5）螺纹接头台肩密封面对其螺纹轴线的垂直度应不大于 0.05mm；
（6）螺距误差 ±0.038mm/25.4mm；
（7）表面粗糙度 $R_a \leqslant 3.2\mu m$。

2. 车床精度校验

（1）纵向导轨在垂直平面内的直线度：0.01mm（凸）；

（2）横向导轨的平行度：0.04mm/1000mm；

（3）溜板移动在水平面内的直线度：0.015mm；

（4）主轴的轴向窜动：0.01mm，主轴轴肩支持面的跳动：0.02mm；

（5）主轴定心轴颈的径向跳动：0.01mm；

（6）主轴锥孔轴线的径向跳动：靠近主轴端面为0.01mm，距主轴端面300mm测量长度上为0.02mm；

（7）主轴轴线对溜板移动的平行度：在垂直平面内：在300mm测量长度上为0.02mm（只允许向上偏），在水平面内（测量长度为最大工件回转直径一半或不超过300mm）：在300mm测量长度上为0.015mm（只允许向前偏）；

（8）小刀架移动对主轴轴线的平行度：在300mm测量长度上为0.04mm；

（9）横刀架横向移动对主轴轴线的垂直度：0.02mm/300mm（偏差方向 $\alpha \geq 90°$）；

（10）丝杠的轴向窜动：0.015mm；

（11）车床其他精度按GB/T 4020—1997《卧式车床 精度检验》。

三、钻具螺纹判修

（1）接头螺纹密封台肩面因黏结或碰撞呈凹凸不平状，用专用工具修磨时，内外螺纹的台肩面每次最大修磨量应小于0.8mm，多次修磨总量不超过1.6mm，修磨后，修磨面应从里向外连续完整，对于钻杆，修磨后环形面宽应大于标准面宽的60%，其余部分允许有不影响密封的个别凹陷、划痕，修磨面与螺纹轴线的垂直度公差为0.05mm，平面度公差为0.2mm；

（2）台肩面必须平整无毛刺，如遇有飞边毛刺、金属堆积物等不平者可用平锉将其沿圆周锉平；

（3）台肩面在满足第（1）条宽度要求下，其余部分允许有不贯通的划痕、磨痕或弧形凹陷，但深度不得超过0.5mm，宽不得超过1.5mm；

（4）螺纹正常磨损后，剩余牙顶宽度小于表2-19的规定必须修扣，双台肩螺纹磨损判修标准与同规格API螺纹一致，磨尖牙数不得超过4牙；

表2-19 钻具接头螺纹正常磨损允许量

接头螺纹型式	螺纹牙型	螺距（mm）	螺纹锥度（mm/mm）	标准牙顶宽度（mm）	剩余牙顶宽度（mm）	磨尖牙数（牙）
NC26 NC31 NC35 NC38 NC40 NC46 NC50	V-0.038R	6.350	1:6	1.651	0.83	<5
NC56 NC61 NC70	V-0.038R	6.350	1:4	1.651	0.83	<5

续表

接头螺纹型式	螺纹牙型	螺距（mm）	螺纹锥度（mm/mm）	标准牙顶宽度（mm）	剩余牙顶宽度（mm）	磨尖牙数（牙）
2⅞ inFH 3½ inFH 4½ inFH 2⅜ inREG 2⅞ inREG 3½ inREG 4½ inREG	V-0.040	5.080	1:4	1.016	0.51	＜5
5½ inREG 6⅝ inREG 7⅝ inREG 8⅝ inREG	V-0.050	6.350	1:6	1.270	0.64	＜5
5⅛ inFH 6⅝ inFH	V-0.050	6.350	1:4	1.270	0.64	＜5
2⅜ inIF 2⅞ inIF 3½ inIF 4 inFH 4 inIF 4½ inIF 5½ inIF	V-0.065	6.350	1:6	1.651	0.83	＜5

（5）螺纹黏扣、严重锈蚀或有钻井液刺痕的应修扣；

（6）外螺纹轻度外伤，可用三角锉刀修复，其缺损长不得大于 20mm，深度不得超过原扣的 1/3，连续缺损不得超过 3 牙；

（7）内螺纹镗孔处因撞击等原因产生径向变形，镗孔大端直径不得超过 ±1.5mm，对于 2⅜ in、2⅞ in 钻杆和 3½ in 钻铤不得超过 ±1.2mm；

（8）发生外螺纹伸长，当外螺纹螺距伸长量在 50.8mm 内超过 0.75mm 要修扣。

四、钻具螺纹车修

1. 外螺纹接头车修的一般工序

（1）用对刀样板校对和安装螺纹车刀；

（2）根据螺纹磨损程度确定在锥体小端车去的长度 L：

$$L = 2t/K \qquad (2-32)$$

式中　L——车去长度，mm；

　　　t——损伤的螺纹牙型高度，mm；

　　　K——螺纹锥度，mm/mm。

(3）按螺纹大端直径平台肩面；

(4）向大端锥体赶扣，螺纹全长粗车；

(5）成型刀具精车螺纹；

(6）调整紧密距，台肩外倒角，小端内倒角；

(7）车锥体小端60°斜面，剔除该处牙侧面上的毛刺。

2. 内螺纹接头车修的一般工序

(1）平端面，台肩车去的长度 L 由式（2-32）计算得出；

(2）内锥体小端位置30°锥面，大端扩锥孔；

(3）锥体小端赶扣，全部螺纹粗车；

(4）成型刀具精车螺纹；

(5）调整紧密距，台肩面外倒角；

(6）扩锥孔精车，与螺纹交界处车60°斜面，台肩面内倒角，修除螺纹接头毛刺。

3. 外螺纹车制一般工序

(1）平端面，用对刀样板校对和安装螺纹车刀；

(2）车锥体、台肩面、小端60°斜面，应保证锥体长度和台肩根部圆角半径，用锥度环规（光规）检验控制锥度及大端直径；

(3）粗车螺纹；

(4）成型刀具精车螺纹，保证齿形、螺距、锥度和表面精度合格；

(5）用齿形样板检查齿形；

(6）用螺纹工作环规检验紧密距，检验接头台肩外倒角、接头小端内倒角；

(7）小端60°螺纹牙侧面毛刺修除，用梳齿规、锥度塞规（光规）、螺纹工作量规全面复验。

4. 内螺纹车制一般工序

(1）平端面，用对刀样板校对和安装螺纹车刀；

(2）车镗孔、锥体及小端30°锥面，用锥度塞规（光规）检验锥体及大端直径；

(3）大端镗孔，保证镗孔深度；

(4）成型刀具精车螺纹；

(5）精车螺纹，检查并保证齿形、螺距、锥度和表面精度；

(6）用工作塞规检查紧密距；

(7）精车镗孔与螺纹交界处60°斜面和台肩外倒角，检查并保证镗孔直径尺寸；

(8）修除螺纹接头毛刺，用梳齿规、锥度塞规、螺纹工作量规全面复验。

5. 钻具螺纹接头切头修复

对不能采用车修的螺纹接头，应切头重新加工螺纹接头。

6. 钻具螺纹修复量

(1）钻杆螺纹强修时，切除量每次不小于20mm。

(2）加重钻杆、钻铤、稳定器和转换接头内外螺纹的修复切除量每次不小于20mm，具体见表2-20，其中API外螺纹应力槽可以赶修一次，应保证应力槽宽不大于31mm。

表 2-20 钻具接头螺纹修复切除量参数

名称	螺纹型号	内螺纹		外螺纹	
		类型	切除量（mm）	类型	切除量（mm）
钻铤稳定器	NC23、NC26、NC31、NC35、NC38	普通	20	普通	20
	DS26、XT26、DS31、DS35、DS38	双台肩	20	双台肩	20
	NC46、NC50	TLM应力槽	48	API	80
	NC56	TLM应力槽	36	API	62
	NC61	TLM应力槽	36	LET	28
	NC77	普通	20	LET	28
方钻杆	NC38×6⅝ in REGLH NC50×6⅝ in REGLH	普通	20	普通	20
	5½ in FH×6⅝ in REGLH	TLM应力槽	48	普通	20
加重钻杆	NC38	普通	20	普通	20
	HT40	双台肩	20	双台肩	20
	NC50、5½ in FH	普通	20	普通	20
	NC50、5½ in FH	TLM应力槽	48	API	80
	5½ in FHDS	双台肩	20	双台肩	20

五、加工要求及验收

1. 表面质量

（1）螺纹工作表面应光滑，表面粗糙度 R_a ≤ 3.2mm，没有凹痕、裂纹、龟裂及其他损坏连接密封性的缺陷。

（2）内、外螺纹接头密封台肩面粗糙度 R_a ≤ 3.2mm，且不允许有毛刺、龟裂、凹痕及其他损害密封性能的缺陷。

（3）内、外螺纹接头白趾部位粗糙度 R_a ≤ 6.3mm。

（4）双台肩螺纹内、外副台肩面粗糙度 R_a ≤ 6.3mm，其他部位粗糙度同普通螺纹。

2. 螺纹检验

（1）螺纹紧密距测量。螺纹紧密距值应在磷化前测量，用工作量规检验螺纹接头紧密距，外螺纹接头紧密距为 $S_2{}_{-0.127}^{+0.254}$ mm，内螺纹为 $(S_1-S)_{-0.254}^{0}$ mm。

（2）检验紧密距时应以一个人的臂力，通过150mm长的手柄，用60~80N的力旋紧工作量规。

（3）修复钻具螺纹验收时应对台肩倒角直径、外螺纹锥部大端直径、外螺纹锥部总长度、外螺纹连接台肩面至最后一个全牙高螺纹的长度、内螺纹扩锥孔深度、内螺纹锥部总长度、内螺纹有效螺纹长度及内螺纹扩锥孔大端直径等主要参数尺寸进行检验。

3. 表面处理

螺纹接头检验合格后，应进行磷化处理。

六、钻具螺纹磷化

钻具螺纹用磷化液刷在钻具螺纹表面，经化学反应，在螺纹（包括完整螺纹和不完整螺纹）表面、端面、旋转台肩面沉积生成稳定的不溶性无机化合物膜层的过程。

1. 螺纹磷化液的配制

（1）磷化液1：称量氧化锌27.5g，碳酸钙3g，置于1000mL烧杯中，用适量温水调成糊状，缓慢加入硝酸161mL。同时不断搅拌均匀，然后加入磷酸241mL，搅拌使之全部溶解。

（2）磷化液2：称量硝酸锌40g，氯化钠6g，六次甲基四胺4g，置于1000mL烧杯中，加蒸馏水500mL搅拌溶解均匀，再加入滑石粉250g，搅拌成糊状。

（3）将配制好的磷化液1加入磷化液2中搅拌均匀，即可使用。

（4）钻具螺纹磷化环境温度在10~40℃范围内。

2. 螺纹磷化操作过程

用较稠磷化液均匀刷在钻具螺纹表面，包括密封台肩面，时间8~12min。再用温水清洗干净磷化表面的沉淀物及溶剂，然后涂上防锈油。磷化膜厚度应为5~20μm。

磷化后的钻具螺纹表面的颜色应为灰色或灰黑色，膜层应结晶致密、连续均匀；磷化后的钻具表面允许出现轻微的水迹、钝化痕迹、擦白及少量挂灰现象；磷化后的钻具螺纹表面不允许出现疏松的磷化膜、锈蚀或绿斑、局部无磷化膜、表面严重挂灰。

七、成型刀具推广应用

螺纹加工质量对其疲劳寿命有显著影响。钻具螺纹修复采用的刀具有两种，一种是手磨刀具，另一种是成型刀具。手磨刀具加工的螺纹表面粗糙，过渡不标准，不圆滑，容易产生应力集中，使螺纹产生早期疲劳。而成型刀具则能克服手磨刀具的缺点，使加工的螺纹完全符合API要求，提高螺纹的疲劳寿命。

1. 成型刀具优点

（1）成型的螺纹规整；

（2）成型的螺纹各参数稳定；

（3）螺纹表面粗糙度好；

（4）成型的螺纹在连接中互换性好；

（5）螺纹加工速度快；

（6）减少车工手磨刀具的劳动强度和时间；

（7）成型螺纹返工率低；

（8）易于实现自动退刀，确保螺纹加工质量。

2. 操作要点

为充分发挥成型刀具的优越性，必须正确使用成型刀具，熟练掌握成型刀具的操作要点，加工出高质量的螺纹。通过实践应用，逐步探索出了各工序的操作要点及技术要求。

1）成型刀具的夹紧

成型刀具的夹紧包括刀杆夹紧和刀片夹紧两个方面。

刀片夹紧是指刀片夹紧在刀杆上的操作。刀片夹紧力的大小，直接影响刀片的使用寿命和螺纹质量。刀片夹持不紧，在加工螺纹过程中，刀片发生位移，导致刀片打坏或使螺纹损坏，或者使加工出来的螺纹质量不符合技术要求。如果刀片夹持过紧，刀片内应力增加，在加工过程中容易脆裂，缩短刀片的使用寿命。

刀杆的夹紧也十分重要。刀杆在刀台上夹持不紧，导致加工过程中刀杆振动或移动，造成加工出的螺纹不合要求或者打坏刀片。刀杆夹持的尺寸，如果突出刀台部分过长，在加工过程中可能发生振动、让刀等现象，使螺纹质量降低，甚至不合格。

2）成型刀具的对正

成型刀具对正包括刀片相对螺纹中心高度和与螺纹轴线垂直对正。刀片刀尖上表面相对螺纹中心高度过高或过低，会导致螺纹中径过小或过大，造成螺纹不符合要求。根据多年的生产实践，刀片刀尖上表面相对螺纹中心高度应控制在0.2~0.6mm范围内，加工出的螺纹中径比较理想。刀尖中心线应与螺纹轴线垂直，这是保证螺纹牙型质量的前提。如果刀尖中心线与螺纹轴线不垂直，将造成螺纹烂牙等缺陷，使螺纹牙型、中径等参数不符合技术要求。

3）切削速度的选择

要加工高质量的钻具螺纹，必须采用合适的切削速度，钻具硬度一般在HB285~340之间，车床转速一般在160~240r/min为宜，对于小尺寸的螺纹，材料硬度较低时，精车时的转数要高一些。对于较大尺寸，且硬度较高的螺纹，精车时的转速要低一些。原因有两个方面：一是经过多年实践，在这种切削速度下加工出的螺纹表面粗糙度能满足技术要求；二是在这种切削速度下加工螺纹，刀片的使用寿命较长。如果切削速度过高，螺纹表面粗糙度虽能满足要求，但刀片磨损也快。如果切削速度低，修复的螺纹表面粗糙度可能降低，同时劳动生产率降低，还可能挤坏刀片。

塔里木油田在未推广成型刀具时，螺纹的一次成品合格率为93.7%，间接减少钻具使用寿命。从1996年推广应用成型刀具以来，用成型刀具加工各类钻具螺纹一次成品合格率达到99.8%，提高了劳动生产率，也延长了钻具使用寿命。

八、螺纹根部冷滚压

钻具螺纹根部表面冷滚压是以一定的压力通过一特制滚轮去碾压螺纹底部，使被滚压部分的金属组织处于受压状态，产生的预压应力可以抵消或减小外界交变应力中的拉应力，从而提高疲劳强度。冷滚压后还可改善螺纹底部表面粗糙度，且螺纹表面硬度也相应提高，既减轻了应力集中又提高了螺纹的耐磨性。螺纹根部冷滚压工艺主要针对钻铤、钻具稳定器等下部大钻具螺纹的处理[5]。

1. 滚压表面准备

清理螺纹，去除污物和机加工遗留碎屑。不允许存在深度大于0.0508mm的目视可见表面划痕和缺欠。

2. 设备要求

加工旋转台肩接头螺纹的标准车床可用来进行冷滚压操作。滚轮必须安装在有足够长度，能够处理外螺纹或内螺纹全部螺纹的滚轮臂上。滚轮臂上安装的液压缸必须能够产生范围在900~3375lbf的滚轮压力。液压缸必须配备精度达到±5%的压力表，压力表必须在最近6个月内做过校正，并附带标签或标牌标明校正日期、下次校正日期、校正操作单位名称和个人姓名。液压系统必须配备足够能力的存储器，维持液压力和冷滚压过程中滚轮沿锥螺纹长度全部螺纹滚压需要的滚轮压力。

3. 滚轮必须满足的要求

（1）滚轮几何形状如图 2-20 所示，推荐滚轮直径（D_r）为 19.99mm。

（2）滚轮材料必须是最小硬度为 57HRC 的工具钢。滚轮边部必须抛光，最大平均表面粗糙度（R_a）为 0.406mm。

（3）滚轮牙形角（θ_r）必须小于螺纹牙型角 5.0°±0.5°。

（4）滚轮边圆角半径（r_r）必须为表 2-21 规定的每种螺纹牙底半径的 2%。

4. 液压压力要求

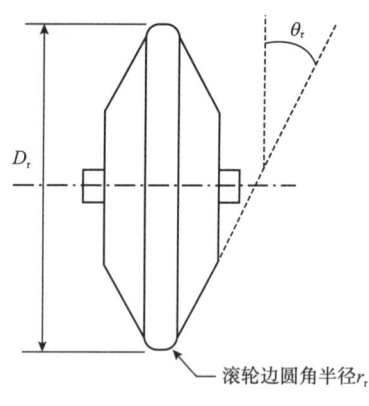

图 2-20 滚轮几何形状

参考表 2-21 得出接头要求的滚轮压力。检查液压缸制造厂规范，查得活塞直径。参考表 2-22 滚轮压力要求和规定活塞直径，查出液压压力，这是产生规定滚轮压力需要的液压压力。如果液压缸达不到要求的液压压力（由表 2-22 查得），就更换一个合适的液压缸。

表 2-21 API 接头螺纹冷滚压滚轮尺寸和滚轮压力要求

接头	螺纹牙型	螺纹牙底半径（in）	滚轮尺寸（in）		滚轮压力要求（lbf）	
			直径 D_r	边圆角半径 r_r	外螺纹	内螺纹
数字型（NC）						
NC23	V-0.038R	0.038	0.787	0.042	1575	3375
NC26	V-0.038R	0.038	0.787	0.042	1800	3150
NC31	V-0.038R	0.038	0.787	0.042	1800	2925
NC35	V-0.038R	0.038	0.787	0.042	1800	2925
NC38	V-0.038R	0.038	0.787	0.042	1800	2925
NC40	V-0.038R	0.038	0.787	0.042	1800	2700
NC44	V-0.038R	0.038	0.787	0.042	1800	2700
NC46	V-0.038R	0.038	0.787	0.042	2025	2700
NC50	V-0.038R	0.038	0.787	0.042	2025	2700
NC56	V-0.038R	0.038	0.787	0.042	2025	2700
NC61	V-0.038R	0.038	0.787	0.042	2025	2475
NC70	V-0.038R	0.038	0.787	0.042	2025	2475
NC77	V-0.038R	0.038	0.787	0.042	2025	2475

续表

接头	螺纹牙型	螺纹牙底半径（in）	滚轮尺寸（in）		滚轮压力要求（lbf）	
			直径 D_r	边圆角半径 r_r	外螺纹	内螺纹
正规型（Reg）						
2³⁄₈ in	V-0.040	0.020	0.787	0.022	900	1800
2⁷⁄₈ in	V-0.040	0.020	0.787	0.022	900	1575
3½ in	V-0.040	0.020	0.787	0.022	900	1575
4½ in	V-0.040	0.025	0.787	0.022	900	1350
5½ in	V-0.050	0.025	0.787	0.027	1350	1800
6⅝ in	V-0.050	0.025	0.787	0.027	1350	1800
7⅝ in	V-0.050	0.025	0.787	0.027	1350	1575
8⅝ in	V-0.050	0.025	0.787	0.027	1350	1575
贯眼型（FH）						
5½ in	V-0.050	0.025	0.787	0.027	1350	1800
6⅝ in	V-0.050	0.025	0.787	0.027	1350	1800

表 2-22 给定液压活塞直径后所要求的液压压力及 API 接头冷滚压滚轮压力

滚压活塞直径（in）	滚压压力要求（psi）									
	3375[①]	3150	2925	2700	2475	2025	1800	1575	1350	900
1/2	17189	16043	14897	13751	12605	10313	9167	8021	6875	4584
5/8	11001	10267	9534	8801	8067	6600	5867	5134	440	2934
3/4	7639	7130	6621	6112	5602	4584	4074	3565	3056	2037
7/8	5613	5238	4864	4490	4116	3368	2993	2619	2245	1497
1	4297	4011	3724	3438	3151	2578	2292	2055	1719	1146
1⅛	3395	3169	2943	2716	2490	2037	1811	1584	1358	905
1¼	2750	2567	2384	2200	2017	1650	1467	1283	1100	733
1⅜	2273	2121	1970	1818	1667	1364	1212	1061	909	606
1½	1910	1783	1655	1528	1401	1146	1019	891	764	509
1⅝	1627	1519	1410	1302	1193	976	868	759	651	434
1¾	1403	1310	1216	1123	1029	842	748	655	561	374
1⅞	1222	1141	1059	978	896	733	652	570	489	326

续表

滚压活塞直径（in）	滚压压力要求（psi）									
	3375[①]	3150	2925	2700	2475	2025	1800	1575	1350	900
2	1074	1003	931	859	788	645	573	501	430	286
2$\frac{1}{8}$	952	888	825	761	698	571	508	444	381	254
2$\frac{1}{4}$	849	792	736	679	622	509	453	396	340	226
2$\frac{3}{8}$	762	711	660	609	559	457	406	356	305	203
2$\frac{1}{2}$	688	642	596	550	504	413	367	321	275	183
2$\frac{5}{8}$	624	582	540	499	457	374	333	291	249	166
2$\frac{3}{4}$	568	530	492	455	417	341	303	265	227	152
2$\frac{7}{8}$	520	485	451	416	381	312	277	243	208	139
3	477	446	414	382	350	286	255	223	191	127
3$\frac{1}{8}$	440	411	381	352	323	264	235	205	176	117
3$\frac{1}{4}$	407	380	353	325	298	244	217	190	163	108
3$\frac{3}{8}$	377	352	327	302	277	226	201	176	151	101
3$\frac{1}{2}$	351	327	304	281	257	210	187	164	140	94
3$\frac{5}{8}$	327	305	283	262	240	196	174	153	131	87
3$\frac{3}{4}$	306	285	265	244	224	183	163	143	122	81
3$\frac{7}{8}$	286	267	248	229	210	172	153	134	114	76
4	269	251	233	215	161	161	143	125	107	72

①该行为滚轮压力（lb）。

5. 滚压程序

从端部螺纹开始滚压。将滚轮置于如图 2-21 中螺纹消失处，逐渐增大液压力达到要求的滚轮压力。冷滚压全过程中以 1r/min 速度旋转管子。重复以上程序两次，至少完成三次滚压。

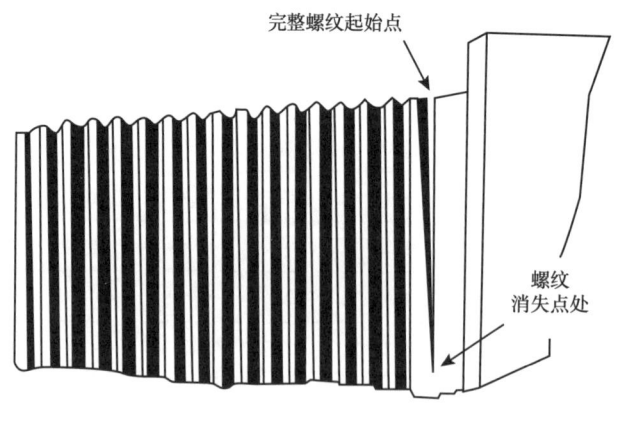

图 2-21　螺纹消失处示意图

6. 冷滚压后检验

冷滚压后，螺纹根部应出现塑性变形痕迹。用 10 倍放大镜观察，螺纹根部由于冷滚压被挤压发生塑性变形。塑性变形证据通常可以借由螺纹根部抛光显示来识别，这可与没有滚压过的螺纹根部不做抛光显示的情况对比。推荐使用安装尖头触点的长爪千分尺来测量螺纹根部变形。同时推荐螺纹根部变形达到这样的程度，冷滚压后螺纹高度比冷滚压之前螺纹高度至少大出 0.1016mm。

第三章　塔里木常用钻具

本章详细介绍了塔里木常用钻具，以及使用与管理经验。塔里木油田勘探开发初期主要使用符合 API 标准的方钻杆、钻杆、加重钻杆、钻铤等常规钻具，钻井过程中面临钻杆频繁刺穿、钻铤等底部钻具螺纹频繁断裂失效等工程难题，加之随着勘探开发向深层进军，常规钻杆抗拉强度不足、深部小井眼配套使用小规格底部钻具螺纹抗扭能力不能满足井下频繁蹩卡等复杂工况导致部分井工程施工困难。为此，研发系列塔标钻杆并推广应用系列双台肩螺纹底部钻具，有效支撑塔里木建成全国最大超深油气田。

第一节　钻杆

一、钻杆简介

钻杆是钻柱的基本组成部分，主要用于延长钻柱长度、传递扭矩和输送钻井液。钻杆通常处于整个钻柱的上部，在打定向井时，考虑到钻铤等刚性强的钻具不宜进入斜井段，通常会把部分钻杆放在钻铤或加重钻杆下面，称其为倒装钻具。钻杆壁厚比方钻杆、加重钻杆、钻铤要薄。现场在起下钻作业时，为提高效率，一般将三根或四根钻杆连接在一起作为一个单元，这一单元称为立柱。

钻杆加工制造流程如图 3-1 所示，影响钻杆现场使用性能的关键因素在于管体和接头选材、管体墩粗工艺控制、热处理工艺控制、探伤控制等方面。在管体、接头、焊缝等热处理生产线，都设置有电子温度记录设备，对热处理温度实时控制，管体与接头热处理采用天然气炉、整体式淬火方式，焊缝部位采用淬火 + 回火（调质）热处理和超声波 + 磁粉探伤。

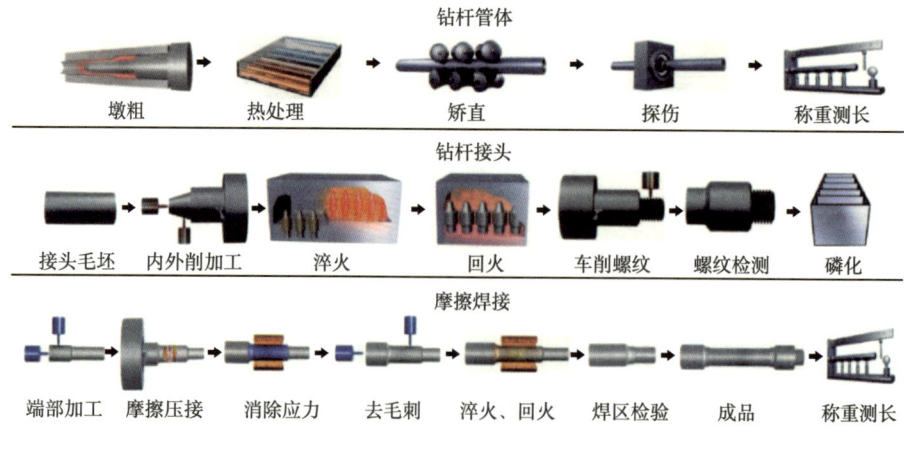

图 3-1　钻杆生产工艺流程

钻杆由管体和接头组成，管体采用无缝钢管，接头与管体通过摩擦对焊连接在一起，钻杆结构如图3-2所示。为了增大摩擦对焊处的强度，管体两端对焊部分是加厚的，加厚形式有内加厚、外加厚和内外加厚三种，加厚形式如图3-3所示。

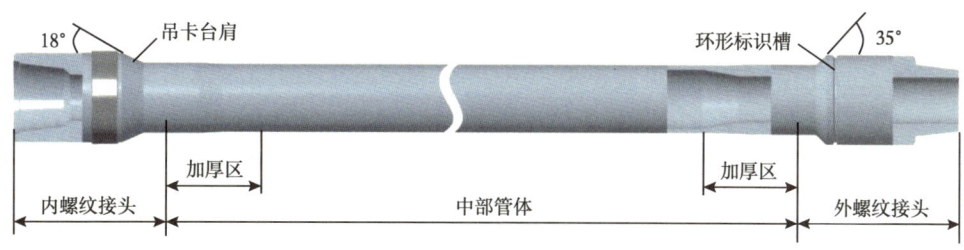

图3-2　钻杆结构示意图

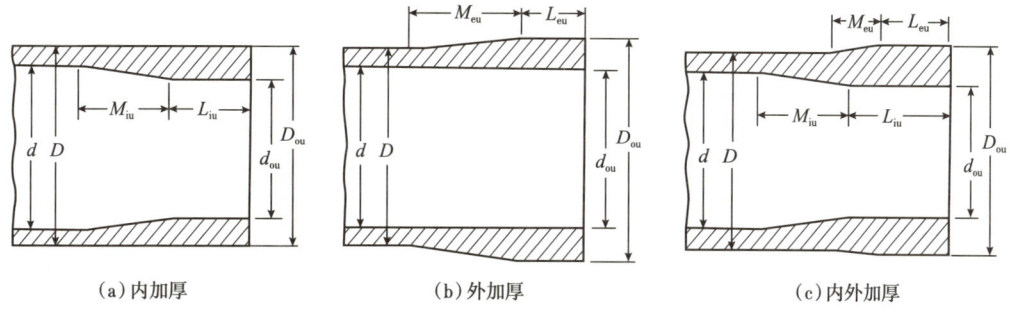

图3-3　钻杆加厚结构示意图

内加厚通过缩小管体两端的内径以增加管壁厚度，这种钻杆外径是一致的，接头外径也不太大，在井中旋转时，接头与井壁接触较小，磨损也就小，但因其内加厚部分内径较管体内径小，增加了钻井液循环时的流动阻力。

外加厚钻杆的内径是一致的，但管体两端外径加大，这种钻杆接头的外径比同尺寸钻杆接头的外径大，在井内旋转时增加了接头与井壁的接触摩擦，易磨损；由于这种钻杆内径与管体内径一致，循环钻井液时流动阻力较小。

内外加厚钻杆，是将管体两端的内径缩小、外径增大，以增加两端管体的壁厚。这种结构的钻杆综合了以上两种结构钻杆的优点，塔里木油田使用的较大尺寸的钻杆均采用这种结构。

钻杆常用钢材级别有E75、X95、G105、S135、V150、U165等，钢级中的数字代表钢材的屈服强度，如S135即表示该种钢材的屈服强度为135ksi，约为931MPa，塔里木常用的是S135和V150钢级。

API标准规定钻杆接头和管体的最佳抗扭强度之比为0.8，接头外径磨损会降低内螺纹强度，内径变大会降低外螺纹强度，为降低外径磨损速度，一般采取内螺纹接头敷焊耐磨带，塔里木钻杆接头敷焊耐磨带在保护钻杆的同时，更主要是保护套管，减少套管的磨损，提高井筒的安全性。

二、钻杆性能要求

1. 钻杆关键性能要求

为提高应对深井超深井钻探能力，提高钻杆抗裂纹扩展功，防止钻杆裂纹萌生后快速扩展带来的失效，塔里木油田对钻杆冲击功、有害化学元素控制等方面均提出了比行业标准更高的要求，钻杆关键性能见表3-1。

表3-1 钻杆关键性能要求

种类	钢级（ksi）		冲击功平均值（J）			硬度（HB）	有害化学元素控制			晶粒度	夹杂物控制
	本体	接头	本体（纵向）	内螺纹接头（纵向）	外螺纹接头（横向）		P（%）	S（%）	H（μg/g）		钻杆管体、接头和摩擦对焊区的非金属夹杂物微观分析级别（执照ASTM E 45方法A级）
钻杆（S135）	135	120	90（20℃±3℃）75（-20℃±3℃）	≥80（20℃±3℃）	≥80（-20℃±3℃）	285~341	≤0.010	≤0.005	≤2	≥7.0	A、B、C、D单项不超过1.0级，四类总和不超过2.0级
钻杆（V150）	150	130	100（-20℃±3℃）	≥100（20℃±3℃）	≥80（-20℃±3℃）	285~360	≤0.010	≤0.005	≤2	≥7.5	A、B、C、D单项不超过1.0级，四类总和不超过2.5级
行标（S135）	135	120	80（20℃±3℃）	≥54（20℃±3℃）	≥60（-20℃±3℃）	285~341	≤0.020	≤0.015	—	≥6.0	A、B、C、D单项不超过2.0级，四类总和不超过10级

注：A类（硫化物类）、B类（氧化铝类）、C类（硅酸盐类）、D类（球状氧化物类）。

2. 新钻杆的验收要求

（1）新钻杆到库后应进行质量验收，在符合油田订货技术要求前提下参照QSY TZ 0214开展验收工作。查验钻杆加厚过渡区内锥面成型质量、第三方性能检测报告。

（2）新钻杆到货后应对钻杆进行检验，钻杆加厚区超声波检测，焊缝部位100%做K1超声波和磁粉检测，焊缝部位依据硬度检测标准按照5%比例做硬度检测抽查。

（3）钻杆加厚部分与管体应平滑过渡，摩擦对焊区不允许存在焊接裂纹、折叠、灰斑等缺陷；钻杆接头同轴度、加厚部位同轴度、椭圆度符合标准要求，两端对焊接头不应有明显的甩头现象。

（4）新钻杆通过资产方入库验收并通过钻具管理部门入网审核后方可使用。

（5）未在塔里木油田试用过的新厂家生产的钻杆，应经过塔里木油田台盆区、山前各1口7000m以上超深井试用合格。

3. 钻杆耐磨带要求

（1）非油田历史成熟钻杆耐磨带焊丝或敷焊工艺，应经具有相应资质的第三方提供套管磨损评价实验，证明对套管有减磨作用。

（2）常用钻井用钻杆接头采用凸焊方式敷焊耐磨带，敷焊前应将接头清理干净，并在内螺纹端距 18° 斜坡消失位置 10mm 处开焊，新钻杆敷焊宽度 65~75mm，堆焊高度 2.5~3.2mm，具体如图 3-4 所示。

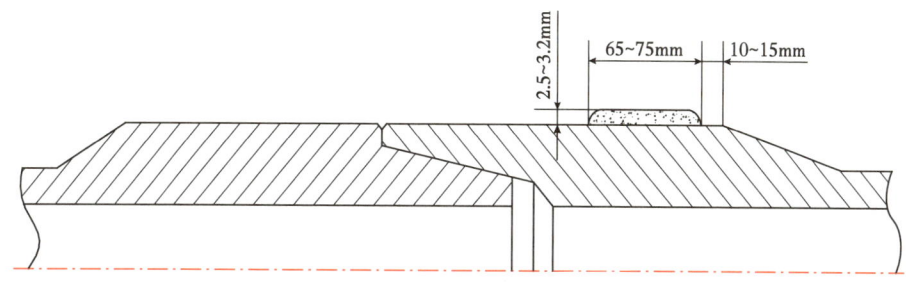

图 3-4　凸起型耐磨带示意图

（3）敷焊后的钻杆接头应用角磨机打磨耐磨带的重叠区域、飞溅的焊渣和较小的焊瘤，使耐磨带表面平滑，一级钻杆耐磨带敷焊标准与全新钻杆耐磨带相同。

（4）堆焊耐磨带后，内螺纹接头可利用的大钳夹持段长度不小于 180mm，外螺纹接头可利用的大钳夹持段长度不小于 150mm。

（5）钻杆接头耐磨带敷焊后接头基体不得有裂纹。

（6）欠平衡钻井使用的钻杆耐磨带厚度应低于 0.5mm。

（7）反扣钻杆、小接箍钻杆等特殊钻杆不应焊耐磨带，确需敷焊时应采用平焊方式，平焊方式如图 3-5 所示。

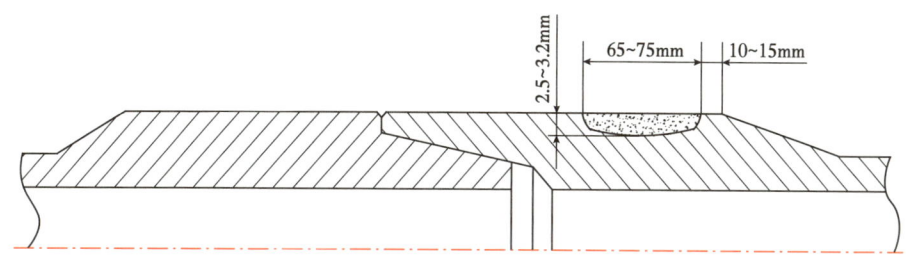

图 3-5　平齐型耐磨带示意图

三、钻杆分级要求

塔里木油田钻杆采用分级管理模式，进行单根检测分级，检测分级项目见表 3-2，根据检测结果，取较低者的级别作为最终级别。

表 3-2　钻杆检测项目

钻具名称	检测项目												
	螺纹接头或大钳空间					管体			全长	无损检测			
	外径	水眼	长度	密封面宽	机械损伤	腐蚀坑深	剩余壁厚	机械损伤	有效长度	管体加厚区超声	螺纹超声	螺纹磁粉	焊区超声	焊区磁粉
钻杆	√	√	√	√	√	√	√	√	√	√	√	√	√	个性化

1. 一般性检测分级要求

（1）钻杆的管理采取单根分级管理。

（2）钻杆按照 S135 和 V150 钢级分类管理，并按照距外螺纹接头 35°斜坡面 10~20mm 处"S135 钢级一道标识环、V150 钢级二道标识环"的要求在外螺纹接头上加工标识环（图 3-6）。

(a) S135 钢级　　　　　　　　　　(b) V150 钢级

图 3-6　钻杆标识

（3）钻杆应按照管体壁厚分类管理。

（4）二级以下（不含二级）的钻杆应报废。

（5）建立单根钻杆档案，在验收、检验、维修、送井、回收等相关流程中产生的数据应录入塔里木油田公司钻具监管系统，实现钻杆全寿命周期管理。

2. 钻杆检测分级要求

为提高超深层钻完井作业钻柱安全，塔里木油田钻杆剩余壁厚分级在 API 标准基础上上提了 5%，具体分级要求如下：

（1）钻井用钻杆使用 1 口井应及时回收，修井用钻杆使用 4 口井或送井时间达到 3 个月应在作业井施工结束后组织回收。钻井用钻杆需转井使用时应按规定审慎评估后方可实施。

（2）钻杆回收后，钻具提供方负责按规定要求完成监管系统回收录入。

（3）钻杆使用回收后应进行漏磁检测，对于超标信号应人工验标。

（4）钻杆的无损检测，主要检测项目包括：

①管体整体电磁探伤；

②焊缝及加厚区超声波探伤；

③螺纹接头超声波探伤；

④螺纹接头磁粉探伤；

⑤管体壁厚测量；

⑥螺纹和密封台肩面检测及手工修复；

⑦接头尺寸测量及磨损状况评价；

⑧管体内壁腐蚀内窥镜检查；

⑨卡瓦咬痕等机械损伤部位磁粉检测。

（5）经过校直的钻杆，应对管体全覆盖超声检测，并对校直影响区进行磁粉检测。

（6）在井口硫化氢浓度超过 30μL/L 环境下使用过的钻杆，应对管体全覆盖超声检测，检测后，采取冬季室外存放不低于 6 个月、夏季室外存放不低于 3 个月或采取其他消氢处理措施,并在钻具监管系统中进行标识。搁置钻杆在启用之前应重新检测。

(7)经历下送大吨位套管、井下卡钻超拉(钻杆承受载荷超过理论强度90%)等特殊作业回收检测时,应对钻杆全长进行测量并与送井前检测数据进行对比,钻杆伸长量超过标准要求时应予报废处置。

(8)钻杆管体分级及技术要求:

①钻杆管体部位进行漏磁探伤,针对漏磁探伤发现异常的部位须进行超声波、磁粉、测厚等人工验标,人工验标情况如图3-7所示。

②钻杆加厚过渡带进行超声波探伤,钻杆焊缝部位应用磁粉检测和小K值探头进行超声检测。

③管体明显的卡瓦咬伤及机械损伤凸起部位打磨光滑并进行磁粉探伤,现场使用钻杆卡瓦时,卡瓦咬痕深度超过0.3mm应停用卡瓦。卡瓦咬痕磁粉检测发现裂纹情况如图3-8所示。

④应对管体中间部位进行剩余壁厚检测,对钻杆内加厚过渡带消失处内壁腐蚀情况进行检测,检测数据应纳入分级管理。

图3-7 人工查验管体异常

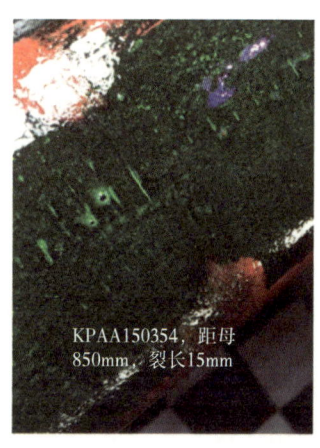

图3-8 卡瓦牙底磁粉检测裂纹

(9)钻杆螺纹接头分级及技术要求:

①应将钻杆接头外表面明显咬伤或机械损伤的部位打磨平整光滑,圆周大面积咬伤的钻杆接头应上车床修整。螺纹不应有严重锈蚀或钻井液冲蚀的痕迹,密封台肩面应平整、光滑,接头外径、长度符合分级要求。

②内螺纹镗孔直径:使用钢板尺侧面靠在钻具接头外径处,钢板尺与接头外径间有空隙时,证明已经胀扣;或测量镗孔直径Q_c,NC38及以下规格内螺纹镗孔直径变化不超过±1.2mm,NC38以上规格内螺纹镗孔直径变化不超过±1.5mm。

③外螺纹接头长度:对于外螺纹拉长的,可使用梳齿规或钢板尺检查。存在螺纹拉长时,梳齿规与被检螺纹牙侧配合会存在明显间隙;在螺纹牙顶没有明显磨损的情况下,用钢板尺进行检查时,将钢板尺紧贴于外螺纹锥面,局部会存在明显间隙,螺纹拉长检查示意图如图3-9所示。

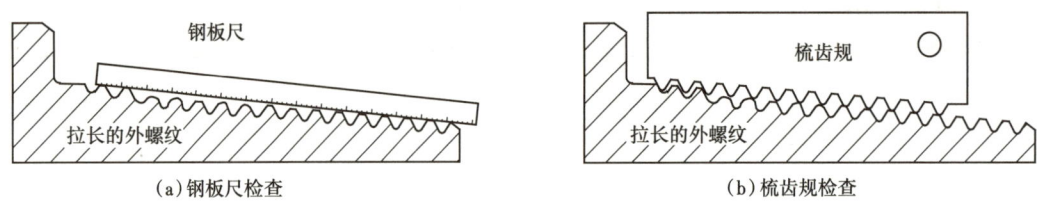

图 3-9 外螺纹拉长检查示意图

④密封面损伤判定方法：

a. 螺纹密封面内外侧定义：密封面内侧——位于密封面内侧 2/3 部分；密封面外侧——位于密封面外侧 1/3 部分。

b. 密封面外侧大于密封面宽度 1/3 的金属凸起，应进行车修；密封面外侧小于密封面宽度 1/3 的金属凸起，应用锉刀进行现场手工修磨。

c. 密封面外侧允许存在深度不超过 1.0mm、宽度不超过密封面宽度 1/3 的凹陷、蚀坑、环形划痕。

d. 密封面内侧深度超过 0.2mm、宽度超过密封面总宽度 1/5 的凹陷、蚀坑、弧形划痕和密集点腐蚀，应进行车修。

e. 密封面有贯通性的划痕、磨痕、刺痕、密集点腐蚀和弧形凹陷，应进行车修。

f. 密封面如因黏结或碰撞等出现凹凸不平（深度或高度小于 0.5mm）影响密封的缺欠，应进行修磨。

g. 密封面出现挤压台肩，宽度不大于密封面总宽度的 1/3、高度小于等于 0.5mm 应修磨；高度大于 0.5mm，应进行车修。

h. 手工修磨锉平后不允许密封面局部凹陷，手工修磨不能达到使用要求的应进行打磨或车修。

3. Ⅰ级钻杆级别细化分级要求

为提高钻杆利用率，确保钻杆安全，在钻杆分级基础上，对钻井主力规格Ⅰ级钻杆级别细化分级为：ⅠA、ⅠB 两种类型，ⅠA 级钻杆强度可等同于全新钻杆，ⅠA 级钻杆接头外径数据见表 3-3，且以下条件任意一条不满足即不认定为ⅠA 级钻杆：

表 3-3 ⅠA 级钻杆接头外径分级数据

规格	接头外径 D（mm）
$5\frac{7}{8}$in×18°	$D \geq 178$
$5\frac{1}{2}$in×18°	$D \geq 178$
5in×18°（塔标）	$D \geq 168$
$4\frac{1}{2}$in×18°	$D \geq 138$
4in×18°	$D \geq 138$

（1）管体电磁检测信号不超过标定门限幅值的 30%，基线不能有提离；

（2）最小剩余壁厚不低于公称壁厚。最小剩余壁厚测量方法：钻杆管体中部圆周均布测量壁厚 4 个点取最小值；

（3）加厚过渡带超声检测不得有独立反射信号，内、外螺纹磁粉探伤检测合格；
（4）人工查验管体表面无肉眼可见明显的腐蚀，腐蚀坑深度不大于0.3mm；
（5）内涂层应完好，无涂层钻杆内壁无肉眼可见明显腐蚀；
（6）累计使用不超过6井次。

四、塔里木常用钻杆技术参数

塔里木常用钻杆管体和接头分级数据见表3-4。

表3-4　钻杆管体和接头分级数据及工作参数

级别	项目	序号	规格	单位	6⁵⁄₈ in (168.3mm)	5⁷⁄₈ in (149.2mm)			5¹⁄₂ in (139.7mm)		5in (127mm)	
		1	螺纹类型	—	6⁵⁄₈ in FH	5¹⁄₂ in FHDS	5¹⁄₂ in FHDSLH	5¹⁄₂ in FHDS	5¹⁄₂ in FHDS	5¹⁄₂ in FHDS	NC50/NC50LH	NC52T
	单根数据	2	螺纹锥度	—	1:6	1:6	1:6	1:6	1:6	1:6	1:6	1:6
		3	全长	m	9.5±0.25	9.5±0.25	9.5±0.25	9.5±0.25	9.5±0.25	9.5±0.25	9.5±0.25	9.5±0.25
		4	质量	kg	835	430	430	415	375	375	330	345
		5	内容积	m⁻¹	13.00	12.62	12.42	12.91	11.46	11.46	9.16	9.11
		6	开排	m⁻¹	10.12	5.40	5.60	5.11	4.68	4.68	4.19	4.22
		7	闭排	m⁻¹	23.12	18.02	18.02	18.02	16.14	16.14	13.35	13.33
新钻杆	管体数据	8	钢级	—	V150	V150	V150	V150	S135	S135	S135	S135
		9	加厚形式	—	IEU	IEU	IEU	IEU	IEU	IEU	IEU	IEU
		10	外径 D	mm	168.3	149.2	149.2	149.2	139.7	139.7	127.0	127.0
		11	内径 d	mm	130.2	128.1	127.4	129.9	121.4	121.4	108.6	107.7
		12	壁厚 t	mm	19.05	10.54	10.92	9.65	9.17	9.17	9.19	9.65
		13	截面积 A	mm²	8932.2	4592.2	4744.7	4231.4	3760.4	3760.4	3401.3	3557.6
		14	抗扭强度	kN·m	358.50	177.60	182.60	165.61	123.54	123.54	100.29	104.20
		15	抗拉强度	kN	9238	4749	4907	4376	3503	3503	3170	3311
		16	抗内压强度	MPa	204.9	127.0	132.0	117.0	106.9	106.9	117.9	123.8
		17	抗挤强度	MPa	207.6	110.0	118.0	89.5	95.2	95.2	108.2	119.0
	接头数据	18	钢级	—	130	135	135	135	120	120	120	135
		19	螺纹接头外径	mm	215.9	184.2	184.2	184.2	184.2	184.2	168.3	172.2
		20	外螺纹接头内径	mm	101.6	101.6	95.0	95.0	101.6	95.0	69.9	88.9
		21	内螺纹接头内径	mm	101.6	101.6	95.0	95.0	101.6	95.0	88.9	100.0
		22	外螺纹接头长度	mm	254	254	254	254	254	254	229	203
		23	内螺纹接头长度	mm	330	305	305	305	305	305	305	254
		24	抗扭强度	kN·m	175.4	135.0	158.0	158.0	102.5	141.0	86.0	83.9
		25	抗拉强度	kN	11067	6334	6334	7282	6099	6473	6904	6431
		26	上扣扭矩	kN·m	105	58	58	58	50	50	35	40

续表

级别	项目	序号	规格	单位	6⅝in (168.3mm)	5⅞in (149.2mm)			5½in (139.7mm)		5in (127mm)	
一级	管体数据	27	最小壁厚	mm	16.19	9.00	9.30	8.20	7.80	7.80	7.80	8.20
		28	抗扭强度	kN·m	304.7	151.0	155.2	140.8	105.0	105.0	85.1	83.4
		29	抗拉强度	kN	7852.0	4036.7	4171.0	3719.6	2977.0	2977.0	2691.0	2648.0
		30	抗内压强度	MPa	163.9	101.6	105.6	93.6	85.5	85.5	107.8	113.2
		31	抗挤强度	MPa	166.1	77.0	82.6	62.7	66.6	66.6	69.1	76.1
	接头数据	32	接头外径	mm	207.5	172.0	172.0	172.0	172.0	172.0	160.0	162.0
		33	台肩宽	mm	15.3	9.9	9.9	9.9	9.9	9.9	11.5	9.9
		34	外螺纹接头长度	mm	180	150	150	150	150	150	150	150
		35	内螺纹接头长度	mm	200	180	180	180	180	180	180	180
		36	抗扭强度	kN·m	149.1	114.8	114.8	134.3	87.1	119.9	68.8	67.1
		37	抗拉强度	kN	9407	5384	5384	6190	5183	5502	5523	5144
		38	上扣扭矩	kN·m	105	58	58	58	50	50	35	40
二级	管体数据	39	最小壁厚	mm	14.29	7.20	7.20	7.20	6.80	6.80	6.80	7.20
		40	抗扭强度	kN·m	268.90	133.20	137.00	124.20	91.54	91.54	74.14	72.94
		41	抗拉强度	kN	6929	3562	3680	3282	2596	2596	2342	2317
		42	抗内压强度	MPa	143.4	88.9	92.4	81.9	85.5	85.5	94.4	90.4
		43	抗挤强度	MPa	145.3	66.0	70.8	53.7	37.7	37.7	48.8	86.9
	接头数据	44	接头外径	mm	203.5	169.5	169.5	169.5	169.5	169.5	157.0	158.0
		45	台肩宽	mm	13.3	9.2	9.2	9.2	9.2	9.2	9.9	7.9
		46	外螺纹接头长度	mm	180	150	150	150	150	150	150	150
		47	内螺纹接头长度	mm	200	180	180	180	180	180	180	180
		48	抗扭强度	kN·m	131.60	101.25	101.25	118.50	75.95	105.75	60.20	58.73
		49	抗拉强度	kN	8300	4751	4751	5462	4518	4855	4832	4501
		50	上扣扭矩	kN·m	105	58	58	58	50	50	35	40

续表

级别	项目	序号	规格	单位	5in (127mm)	4½in (114.3mm)	4in (101.6mm)			3½in (88.9mm)	
新钻杆	单根数据	1	螺纹类型	—	NC52T	DS40	HT40/HT40LH	DS40	DS39	NC38	DS31
		2	螺纹锥度	—	1:6	1:6	1:6	1:6	1:16	1:6	1:6
		3	全长	m	9.5±0.25	9.5±0.25	9.5±0.25	9.5±0.25	9.5±0.25	9.5±0.25	9.5±0.25
		4	质量	kg	375	310	270	270	270	220	210
		5	内容积	m^{-1}	8.71	6.51	5.20	5.20	5.17	3.87	3.87
		6	开排	m^{-1}	4.62	4.04	3.31	3.31	3.30	2.83	2.83
		7	闭排	m^{-1}	13.33	10.55	8.51	8.51	8.47	6.70	6.70
	管体数据	8	钢级	—	V150	S135	S135	S135	V150	S135	S135
		9	加厚形式	—	IEU	IEU	EU	EU	IU	EU	EU
		10	外径 D	mm	127.0	114.3	101.6	101.6	101.6	88.9	88.9
		11	内径 d	mm	105.1	92.5	82.3	82.3	82.3	70.2	70.2
		12	壁厚 t	mm	10.92	10.92	9.65	9.65	9.65	9.35	9.35
		13	截面积 A	mm^2	3982.2	3546.6	2787.6	2787.6	2787.6	2336.7	2336.7
		14	抗扭强度	kN·m	127.18	89.92	62.88	62.88	69.96	45.19	45.19
		15	抗拉强度	kN	4118	3304	2598	2598	2881	2176	2176
		16	抗内压强度	MPa	155.6	155.7	154.7	154.7	171.9	177.0	177.0
		17	抗挤强度	MPa	168.8	160.9	160.0	160.0	177.8	175.1	175.1
	接头数据	18	钢级	—	135	120	120	135	135	120	135
		19	螺纹接头外径	mm	172.0	139.7	139.7	139.7	127.0	127.0	108.0
		20	外螺纹接头内径	mm	88.9	65.1	65.1	65.1	61.9	54.0	41.3
		21	内螺纹接头内径	mm	100.0	65.1	65.1	65.1	61.9	54.0	41.3
		22	外螺纹接头长度	mm	203	229	229	229	255	255	230
		23	内螺纹接头长度	mm	254	305	305	305	305	280	280
		24	抗扭强度	kN·m	83.90	50.31	50.31	50.31	61.92	40.68	34.71
		25	抗拉强度	kN	6431	3276	3276	3276	3875	3988	2723
		26	上扣扭矩	kN·m	40	27	27	27	30	17	13

续表

级别	项目	序号	规格	单位	5in (127mm)	4½ in (114.3mm)	4in (101.6mm)			3½ in (88.9mm)	
一级	管体数据	27	最小壁厚	mm	9.2	9.2	8.2	8.2	7.8	7.8	7.8
		28	抗扭强度	kN·m	103.70	71.90	50.31	50.31	54.50	38.32	38.32
		29	抗拉强度	kN	3293	2643	2078	2078	2307	1814	1814
		30	抗内压强度	MPa	142.2	141.7	141.5	140.8	157.2	156.6	161.1
		31	抗挤强度	MPa	99.9	129.6	128.2	128.2	142.5	149.1	149.1
	接头数据	32	接头外径	mm	162	127	127	127	127	122	103
		33	台肩宽	mm	9.9	7.1	7.1	7.1	7.1	8.3	6.7
		34	外螺纹接头长度	mm	150	150	150	150	150	150	150
		35	内螺纹接头长度	mm	180	180	180	180	180	160	160
		36	抗扭强度	kN·m	67.1	42.2	42.2	42.2	53.8	32.5	24.3
		37	抗拉强度	kN	5144	2620	2620	2620	3131	3190	2178
		38	上扣扭矩	kN·m	40	27	27	27	30	17	13
二级	管体数据	39	最小壁厚	mm	8.1	8.2	7.2	7.2	7.2	6.8	6.8
		40	抗扭强度	kN·m	81.64	62.94	44.02	44.02	46.90	32.85	20.80
		41	抗拉强度	kN	2827	2312	1818	1818	1954	1582	1269
		42	抗内压强度	MPa	112.43	124.50	112.90	112.90	120.30	129.20	129.20
		43	抗挤强度	MPa	109.22	103.70	116.80	116.80	129.80	127.80	127.80
	接头数据	44	接头外径	mm	158.0	124.0	124.0	124.0	119.0	119.5	101.5
		45	台肩宽	mm	7.9	6.0	6.0	6.0	7.1	7.1	6.0
		46	外螺纹接头长度	mm	150	150	150	150	150	150	150
		47	内螺纹接头长度	mm	180	180	180	180	180	160	160
		48	抗扭强度	kN·m	58.73	35.21	35.21	35.21	45.70	28.48	26.95
		49	抗拉强度	kN	4501	2293	2293	2293	2739	2791	1672
		50	上扣扭矩	kN·m	40	27	27	27	30	17	13

续表

级别	项目	序号	规格	单位	2⅞in（73mm）			2⅜in（60.3mm）	103.0mm 铝合金	146.0mm 铝合金	147.0mm 铝合金
新钻杆	单根数据	1	螺纹类型	—	DS26LH	DS31	XT26	DS26/DS26LH	NC38	5½in FH	5½in FH
		2	螺纹锥度	mm/mm	1:6	1:6	1:16	1:6	1:6	1:6	1:6
		3	全长	m	9.5±0.25	9.5±0.25	9.5±0.25	9.5±0.25	9.5±0.25	9.5±0.25	9.5±0.25
		4	质量	kg	100	150	150	100	105	158	216
		5	内容积	m^{-1}	2.36	2.36	2.36	1.68	4.44	10.85	9.86
		6	开排	m^{-1}	2.12	2.12	2.12	1.34	4.10	5.77	6.80
		7	闭排	m^{-1}	4.48	4.48	4.48	3.02	8.54	16.62	16.66
	管体数据	8	钢级	—	S135	S135	S135	S135	D16T	D16T	D16T
		9	加厚形式	—	EU	EU	EU	EU	EU	EU	EU
		10	外径 D	mm	73	73	73	60.3	103	146	147
		11	内径 d	mm	54.6	54.6	54.6	46.1	85.0	124.0	121.0
		12	壁厚 t	mm	9.19	9.19	9.19	7.11	9.00	11.00	13.00
		13	截面积 A	mm^2	1843.0	1843.0	1843.0	1188.6	2657.0	4665.0	5472.0
		14	抗扭强度	kN·m	28.15	28.15	28.15	15.24	13.70	34.90	40.20
		15	抗拉强度	kN	1718	1718	1718	1108	691	1203	1423
		16	抗内压强度	MPa	205.0	205.0	205.0	192.4	39.8	34.3	40.2
		17	抗挤强度	MPa	204.8	204.8	204.8	193.5	36.6	29.1	37.2
	接头数据	18	钢级	—	135	135	135	135	120	D16T	120
		19	螺纹接头外径	mm	88.9	105.0	88.9	88.9	127.0	172.0	177.8
		20	外螺纹接头内径	mm	41.3	47.6	41.3	41.3	68.0	100.0	105.0
		21	内螺纹接头内径	mm	41.3	47.6	41.3	41.3	71.0	100.0	105.0
		22	外螺纹接头长度	mm	203	203	229	203	208	240	260
		23	内螺纹接头长度	mm	254	254	255	254	310	320	365
		24	抗扭强度	kN·m	19.60	30.37	20.62	19.60	20.00	18.24	68.72
		25	抗拉强度	kN	1848	2389	1556	1848	2622	1683	5076
		26	上扣扭矩	kN·m	5.5	13.0	10.0	5.5	17.0	15.4	45.0

续表

级别	项目	序号	规格	单位	2⁷⁄₈ in（73mm）			2³⁄₈ in（60.3mm）	103.0mm 铝合金	146.0mm 铝合金	147.0mm 铝合金
一级	管体数据	27	最小壁厚	mm	7.8	7.8	7.8	6.0	7.7	9.4	11.0
		28	抗扭强度	kN·m	22.72	23.87	22.72	12.85	10.96	27.92	32.16
		29	抗拉强度	kN	1365	1365	1365	933	552	970	1138
		30	抗内压强度	MPa	186.60	186.60	186.60	175.60	31.84	27.44	32.16
		31	抗挤强度	MPa	176.50	176.50	176.50	166.00	25.62	20.37	26.04
	接头数据	32	接头外径	mm	83	103	83	83	122	170	172
		33	台肩宽	mm	3.2	6.7	5.0	3.2	9.8	10.0	11.0
		34	外螺纹接头长度	mm	150	150	150	150	150	150	150
		35	内螺纹接头长度	mm	160	160	160	160	160	180	180
		36	抗扭强度	kN·m	15.6	24.3	16.5	15.6	17.0	15.5	58.4
		37	抗拉强度	kN	1557	1911	1244	1557	2097	1346	4060
		38	上扣扭矩	kN·m	5.5	13.0	10.0	5.5	17.0	15.4	45.0
二级	管体数据	39	最小壁厚	mm	6.8	6.8	6.8	5.2	6.3	7.7	9.1
		40	抗扭强度	kN·m	20.80	20.80	20.80	11.14	10.30	26.20	30.20
		41	抗拉强度	kN	1269	1269	1269	809	483	849	996
		42	抗内压强度	MPa	149.7	149.7	149.7	140.5	29.1	25.0	29.3
		43	抗挤强度	MPa	149.50	149.50	149.50	141.30	21.96	17.46	22.32
	接头数据	44	接头外径	mm	82.5	101.5	82.0	82.5	119.5	169.5	169.5
		45	台肩宽	mm	2.8	6.0	4.5	2.8	8.5	9.2	9.2
		46	外螺纹接头长度	mm	150	150	150	150	150	150	150
		47	内螺纹接头长度	mm	160	160	160	160	160	180	180
		48	抗扭强度	kN·m	13.71	26.95	14.44	13.71	15.00	13.68	51.54
		49	抗拉强度	kN	1350	1672	1089	1350	1967	1262	3807
		50	上扣扭矩	kN·m	5.5	13.0	10.0	5.5	17.0	15.4	45.0

五、钻杆使用管理要求

在满足钻机提升能力的条件下,选择大尺寸钻杆是有利的。塔里木油田由于井深,主力钻杆以 4in S135、5in S135 塔标、$5\frac{7}{8}$in V150 等钻杆为主,钻具钻深能力达到了万米水平。

钻杆现场使用注意:

(1)钻杆无损检测报告应有检测机构认证认可专用章,带有"CMA""CNAS"等标识。

(2)不应在钻杆上进行以下任何一种操作:

①放置重物及酸、碱性化学药品;

②电、气焊作业;

③把钻杆作为电焊搭接线;

④焊接标记等。

(3)钻杆在上下钻台过程中,应戴紧螺纹保护器,平稳操作。

(4)钻具使用方应对钻杆进行场地编号,同时与场地号对应抄写钻杆钢印号,丈量、记录每根钻杆的长度;钻杆入井前应使用通径规进行通径。

(5)钻杆盒内宜选用防滑缓冲材料,作业过程中应保持钻杆盒清洁,防止钻井液中的硬质固相颗粒黏附在螺纹牙底,导致螺纹紧扣时主密封面压应力不足诱发密封面刺穿失效。

(6)上扣前,应对螺纹进行清洁,若螺纹表面处于潮湿状态,应采用压缩空气全周吹扫;若螺纹存在钻井液干结,应采用钢丝刷清理后再用压缩空气全周吹扫。

(7)对扣时应将钻杆外螺纹接头平稳地对正放入内螺纹接头内,不应借助外力将钻具外螺纹接头撞入内螺纹接头内,防止碰伤螺纹和密封面。待内、外螺纹对正后开始上扣,以免造成错扣损坏螺纹。

(8)钻具螺纹脂滴点温度应超过井底地层温度,严禁螺纹脂中添加机油或其他稀释剂;对扣前应选择内外螺纹中干燥一端将螺纹及密封面均匀涂敷螺纹脂,螺纹旋紧后有少量螺纹脂均匀溢出为宜。

(9)螺纹脂要加盖存放,避免落进沙粒、钻井液等杂物。不应添加硫化物作为润滑剂。冬季应对螺纹脂保温。

(10)上卸扣时应用液气大钳、铁钻工或B型钳紧扣和卸扣,不应使用转盘配合B型钳紧扣和卸扣,大钳不应夹持在钻杆管体上,使用铁钻工时宜设置不同螺纹卸扣圈数。

(11)上扣扭矩按推荐上扣扭矩执行,液气大钳压力表数值应如实反映大钳输出扭矩。钻具使用方应定期对大钳进行检测,其扭矩表精度、钳牙应满足 SY/T 5074—2012《钻井和修井动力钳、吊钳》的要求。

(12)钻具使用方应严格执行工程设计的钻具组合和钻井工艺参数。正常钻进时,控制钻进扭矩不超过上扣扭矩的 70%。卸扣扭矩达到上扣扭矩 130% 以上时,应逐根卸扣释放应力。

(13)在处理遇阻、卡钻等复杂情况时,应按照所使用的钻杆级别,合理制定工艺参数。钻杆提拉、扭转载荷不应超过相应级别钻杆的抗拉强度的 90%、抗扭强度的 70%,不宜同时进行提拉和扭转。

（14）处理遇阻、卡钻等复杂过程中在提拉接近推荐强度参数时，应对井口3柱钻杆甩至场地进行钻杆长度测量并与入井前长度进行比对，若其中有长度增加超过80mm的应扩大检查并更换。

（15）井深超过2500m后，每次起钻作业应错扣起钻，防止螺纹过紧难卸，起钻时对立柱进行编号，若螺纹内没有螺纹脂或者是充满了钻井液，则很可能螺纹密封失效，发现超标钻杆应做好记录并更换。

（16）严禁使用三片卡瓦起下钻杆，对于特殊作业必须使用三片卡瓦起下钻时，使用三片卡瓦后的钻杆应停止使用，并做上标记单独存放。

（17）使用动力卡瓦起下钻时应配置微牙痕牙板，并在起下钻时仔细检查钻杆表面的卡瓦牙痕，若牙痕深度达到0.3mm时，应停止使用动力卡瓦。

（18）若钻井过程中发现有硫化氢，钻具使用方应及时在钻井液中添加除硫剂、缓蚀剂等措施，当井口硫化氢浓度连续超过30μL/L时，应更换或备用近井口2000m钻杆。

（19）在钻进过程中发现泵压下降，在检查地面管路无异常后，应立即起钻检查钻具，重点观察螺纹连接部位和钻杆加厚过渡区。

（20）钻杆现场使用中宜使用自动刮泥器，提高刮泥效果，防止滤饼附着导致钻杆表面腐蚀。

（21）当发生卡钻等井下复杂需上提下放活动钻具时，应审慎考虑井下"大肚子""狗腿"等井身异常对钻柱安全的影响。

（22）当起钻过程中发现局部钻杆耐磨带异常磨损、管体突然腐蚀等异常时，应审慎评估继续使用风险并采取应对措施，并在后续起钻过程中观察评价措施有效性。

钻杆按标准要求开展现场探伤：

（1）井口起钻探伤时对钻杆加厚过渡区实施超声波检测，场地探伤时对钻杆加厚过渡区实施超声波检测，螺纹实施磁粉检测。

（2）起钻超声波探伤时，起至探伤部位应停顿，探头上下两个方向100%覆盖扫查，完成探伤操作后方可继续起钻。发现或怀疑有伤钻工具时，应拆甩并进行标识，严禁再次入井。

（3）计划进行大吨位套管送入作业时，应安排送入钻杆现场探伤。

（4）现场探伤作业结束后，检测方将现场探伤情况录入钻具监管系统，钻具使用方将有伤情况录入塔里木油田钻井日报。

（5）现场探伤发现螺纹存在异常磨损、密封面黏结等情况应记录并反映到钻工具监管部门。

六、钻杆典型失效案例

1. KeS13-3井钻杆螺纹刺穿失效

失效经过：2019年11月28日至12月21日，先后发生6起5½in钻杆螺纹刺穿失效故障，失效螺纹为全新或1~2井次。刺口形貌如图3-10所示，钻杆盒钻井液堆积情况如图3-11所示。

失效原因：现场调查发现钻杆盒钻井液清理不及时，螺纹连接时未对螺纹及密封面黏附的钻井液进行有效清理，导致螺纹紧扣后主密封面压应力不足，在钻井液循环过程中，管柱中的高压流体与环空形成通道，导致螺纹刺穿失效。

图 3-10　螺纹刺穿　　　　　　　　　图 3-11　钻杆盒钻井液堆积情况

经验教训：钻杆盒钻井液清理不及时，螺纹紧扣扭矩不规范易造成螺纹主密封面压应力不足，对于承受拉扭应力的钻杆螺纹易在旋转钻进过程中发生密封面分离而形成高压钻井液通道，从而发生刺穿失效故障。应重视螺纹清洁、螺纹脂涂敷、井口紧扣工具等的管理，一旦发生螺纹密封面刺穿失效故障，应加强钻杆盒中钻井液清理，主动采取卸扣清洁重新紧扣作业措施，同时可根据钻柱悬重情况提高 10% 紧扣扭矩。

2. 博孜 1302 钻杆本体断裂失效

失效经过：2021 年 5 月 6 日，钻至井深 5532m，下钻至井深 5230m 遇阻发生卡钻，反复上提下压解卡作业，最高上提 408t，下压全部悬重。5 月 8 日在上提至 1725.31kN 时钻杆管体断裂，理论鱼顶井深 2855.36m，实探鱼顶井深 2866.51m，失效钻杆断口形貌如图 3-12 所示。

图 3-12　管体过载断口形貌

处理经过：先后多次采用加大引鞋、加长壁钩、弯钻杆等方式尝试打捞落鱼，鱼头难以进入打捞工具，多次打捞无果后被迫回填侧钻，故障损失时间 2810h。

异常情况：该井三开 2846~2932m 井段采用空气钻井，井眼存在"大肚子"，部分井段井径扩大率超过 20%。

原因分析：该井在处理划眼遇卡复杂过程中，采取大幅度上提下放措施尝试解卡，解卡作业过程中未能识别出空气钻井井段"大肚子"在钻柱大幅下压时钻柱弯曲屈曲风险，弯曲钻杆性能下降在提拉时发生断裂失效。

经验教训：复杂地区钻井作业过程中，井下卡钻等复杂是现场经常面临的问题，对井下复杂情况的准确审慎评估判断是解除复杂的先决条件，盲目作业甚至蛮干往往导致井下复杂进一步加剧。起下钻过程中，一旦发生阻卡，应及时对阻卡原因进行评估研判，对于裸眼段"大肚子""狗腿"等影响钻柱安全的因素应审慎评估；起钻遇卡时应开泵建立循环后采取下压措施，下钻遇阻时应开泵建立循环后采取上提倒划措施。

3. ManS4-H3 井钻杆焊缝断裂

失效经过：2022 年 5 月 8 日，下送尾管作业，吊卡提离钻台面 20cm，钻具原悬重 2050kN，钻具悬重由 2001.03kN 下降至 402.96kN，钻具落井。失效钻杆断口形貌如图 3-13 所示。

图 3-13　钻杆焊缝断口形貌

处理经过：先后多次采用爆炸松扣、切割等方式尝试打捞落鱼，多次打捞无果后被迫回填侧钻，故障损失时间 2950h。

原因分析：断口位于钻杆摩擦焊接对焊部位，裂纹源区可能存在少量焊接灰斑缺陷，初步分析为对焊后焊缝部位热处理不良，造成晶粒粗大、性能下降，裂纹萌生后未穿透管体壁厚即迅速失稳扩展，发生脆性断裂。

经验教训：一方面，钻杆采购方应对钻杆摩擦焊接等关键工艺过程采取驻厂监造措施，督促制造厂家提升关键工艺过程质量控制水平；另一方面，应丰富钻杆入库验收手段，对钻杆焊缝区采取焊缝部位 100% 使用超声波 K1 探头、磁粉检测，5% 做硬度抽样和加厚过渡带内锥面成型质量检测。

第二节 方钻杆

方钻杆是石油钻井钻柱的重要组成部分，位于钻柱的最上端。用转盘驱动的钻机将动力通过转盘传递给方钻杆，为钻柱提供扭矩并承受钻柱的重量，同时方钻杆水眼与水龙头相连为钻井液提供通道。

一、方钻杆简介

方钻杆位于钻柱的最上端，其主要作用是传递扭矩和承受钻柱的重量。常用方钻杆的驱动部分端面分为正四边形和正六边形，水眼为圆形。方钻杆所处的工作条件复杂，要求它具有比较高的抗拉强度和抗扭强度，方钻杆壁厚比一般钻杆大三倍左右，用高强度的合金钢制造。

方钻杆上端连接水龙头，下端连接钻杆，方钻杆上端承受反扭矩，为防止方钻杆在旋转中自动卸扣，上端采用左旋螺纹。为了接钻杆单根后，方钻杆能下入转盘内，驱动钻柱转动，同时，为防止接单根过程中井下钻柱发生复杂预留处理空间，方钻杆的长度一般应比钻杆长 3~6m，总长为 12~16m。

方钻杆根据驱动部分形状分为四方方钻杆和六方方钻杆，其形貌如图 3-14 和图 3-15 所示。同尺寸方钻杆的强度六方方钻杆大于四方方钻杆，正常钻井一般采用四方方钻杆，欠平衡钻井时采用六方方钻杆，主要是六方方钻杆利于环形胶芯的密封承压。方钻杆与钻杆之间要加一个保护接头，接单根时卸开保护接头外螺纹，减少方钻杆外螺纹的上卸扣次数，起到保护方钻杆作用。

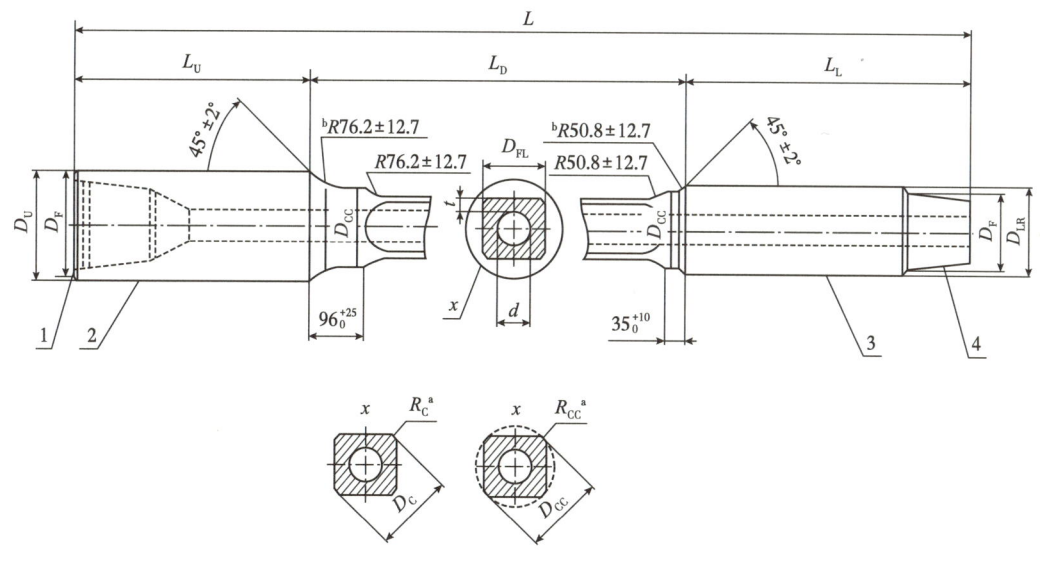

图 3-14 四方方钻杆

1—左旋内螺纹连接；2—上部加厚端；3—下部加厚端；4—右旋外螺纹连接

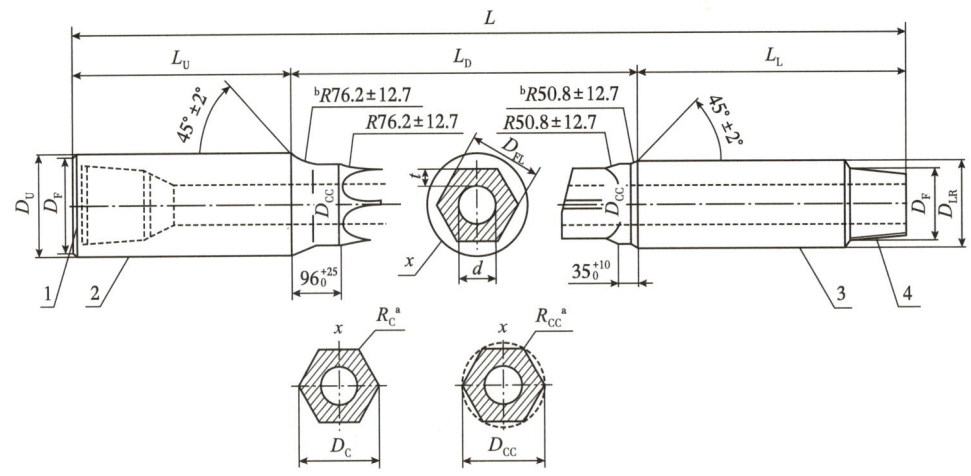

图 3-15 六方方钻杆

1—左旋内螺纹连接；2—上部加厚端；3—下部加厚端；4—右旋外螺纹连接

钻进时，方钻杆与方补心、转盘补心配合，将转盘扭矩通过钻柱传递给钻头，带动钻头旋转。四方方钻杆比六方方钻杆允许有更大的磨损量，新的方钻杆与新的方补心配合工作之初，在棱角附近接触面积小，补心磨损后应及时更换，方钻杆磨损后痕迹不断加宽，直至允许的最大值。

二、方钻杆规范及技术参数

为满足塔里木深井、超深井钻井作业需求，在 API 方钻杆标准基础上，塔里木油田结合井身结构设计及工程需求对方钻杆部分尺寸和螺纹进行了优化。一是驱动部分长度增加 2~4m，二是外螺纹接头外径、内径进行了优化调整。方钻杆规范见表 3-5 至表 3-8。

表 3-5 四方方钻杆驱动部分

四方方钻杆规格（mm）	驱动部分长度 $L_D{}^{+0.152}_{-0.127}$（m）	全长 $L^{+0.152}_{-0.000}$（m）	对边宽 D_{FLb}（mm）	对角宽 D_{cc}（mm）	对角宽 $D_{oc}{}^{0}_{-0.4}$（mm）	半径 R_c ±1.6（mm）	半径 R_{oc} 仅供参考（mm）	偏心孔最小壁厚 t（mm）
63.5	11.28	12.19	63.5	83.3	82.55	7.9	41.3	11.43
76.2	11.28	12.19	76.2	100.0	98.43	9.5	49.2	11.43
88.9	11.28	12.19	88.9	115.1	112.70	12.7	56.4	11.43
108.0	11.28	12.19	108.0	141.3	139.70	12.7	69.9	12.07
133.4	11.28	12.19	133.4	175.4	171.45	15.9	85.7	15.88

注：（1）四方方钻杆规格一栏数值与第 4 列的对边宽（相对的平行平面间距离）数值 D_{FLb} 是相同的；
（2）D_{FLb} 的公差，对规格 63.5~88.9mm 为 $^{+2.0}_{0}$mm，对规格 108.0~133.4mm 为 $^{+2.4}_{0}$mm；
（3）D_{cc} 的公差，对规格 63.5~88.9mm 为 $^{+3.2}_{0}$mm，对规格 108.0~133.4mm 为 $^{+3.2}_{0}$mm。

表 3-6　四方方钻杆端部加厚和连接

四方方钻杆规格（mm）	上端内螺纹连接（左旋）				下端外螺纹连接				
	代号	外径 D_u ±0.8（mm）	倒角直径 D_F ±0.4（mm）	加厚端长度 $L_u{}_0^{+0.65}$（mm）	螺纹型号	外径 D_{LR} ±0.8（mm）	内径 $d_0^{+1.6}$（mm）	倒角直径 D_F ±0.4（mm）	加厚端长度 $L_L{}_0^{+63.5}$（mm）
63.5	6⅝ in REG	196.9	186.1	406.4	NC26	85.7	31.8	82.9	508.0
76.2	6⅝ in REG	196.9	186.1	406.4	NC31	104.8	44.5	100.4	508.0
88.9	6⅝ in REG	196.9	186.1	400.4	NC38	120.7	57.2	116.3	508.0
108.0	6⅝ in REG	196.9	186.1	406.4	NC46	158.8	71.4	145.3	508.0
	6⅝ in REG	196.9	186.1	406.4	NC50	161.9	71.4	154.0	508.0
133.4	6⅝ in REG	196.9	186.1	406.4	5½ in FH	177.8	82.6	170.7	508.0

表 3-7　六方方钻杆驱动部分

六方方钻杆规格（mm）	驱动部分长度 $L_n{}_{-0.127}^{+0.152}$（m）	全长 $L_0^{+0.152}$（m）	对边宽 $D_{n\ 0}^{\ 0.8}$（mm）	对角宽 D_C ±0.8（mm）	对角宽 $D_{cc}{}_{-0.4}^{0}$（mm）	半径 R_c ±0.8（mm）	半径 R_{cc} 仅供参考（mm）	偏心孔最小壁厚 t（mm）
76.2	11.28	12.19	76.2	85.7	85.73	6.4	42.9	12.06
88.9	11.28	12.19	88.9	100.8	100.00	6.4	50.0	13.34
108.0	11.28	12.19	108.0	122.2	121.44	7.9	60.7	15.88
133.4	11.28	12.19	133.4	151.6	149.86	9.5	75.0	15.88
152.4	11.28	12.19	152.4	173.0	173.02	9.5	86.5	15.88

表 3-8　六方方钻杆端部加厚和连接

六方方钻杆规格（mm）	上端内螺纹连接				下端外螺纹连接				
	螺纹型号	外径 D_u ±0.8（mm）	倒角直径 D_F ±0.4（mm）	加厚端长度 $L_u{}_0^{+0.65}$（mm）	螺纹型号	外径 D_{LR} ±0.8（mm）	内径 $d_0^{+1.6}$（mm）	倒角直径 D_F ±0.4（mm）	加厚端长度 $L_L{}_0^{+63.5}$（mm）
76.2	6⅝ in REG	196.9	186.1	406.4	NC26	85.7	31.8	82.9	508.0
88.9	6⅝ in REG	196.9	186.1	406.4	NC31	104.8	44.5	100.4	508.0
108.0	6⅝ in REG	196.9	186.1	406.4	NC38	120.7	57.2	116.3	508.0
133.4	6⅝ in REG	196.9	186.1	406.4	NC46	158.8	76.2	145.3	508.0
152.4	6⅝ in REG	196.9	186.1	406.4	5½ in FH	177.8	88.9	170.7	508.0

三、方钻杆检测

1. 外观检测

方钻杆本体无明显弯曲、焊疤、凹槽等肉眼可见缺陷，内表面不得有台阶或螺旋沟槽，表面不允许焊补或焊标尺，螺纹及密封面无明显损坏。几何尺寸测量时应使用经过校验合格的游标卡尺。

（1）方钻杆驱动部分应使用方钻杆套筒量规进行直线度测量，测量时应在任意棱和面进行，方钻杆套筒量规应符合表3-9要求，驱动部分直线度应符合表3-10要求；管体两端所拉直线与外表面最大偏移量不大于驱动部分长度乘以 0.52mm/m。

表 3-9　方钻杆套筒量规　　　　　　　　　　　　　　　单位：mm

方钻杆规格	量规最小长度	对边宽		最大棱角半径	
		四方	六方	四方	六方
63.5	254	65.89	—	6	—
76.2	254	78.59	77.11	8	5
88.9	254	97.29	89.81	11	5
108.0	305	111.12	108.86	11	6
133.4	305	136.52	134.26	14	8
152.4	305	—	153.31	—	8

表 3-10　方钻杆允许直线度　　　　　　　　　　　　　　单位：mm

长度	校直	使用
全长	≤ 3.0	≤ 8.0
每米	≤ 1.0	≤ 1.5

（2）方钻杆接头最小外径及密封面限定尺寸按表3-11执行。

表 3-11　方钻杆接头外径限定尺寸　　　　　　　　　　　单位：mm

规格	方钻杆类别	新方钻杆接头尺寸						均匀磨损后允许值			
		外径		密封面公称宽度		长度		最小接头外径		最小密封宽度	
		内螺纹接头	外螺纹接头	内螺纹接头	外螺纹接头	内螺纹接头	外螺纹接头	内螺纹接头	外螺纹接头	内螺纹接头	外螺纹接头
76.2	四方	196.8	104.8	7.1	6.3	406.4	508	181.7	100.1	6.0	5.4
88.9	四方	196.8	120.7	7.2	6.4	406.4	508	181.7	116.0	6.1	5.4
108.0	四方	196.8	161.9	10.3	9.6	406.4	508	181.7	157.0	8.8	8.2
133.4	四方	196.8	177.8	11.4	10.3	406.4	508	181.7	168.0	9.7	8.8
108.0	六方	196.8	120.6	10.3	9.6	406.4	508	181.7	116.0	8.8	8.2
133.4	六方	196.8	161.9	7.2	6.3	406.4	508	181.7	161.9	6.1	5.4

（3）磨损控制要求：方钻杆表面磨损后，133.4mm 四方方钻杆对边宽度减少量不大于 10mm，小于 133.4mm 的四方方钻杆对边宽度减少量不大于 6mm；133.4mm 六方方钻杆对边宽度减少量不大于 8mm，小于 133.4mm 的六方方钻杆对边宽度减少量不大于 4mm。

（4）外螺纹接头长度不小于 180mm，内螺纹接头长度不小于 200mm。

2. 无损检测

方钻杆的主要失效形式是接头及接头与驱动部分连接处的刺漏失效，主要原因是方钻杆承受最大拉伸载荷，当井眼不正、方钻杆端部弯曲、滚子方补芯非均匀磨损时，方钻杆承受较大弯曲应力，导致疲劳开裂刺漏，因此无损检测重点部位是螺纹和接头与管体驱动部分 1m 以内，应采取荧光磁粉探伤。

（1）方钻杆使用回收后应对方钻杆接头两端 1m 内本体部分进行荧光磁粉探伤。

（2）对方钻杆两端螺纹应进行超声和磁粉探伤。

（3）经过校直的方钻杆应对校直影响区域进行超声和磁粉探伤。

（4）经过无损检测发现有裂纹，且经打磨或车修无法消除的应停用。

四、方钻杆使用注意事项

（1）方钻杆接入钻柱时，应保证与井口同心。井口偏心应及时矫正，以滚子顺利放入补芯为井口矫正的标准。使用绞车绷住滚子补芯或方钻杆进入转盘时，会导致方钻杆产生弯曲应力，易发生失效故障。

（2）使用方钻杆时，配套滚子方补芯间隙应符合表 3-12 要求。间隙超标时易造成近井口钻柱螺纹承受较高交变弯曲应力，诱发应力集中区域萌生裂纹。

表 3-12 方钻杆与方补芯间隙

方钻杆类型	方钻杆公称尺寸（mm）	间隙（mm）
四方	63.5~88.9	0.38~2.20
四方	107.9~133.4	0.38~3.12
六方	76.2~152.4	0.38~1.52

（3）水龙头接方钻杆应平稳放入大鼠洞，放入鼠洞时要绷住中心管的水龙头，将内螺纹接头坐到滚子方补芯上，保证方钻杆不被压弯。

（4）方钻杆不允许在管体焊标尺；方钻杆摆放不少于三个支撑点，两端伸出长度不大于 1.5m。

五、方钻杆典型失效案例

1. 大北 1702X 井螺纹断裂失效

失效经过：2020 年 3 月 24 日 7:00 钻至井深 170m，立压、悬重下降，起钻发现方钻杆下旋塞距内螺纹密封面 120mm 处断裂，失效旋塞入井时全新，纯钻时间 60h；3 月 25 日 10:30 钻至井深 195m，立压、悬重下降，起钻发现 5¼in 方钻杆距外螺纹密封面 15~25mm 处断裂，方钻杆入井时螺纹为新修螺纹，本井纯钻时间 70h。现场调查发现井口偏心情况如图 3-16 所示，井口偏心导致井口段钻柱受力情况如图 2-17 所示。

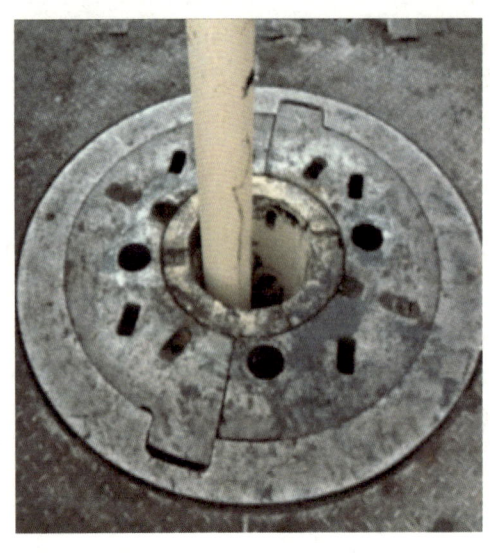 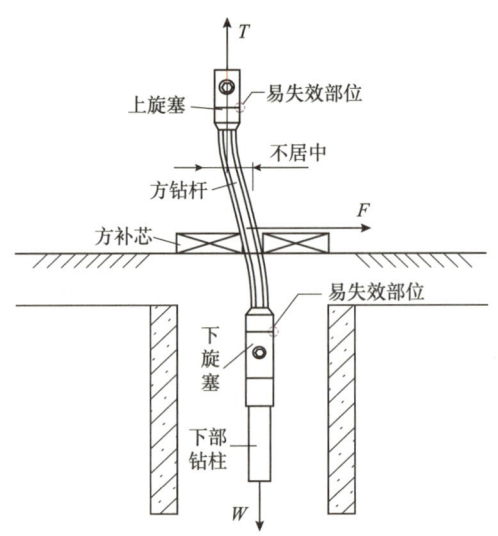

图 3-16 井口偏心情况　　　　图 3-17 井口偏心管柱受力示意图

原因分析：井口严重偏心，方钻杆外螺纹及相邻下旋塞承受过高弯扭交变应力，在螺纹应力集中位置产生疲劳裂纹并快速扩展，导致螺纹断裂失效。

经验教训：

井口严重偏心易造成近井口钻柱螺纹承受过大交变弯曲应力，诱发螺纹牙底萌生裂纹。特别是浅层钻进作业时，钻柱刚度强，井口偏心严重时易导致螺纹断裂失效。应将井口偏心情况纳入开钻前验收，各开钻进作业前应规范校正井口。

2. KeS9-1 井方钻杆刺穿失效

失效经过：2018 年 7 月 1 日 1∶00 Power-V 钻进至井深 6869m，发现方钻杆距内螺纹端台肩面 100mm 处刺漏；7 月 4 日 1∶30 钻进至井深 6870m，发现方钻杆距内螺纹端台肩面 465mm 处刺漏。

失效原因：现场调查发现滚子方补芯滚子磨损超标，滚子磨损严重时，导致方钻杆在旋转过程中因其配合间隙过大而发生高频横向振动，导致方钻杆薄弱部位萌生裂纹，裂纹扩展后高压钻井液从方钻杆水眼中刺穿造成方钻杆失效。

经验教训：

（1）使用转盘驱动方式钻井，应按照标准要求定期开展方钻杆滚子方补芯滚轮等磨损情况保养检查，发现滚子方补芯或方补芯滚轮超标磨损应及时进行更换。

（2）现场发生钻柱失效故障后，应及时上报事件真实情况，共同分析失效原因，制定并落实失效预防控制措施。

第三节　加重钻杆

钻井钻具组合中，下部钻具（钻铤等大钻具组合）刚性强，钻具截面积大，上部钻具（钻杆组合）柔性好，钻具截面积小，加重钻杆是在钻柱组合时加在钻杆和钻铤之间，防止钻柱截面的突然变化，减少钻杆疲劳的一种厚壁钻杆。

一、加重钻杆简介

加重钻杆是一种中等重量和与钻杆类似的钻具，壁厚是普通钻杆 2 倍以上，其接头长度比普通钻杆接头长，管体中部有特制的耐磨辊，一般在组成钻柱时加在钻杆与钻铤之间，防止钻柱截面的突然变化，减少钻杆的疲劳；加重钻杆的用量在直井中一般用 15~21 根，定向井、水平井一般用 30~45 根。在定向井中使用，由于其刚性比钻铤小，和井壁接触面积小，可以降低扭矩、减少磨阻，有利于保持定向井的方位。

加重钻杆分为摩擦焊接式和整体式，塔里木油田只采用整体式加重钻杆，常见结构形式细分为常规、整体螺旋和三段螺旋三种，外观形貌如图 3-18 至图 3-20 所示。加重钻杆除两端有超长的接头外，中间还有一外加厚部分，用于保护管体使之不易磨损。总长度 9.5m 左右，整体加重钻杆内螺纹接头与钻杆吊卡扣合处按要求制成 18° 锥形台肩，在其两端接头和中间加厚部分都有耐磨带，耐磨带形貌尺寸如图 3-21 和图 3-22 所示。

图 3-18　整体式常规加重钻杆结构示意图

图 3-19　整体式螺旋加重钻杆示意图

图 3-20　三段式螺旋加重钻杆示意图

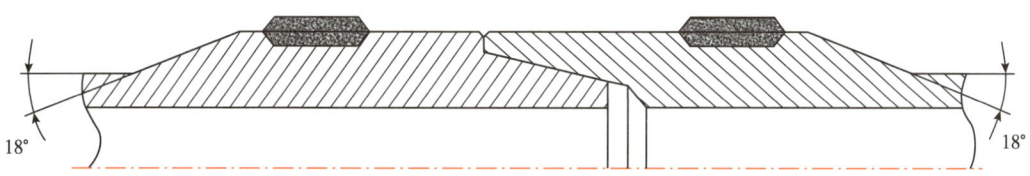

图 3-21　加重钻杆接头示意图

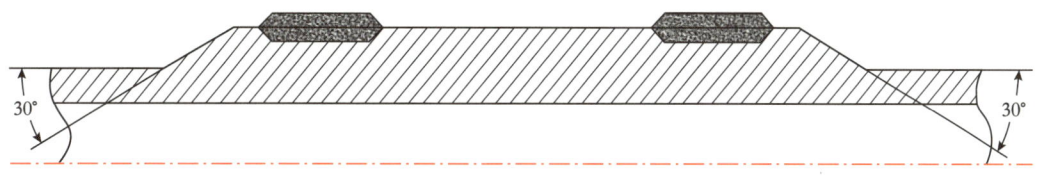

图 3-22　加重钻杆中间耐磨辊示意图

常规加重钻杆技术特性：

（1）壁厚大，增加重量。管体及接头外径与 API 钻杆一致，内孔为内平式，内径至少等于钻铤内孔直径。在工艺和操作上与钻杆和钻铤相适应。

（2）中间外加厚段起小型稳定器作用，更能适应受压产生的挠曲，比钻铤更能适应井眼的弯曲。弯曲时只有两端的接头和中部的加厚段与井壁接触，更有利于防卡。

（3）两端接头和中部加厚部分有耐磨带，超长的整体接头可提供较大的耐磨表面和重量，有利于延长工作寿命。

（4）整体式螺旋加重钻杆、三段式螺旋加重钻杆相对常规加重钻杆具有更好的防止压差卡钻作用，同时在水平井、大斜度井中具有辅助清除岩屑作用。

二、加重钻杆尺寸规格

塔里木油田常用加重钻杆尺寸规格参数见表 3-13。

表 3-13　加重钻杆尺寸规格参数

规格	外径 ±0.8		内径 （mm）	接头				管体		单根质量 （kg）	接头螺纹抗扭强度 （kN·m）
				螺纹型式	外径 ±0.8		倒角 ±0.8 （°）	加厚部分尺寸			
	mm	in			mm	in		中部 （mm）	端部 （mm）		
I 型（单根长度为 9300mm±150mm）											
ZH-JZ59-5 1/2FH-I	149.2	5⅞	92.1	5½ in FH	184.2	7¼	170.7	162.0	154.0	850	130.0
ZH-JZ55-5 1/2FH-I	139.7	5½	92.1	5½ in FH	184.2	7¼	170.7	152.4	144.5	750	130.0
ZH-JZ50-NC50-I	127.0	5	76.2	NC50	168.3	6⅝	154.0	139.7	130.2	700	71.8
ZH-JZ50-NC52-I	127.0	5	76.2	NC52	172.0	6¾	159.4	139.7	130.2	720	80.5
ZH-JZ40-NC40-I	101.6	4	63.5	HT40/DS40	139.7	5½	127.4	114.3	106.4	450	36.2
ZH-JZ35-NC38-I	88.9	3½	52.4	NC38	127.0	5	116.3	101.6	92.1	370	33.3

三、加重钻杆检测技术要求

（1）加重钻杆直线度按照表 3-14 执行。

表 3-14　加重钻杆允许直线度

名称	长度 （m）	全长允许直线度（mm）		两端 2m 内允许直线度（mm）		每米直线度（mm）	
		校直	使用	校直	使用	校直	使用
加重钻杆	≤9.00	≤3.0	≤5.0	≤1.5	≤2.5	1.5	≤2.0

（2）加重钻杆接头分级标准见表 3-15。

表 3-15　加重钻杆接头分级数据

规格		全新接头外径（mm）	磨损后最小接头外径（mm）		
mm	in		一级 A	一级 B	二级
88.9	3½	127.0	124.0	122.0	119.0
101.6	4	139.7	133.5	127.0	124.0
127.0	5	172.0	166.0	162.0	157.0
127.0	5	168.3	164.0	160.0	155.0
139.7	5½	184.2	176.0	172.0	169.0
149.2	5⅞	184.2	176.0	172.0	169.0

（3）加重钻杆接头与管体过渡处环形腐蚀坑分级数据见表 3-16。

表 3-16　加重钻杆接头与管体过渡处环形腐蚀坑分级数据

规格		全新（mm）			最大腐蚀坑深（mm）							
					一级				二级			
		管体内径	管体壁厚	管体加厚外径	管体		加厚部位		管体		加厚部位	
mm	in				外壁	内壁	外壁	内壁	外壁	内壁	外壁	内壁
88.9	3½	52.4	18.3	93.0	2.3	2.0	2.6	2.2	3.5	2.9	3.8	3.2
101.6	4	63.5	19.1	106.4	2.4	2.1	2.7	2.3	3.6	3.0	3.9	3.3
114.3	4½	71.4	21.5	118.0	2.7	2.3	3.0	2.6	4.1	3.5	4.4	3.7
127.0	5	76.2	25.4	130.0	3.2	2.7	3.4	2.9	4.7	4.1	5.0	4.3
139.7	5½	92.1	23.8	145.0	3.1	2.6	3.4	2.9	4.5	3.8	5.0	4.2
139.7	5½	98.4	20.7	145.0	2.6	2.3	3.0	2.6	3.9	3.3	4.4	3.7
149.2	5⅞	92.1	28.5	154.0	3.1	2.6	3.4	2.9	4.5	3.8	5.0	4.2

注：一级周向腐蚀坑长度不大于 2/3 圆周，二级周向腐蚀坑长度大于 2/3 圆周。

（4）加重钻杆管体内外腐蚀坑判定标准见表 3-17。

表 3-17　加重钻杆管体腐蚀坑分级数据

规格		全新（mm）			最大腐蚀坑深（mm）							
					一级				二级			
		管体内径	管体壁厚	管体加厚外径	管体		加厚部位		管体		加厚部位	
mm	in				外壁	内壁	外壁	内壁	外壁	内壁	外壁	内壁
88.9	3½	52.4	18.3	93.0	2.7	2.3	3.0	2.6	4.6	3.9	5.1	4.3
101.6	4	63.5	19.1	106.4	2.8	2.4	3.1	2.7	4.7	4.0	5.2	4.4
114.3	4½	71.4	21.5	118.0	3.2	2.7	3.5	3.0	5.4	4.6	5.8	4.9
127.0	5	76.2	25.4	130.0	3.8	3.2	4.0	3.4	6.3	5.4	6.7	5.7
139.7	5½	92.1	23.8	145.0	3.6	3.0	4.0	3.4	6.0	5.1	6.6	5.6
139.7	5½	98.4	20.7	145.0	3.1	2.6	3.5	3.0	5.2	4.4	5.8	4.9
149.2	5⅞	92.1	28.5	154.0	4.3	3.6	4.6	3.9	7.1	6.4	7.7	7.0

(5)加重钻杆接头允许磨损量见表3-18。

表3-18 加重钻杆接头允许磨损量

规格		接头螺纹型式	全新接头			接头磨损后		
			外径(mm)	台肩宽度(mm)		外径(mm)	台肩宽度(mm)	
mm	in			外螺纹	内螺纹		外螺纹	内螺纹
88.9	3½	NC38	127.0	7.2	6.4	119.0	6.1	5.4
101.6	4	HT40	139.7	7.7	6.9	124.0	6.5	5.9
114.3	4½	NC46	158.8	13.6	12.7	148.0	11.6	10.8
127.0	5	NC52	172.0	10.4	9.6	157.0	8.9	8.2
139.7	5½	5½ in FH	184.2	11.4	10.4	169.0	9.7	8.8
149.2	5⅞	5½ in FH	184.2	11.4	10.4	169.0	9.7	8.8

注：(1)外螺纹密封台肩宽度为接头倒角直径与外螺纹圆锥根部直径之差的1/2；
(2)内螺纹端面台肩宽度为接头倒角直径与内螺纹镗孔大端直径之差的1/2；
(3)内螺纹接头镗孔内倒角为1×45°，内螺纹接头端面台肩实际宽度比表列数据小1mm。

(6)加重钻杆螺纹、变径等应力集中区域、耐磨带敷焊热影响区应进行磁粉无损检测。
(7)管体应进行分段超声波无损检测。
(8)每次回收后，入井使用过的加重钻杆需修扣且接头螺纹切除长度不小于20mm。
(9)加重钻杆存在以下任意一种情况应报废：
①管体折断；
②管体刺穿；
③管体胀裂；
④管体塑性变形；
⑤水眼堵塞无法通开；
⑥管体扭曲或严重弯曲，无法校直或经校直仍超过表3-14允许的直线度；
⑦加重钻杆接头吊卡台肩严重变形无法修复；
⑧加重钻杆经无损检测发现有裂纹，且经车修或打磨无法消除；
⑨接头磨损后不符合表3-18的规定；
⑩低于加重钻杆二级标准。

四、加重钻杆使用要求

(1)加重钻杆直线度全长应不超过5mm。
(2)加重钻杆螺纹、台肩使用标准与钻杆相同。
(3)加重钻杆外螺纹接头长不低于180mm，内螺纹接头长不低于200mm。
(4)正常钻井作业时，单趟入井加重钻杆数量应不少于15根。
(5)与钻铤相连的第一柱加重钻杆每趟钻应倒换。
(6)当加重钻杆及以下钻铤、钻具稳定器和转换接头等下部钻具断裂失效或现场探伤发现有伤，应及时更换钻柱中同时入井的加重钻杆及以下钻铤、稳定器、转换接头、内防喷工具等。

（7）累计纯钻时间达到800h，且预计后续纯钻时间超过200h应更换。

（8）加重钻杆正常作业过程中，现场探伤周期按推荐纯钻时间执行，井下复杂时可提前申请现场探伤。

（9）加重钻杆应记录入井时间和累计使用纯钻时间。

（10）$5\frac{7}{8}$in 加重钻杆及 $5\frac{1}{2}$in 加重钻杆与 8in 钻铤、9in 钻铤或 11in 钻铤配套使用，5in 加重钻杆与 $6\frac{1}{4}$in、7in 钻铤配套使用，4in 及 $3\frac{1}{2}$in 加重钻杆与 5in 钻铤或 $4\frac{3}{4}$in 钻铤配套使用。

五、加重钻杆典型失效案例

1. 克深606井加重钻杆管体刺穿失效

失效经过：2019年3月13日，克深606井在钻至井深1930m时，泵压下降（泵压从起钻前13.5MPa下降至11MPa），起钻发现第3根 $5\frac{1}{2}$in 加重钻杆距离外螺纹端1.22m处刺穿，刺口周向宽约45mm，轴向宽度18~30mm，刺口形貌如图3-23所示。

失效时钻具组合：22in PDC钻头+730×NC77转换接头+11in钻铤2根+22in钻具稳定器+11in钻铤1根+22in钻具稳定器+NC77×NC61转换接头+9in钻铤3根+NC61×NC56转换接头+8in钻铤15根+NC56×520转换接头+$5\frac{1}{2}$in加重钻杆14根+$5\frac{1}{2}$in斜坡钻杆。

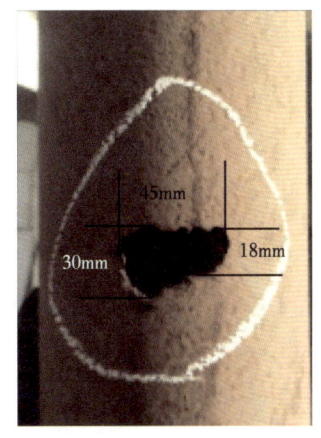

图3-23 加重本体腐蚀刺穿

原因分析：因加重钻杆内壁腐蚀坑底萌生的裂纹在使用过程中扩展并导致刺穿。失效加重钻杆历史使用14井次，本井纯钻时间153.5h。因加重钻杆为厚壁管，历史管体刺穿失效故障较少，因此送井前主要对两端螺纹等易失效部位开展无损检测，未能识别加重钻杆内壁腐蚀坑底可能萌生裂纹并刺穿的失效风险。

经验教训：加重钻杆长期使用过程中，管体内外壁会发生腐蚀，管体内壁尖锐腐蚀坑底在拉扭、弯扭复合交变应力作用下可能萌生裂纹，裂纹扩展后易导致管体刺穿或断裂失效。对使用周期较长的加重钻杆应对管体实施超声波分段检测。

2. 满深1井加重钻杆螺纹断裂失效

失效经过：2019年10月9日满深1井钻至井深5124.59m，悬重由1997kN下降至1843kN（原悬重2080kN）、泵压由22.8MPa下降至10.8MPa，起钻发现距井底第8根加重钻杆外螺纹第四扣断裂。

失效时钻具组合：$13\frac{1}{8}$in PDC钻头+ϕ244mm螺杆+731×NC61转换接头+9in螺旋钻铤×1根+$13\frac{1}{8}$in钻具稳定器+NC61×NC56转换接头+NC56×630转换接头+8in无磁钻铤+631×NC56转换接头+8in螺旋钻铤×8根+NC56×520转换接头+$5\frac{1}{2}$in加重钻杆×14根+$5\frac{1}{2}$in钻杆。入井钻具组合对比设计钻具组合减少8in螺旋钻铤10根。

前期异常情况：9月24日，井深5014m，划眼作业起钻后发现630×730转换接头630螺纹开裂；10月8日，244mm螺杆马达壳体与防脱短节连接内螺纹断裂，防脱装置起作用未落井,失效螺杆入井使用11h。

原因分析:半个月时间内,连续发生两起下部钻具螺纹失效,现场未能识别同期入井下部钻具螺纹失效风险,未落实及时对下部钻具更换的管理要求,造成加重钻杆螺纹断裂失效。

经验教训:加重钻杆及以下下部钻具承受弯扭复合交变应力,易在下部钻具薄弱环节萌生裂纹。由于下部钻具服役环境相近,在疲劳寿命相近情况下,一旦个别钻工具发生疲劳失效,则同期入井的下部钻具应力集中部位产生疲劳裂纹的概率大大增加,因此在故障解除后应成套更换同期入井的下部钻具。

3. 哈7-5井5in加重钻杆耐磨辊断裂失效

失效经过:2010年11月20日,哈7-5井钻进至井深6042.62m时,泵压由23MPa下降到19MPa,悬重由195t下降到180t,扭矩由11.67kN·m下降到5kN·m,起钻完后发现在第二根5in加重钻杆管体中部加厚最后一道耐磨带处平齐断裂,失效部位如图3-24所示。11月23日卡瓦打捞筒捞获全部落鱼,故障损失时间80h。

图3-24 加重中间耐磨辊处断裂

原因分析:失效加重钻杆在中间耐磨带敷焊过程中,敷焊工艺出现偏离,导致中间耐磨辊处基体产生缺陷或者加重钻杆制造过程中中间耐磨辊处存在制造缺陷,在弯扭交变应力作用下缺陷处萌生裂纹并扩展导致断裂失效。

经验教训:加重钻杆日常失效多集中在螺纹部位,但接头与本体过渡处、中间耐磨辊与本体过渡处、耐磨带敷焊热影响区等应力集中区域,在复杂交变应力作用下易萌生疲劳裂纹,对管体及应力集中区域的超声加磁粉检测是预防加重钻杆失效的重要手段。

4. 博孜15井钻杆刺穿失效

发生经过:2019年4月7日,博孜15井在钻至井深1600m时,泵压异常下降,4月8日1:00起钻至井深344m,发现加重钻杆以上第9根$5\frac{1}{2}$in钻杆距内接头密封面740mm处本体刺漏。

失效时钻具组合:22in ETR14MS钻头+730×NC77转换接头+11in钻铤×2根+22in钻具稳定器×1只+11in钻铤×1根+22in钻具稳定器×1只+11in钻铤×3根+NC77×NC61

转换接头 +9in 钻铤 ×6 根 +NC61×NC56 转换接头 +8in 钻铤 ×6 根 +NC56×520 转换接头 +5½in 加重钻杆 ×9 根 +5½in 钻杆。

原因分析：加重钻杆入井数量不足（9 根），由于截面和刚性突变诱发加重钻杆附近的钻杆疲劳失效。在大尺寸砾石层井段钻进，由于跳钻严重会加剧加重钻杆附近的钻杆疲劳，加重钻杆入井数量不足时，由于截面和刚性突变易诱发加重钻杆附近的钻杆疲劳失效。

经验教训：加重钻杆是钻铤等下部刚性钻具与钻杆柔性钻具间的过渡，入井数量不足时，由于截面和刚性突变易诱发加重钻杆附近的钻杆疲劳失效。在大尺寸砾石层井段钻进，跳钻严重会加剧加重钻杆附近的钻杆疲劳，因此，下入足量的加重钻杆、加强加重钻杆附近 3~5 柱钻杆的倒换、跳钻严重井段配套使用减振工具是预防加重钻杆附近钻杆失效的有效手段。

第四节　钻铤

一、钻铤简介

钻铤是钻柱的主要组成部分之一，主要作用是给钻头施加钻压，同时使下部钻具组合具有较大的刚度，从而使钻头工作稳定，并有利于克服井斜问题。钻铤壁厚一般是 38~53mm，是常规钻杆壁厚的 4~6 倍。这样可以增加刚度，在加压时减少弯曲，降低钻具疲劳损坏。

钻铤尺寸一般选用与钻杆接头外径相等或接近的尺寸，有时根据防斜措施选择钻铤的尺寸。钻铤在钻柱中的长度主要根据最大钻压来确定，一般情况下，钻铤的重量应超过最大钻压的 20%~30%，跳钻严重地层钻铤数量还要增加，确保中和点不上移到加重钻杆或钻杆上，减少钻具疲劳损坏。

1. 钻铤形式

钻铤可根据外形与材料分为三种形式：

A 型（圆柱式）：用普通合金钢制成，管体横截面内外皆为圆形的钻铤，代号为 ZT，A 型钻铤示意图如图 3-25 所示。

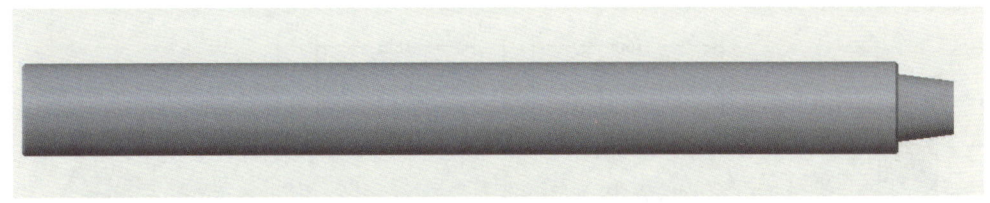

图 3-25　A 型钻铤示意图

B 型（螺旋式）：用普通合金钢制成，管体外表面具有螺旋槽的钻铤。根据螺旋槽的不同又分为两种形式，即Ⅰ型和Ⅱ型，代号分别为 LTⅠ，LTⅡ，BⅠ型和 BⅡ型钻铤示意图如图 3-26 和图 3-27 所示。

C型（无磁式）：用磁导率很低的不锈合金钢制成，管体横截面内外皆为圆形的钻铤，代号为WT，C型钻铤形貌同A型；此外，还有特种的方钻铤、无磁螺旋钻铤等，无磁螺旋钻铤示意图同B型。

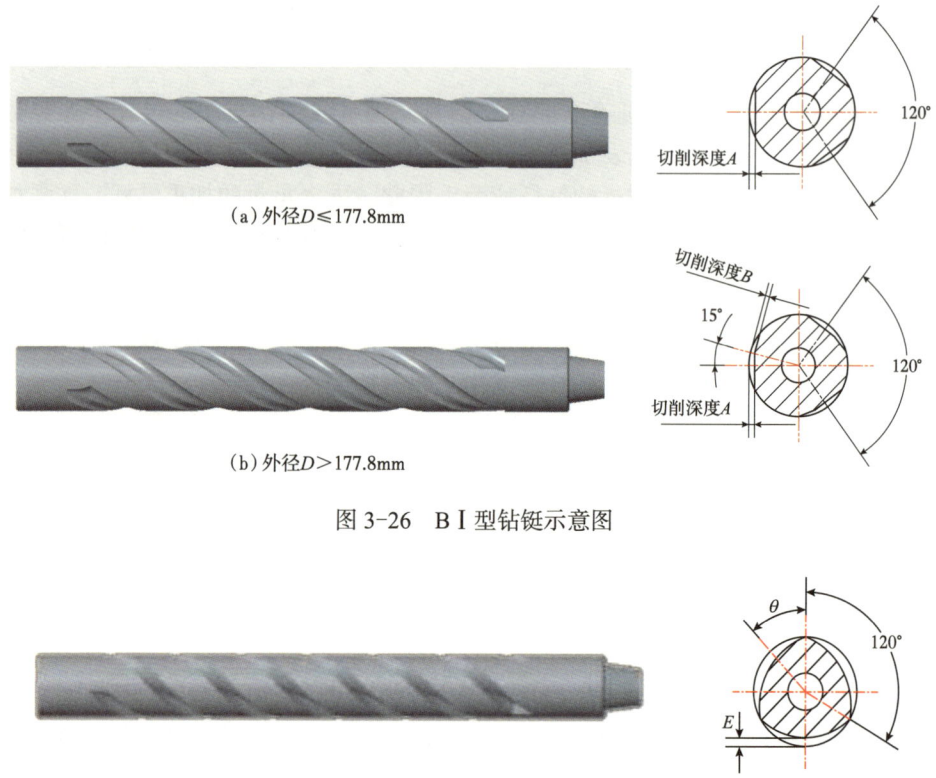

图3-26　BⅠ型钻铤示意图

图3-27　BⅡ型钻铤示意图

2. 钻铤吊卡槽和卡瓦槽

钻铤吊卡槽和卡瓦槽是为了方便起下钻，提高起下钻时效而设计。钻铤吊卡槽和卡瓦槽的过渡半径经特殊滚压工具冷压处理，增加了疲劳寿命，结构如图3-28所示。不同规格钻铤吊卡槽和卡瓦槽尺寸见表3-19。

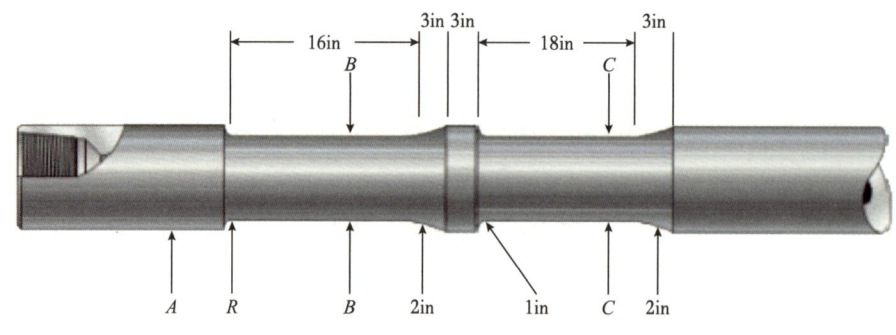

图3-28　钻铤吊卡槽和卡瓦槽

表 3-19 钻铤吊卡槽和卡瓦槽规格

钻铤外径 A		吊卡槽直径 B (mm)	卡瓦槽直径 C (mm)	吊卡槽半径 R (mm)	吊卡内径（mm）	
mm	in				上	下
104.8	4⅛	93.66	95.25	3.18	96.84	107.95
120.7	4¾	107.95	111.13	3.18	111.13	123.83
127.0	5	114.30	117.48	3.18	117.48	130.18
152.4	6	136.53	139.70	3.18	139.70	155.58
158.8	6¼	142.88	146.05	3.18	146.05	161.93
165.1	6½	149.23	152.40	3.18	152.40	168.28
171.5	6¾	152.40	158.75	4.76	157.16	174.63
177.8	7	158.75	165.10	4.76	163.51	180.98
184.2	7¼	165.10	171.45	4.76	169.86	187.33
196.9	7¾	177.80	184.15	4.76	182.56	200.03
203.2	8	184.15	190.50	4.76	188.91	206.38
209.6	8¼	190.50	196.85	4.76	195.26	212.73
228.6	9	206.38	215.90	6.35	212.73	231.78
241.3	9½	219.08	228.60	6.35	225.47	244.48
247.7	9¾	225.43	234.95	6.35	231.78	250.83
254.0	10	231.78	241.30	6.35	238.13	257.18
279.4	11	257.18	166.70	6.35	263.53	282.58

二、钻铤规范及技术参数

1. 钻铤尺寸规格、主要尺寸偏差、螺纹尺寸、机械性能

钻铤尺寸规格、主要尺寸偏差、螺纹尺寸、机械性能应分别符合表 3-20 至表 3-23 的规定。

表 3-20 钻铤规格参数表

钻铤规格		内径（mm）	螺纹型式	新钻铤弯曲强度比	磨损后螺纹台肩宽度		横向伤深×长（mm×mm）	纵向伤深度（mm）	均匀磨损后最小外径（mm）		偏磨限定尺寸（mm）	接头螺纹抗扭强度（kN·m）
mm	in				内螺纹接头（mm）	外螺纹接头（mm）			一级	二级		
79.4	3⅛	31.8	NC23	2.57∶1	4.7	4.2	3.0×25.0	3.0	76.0	—	3.0	8.65
88.9	3½	38.1	NC26	2.42∶1	5.2	4.5	4.0×28.0	4.0	85.1	—	3.8	11.93
			DS26									16.51
104.8	4⅛	50.8	NC31	2.44∶1	6.2	5.7	5.0×33.0	5.0	100.0	—	4.0	17.89

续表

钻铤规格		内径（mm）	螺纹型式	新钻铤弯曲强度比	磨损后螺纹台肩宽度		横向伤深×长（mm×mm）	纵向伤深度（mm）	均匀磨损后最小外径（mm）		偏磨限定尺寸（mm）	接头螺纹抗扭强度（kN·m）
mm	in				内螺纹接头（mm）	外螺纹接头（mm）			一级	二级		
120.7	4¾	50.8	NC35	2.58:1	9.0	8.2	5.0×38.0	5.0	114.7	—	5.2	28.37
			DS35									39.41
127.0	5	57.1	NC38	2.38:1	9.0	8.5	5.0×40.0	5.0	122.0	—	5.2	30.87
			DS38									49.50
158.7	6¼	71.4	NC46	2.64:1	13.3	12.7	6.0×50.0	6.0	156.0	152.0	6.6	48.72
			DS46									80.62
177.8	7	71.4	NC50	2.73:1	15.3	14.7	6.5×56.0	6.5	168.0	—	8.0	65.23
			DS50									109.03
196.8	7¾	71.4	NC56	2.70:1	15.8	15.2	6.5×62.0	6.5	186.0	—	9.4	96.94
203.2	8	71.4	NC56	3.02:1	15.8	15.2	7.0×66.0	7.0	198.0	190.0	9.9	97.82
228.6	9	71.4	NC61	3.17:1	18.0	17.3	7.0×72.0	7.0	210.0	—	11.8	151.78
254.0	10	76.2	NC70	2.81:1	22.3	21.7	8.0×80.0	8.0	231.5	—	13.3	284.35
279.4	11	76.2	NC77	2.78:1	25.0	25.0	8.0×80.0	8.0	266.0	—	13.0	319.17

表 3-21 钻铤的主要尺寸偏差

外径范围		外径 D（mm）	外径差（mm）	内径 d（mm）	长度 L（mm）	台肩倒角直径 D_F（mm）	最大允许修磨深度（mm）
mm	in						
≤88.9	≤3½	$^{+1.2}_{0}$	≤0.9	$^{+1.6}_{0}$	±152.4	±0.4	1.8
88.9~114.3	3½~4½	$^{+1.6}_{0}$	≤1.2				2.3
114.3~139.7	4½~5½	$^{+2.0}_{0}$	≤1.5				2.8
139.7~165.1	5½~6½	$^{+3.2}_{0}$	≤1.8				3.2
165.1~215.9	6½~8½	$^{+4.0}_{0}$	≤2.2				3.9
215.9~241.3	8½~9½	$^{+4.8}_{0}$	≤2.5				5.2
>241.3	>9½	$^{+6.4}_{0}$	≤3.0				12.2

注：（1）"外径差"指同一截面上测量的最大与最小外径之差，而且不包括规定的表面修磨量；
（2）仅包括 C 型钻铤；
（3）壁厚偏差（外螺纹端）标准：中心偏心度不应超过 6.35mm，钻铤内孔最大偏心度在钻铤端部为 2.39mm。

表 3-22 钻铤螺纹尺寸

螺纹类型	螺纹牙型	螺距 P（mm）	每25.4mm牙数（牙）	锥度（mm/m）	螺纹基面中径 C（mm）	外螺纹锥部大端直径 D_L（mm）	外螺纹圆柱部分直径 $D_{LF}\pm 0.4$（mm）	外螺纹锥部小端直径 D_s（mm）	外螺纹锥部总长度 $L_{PC-3.2}^{0}$（mm）	内螺纹最小有效长度 L_{BT}（mm）	内螺纹锥部长度 L_{BC}（mm）	内螺纹扩锥孔大端直径 $Q_{C-0.4}^{+0.8}$（mm）
NC23	V-0.038R	6.35	4	1∶6	59.82	65.10	61.90	52.400	76.2	79.4	92.1	66.7
NC26	V-0.038R	6.35	4	1∶6	67.78	73.05	69.85	60.350	76.2	79.4	92.1	74.6
NC31	V-0.038R	6.35	4	1∶6	80.85	86.13	82.96	71.323	88.9	92.1	104.8	87.7
NC35	V-0.038R	6.35	4	1∶6	89.69	94.97	92.08	79.096	95.2	98.4	111.1	96.8
NC38	V-0.038R	6.35	4	1∶6	96.72	102.01	98.83	85.065	101.6	104.8	117.5	103.6
NC44	V-0.038R	6.35	4	1∶6	112.19	117.48	114.27	98.425	114.3	117.5	130.2	119.1
NC46	V-0.038R	6.35	4	1∶6	117.50	122.78	119.61	103.734	114.3	117.5	130.2	124.6
NC50	V-0.038R	6.35	4	1∶6	128.06	133.35	130.43	114.300	114.3	117.5	130.2	134.9
NC56	V-0.038R	6.35	4	1∶4	142.65	149.25	144.86	117.500	127.0	130.2	142.9	150.8
NC61	V-0.038R	6.35	4	1∶4	156.92	163.53	159.16	128.600	139.7	142.9	155.6	165.1
NC70	V-0.038R	6.35	4	1∶4	178.15	185.75	181.38	147.650	152.4	155.6	168.3	187.3
6⅝ in REG	V-0.050	6.35	4	1∶6	146.25	152.20	149.40	131.039	127.0	130.2	142.9	154.0
7⅝ in REG	V-0.050	6.35	4	1∶4	170.55	177.80	175.01	144.475	133.4	136.5	149.2	180.2
8⅝ in REG	V-0.050	6.35	4	1∶4	194.73	201.98	199.14	167.843	136.5	139.7	152.4	204.4
NC77	V-0.038R	6.35	4	1∶4	196.62	203.20	198.83	161.950	165.1	168.3	181.0	204.8

表 3-23 钻铤的机械性能

外径范围 mm	外径范围 in	屈服强度 $\rho_{0.2}$（MPa）	抗拉强度 R_m（MPa）	伸长率 A（%）	布氏硬度（HB）	纵向夏比冲击功 A_{KV}（J）	型号
79.4~171.4	3⅛~6¾	≥758	≥965	≥15	285~341	平均值≥80 单个值≥70	A型、B型
177.8~279.4	7~11	≥689	≥930	≥15	285~341	平均值≥80 单个值≥70	A型、B型
79.4~171.4	3⅛~6¾	≥758	≥827	≥18	270~320	单个值≥75	C型
177.8~279.4	7~11	≥689	≥758	≥20	270~320	单个值≥75	C型

2. 钻铤螺纹应力减轻结构

螺纹应力分散槽能减轻内外螺纹应力集中，有助于延长螺纹的使用寿命。螺纹上载荷分布并非均匀，大端的前几牙螺纹具有严重的应力集中，其中螺纹第1牙承担轴向总载荷的30%~40%，承担周向总载荷的40%~60%，到第8牙以后几乎不再承担载荷。因此，靠近台肩面的几牙螺纹是最易损坏的部位，现场钻井实践已验证了这一结论。要避免钻铤接头的过早失效，应从研究钻铤螺纹的载荷分布规律入手，尽量减少应力集中程度，使螺纹受力更加合理，延长钻铤接头的使用寿命。

1）塔里木油田应力减轻结构加工原则

塔里木油田 NC56 及以上规格的外螺纹加工 API 应力槽或 LET 应力槽、内螺纹加工塔里木应力槽。用于直井段作业时 NC50 及以下规格的螺纹加工双台肩，用于定向段或斜井段作业时 NC50 及以下规格的螺纹加工 API 应力槽。各种常用应力减轻结构如图 3-29 所示，塔里木油田内螺纹应力分散槽关键几何尺寸见表 3-24。

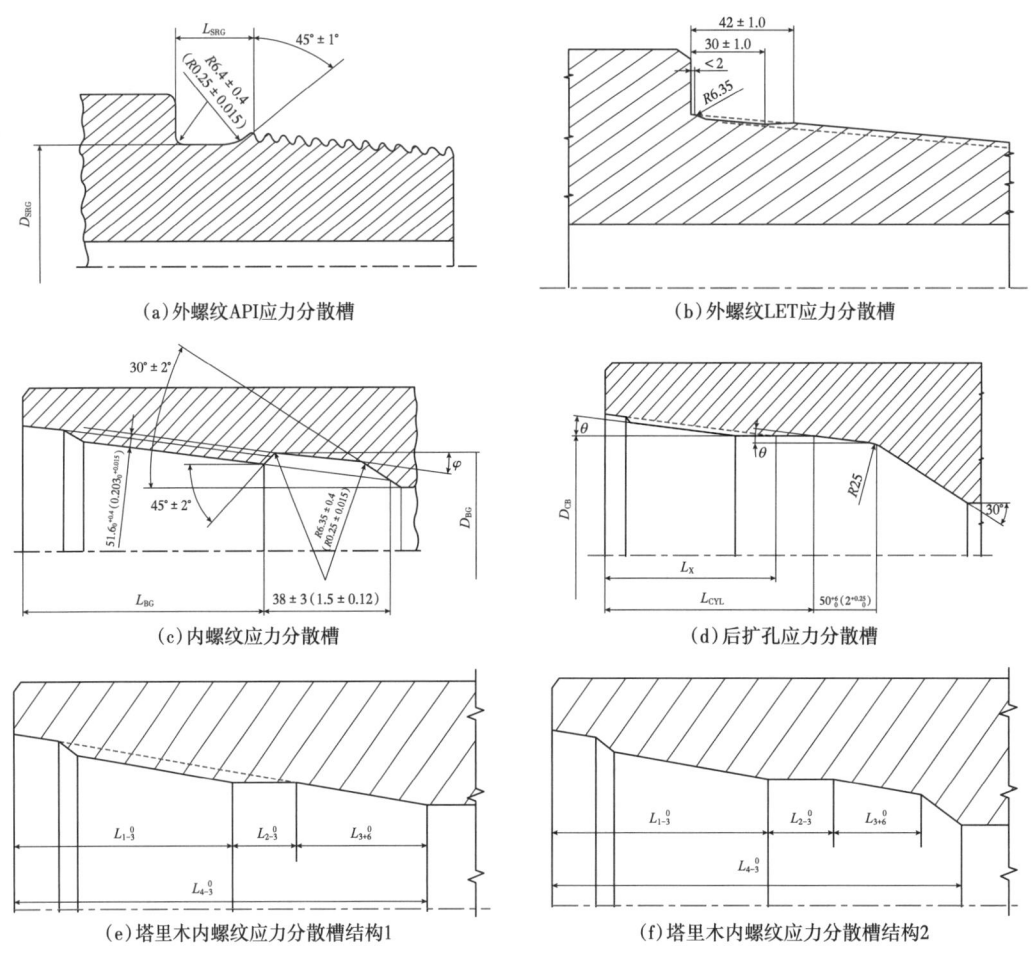

(a) 外螺纹 API 应力分散槽　　　　　　(b) 外螺纹 LET 应力分散槽

(c) 内螺纹应力分散槽　　　　　　(d) 后扩孔应力分散槽

(e) 塔里木内螺纹应力分散槽结构1　　　　(f) 塔里木内螺纹应力分散槽结构2

图 3-29　螺纹应力分散槽

表 3-24　塔里木内螺纹应力分散槽尺寸

序号	螺纹类型	内径（mm）	L_{1-3}^{0}（mm）	L_{2-3}^{0}（mm）	$L_{3\ 0}^{+6}$（mm）	L_4（mm）	塔里木内螺纹应力分散槽结构形式
1	NC35	50.8	75	20	85	≥210	结构2
2	NC38	57.2	80	20	180	≥280	结构1
3	NC46	71.4	90	25	205	≥320	结构1

续表

序号	螺纹类型	内径（mm）	L_{1-3}^{0}（mm）	L_{2-3}^{0}（mm）	$L_{3\ 0}^{+6}$（mm）	L_4（mm）	塔里木内螺纹应力分散槽结构形式
4	NC46	57.2	90	25	175	≥320	结构2
5	NC50	71.4	90	25	175	≥320	结构2
6	NC56	71.4	105	25	190	≥320	结构1
7	NC56	76.2	105	25	190	≥300	结构1
8	NC61	71.4	120	25	145	≥320	结构2
9	NC61	76.2	120	25	145	≥320	结构2
10	630反	82.6	110	25	70	≥235	结构2

2）钻铤 LET 螺纹

钻铤外螺纹大端最后的啮合螺纹根部的疲劳裂纹是疲劳失效最常见的形式之一，这种失效主要是由于该处螺纹根部应力集中引起，以往一些研究和实验表明，大约30%的钻铤外螺纹载荷由大端最后啮合扣承担。LET 螺纹就是通过降低外螺纹末端啮合齿高度以改善螺纹受力情况，降低外螺纹末端应力集中以延长钻铤螺纹疲劳寿命。该应力减轻结构经石油管材研究所实验分析表明：螺纹的疲劳极限比常规螺纹提高113%，疲劳寿命提高近3倍。

LET 螺纹相对于 API 应力减轻槽的优点是：API 应力减轻槽修1次扣需切除50.8~76.2mm，LET 螺纹修1次扣只需切除16~24mm，与通常修扣的螺纹切除长度一致，从而大大提高了钻具的使用寿命。LET 螺纹相对 API 应力减轻槽具有较好的实用性和经济性。由于塔里木地质构造复杂，下部钻柱服役工况恶劣等因素，目前 LET 螺纹主要用于 9in 及以上规格钻铤或钻具稳定器，8in 规格钻铤或钻具稳定器为提高螺纹疲劳寿命多采用 API 应力减轻槽，7in 及以下规格钻铤或钻具稳定器多采用双台肩。

3）塔里木内螺纹应力分散槽

前期背景：2005年1月至2006年5月，塔里木油田 6¼in 钻铤在钻井施工中断裂14起，其中内螺纹断裂11起，占 6¼in 钻铤断裂的78.5%，且断裂处多发生在距内螺纹台肩面 100~120mm 处，给油田和井队造成极大的经济损失。

应力减轻槽情况：消除应力集中，最好的办法是加工应力减轻槽，当时内螺纹应力减轻槽共三种：API SPEC 7 中推荐的两种，法国 SMF 公司使用的一种，但是这三种应力减轻槽由于加工难度大、耗时长和经济性较差，且不能和塔里木油田实施的 LET 螺纹相配合等原因，因此塔里木油田钻具技术人员设计了一种适合于塔里木油田现状的塔里木内螺纹应力减轻槽。

在塔里木内螺纹应力减轻槽钻铤投入使用之前，钻具技术人员对现有三种应力减轻槽和塔里木内螺纹应力减轻槽分别进行了受力计算，从有限元计算结果可以认为塔里木内螺纹应力减轻槽对螺纹受力有极大的改善，不仅能减轻内螺纹应力集中，而且能缓解外螺纹应力集中，有助于延长钻铤的使用寿命。几种螺纹应力计算情况见表3-25。

表 3-25 各种几何模型下应力数值对比

钻铤类型	API 标准螺纹	API 后孔 应力减轻槽	API 替代 应力减轻槽	法国 应力减轻槽	塔里木 应力减轻槽
最大应力值（MPa）	234.0	110.0	165.0	98.0	90.4
内螺纹最后一扣牙顶应力（MPa）	234.0	39.8	138.0	50.0	58.4
外螺纹最后一扣牙底应力（MPa）	79.6	78.3	78.3	78.3	67.8

使用效果：采用塔里木应力减轻槽螺纹修理切修量最少，加工时间最短，钻铤修理寿命可达 15 次，对比情况见表 3-26；现场使用同比螺纹断裂失效大幅下降，回收检测发现裂纹等危害性缺陷的数量大幅降低，对比情况见表 3-27。

表 3-26 各种结构应力减轻槽加工消耗情况统计

钻铤类型	API 后孔 应力减轻槽	API 替代 应力减轻槽	法国 应力减轻槽	塔里木 应力减轻槽
切削量（mm）	86.80	61.92	86.80	36.00
每根可修次数（次）	9	11	9	15
每根加工时间（min）	50	40	45	30

表 3-27 研制的塔里木内螺纹应力减轻槽使用效果

钻铤类型	使用时间	使用井次（次）	发出钻铤（根）	内螺纹处断裂次数	外螺纹处断裂次数	回收钻铤（根）	回收发现有裂纹根数（根）
未使用应力槽的钻铤	2006 年 1 月 1 日至 2006 年 5 月 15 日	54	1024	7	2	904	60
已使用应力槽的钻铤	2006 年 5 月 15 至 2006 年 9 月 10 日	69	1544	0	0	663	0

三、钻铤检测技术要求

塔里木油田油气藏多为深层、超深层，特别是库车山前上部井段普遍存在巨厚砾石层，钻柱面临复杂服役工况，在满足行业标准规范基础上，塔里木对钻铤检测采取了更严苛的标准。钻井用钻铤单井使用后均回收检测，修井用钻铤原则上使用 3 个月回收检测。

（1）钻铤螺纹台肩宽度、管体伤痕、外径的偏磨应符合表 3-28 要求。

（2）钻铤螺纹磨损后用梳齿规检查，螺纹剩余牙顶宽度应不小于标准牙顶宽度的 50%，数字扣螺纹剩余牙顶宽度应不小于 0.83mm，正规扣、内平扣等其他螺纹剩余牙顶宽度应不小于 0.64mm。

（3）钻铤螺纹台肩平面如因黏结或碰撞呈凹凸不平，凸出处应磨平，在靠内沿处应保持完好。

（4）当钻铤采用吊卡槽、卡瓦槽等结构时，宜对截面突变应力集中部位随两端螺纹开展磁粉检测。

（5）钻铤回收后对螺纹进行超声和磁粉检测，入井使用过的钻铤均强制修扣，修扣合格后的螺纹仍需实施超声和磁粉检测。

表 3-28　钻铤均匀磨损后最小外径及偏磨限定尺寸

钻铤规格		内径（mm）	螺纹型式	新钻铤弯曲强度比	磨损后螺纹台肩宽度（mm）		横向伤深×长（mm×mm）	纵向伤深度（mm）	均匀磨损后最小外径（mm）		偏磨限定尺寸（mm）
mm	in				内螺纹接头	外螺纹接头			一级	二级	
79.4	3⅛	38.1	NC23	2.57	4.7	4.2	3.0×25.0	3.0	76.0	—	3.0
88.9	3½	38.1	NC26	2.42	5.2	4.5	4.0×28.0	4.0	85.1	—	3.8
104.8	4⅛	50.8	NC31	2.44	6.2	5.7	5.0×33.0	5.0	100.0	—	4.0
120.7	4¾	50.8	NC35	2.58	9.0	8.2	5.0×38.0	5.0	114.7	—	5.2
127.0	5	57.1	NC38	2.38	9.0	8.5	5.0×40.0	5.0	122.0	—	5.2
158.7	6¼	71.4	NC46	2.64	13.3	12.7	6.0×50.0	6.0	156.0	152.0	6.6
177.8	7	71.4	NC50	2.73	15.3	14.7	6.5×56.0	6.5	168.0	—	8.0
196.8	7¾	71.4	NC56	2.70	15.8	15.2	6.5×62.0	6.5	186.0	—	9.4
203.2	8	71.4	NC56	3.02	15.8	15.2	7.0×66.0	7.0	198.0	190.0	9.9
228.6	9	71.4	NC61	3.17	18.0	17.3	7.0×72.0	7.0	210.0	—	11.8
279.4	11	76.2	NC77	2.78	25.0	25.0	8.0×80.0	8.0	266.0	—	13.0

（6）当钻铤外径均匀磨损到小一级钻铤外径且其内径与小一级钻铤内径相同时，经探伤无缺陷且表面硬度符合标准要求的情况下，可以将螺纹改为小一级尺寸螺纹，该钻铤按小一级尺寸钻铤使用。钻铤只允许减小一次尺寸并打钢印标记进行区别。

（7）无磁钻铤检测执行常规钻铤的检测要求，两端螺纹应进行超声波和渗透检测。

（8）钻铤的弯曲强度比一般为（2.25~2.75）∶1，最大允许范围为（2.0~3.2）∶1。

内螺纹与外螺纹连接时弯曲刚度比为 2.5∶1，这通常被认为是平衡的，即等强度连接。所谓内外螺纹抗弯刚度比是指外螺纹末端处内螺纹接头截面模数与离接头台肩 19mm（3/4in）处外螺纹接头截面模数之比。由于钻铤外径磨损比内径磨损快得多，螺纹弯曲强度比将相应减少，当弯曲强度比下降到 2∶1 以下时，连接即可能出问题，因此，根据钻铤的内外径选择合适的连接方式十分重要。

四、钻铤使用要求

塔里木油田油气藏多为深层、超深层，特别是库车山前上部井段普遍存在巨厚砾石层，钻柱面临复杂服役工况，在满足行业标准规范基础上，塔里木对钻铤使用提出了更高的要求。

（1）17in 及以上规格井眼钻井时应设计使用 11in 规格钻铤及本体尺寸为 11in 的钻具稳定器；12¼~17in 井眼钻井作业时应设计使用 9in 规格钻铤及本体尺寸为 9in 的钻具稳定器。

（2）9½in 及以下规格井眼应设计使用双台肩螺旋钻铤；开窗侧钻作业或大斜度井段，尽量避免使用钻铤等刚性过强钻具，若确需使用钻铤则钻铤螺纹应选用 API 应力减轻槽。

（3）钻铤螺纹台肩面如因黏结或撞击呈凹凸不平时，在靠内沿处应保持完好，其保持完好部分最小宽度应达到台肩面宽度的 50%，凡凸出处必须磨平。

（4）7in 以上钻铤螺纹均应采用应力减轻结构，其中山前井、外甩探井应采用 API 应力减轻结构,其他井可采用 LET、塔里木等应力减轻结构;7in 及以下钻铤应采用双台肩螺纹。钻井用钻铤入井使用后应回收检测并进行螺纹修复。

(5)螺纹对扣前应仔细清洁螺纹,若螺纹表面处于潮湿状态,应采用压缩空气全周吹扫;若螺纹存在钻井液干结,应采用蒸汽清洗或钢丝刷清理后再用压缩空气全周吹扫。

(6)对扣时应将外螺纹接头平稳地对正放入内螺纹接头内,不应借助外力将外螺纹接头撞入内螺纹接头内,防止碰伤螺纹和密封面。

(7)钻具螺纹脂滴点温度应超过井底地层温度,严禁螺纹脂中添加机油或其他稀释剂;对扣前应选择内外螺纹中干燥一端将螺纹及密封面均匀涂敷螺纹脂,螺纹旋紧后有少量螺纹脂均匀溢出为宜。

(8)山前井、外围探井 5in 及以下钻铤宜配送 2 套并倒换使用,倒换使用钻铤再次入井前应对螺纹进行磁粉探伤,单套使用纯钻时间达到 400h 应全套更换;其他井参考执行。

(9)当下部钻具中钻铤采用两种及以上规格时,与相对较大规格钻铤连接的第一柱较小规格钻铤宜每趟钻倒换,相邻钻铤规格外径差不宜超过 25.4mm。

(10)8in 及以上规格钻铤在鼠洞上扣后,需在井口重新按推荐上扣扭矩再次紧扣,也可适度提高鼠洞紧扣扭矩,确保井口再次紧扣时螺纹没有进扣。

(11)当加重钻杆及以下的下部钻具发生断裂失效或现场探伤发现裂纹时应将同期入井的加重钻杆及以下的下部钻具全部更换。

(12)钻铤纯钻时间达到 800h 且预计后续纯钻时间超过 200h 应更换。

(13)钻铤现场探伤项目及探伤周期按照相关管理办法规定执行。

(14)现场遇到起钻过程中卸扣扭矩为上扣扭矩的 130% 以上或卸扣困难的情况时,可以将该规格钻铤螺纹卸扣以后再重新涂抹螺纹脂提高 10% 的上扣扭矩再次上扣。

(15)现场不得随意改变钻具组合,特别是不能随意减少钻铤和加重钻杆的数量,在山前井上部砾石地层跳钻严重井段,减少钻铤后中和点会上移到加重钻杆或钻杆部位,导致该部位承受交变应力产生疲劳破坏。

(16)当井口上卸扣工具具有旋转圈数设定功能时,应对入井钻具螺纹最佳卸扣圈数进行设定,防止螺纹卸扣时挂扣、顿扣对螺纹的损伤。

(17)当钻遇超硬地层时,起钻应对钻铤、钻具稳定器等下部钻具划伤情况进行检查评估。

(18)螺杆钻具、减振器、震击器等钻井工具本体外径应不小于相邻钻铤外径。

五、典型钻铤失效案例

1. 大北 301T 井钻铤螺纹断裂失效

失效经过:大北 301T 井是库车坳陷克拉苏构造带大北 3 区块的一口开发井,井型为直井。2021 年 12 月 12 日,钻进至井深 6928m,起钻发现 5in 钻铤外螺纹断裂失效;2022 年 1 月 5 日,在钻至井深 7009.99m,再次发生 5in 钻铤外螺纹断裂失效,断口形貌呈典型疲劳失效特征,如图 3-30 所示。

图 3-30 大北 301T 井 5in 钻铤失效断口

钻井参数：钻压 40~80kN，转速 70~80r/min，泵压 19MPa，排量 17L/s。

失效时钻具组合：6⅝in PDC 钻头 +NC38×330 转换接头 +3½in 浮阀 +5in 钻铤 ×189m+NC38×HT40 转换接头 +4in 加重钻杆 ×144m+4in 钻杆 ×1500m+HT40×520 转换接头 +5⅞in 钻杆。

异常情况：钻进过程盲打，后期测井发现井深 6895m 处井斜超 20°；2022 年 1 月 10 日对回收的 22 根 5in 钻铤磁粉检测，发现位于落鱼上部的 5 根钻铤 6 头有伤，外螺纹有 5 头 5~50mm 长裂纹。

失效原因：根据断口判断，初步分析为疲劳断裂。

（1）断口有明显疲劳台阶，井下钻铤螺纹在弯扭复合交变应力作用下开裂是此次螺纹失效的直接原因。

（2）邻近该失效钻铤所在井段位置井斜约 7°，鱼头 6896m（上次鱼头 6916m，其上 3 根钻铤外螺纹均有伤），该部位存在较严重狗腿，导致下部钻具承受恶劣复杂工况，是此次螺纹失效的间接原因。

经验教训：超深小井眼钻进盲打作业时，应严格按照工程设计要求参数施工作业，特别是受钻井工具服役条件限制且地层倾角大、可钻性差的地层盲打作业时不能盲目强化钻压、转速等工程参数，防止井斜突增导致井眼狗腿度过大，从而使狗腿附近钻柱承受过高弯扭复合交变应力萌生裂纹，在弯扭复合应力作用下裂纹快速扩展后断裂失效。

2. 跃满 21-2X 井 7¾in 钻铤内螺纹断裂

失效经过：跃满 21-2X 井是塔里木盆地塔北隆起轮南低凸起西斜坡的一口开发井，井型为定向井。2018 年 3 月 9 日 03：00 钻进至井深 4863m 时，转盘蹩停，悬重下降，起钻发现 7¾in 螺旋钻铤距内螺纹密封面 120mm 处断裂。断口形貌呈典型疲劳失效特征，如图 3-31 所示。

失效时钻具组合：12¼in 牙轮钻头 +630×NC61 转换接头 +9in 钻铤 ×2 根 +12¼in 钻具稳定器 +9in 钻铤 ×1 根 +NC61×NC56 转换接头 +7¾in 钻铤 ×2+8in 无磁钻铤 ×1 根 +7¾in 钻铤 ×10 根 +NC56×410 转换接头 +5in 加重钻杆 ×13+ 转换接头 +5in 钻杆 + 转换接头 +5½in 钻杆。

图 3-31　跃满 21-2X 井 8in 钻铤失效断口

异常情况：2018 年 2 月 28 日现场探伤发现 2 根 9in 钻铤内螺纹有伤，现场对探伤后未发现有伤的钻具继续入井使用。

失效原因：根据断口分析，失效原因初步分析为疲劳断裂。

（1）该井 2 月 28 日现场探伤发现 9in 钻铤内螺纹有伤 2 根，说明螺纹受力复杂，未及时更换同期入井的钻铤是导致失效的主要原因。

（2）该钻铤为 NC56 螺纹，未加工螺纹应力分散槽，抗疲劳性能较差，二叠系玄武岩含量 100%，有掉块，钻进过程中扭矩偏大，有跳钻现象，是导致失效的次要原因。

经验教训：现场探伤作业时，发现加重钻杆及以下下部钻具螺纹存在裂纹等危害性缺陷时，由于下部钻具服役环境相近，在疲劳寿命相近情况下，一旦个别钻工具发生疲劳失效，则同期入井的下部钻具应力集中部位产生疲劳裂纹的概率大大增加，因此在现场探伤发现裂纹缺陷时应对同期入井的整套下部钻具进行更换。

3. 果勒202H井钻具螺纹断裂

失效经过：果勒202H井是塔里木盆地塔北隆起轮南低凸起西斜坡构造带的一口评价井，井型为水平井。2019年2月3日钻进至井深2801m，泵压、悬重下降，起钻发现8in螺旋钻铤距内螺纹密封面110mm处断裂；2月3日故障解除后，原钻具继续入井使用，2月5日钻进至井深2905m，泵压、悬重下降，起钻发现8in螺旋钻铤内螺纹断裂。断口形貌呈典型疲劳失效特征。

失效时钻具组合：$12\frac{1}{4}$in PDC 钻头 +$9\frac{5}{8}$in 螺杆 +9in 螺旋钻铤 ×1 根 +$12\frac{1}{4}$in 钻具稳定器 +9in 螺旋钻铤 ×1 根 +$12\frac{1}{4}$in 钻具稳定器 +NC61×NC56 转换接头 +8in 螺旋钻铤 ×17 根 +NC56×NC50 转换接头 +5in 加重钻杆 ×15 根 +NC50×DS55 转换接头 +$5\frac{1}{2}$in 钻杆。

失效原因：根据宏观断口特征，判断螺纹为疲劳断裂失效。

（1）失效部位为螺纹应力集中，该钻铤送井前未对螺纹加工应力减轻槽，抗疲劳能力较弱，另外发生$17\frac{1}{2}$in钻具稳定器内螺纹断裂失效后未及时更换钻铤，认识不足是导致本次失效的主要原因。

（2）一开$17\frac{1}{2}$in井眼钻进期间转速偏高（100~120r/min），转速偏高加速了钻铤螺纹疲劳失效。

经验教训：加重钻杆及以下下部钻具螺纹发生螺纹断裂失效时，由于下部钻具服役环境相近，在疲劳寿命相近情况下，一旦个别钻工具发生疲劳失效，则同期入井的下部钻具应力集中部位产生疲劳裂纹的概率大大增加，因此在发生下部钻具螺纹断裂失效时应对同期入井的整套下部钻具进行更换。

第五节　钻具稳定器

一、简介

钻具稳定器俗称扶正器，主要的功能是修整井壁、起着支点和扶正作用控制井眼轨迹、在弯曲井眼或缩径处有一定的扩眼作用，在钻柱中适当的位置安放一定数量的钻具稳定器组成钻柱的下部钻具组合，能够在钻直井时防止井斜，钻定向井时控制井眼轨迹。使用钻具稳定器能够起到提高钻头工作稳定性的作用，从而使钻头的使用寿命延长，这对金刚石钻头尤为重要。钻具稳定器在弯曲井眼或缩径处会起到扩眼作用，扶正段下端倒角太大会增加导入阻力，加速倒角处的磨损。

钻具稳定器按其结构型式可分为整体螺旋型稳定器、换套螺旋型稳定器、整体直棱型稳定器、换套直棱型稳定器4种。每种类型中又分为井底型和钻柱型，安放在紧接钻头的稳定器叫井底型，其余的叫钻柱型。钻具稳定器的结构型式如图3-32至图3-35所示。

塔里木油田常用的钻具稳定器主要为整体螺旋型。工作面锥角大小按稳定器尺寸细分、推荐工作面合金柱布置方式和方向。稳定器扶正段下端引导角推荐为20°~30°，不宜超过45°，同时对下端倒角锥面进行强化处理；稳定器扶正段上端引导角推荐为30°。对三螺旋稳定器而言，首尾相间角度γ必须大于120°，推荐采用140°。这样能保证第一条

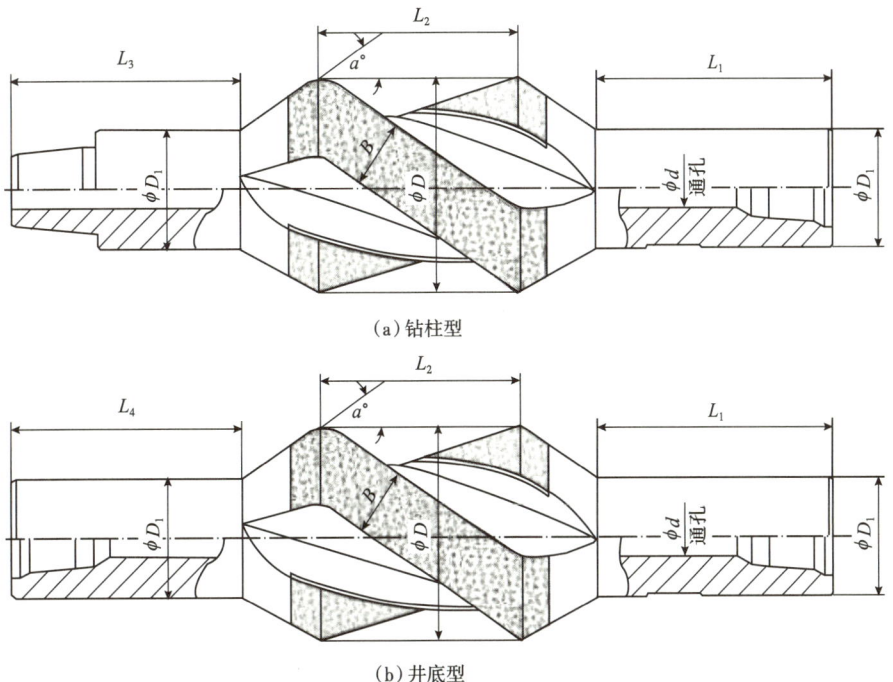

图 3-32 整体螺旋型稳定器示意图

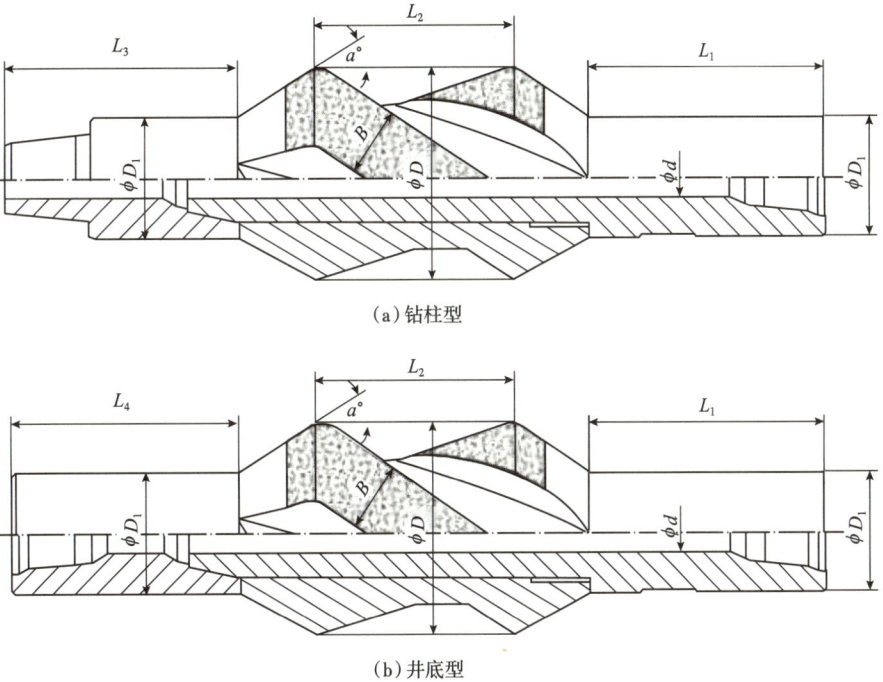

图 3-33 换套螺旋型稳定器示意图

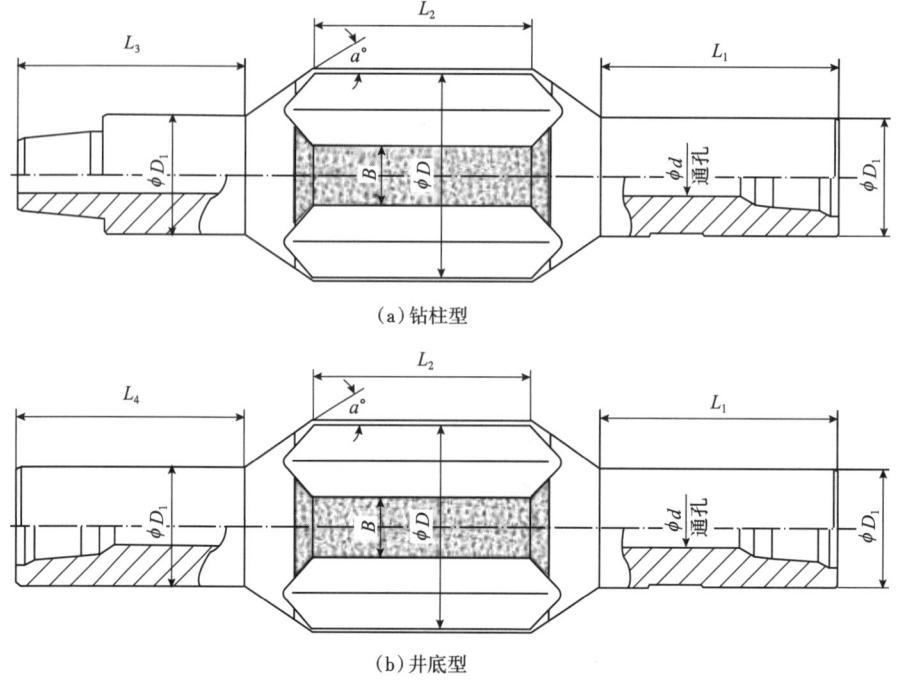

(a)钻柱型

(b)井底型

图 3-34 整体直棱型稳定器示意图

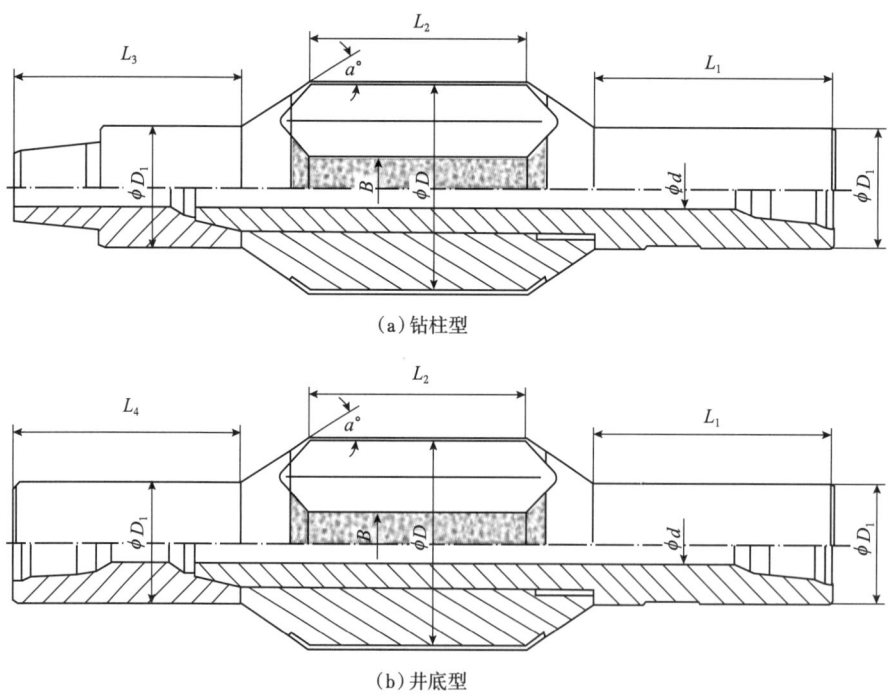

(a)钻柱型

(b)井底型

图 3-35 换套直棱型稳定器示意图

螺旋棱退出接触前，第二条螺旋棱已进入接触，从而保证螺旋棱与井壁接触的连续性。随着首尾相间角的增加，减少了接触压力，稳定器运转更平稳、冲击载荷减少，当首尾相间角过大时，则螺旋升角 β 太小，螺旋槽长度增加，钻井液流动阻力有所增加，不利于钻井液回流。在保证钻井液正常循环的条件下，适当增加螺旋扶正棱宽度，稳定器工作面可强化面积增大，磨损速度减小，稳定器寿命提高。推荐稳定器环空比 H（扶正段环空截面积与名义环空截面积之比）不小于50%。

为提高稳定器螺纹疲劳寿命，塔里木推荐在16in及以上规格钻柱型稳定器接头本体加工应力分散槽，结构示意图如图3-36所示，合理的外应力槽能将螺纹接头应力峰值降低25%。

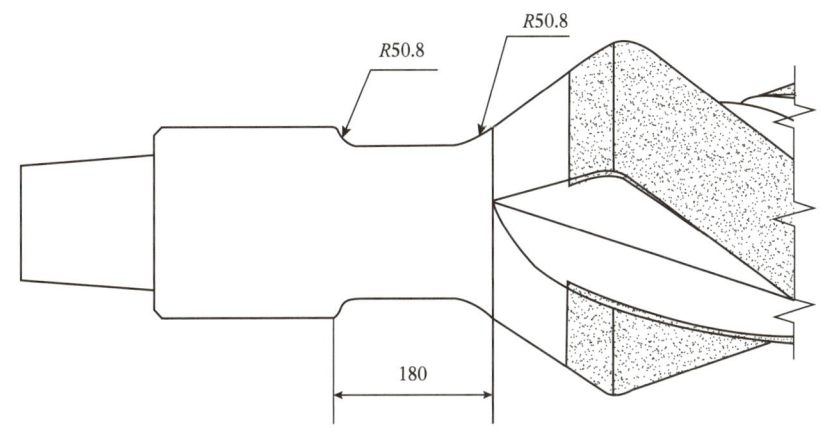

图3-36　整体螺旋式钻柱型稳定器外应力槽结构示意图

为满足特殊工程需求，方便欠尺寸稳定器选用，依据稳定器扶正体磨损情况进行分级管理。稳定器的耐磨层有以下特点：

（1）耐磨层一般采用堆焊管状硬质合金、镶嵌柱形硬质合金或贴焊块状硬质合金型式，也可采用其他型式及材料，耐磨层无论采用堆焊或贴焊型式都须作消除应力处理。

（2）堆焊层和黏接层不允许有网状裂纹、夹渣、与基体金属熔接不良等缺陷存在。

（3）镶嵌的柱形硬质合金和贴焊的块状硬质合金不允许有松动、碎裂现象。

二、技术规范

钻具稳定器材料应有较好的力学性能，其纵向冲击功应不低于80J，横向冲击功应不低于54J，稳定器主要几何参数见表3-29。

三、检测技术要求

在满足行业标准要求基础上，塔里木对钻具稳定器检测要求如下：

（1）入网时为进一步验证材质机械性能，每批次需供方随产品提供第三方性能检测报告，有怀疑时在稳定器接头上实物取样做冲击功检测。

表 3-29 稳定器主要参数

适用钻头直径（mm）	工作外径范围 $D_{-0.8}^{0}$（mm）	工作外径最小长度[①]L_2（mm）	接头外径 D_1（mm）	水眼直径 d（mm）	扶正条数量	上端接头最小长度 L_1（mm）	下端接头最小长度（mm）		工作面锥角[②] a
							L_3	L_4	
104.8	95.0~104.8	305	80	31.8	3	760	600	450	20°~30°
120.6	105.0~120.6	305	89	38.1	3				
152.4	130.0~152.4	305	121	50.8	3				
165.1	153.0~165.1	305	121	50.8	3				
190.5	166.0~190.5	305	121 165	50.8 71.4	3				
215.9	191.0~215.9	406	165 172	71.4	3				
244.5	216.0~244.5	406	172 203	71.4	3				
311.1	245.0~311.1	457	203	71.4	3 或 4				
393.7	312.0~393.7	457	203 229 241	71.4 76.2	3 或 4				
508.0	394.0~508.0	508	241	76.2	3 或 4				
660.4	508.0~660.4	508	241~279	76.2	3 或 4				
>660.0	>660.0	508	279	76.2	3 或 4				

①根据用户要求，扶正棱带可以设计制造成椭圆形，此时 L_2 是指椭圆圆弧起点到终点的轴向直线距离；
②锥角要求仅适用于距工作外径 25mm 范围内，距工作外径 25mm 范围外部分，锥角可达到 45°。

（2）稳定器测量时，用专用的稳定器外径尺测量扶正体外径并在本体上标注。

（3）每次使用后回收检测时应对两端螺纹进行超声和磁粉检测；对斜坡面与圆柱本体的过渡 R 角处进行磁粉检测；接头本体采用外应力减轻结构时，应对变径处进行磁粉检测。

（4）钻具稳定器级别分为全新、一级、二级和报废，分级数据见表 3-30。

（5）钻具稳定器存在以下任意一种情况应报废，因扶正体磨损至报废标准且接头本体检测无缺陷时可修复使用：

①大钳空间外螺纹接头端长度低于 180mm，内螺纹接头端长度低于 200mm。
②钻具稳定器下端（靠近钻头端）斜面磨损深度大于 4mm，磨损程度超过斜面的 1/3。
③扶正体缺损超过 1/3，且磨损深度大于 4mm。
④660.4mm（26in）及以上规格的钻具稳定器螺旋外套上下移位超过 5mm。
⑤660.4mm（26in）及以上规格的钻具稳定器螺旋处销钉断裂或脱出。
⑥硬质合金柱脱落超过 1/3。
⑦钻具稳定器磨损后最大工作外径低于二级规定。
⑧经过无损检测发现有裂纹，且经车修或打磨无法消除。

表 3-30 钻具稳定器分级数据

规格		接头本体外径		新工作体外径（mm）	磨损后工作外径（mm）			
					钻柱型		井底型	
mm	in	mm	in		一级	二级	一级	二级
165.1	6½	120.7	4¾	163.0	159.0	156.0	160.0	157.0
168.3	6⅝	127.0	5	166.0	162.0	159.0	163.0	160.0
215.9	8½	158.7	6¼	214.0	209.0	205.0	210.0	206.0
		177.8	7					
241.3	9½	177.8	7	239.0	234.0	230.0	235.0	231.0
		196.8	7¾					
311.2	12¼	203.2	8	309.0	305.0	301.0	306.0	302.0
		228.6	9					
333.4	13⅛	228.6	9	331.0	327.0	323.0	328.0	324.0
		279.4	11					
374.7	14¾	228.6	9	373.0	368.0	364.0	369.0	365.0
387.4	15¼	228.6	9	385.5	379.0	374.0	380.0	375.0
393.7	15½	228.6	9	391.5	385.0	380.0	386.0	381.0
400.1	15¾	228.6	9	398.0	392.0	387.0	393.0	388.0
406.4	16	228.6	9	404.0	398.0	393.0	399.0	394.0
431.8	17	228.6	9	430.0	424.0	419.0	425.0	420.0
444.5	17½	228.6	9	442.0	436.0	431.0	437.0	432.0
		279.4	11					
558.8	22	228.6	9	556.8	547.0	542.0	548.0	543.0
		279.4	11					
571.5	22½	228.6	9	569.5	559.5	554.5	560.5	555.5
		279.4	11					
660.4	26	228.6	9	658.0	648.0	643.0	649.0	644.0
		279.4	11					
762.0	30	279.4	11	760.0	750.0	745.0	751.0	746.0

注：其他规格稳定器分级尺寸参照相近规格执行。

四、使用要求

基于钻具稳定器钻服役过程中承受弯扭复杂交变应力,塔里木对稳定器使用要求如下:

(1)稳定器接头螺纹和台肩使用标准与钻铤相同,本体部分伤痕深度不得超过钻铤规定的管体伤痕允许深度。

(2)硬质合金柱脱落超过1/3不得入井。

(3)钟摆钻具组合时,为保证下部钻具组合的稳定性,建议使用双稳定器,稳定器两端不允许直接接转换接头,尤其是B型接头。

(4)钻具稳定器磨损后最大工作外径低于二级规定不得入井,特殊工艺需求时除外。

(5)钻具稳定器现场探伤项目和现场探伤周期按相连钻铤相关要求执行。

(6)当下部钻具发生断裂失效或现场探伤发现螺纹存在裂纹缺陷时应对同期入井的稳定器进行更换。

(7)$8\frac{1}{2}$in及以上钻具稳定器纯钻时间达到800h且预计后续纯钻时间超过200h应更换。

(8)山前井、外围探井$6\frac{5}{8}$in以下钻具稳定器应配送2套并倒换使用,再次入井前应进行现场探伤,单套使用纯钻时间达到400h应更换;其他井参考执行。

(9)钻具稳定器接头本体和两端连接钻铤尺寸一致,17in及以上规格钻柱型稳定器推荐采用11in本体并加工外应力槽。

(10)入井使用过的钻具稳定器原则上应单井回收检测,并对两端螺纹进行修复,不得转井使用。每次修扣螺纹切削长度不小于20mm。

五、典型钻具稳定器失效案例

1. 英买501井 $17\frac{1}{2}$in 稳定器本体断裂

失效经过:英买501井是塔里木盆地英买力油田的一口评价井,井型为直井。2017年12月31日钻进至井深1290.51m,无法钻进,起钻检查发现$17\frac{1}{2}$in钻具稳定器扶正体与外螺纹端本体过渡处断裂,断口位置如图3-37所示。

失效时钻具组合:$17\frac{1}{2}$in PDC钻头+730×NC61转换接头+9in螺旋钻铤×2根+$17\frac{1}{2}$in钻具稳定器+9in螺旋钻铤×1根+$17\frac{1}{2}$in钻具稳定器+NC61×NC56转换接头+8in螺旋钻铤×15根+NC56×520转换接头+$5\frac{1}{2}$in加重钻杆×15根+$5\frac{1}{2}$in钻杆。

图3-37 英买501井 $17\frac{1}{2}$in 稳定器本体断裂

原因分析:该类型钻具稳定器失效为油田首例,基于钻具稳定器薄弱环节为两端螺纹,加之历史上未曾在该部位发生失效,因此钻具稳定器在检测过程中未对该部位采取无损检测措施,导致该部位存在危害性缺陷未能及时发现并采取措施。该钻具稳定器为修复堆焊产品,修复过程中可能因热处理产生本体缺陷。

经验教训:钻具稳定器因服役过程中承受弯扭复杂交变应力,除螺纹等部位易发生疲劳失效外，扶正体与本体过渡处因应力集中也可能萌生疲劳裂纹，特别是使用周期较长的钻柱型稳定器该部位因疲劳累积可能发生断裂失效，因此对稳定器变径部位开展磁粉检测是预防该部位失效的重要手段。

2. 博探 1 井 17in 钻具稳定器内螺纹断裂

失效经过：博探 1 井是塔里木盆地库车凹陷克拉苏构造带的一口风险探井，井型为直井。2023 年 8 月 8 日钻进至井深 2798m，上提钻具泵压、悬重下降，起钻完发现钻具稳定器距内螺纹密封面 115~140mm 处断开。断口形貌呈典型疲劳失效特征。

钻具组合：17in PDC 钻头 +11in Power-V+731×731 转换接头 +286mm 螺杆 +NC77 外螺纹 ×NC61 转换接头 +17in 稳定器 +NC61×NC77 转换接头 +11in 钻铤 ×1 根 +11in 减振器 +11in 钻铤 ×2 根 +NC77×NC61 转换接头 +9in 无磁钻铤 +9in 无磁悬挂（MWD）+9in 钻铤 ×3 根 +NC61×NC56 转换接头 +8in 钻铤 ×3 根 +8in 浮阀 +8in 钻铤 ×6 根 +NC56×520 转换接头 +5⅞in 加重钻杆 15 根 +5⅞in 钻杆。

失效原因：根据断口分析为疲劳断裂。

（1）失效螺纹处于稳定器上方，连接变扣接头刚性较强，在横向弯扭交变应力作用下，"大—小—大" 钻具组合引发螺纹疲劳失效。

（2）钻具组合为单稳定器结构，钻压偏高（20~23t），稳定器支点处螺纹易发生疲劳失效。

（3）没有按照规定及时更换大钻具。2023 年 8 月 1 日发生震击器断裂失效，8 月 3 日事故解除后，没有及时更换稳定器，疲劳积累，加速失效。

经验教训：下部承受弯扭复合交变应力钻具禁止使用"大—小—大"组合模式，特别是在砾石层复杂地质条件下，下部钻具在弯扭复合交变应力作用下，钻柱中的薄弱环节易萌生低周疲劳裂纹，从而导致下部钻具应力集中部位早期疲劳失效，因此中和点以下钻具应遵循下大上小或同一外径组合模式。

第六节　钻柱转换接头

钻柱通常由不同规格的钻具连接组合而成，不同规格的钻具螺纹可能不相同，为将不同规格钻具连接成钻柱，需要使用转换接头。

一、简介

连接钻柱时，用来连接不同尺寸和不同类型钻柱部件的接头称为钻柱转换接头，转换接头在现场多称为配合接头。

在深井超深井中，井口部分方钻杆保护接头、顶驱保护接头等因在钻柱中承受拉扭应力最高易在螺纹部位发生刺穿失效故障，若井口偏心严重，可能诱发早期疲劳断裂；下部钻具组合中承受弯扭交变应力的转换接头在砾石层高度发育地层因钻柱跳钻严重，易诱发早期疲劳断裂失效故障。

根据外形与使用转换接头分为四种型式，示意图如图 3-38 所示：

A 型（同径型）：一只转换接头只有一个外径尺寸（D），代号为 JTA；
B 型（异径型）：一只转换接头有两个外径尺寸（D_L、D_M），代号为 JTB；
C 型（左旋型）：转换接头的连接螺纹为左旋螺纹，代号为 JTC；

D型（左、右旋式）：转换接头的两端连接螺纹分别为左旋式和右旋式，代号为JTD。

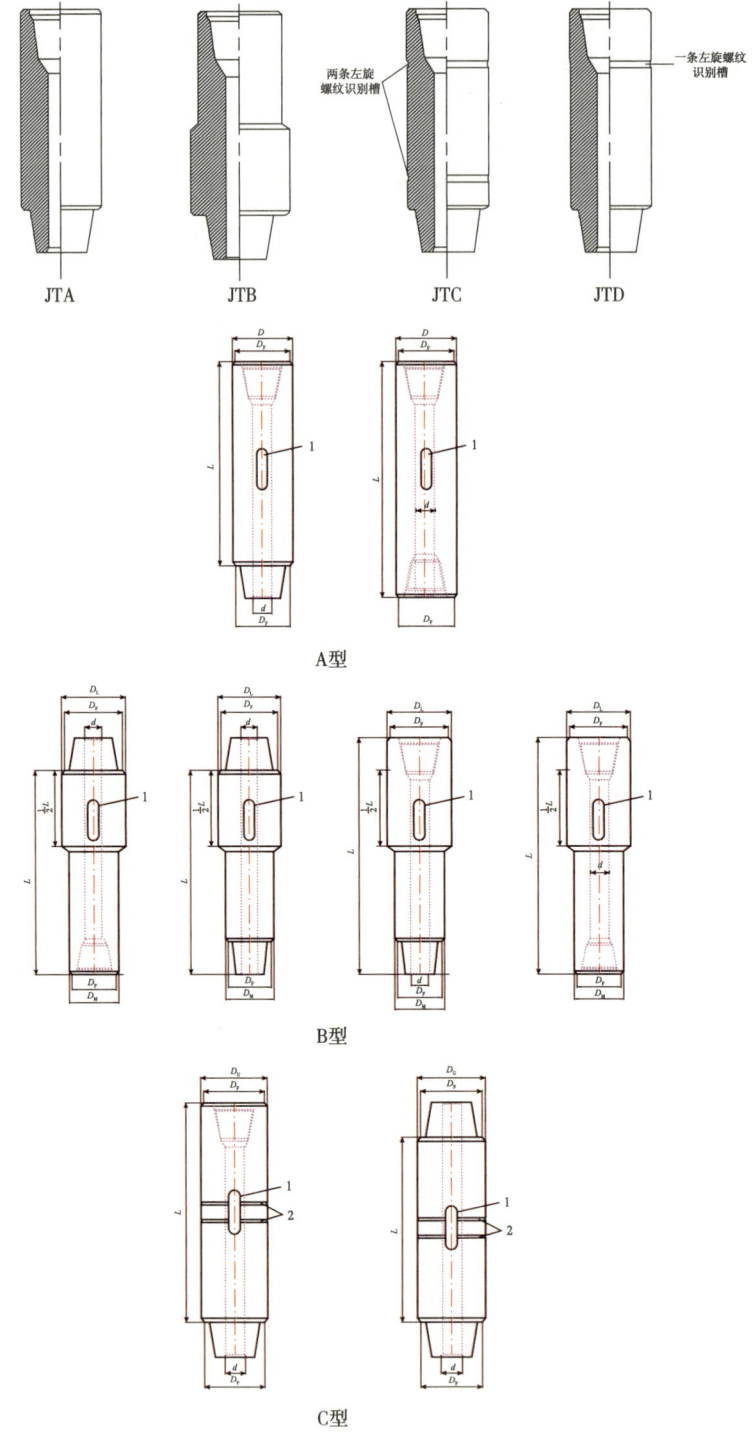

图3-38 常用转换接头类型示意图
1—标识槽；2—左旋螺纹识别槽

二、规范及技术参数

（1）转换接头外径：A型、C型和D型转换接头外径应与大尺寸连接件的标准外径一致；B型转换接头外径应分别与其连接件的外径一致，转换接头两端钻工具外径差不小于15mm时，应采用B型转换接头。常用转换接头型式应符合表3-31的要求。

表3-31 转换接头的种类

序号	名称	上部连接件	下部连接件	型式
1	方钻杆转换（保护）接头	方钻杆	钻杆	A型或B型
2	钻杆转换接头	钻杆	钻杆	A型或B型
3	过渡转换接头	钻杆	钻铤	A型或B型
		钻铤	钻杆	
4	钻铤转换接头	钻铤	钻铤	A型或B型
5	钻头转换接头	钻铤	钻头	A型
6	顶驱转换接头	顶驱	钻杆	A型或B型
7	水龙头转换接头	水龙头下接头	方钻杆	C型
8	打捞用转换接头	方钻杆	钻杆	C型
		钻杆	打捞工具	C型

（2）转换接头20℃±3℃纵向冲击功平均值不小于80J，横向冲击功不小于54J。

（3）转换接头内径：转换接头内径应与两端连接件中内径较小者一致。

（4）转换接头倒角直径：内外螺纹台肩倒角尺寸应与连接件相同；内倒角尺寸等于连接件接头内径；但对于连接方钻杆与水龙头C型转换接头，其内倒角直径应比内径大6.4mm。

（5）转换接头螺纹：转换接头螺纹与其连接件螺纹一致，并采用与两端连接螺纹匹配的应力减轻结构。

（6）新转换接头的长度：A型和B型转换接头长度应符合表3-32的规定；C型转换接头长度应为200~610mm。塔里木因多为超深井，转换接头采用Ⅰ类长度。

表3-32 A型和B型转换接头长度

转换接头型式	Ⅰ类长度（mm）		Ⅱ长度（mm）	
	基本尺寸	公差	基本尺寸	公差
A	915	±15	610	±10
B	1215	±15	—	

注：井深大于2000m时，应选用Ⅰ类长度；井深小于或等于2000m时，可选用Ⅰ类或Ⅱ类长度；特殊接头长度不限制。

（7）钻井用B型转换接头小端螺纹为NC50及以上螺纹时，转换接头宜采用图3-39所示外应力减轻结构，外形结构尺寸 L_1 和 L_2 长度不低于200mm，L_3 长度200mm±10mm，

过渡 R 为 50.8mm，$\phi 1 - \phi 2 = 13mm \pm 1mm$，外应力减轻结构的几何尺寸可根据接头尺寸进行优化。

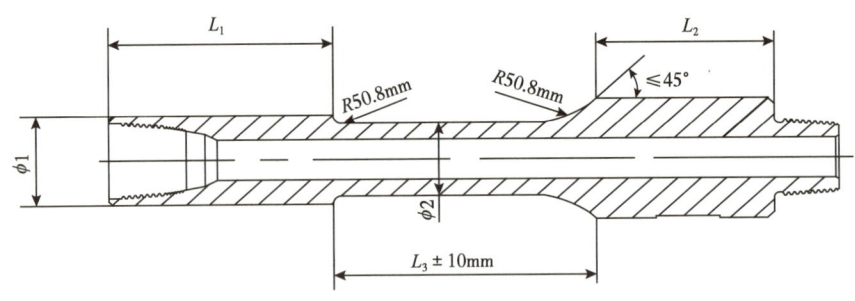

图 3-39　转换接头外应力减轻结构

L_1—内螺纹端长；L_2—外螺纹端长；L_3—外应力减轻槽长

三、无损检测

（1）对照订货技术要求对转换接头几何尺寸和外观进行检验，螺纹表面不得有任何肉眼可见和手可触摸到的毛刺。

（2）硬度检验在转换接头外表面圆周方向取 5 个间距相等的点检测，塔里木转换接头布氏硬度要求在 285~341HB 之间。

（3）转换接头热处理后，应进行全截面超声波探伤，超声波探伤标准灵敏度为 1.6mm 直径平底孔试块。

（4）转换接头螺纹部位应进行荧光磁粉检测，磁粉检测不允许有裂纹性缺陷。

（5）B 型转换接头截面突变部位、外应力减轻槽应进行荧光磁粉检测，磁粉检测不允许有裂纹性缺陷。

四、使用要求

为提升超深井转换接头本质安全，塔里木对钻柱转换接头螺纹采取强制修扣措施，使用要求如下：

（1）井下工具螺纹宜与相连钻具螺纹一致，尽可能少用转换接头；当相邻钻具（工具）接头外径差超过 15mm 时（水龙头转换接头和打捞转换接头除外）应采用 B 型接头；禁止多个转换接头连接使用。

（2）A 型或 B 型转换接头内径应与两端连接部件中内径较小者一致；转换接头不宜与钻具稳定器直接连接。

（3）工具接头的外径与螺纹扣型应匹配：外径 254~279mm 应设置 NC77 或 $8\frac{5}{8}$in REG 螺纹，外径 229~245mm 应设置 NC61 或 $7\frac{5}{8}$in REG 螺纹，外径 203~215mm 应设置 NC56 或 $6\frac{5}{8}$in REG 螺纹。

（4）与钻工具配套的转换接头，应采用钻具相同的应力减轻结构，A 型结构有效长度不低于 400mm，B 型结构有效长度不低于 600mm。

（5）转换接头送井时螺纹应为新扣，每次修复去除长度不小于 20mm。

（6）转换接头送井时应提供无损检测报告，铁磁材料应提供螺纹磁粉检测报告，无磁材料应提供螺纹超声波和渗透检测报告。

（7）转换接头上扣扭矩与同规格钻具螺纹上扣扭矩一致。

（8）转换接头现场探伤项目及探伤周期按相邻钻具执行。

（9）钻井用转换接头：山前井纯钻时间400~600h、台盆区井纯钻时间600~800h应更换；顶驱旋塞及保护接头：目的层井累计旋转时间800h、非目的层井累计旋转时间1200h应更换。

（10）当加重钻杆及以下钻具发生断裂失效或现场探伤发现裂纹时，下部钻具组合中同期入井的转换接头应更换。

（11）双套钻具倒换使用时，配套使用的转换接头应随相邻钻具同步倒换，再次使用时应经地面无损检测合格后方可入井。

五、典型转换接头失效案例

1. YM7-H19井转换接头螺纹断裂

失效经过：YM7-H19井是塔里木盆地英买力油田的一口开发井，井型为水平井。2021年10月9日，钻进至井深1459m时，发现泵压、悬重下降，起钻发现连接8in钻铤与5in塔标加重钻杆的转换接头内螺纹断裂，断口形貌如图3-40所示。

图3-40 YM7-H19井转换接头断口

失效时钻具组合：17½in PDC钻头+730×NC61转换接头+9in螺旋钻铤×2根+17½in钻具稳定器+9in螺旋钻铤×1根+NC61×NC56转换接头+8in无磁钻铤×1根+8in钻铤×8根+NC56×NC52T转换接头+5in塔标加重钻杆×15根+5in钻杆。

原因分析：NC56×NC52T转换接头内螺纹失效主要是由于转换接头两端刚性变化大，B型转换接头外径差超过30mm，加之井眼环空间隙大，下部钻具在弯扭交变应力作用下在刚性突变部位形成应力集中，失效螺纹在交变应力作用下萌生裂纹并扩展失效。

经验教训：钻柱转换接头是钻柱中的重要构件，B型转换接头外径差不宜过大，特别是下部钻具组合中承受弯扭复合交变应力的B型转换接头在两端螺纹采用应力减轻结构的同时，宜在小尺寸端加工外应力减轻结构。塔里木在下部钻具组合中使用的小端螺纹NC50及以上规格B型转换接头采用外应力减轻结构后，转换接头失效故障大幅下降。

2. 玉科302H井双内螺纹接头本体断裂

失效经过：玉科302H井是塔里木盆地塔北隆起轮南低凸起哈得逊鼻状隆起东部一口评价井，井型为水平井。2020年6月11日钻塞至井深6719m，泵压由18MPa上升至25MPa，泵压异常，起钻检查发现双内螺纹接头从距330内螺纹密封面0.3m处断裂，断口形貌如图3-41所示。该转换接头2020年6月5日入井，纯钻时间32h，钻塞进尺320m。

失效时钻具组合：152.4mm牙轮钻头+4¾in 330×310转换接头+3½in浮阀+4¾in钻铤×9根+3½in加重钻杆×45根+3½in钻杆+311×NC52T转换接头+5in塔标钻杆。

图 3-41　4¾in 330×310 转换接头本体失效

失效原因：接头钻塞过程中较短时间内本体断裂失效，分析主要原因是接头材质性能不足或本体有原始裂纹未检出。

经验教训：在材料材质性能合格条件下，转换接头薄弱环节为两端螺纹，但部分转换接头在热处理过程中可能存在工艺偏离从而存在内部制造缺陷，因此，对转换接头本体进行超声波检测是预防接头本体缺陷引发失效故障的必要手段。

第七节　塔里木特色钻具

塔里木油田从成立开始所使用的钻杆等钻具以进口为主，钻杆主要为日本 NKK 公司的 S135 钢级，钻铤和方钻杆主要为法国 SMF 公司所生产。早期钻杆为 API 90°吊卡台肩内外加厚结构。2000 年以来，随着塔里木加快勘探开发，PDC 钻头得到推广应用，低钻压、高转速的钻井提速措施及深井超深井钻井等，给钻具安全带来较大挑战，已有钻具性能已不能满足塔里木钻井的需要。为满足塔里木油田深井超深井钻井需要，油田联合相关科研院所和院校、钻具生产厂家开展了系列钻具的研究和开发。

一、塔标钻杆

1. 塔标钻杆项目背景

API 5in 钻杆采用内外加厚结构，实质是内加厚，钻杆镦粗工艺中，由于内加厚变形量大，加厚过渡带消失区易产生应力集中和微观金属组织缺陷，从而发生刺漏或断裂失效。2000 年以来，随着塔里木加快勘探开发，PDC 钻头得到推广应用，低钻压、高转速的钻井提速措施给钻具安全带来较大挑战，API 5in 钻杆年度管体刺穿失效快速上升，LG13 井等部分单井钻杆刺穿失效达 15 起，钻杆的频繁失效限制了塔里木钻井提速提效的同时，给正常勘探开发秩序造成影响。设计抗疲劳刺穿失效能力强的 5in 钻杆已成为解决钻井工程面临难题的必然。2001—2005 年钻杆刺穿失效统计见表 3-33，几口管体刺穿失效频发井见表 3-34。

表 3-33 塔里木油田 2001—2005 年失效总体情况

年度	2001	2002	2003	2004	2005
钻杆刺漏次数	48	72	89	167	121

表 3-34 5in 钻杆管体刺穿情况

井号	次号	井深（m）	刺点井深（m）	失效日期
LG13	1	4854	1902	2001年7月1日
	2	4918	1923	2001年7月3日
	3	5007	1887	2001年7月8日
	4	5058	1910	2001年7月12日
	5	5064	1867	2001年7月13日
	6	5083	1924	2001年7月15日
	7	5277	1892	2001年7月29日
	8	5293	1973	2001年7月31日
	9	5306	1929	2001年8月1日
	10	5359	1893	2001年11月19日
	11	5193	1893	2001年12月7日
	12	5209	1899	2001年12月8日
	13	5238	1900	2001年12月10日
	14	5388	1904	2001年12月13日
	15	5450	1873	2001年12月16日
LN2-3-1H	1	2806	260	2002年7月12日
	2	2859	356	2002年7月14日
	3	4306	412	2002年7月25日
	4	4308	460	2002年7月25日
	5	4319	356	2002年7月26日
	6	4344	384	2002年7月26日
	7	4351	412	2002年7月26日
	8	4363	210	2002年7月27日
	9	4369	360	2002年7月27日
	10	4505	205	2002年7月31日

续表

井号	次号	井深（m）	刺点井深（m）	失效日期
K4201	1	942	431	2002年9月18日
	2	1126	825	2002年9月19日
	3	1190	497	2002年9月20日
	4	1258	801	2002年9月21日
	5	1265	660	2002年9月21日
	6	1265	437	2002年9月21日
	7	1390	824	2002年9月22日
	8	2060	638	2002年10月1日
	9	2103	753	2002年10月1日
	10	2716	433	2002年10月10日
	11	2725	441	2002年10月10日
LG421	1	3018	134	2002年10月6日
	2	3324	371	2002年10月7日
	3	3335	363	2002年10月8日
	4	3376	356	2002年10月9日
	5	3540	144	2002年10月10日
	6	3626	340	2002年10月10日
	7	3697	380	2002年10月11日
	8	3740	456	2002年10月12日
	9	3870	399	2002年10月14日

2. 塔标钻杆设计及性能评价

1）设计思路

塔标钻杆设计从解决常规钻杆无法满足强化钻井参数出发，从以下几个方面设计，具体设计思路如图3-42所示。

（1）优化设计新型加厚过渡带结构，降低钻杆加厚过渡带疲劳失效。API 5in钻杆采用内外加厚结构，实质是内加厚，钻杆镦粗工艺中，内加厚锥面无法通过靠模实现，导致内加厚锥面形状随机性大，应力集中随机性大，从而导致使用过程中从内加厚过渡带区域刺穿；外加厚尺寸可以通过靠模实现精确控制。鉴于上述情况，拟减少内加厚量，增加外加厚量。

（2）增加接头水眼直径，改善钻柱水力性能。钻井循环压耗中，主要是钻柱内压耗，而钻杆接头是钻柱中直径较小者，钻井液从钻杆管体流入接头再流入下一根钻杆管体，存在接头压耗，接头越小接头压耗越大，拟增加接头内径降低接头压耗。增加接头内径将导致接头抗扭和抗拉强度降低，可以通过增加接头外径和中径来提高或保持连接强度，但接头外径的增加受井眼尺寸的限制，而中径的增加需保持内外螺纹接头强度匹配。

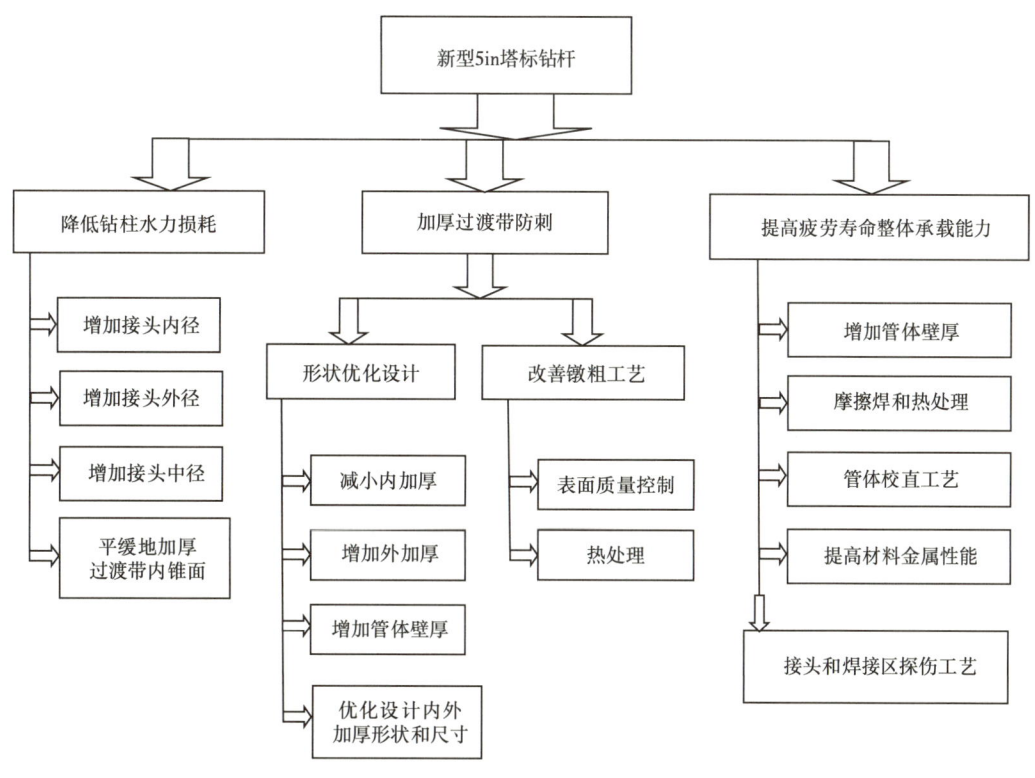

图 3-42　5in 塔标钻杆设计思路

（3）提高接头材料强度，从而提高或保持螺纹连接强度。拟采用 135ksi 钢级材料制造接头，以满足接头水眼增加带来的连接强度降低问题，但需要克服和考虑的问题是提高材料强度的同时不能降低接头的韧性，否则可能导致应力敏感失效和接头热裂。

（4）增加管体壁厚，提高钻杆的整体承载能力。降低管体和加厚过渡带应力水平，延长钻杆使用寿命。钻杆在使用中，腐蚀、磨损及表面机械损伤对管体强度影响较大，剩余壁厚是钻杆降级标准中的主要参数。增加管体壁厚可以延缓降级和提高使用周期，从而延长钻杆的使用寿命。

2）接头和加厚过渡带设计

管体加厚端内径为 ϕ100mm，为保证焊缝强度，摩擦焊区域最小壁厚应为 18mm。优化组合后，管段内径为 ϕ100mm，吊卡颈外径为 ϕ136mm。增加的管端外径和管体外表面的过渡，将增加外加厚消失处的应力集中，这一缺陷通过将外加厚消失处包含在内加厚的部分内弥补，即采用"内包外"结构。

上述结构中，外螺纹接头内径要相应增加，为保证外螺纹接头螺纹的连接强度，外螺纹接头内径选择 ϕ88.9mm。

但是吊卡颈外径改为 ϕ136mm 后，为了增加 18° 斜坡的接触面积，减少接触应力，接头直径改为 ϕ172mm。为了使内螺纹接头和外螺纹接头的强度匹配更为合理，需采用非 API 标准的基面节径，即基面节径为 ϕ5.2in。要保证外螺纹接头和内螺纹接头强度基本相当，螺纹基面节径 5.2in 是比较合理的选择，即介于 NC50 与 5½in FH 基面节径。

上述方案的优点是内外加厚过渡带应力水平较低，但同时存在的问题是非标尺寸系列涉及一系列配套，如NC52螺纹规、ϕ136mm吊卡和卡瓦。ϕ172mm新接头的抗扭强度和抗拉强度与NC50接头基本相当，但是当直径磨小到ϕ164mm后，接头强度受内螺纹接头外径控制，内螺纹接头外径的减小将导致接头强度降低。

3）焊缝强度评价

（1）经验准则。

目前钻杆的摩擦焊工艺技术较高，至今未见到摩擦焊位置刺断的事故。API 5in钻杆摩擦焊位置厚度为20.6mm（加厚段外径ϕ130.1mm，内径ϕ88.9mm）。5in塔标钻杆摩擦焊位置厚度为18mm（加厚段外径ϕ136mm，内径ϕ100mm）。在钻杆设计中需验证焊缝是否满足强度要求。

在做焊缝厚度设计时，考虑到焊缝的缺陷，焊缝强度按其屈服强度的70%计算。焊缝位置机械性能见表3-35。

表3-35 S135钻杆焊缝位置机械性能

	无损检测	弯曲试验	拉伸试验			冲击试验	
	合格	合格	抗拉强度	屈服强度	延伸率	单件冲击功（J）	平均冲击功（J）
焊缝	硬度试验（HRC）		MPa	MPa	%	尺寸：10mm×10mm×2mm	
	合格		920	875	14.0	90/90/90	90
			980	905	14.0	90/86/80	85
			920	825	13.0	86/86/80	84
			970	895	14.0	86/84/88	86
规范要求	最小值	—	793	724	13.0	35J	45J
	最大值	37	—	—	—	温度：-20℃	

从表3-35可以看出，S135钻杆焊缝实测最低屈服强度为825MPa。设计时以API标准规定的724MPa为准，焊缝按其强度70%计算，该位置抗拉强度为3382kN，抗扭强度为102kN·m。

管体外径为ϕ127mm，壁厚按5in塔标钻杆增加之后的名义壁厚计算，即壁厚为9.65mm，材料为135ksi钢级，计算得管体抗拉强度为3311kN，抗扭强度为104kN·m。焊缝强度校核情况见表3-36。

表3-36 钻杆焊缝强度校核

钻杆类型	API 5in钻杆		塔标钻杆	
位置	焊缝	管体	焊缝	管体
抗拉强度（kN）	3591	3166	3382	3311
抗扭强度（kN·m）	99	100	102	104

表3-36中的数据表明，除API 5in钻杆焊缝抗拉强度较高之外，其他强度基本相当。焊缝在按70%的屈服强度计算之后的抗拉强度和抗扭强度与管体强度基本相当，所以焊缝位置安全。

4）斜坡承载能力

钻杆起下钻是通过吊卡卡住钻杆内螺纹接头 18° 斜坡而实现，新设计的钻杆和接头磨小之后的钻杆都需要校核 18° 斜坡的起下钻承载能力，塔标一级钻杆起下深度可达 9400m，具体见表 3-37。

表 3-37 5in 塔标钻杆接头 18° 斜坡承载能力

钻杆按接头分级	接头外径（mm）	18° 斜坡承载能力	
		抗拉强度（kN）	最大起下深度（m）
新钻杆	172	5779	14859
一级钻杆	170	5372	13744
	168	4969	12640
	166	4571	11550
	164	4178	10474
	162	3790	9411

注：（1）最大起下深度计算时，下部钻柱按 7 柱 6¼in 钻铤，5 柱加重钻杆计算；
（2）最大起下深度计算时，忽略钻井液的浮力。

尽管油田在使用钻杆前都敷焊耐磨带，但耐磨带可能被磨掉，甚至磨损之后比接头初始外径还小。当内螺纹接头外径磨小时，18° 斜坡处接触面积减小，造成接触应力增加。吊卡与接头均应校核允许悬挂重量。

5）流体力学评价

在钻杆内径一致的情况下，钻杆接头内径对钻井液在钻杆的流动阻力会产生较大的影响。流动阻力大，钻井液在钻杆内消耗的能量多，对水功率的利用产生负面影响。本文计算接头内径对钻杆内压降的影响，分析接头内径对钻杆内压降的影响关系。

根据压耗公式

$$\Delta p_{\mathrm{pi}} = \frac{B \rho_{\mathrm{d}}^{0.8} \mu_{\mathrm{pv}}^{0.2} Q^{1.8} L_{\mathrm{p}}}{d_{\mathrm{pi}}^{4.8}} \tag{3-1}$$

和

$$\Delta p_{\mathrm{pa}} = \frac{B \rho_{\mathrm{d}}^{0.8} \mu_{\mathrm{pv}}^{0.2} Q^{1.8} L_{\mathrm{p}}}{\left(d_{\mathrm{h}} - d_{\mathrm{p}}\right)^{3} \left(d_{\mathrm{h}} + d_{\mathrm{p}}\right)^{1.8}} \tag{3-2}$$

式中 Δp_{pi}——钻杆内压降，MPa；

Δp_{pa}——钻杆外环空压降，MPa；

B——钻杆常数；

ρ_{d}——钻井液密度，g/cm³；

Q——钻井液排量，L/s；

L_p——钻杆长度，m；

d_{pi}，d_p——钻杆内、外径，cm；

μ_{pv}——钻井液塑性黏度，Pa·s；

d_h——井眼直径，cm。

分别计算 5in 塔标钻杆和 API 5in 钻杆的压耗，结果见表 3-38。

表 3-38 塔标钻杆与普通钻杆单根压耗对比

钻杆类型	钻杆常数	钻井液参数			井径	钻杆参数			内压降	外压降	总压降
	B	$\rho_d^{0.8}$	$\mu_{pv}^{0.2}$	$Q^{1.8}$	d_h		L_p	$d_{pi}^{4.8}$	d_p	Δp_{pi}	Δp_{pa}	Δp_p
塔标钻杆	0.57503	1.23	0.015	35	31.12	管体	8.29	10.77	12.70	0.0162	0.000260	0.0206
						外螺纹接头	0.35	8.89	17.20	0.0017	0.000028	
						内螺纹接头	0.86	10.00	17.2	0.0024		
	合计									0.0203	0.000288	
API钻杆	0.57503	1.23	0.015	35	31.12	管体	8.29	10.86	12.70	0.0156	0.000260	0.0255
						外螺纹接头	0.35	6.99	16.83	0.0055	0.000026	
						内螺纹接头	0.86	8.89	16.83	0.0042		
	合计									0.0253	0.000286	

通过以上计算，在 12¼in（ϕ311mm）井眼内，当排量为 35L/s 时，每千米钻杆的压耗分别为：API 5in 钻杆内压降 =0.0255/9.5×1000=2.684MPa，5in 塔标钻杆内压降 =0.0206/9.5×1000=2.168MPa，比普通钻杆压耗相对减少（2.684-2.168）/2.684=19.22%。

6）钻杆累积疲劳寿命估算

借助有限元和名义应力法估算钻杆的疲劳寿命，按照名义应力法疲劳寿命的估算步骤：

（1）确定结构中的疲劳危险部位。

卡瓦咬住钻杆，使钻杆表面产生咬痕，易形成疲劳裂纹源。从钻杆结构来看，其疲劳危险部位在加厚过渡带消失处。API 标准钻杆最大应力出现在钻杆内锥面消失处，该处为其危险部位。塔标钻杆最大应力出现在加厚过渡带消失处外表面，则该部位为危险部位。

（2）求出危险部位的名义应力。

借助有限元求出其名义应力，结果见表 3-39。

表 3-39 钻杆危险部位名义应力

钻杆结构	最大应力（MPa）	最小应力（MPa）	应力幅值（MPa）	平均应力（MPa）	危险部位
API 5in 钻杆	422	254	84	338	内锥面消失处
5in 塔标钻杆	381	249	66	315	内锥面消失处

（3）根据材料的 S-N 曲线，求出具体结构钻杆的 S-N 曲线，S135 钢级钻杆材料的 S-N 曲线如图 3-43 所示。以该曲线为基础，将材料的 S-N 曲线修改到钻杆的 S-N 曲线，如何修改需要依据实际情况进行。通常需要考虑疲劳缺口系数 K_f、尺寸系数 ε、表面质量系数 β、加载方式 C_L 等因素。

$$S_a = \frac{\sigma_a}{K_f} \varepsilon \beta C_L \tag{3-3}$$

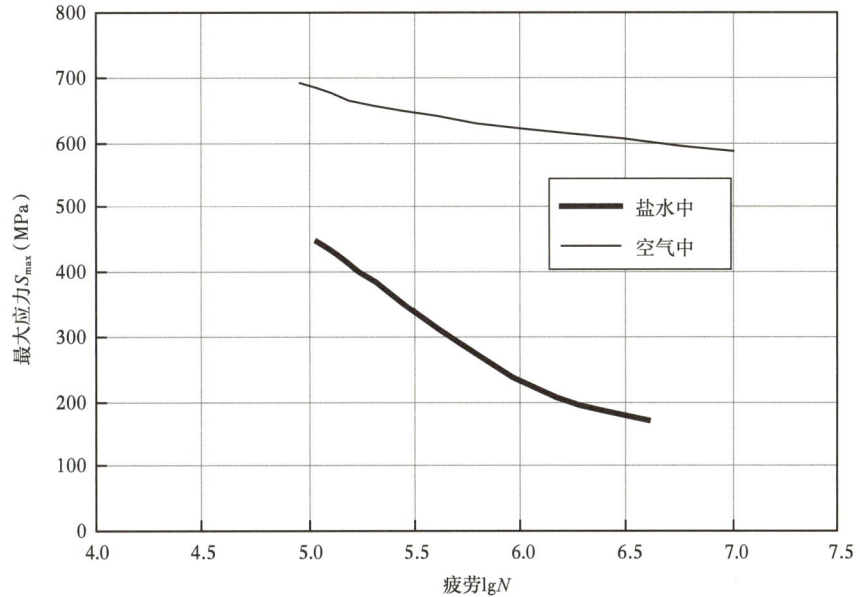

图 3-43 S135 钢级钻杆材料 S-N 曲线

式（3-3）中 σ_a 对应于材料 S-N 曲线的应力，而 S_a 对应于钻杆 S-N 曲线的应力。疲劳缺口系数反映钻杆的具体结构，本文通过有限元方法得出。钻杆疲劳危险部位在加厚过渡带应力集中处，尺寸效应可不考虑。假设钻杆表面质量系数为 1。

图 3-43 给出的是平均应力 $S_m=0$ 的 S-N 曲线，而实际载荷的平均应力大于该值，所以还要对 S-N 曲线进行平均应力修正，按 Goodman 方法作平均应力修正：

$$\sigma_a = \sigma_{-1}\left[1-\left(\frac{\sigma_m}{\sigma_b}\right)\right] \tag{3-4}$$

式中　σ_a——对应于钻杆 S-N 曲线的应力；
　　　σ_{-1}——应力比 $R=-1$ 时的疲劳极限，钻杆的 $\sigma_{-1}=0.5\sigma_b$；
　　　σ_m——平均应力 S_m 对应于材料 S-N 曲线的应力；
　　　σ_b——材料的抗拉强度，S135 材料的抗拉强度为 1000MPa。

用上述方法，取钻杆在盐水中的 S-N 曲线，可以得出具体结构钻杆的 S-N 曲线，具体如图 3-44 所示。

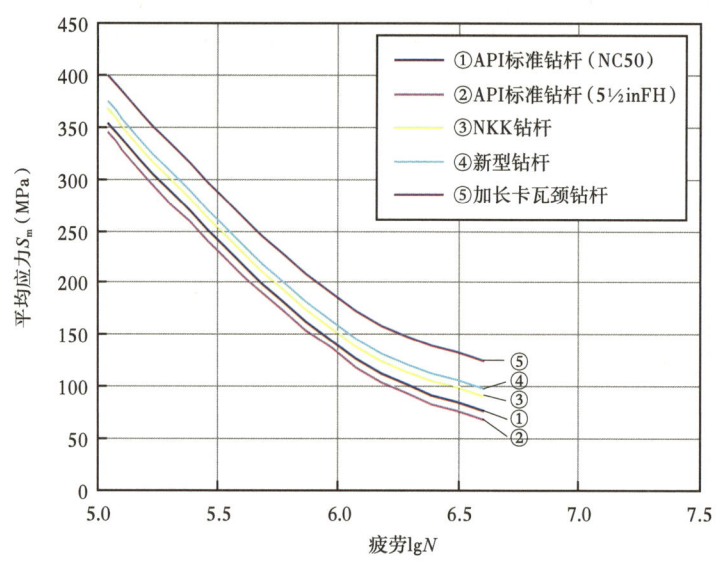

图 3-44 5in S135 钻杆 S-N 曲线

用平均应力在图 3-44 中用插值法得出钻杆的疲劳寿命，对比 API 钻杆，塔标钻杆疲劳寿命提高近 50%，对比情况见表 3-40。

表 3-40 钻杆疲劳寿命

钻杆结构	平均应力（MPa）	疲劳寿命（10000 转）
API 5in 钻杆	338	12.7
5in 塔标钻杆	315	18.9

7）设计方案有限元评价

钻杆使用一段时间后磨损部位主要在内螺纹接头外壁，这说明钻杆在弯曲井段主要支撑的位置是内螺纹接头外壁。建立模型的时候，内螺纹接头外壁处简化为一铰支。

载荷工况：模拟井下 1000m 钻杆实际工况，承受拉伸、内外压力、扭矩和弯矩，其载荷大小为：

（1）轴向力。

按轴向拉力计算，其大小为 1000kN。

（2）扭矩。

取 NC50 接头的紧扣扭矩作为该分析的扭矩值，其值为 15kN·m，正常工况下的扭矩不会超过该紧扣扭矩。

（3）弯矩。

弯矩的大小依据井眼曲率而定。

（4）外压力。

取 1000m 井深处的钻杆外压力，钻井液密度为 $1.0g/cm^3$，忽略 1000m 以上环空摩阻，其大小为 10MPa。

(5)内压力。

取 1000m 井深处的钻杆内压力，钻井液密度为 $1.0g/cm^3$，泵压 20MPa，忽略 1000m 以上钻具内摩阻，其大小为 30MPa。

本次分析仅针对钻杆内螺纹接头端，因为内螺纹接头端的应力比外螺纹接头端的应力高，从油田刺、断的情况来看，内螺纹接头比外螺纹接头失效的情况多。有限元计算情况见表 3-41。

表 3-41 API 5in 钻杆和 5in 塔标钻杆有限元计算结果

结构	外加厚消失处		内加厚消失处	
	应力值（MPa）	应力集中系数	应力值（MPa）	应力集中系数
API NC50	223	0.603	422	1.141
5in 塔标	293	0.792	381	1.030

根据表 3-41 计算结果，可以得出以下结论：

(1) 外加厚消失处应力集中增加，API 5in 钻杆外加厚从 $\phi 130.8mm$ 过渡到 $\phi 127mm$，而 5in 塔标钻杆外加厚从 $\phi 136mm$ 过渡到 $\phi 127mm$；

(2) 内加厚消失处应力集中减小，应力集中系数从 1.141 降低到 1.030；

(3) 外加厚消失处应力集中增加，内加厚消失处应力集中减小，最大应力还是出现在内加厚消失处；

(4) 所设计的 5in 塔标钻杆加厚过渡带结构能降低加厚过渡带整体应力水平，应力分布均匀、合理。

8) 力学测试和模拟试验

API 标准钻杆在使用过程中，易出现刺漏和断裂事故，而且刺漏和断裂主要发生在钻杆加厚过渡带消失处。API/IADC 钻杆失效数据库中统计，约有 70% 的钻杆失效发生在加厚过渡带消失处，其失效原因主要是按照 API 标准制造的钻杆，内加厚过渡带 Miu 结构不合理，在其末端出现一个高应力集中区，在交变载荷作用下，表面易形成疲劳裂纹源，导致刺漏甚至断裂事故的发生。

钻杆的内加厚过渡带 Miu 的长度及加厚过渡带末端与管体交界处的圆弧半径 R 对应力集中大小影响很大。从理论上分析，增大加厚过渡带长度和内加厚过渡区锥面与管体交界处的曲率半径 R，使加厚消失段光滑过渡，是减小应力集中的有效措施，也是提高钻杆使用寿命的有效途径。

从钻杆工作状况分析，钻杆承受的应力主要有：(1) 旋转切削岩石的扭转应力；(2) 自重产生的轴向拉应力；(3) 钻井扭曲使钻杆产生附加弯曲应力。这三种应力综合表现为拉—扭复合应力（弯曲应力与轴向拉应力叠加）。理论上讲，拉—扭复合应力的峰值应处于钻杆表面。然而由于每根钻杆两端部的壁厚与中部壁厚不同，在厚、薄壁交界处形成变截面区域。实际工况中钻杆疲劳失效源区往往发生在钻杆内壁。这表明因截面变化产生了应力分布的变化，由钻杆内壁截面变化造成的应力集中效应产生的作用，已超过扭转应力对钻杆截面上的影响，使钻杆应力分布产生较大变化。

根据工程实际情况确定疲劳试验方案：(1) 以四点弯曲加载方式对钻杆进行过载条

件下的有限疲劳寿命对比试验。虽然四点弯曲试验方法忽略了扭转应力的作用，与钻杆的工作情况有一定差距，但弯曲加载条件下，能近似表达拉应力状态下钻杆的疲劳特征。
（2）弯曲疲劳试验中，以钻杆内壁为四点弯曲的拉应力面，此方案主要基于实际工况中钻杆疲劳发生在内壁的事实，内壁作为拉应力面，有利于考察钻杆内壁产生裂纹源的特性。但在试样宽度的尺寸小于圆直径情况下，试样底边呈锐角，拉应力在此尖角处将产生尖角效应，可能促进裂纹萌生速度。

根据上述疲劳试验参数所进行的钻杆的疲劳试验结果见表3-42。从试验结果可看出，各企业按照API标准生产的钻杆过载疲劳寿命相近。渤海能克（BHNK）、宝钢生产的塔标钻杆，疲劳寿命大幅提高，平均寿命提高了一倍左右。

表3-42 钻杆的疲劳试验数据

编号	最大载荷（kN）	最小载荷（kN）	动载荷（kN）	周次（×100）	频率	平均周次（×100）
宝钢标-1	28	21	7	5584	69.6	3989
宝钢标-2	28	21	7	3774	69.7	
宝钢标-3	28	21	7	3241	69.1	
宝钢标-4	28	21	7	3355	68.1	
宝钢塔标-1	28	21	7	10294	71.6	9674
宝钢塔标-2	28	21	7	7032	71.8	
宝钢塔标-3	28	21	7	11695	68.8	
BHNK标-1	28	21	7	3647	71.1	4194
BHNK标-2	28	21	7	3268	63.8	
BHNK标-3	28	21	7	2991	63.1	
BHNK标-4	28	21	7	6871	61.7	
BHNK塔标-1	28	21	7	4106	66.2	8280~9671
BHNK塔标-2	28	21	7	9834	67.9	
BHNK塔标-3	28	21	7	12437	74.0	
BHNK塔标-4	28	21	7	6741	68.0	

注：（1）"标"表示钻杆端部变截面符合API标准要求；
（2）"塔标"表示钻杆端部的变截面区域在API基础上进行了改进。

通过对两个企业的四种钻杆的各种试验与分析，得出以下结论：

（1）API标准钻杆与塔标钻杆的疲劳寿命差别明显，渤海能克塔标钻杆与宝钢塔标钻杆的疲劳寿命比API标准提高一倍；

（2）改变钻杆加厚过渡带几何结构有效降低钻杆内壁应力集中程度，有利于较大幅度地提高钻杆的弯曲疲劳强度；

（3）在拉应力作用下，钻杆内壁应力集中程度高于钻杆外壁，钻杆内壁是影响使用寿命的最危险区域。

9）基本参数对比

塔标钻杆与 API 标准钻杆的基本参数对照情况见表 3-43。

表 3-43　S135 5in 塔标钻杆与 API NC50 标准钻杆的基本参数对照

公称尺寸	API 5in	5in 塔标	不同点
钢级	S135	S135	
扣型	NC50	NC52T	•
本体外径（mm）	127	127	
本体内径（mm）	108.62	107.70	•
接头外径（mm）	168.3	172.0	•
内螺纹接头内径（mm）	88.9	100.0	•
外螺纹接头内径（mm）	69.9	88.9	•
内螺纹接头长度（mm）	280~305	254①	•
外螺纹接头长度（mm）	228.6	203.2	•
壁厚（mm）	9.19	9.65	•
紧扣扭矩（kN·m）	43.0	50.3	•
闭排（L/m）	13.35	13.33	•
开排（L/m）	4.19	4.22	•
质量（kg/m）	32.87	36.51	•
管体截面积（mm²）	3403.0	3557.6	•
加厚段外径（mm）	131.8	136.0	•
加厚段内径（mm）	93.7	100.0	•
外加厚段长（mm）	220	280	•
加厚型式	IEU②	IEU	
内容积（m⁻¹）	9.16	9.11	•
抗扭强度（管体/接头）（kN·m）	100.29/86.00	104.20/83.90	•
抗拉强度（管体/接头）（kN）	3170/6904	3311/6431	•
抗内压强度（MPa）	117.9	123.8	•
抗挤强度（MPa）	108.16	119.00	•
牙型	V-0.038R	V-0.038R	
扣数	4 扣/in	4 扣/in	
锥度	1:6	1:6	

注：（1）"•"表示不同。
① 实践证明 API 标准的内螺纹接头长度 254mm 偏短，建议修订为 304.8mm。
② 此处 IEU 内外加厚实质上应为内加厚，加厚处外径 φ130.8mm 比本体外径 φ127mm 单边只增厚 1.9mm，此值应视为工艺要求的增厚。

3. 塔标钻杆特点

塔标钻杆结构如图 3-45 所示。塔标钻杆从材料优选、结构优化等方面解决常规钻杆频繁刺穿失效的同时，大幅提高钻井速度，对比具有以下主要特点：

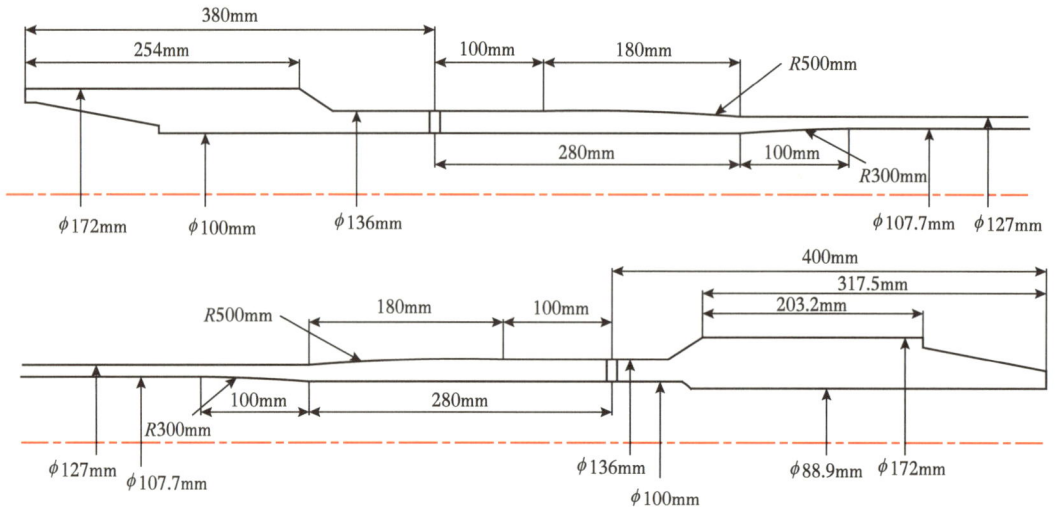

图 3-45　5in×18° 塔标钻杆结构图

1）加厚过渡带应力集中下降

采用近内平外加厚，内加厚长（Liu）由 108mm 增加到 280mm，内锥面长（Miu）由 76.2mm 增加到 100mm；加厚形式为内外加厚（IEU），加厚处内径由 ϕ93.7mm 增加到 ϕ100mm，以外加厚为主。这样的加厚形式通过一次加热镦粗成型，减缓了内过渡带的表面突变，降低了该处的应力集中，通过有限元分析，改进后内加厚消失处应力集中下降了 10%，提高了钻杆防刺漏性能。改进前后加厚过渡带形貌如图 3-46 所示。

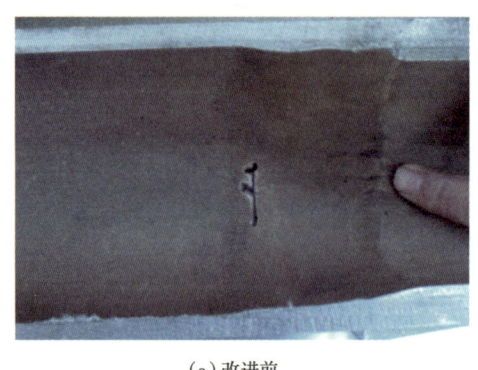　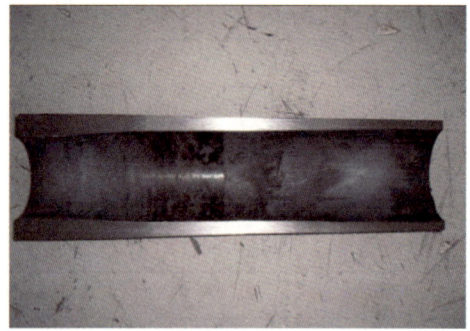

（a）改进前　　　　　　　　　　　　　　（b）改进后

图 3-46　改进前后加厚过渡带形状对比

2）接头水眼增大改善水力性能

钻井循环压耗中，主要是钻柱内压耗，而钻杆接头是钻柱中直径较小者，钻井液从钻杆管体流入接头存在压耗。外螺纹接头水眼直径由 ϕ69.8mm 增加到 ϕ88.9mm，内螺纹接

头内径由 φ88.9mm 增加到 φ100mm，改善了 5in 钻杆的水力性能，降低钻柱内压耗，充分利用水马力。

3）接头螺纹个性化设计提升螺纹强度

为有效解决钻杆接头水眼增大带来的接头强度降低问题，接头钢级从 120ksi 提高到 135ksi，接头外径由 φ168.3mm 增加到 φ172mm，螺纹基面节径由 128.1mm 增加至 133.3mm，螺纹由 NC50 改善为 NC52。通过提高接头材料强度、增加接头外径和中径，提高了螺纹连接强度。

4）管体壁厚增加提升承载能力

管体壁厚由 9.19mm 增加至 9.65mm，钻杆的整体承载能力得到提升。钻杆使用过程中腐蚀、磨损及表面机械损伤对管体强度影响较大，剩余壁厚是钻杆降级标准中的主要参数。增加管体壁厚可以延缓降级和延长使用周期，从而延长钻杆的使用寿命。

4. 现场试用情况

2006 年 8 月至 2007 年 9 月，由宝钢和渤海能克生产的两套塔标钻杆相继在轮南 632 井、轮古 351 井、大北 3 井、轮东 1 井和克深 2 井上试用，在使用过程中派驻技术人员在井队指导现场操作，全程驻井跟踪记录钻杆使用情况。渤海能克非标钻杆累计完成进尺 10327.1m（单根最大进尺 8237m），累计纯钻时间 2913h；宝钢非标钻杆累计完成进尺 12270.88m（单根最大进尺 10600m），累计纯钻时间 2935.77h。使用过程中未发生钻杆刺漏、断裂等异常事件。

在塔标钻杆试用过程中，做了水力参数对比试验，通过对比分析，在相同井深，相近钻井液密度，相同泵压下，3000m 井深时非标钻杆相对于 API 5in 钻杆排量能够提高约 27.5%，在 5000m 井深时，排量能够提高约 30%。水力参数实际使用对比情况见表 3-44。

表 3-44 水力参数对比

井别	井深（m）	钻时（min/m）	立压（MPa）	排量（L/s）	钻井液密度（g/cm³）
轮古 392/ 轮南 632	2172	4/2	18.5/20.6	49/58	1.14/1.15
轮古 392/ 轮南 632	3046	2/4	22.6/22.1	40/51	1.16/1.16
轮古 392/ 轮南 632	3546	2/3	21.0/21.9	36/47	1.16/1.17
轮古 392/ 轮南 632	4100	9/11	19.4/21.3	38/39	1.26/1.17
轮古 392/ 轮南 632	4205	6/8	19.5/18.0	37/52	1.23/1.19
轮古 392/ 轮南 632	4414	5/14	20.4/18.0	38/49	1.25/1.26
轮古 392/ 轮南 632	4600	10/6	20.0/21.0	26/38	1.36/1.39
轮古 392/ 轮南 632	4900	8/4	21.3/21.2	27/35	1.41/1.43
轮古 392/ 轮南 632	5200	33/23	19.4/23.1	27/32	1.44/1.43
轮古 392/ 轮南 632	5500	7/7	19.1/20.0	27/31	1.47/1.44
轮古 392/ 轮南 632	5800	26/43	18.9/19.0	27/30	1.44/1.45
轮古 392/ 轮南 632	6100	18/22	19.5/19.0	25/30	1.47/1.45
轮古 392/ 轮南 632	6200	16/21	15.5/18.7	22/30	1.48/1.44

5in 塔标钻杆现场使用结论：

（1）试用钻杆化学成分、力学性能、晶粒度和夹杂物等符合标准 API SPEC 5D 和塔里木油田《塔标钻杆订货技术条件》的要求；

（2）在试用过程中没有发生因钻杆质量问题而导致的失效事故；

（3）塔标钻杆在使用中显示出了比常规钻杆排量大压耗小的优越性，相同条件下相对于 API 5in 钻杆能够提高排量约 28%；

（4）塔标钻杆磨损寿命相对于普通钻杆提高 18%；

（5）塔标钻杆有助于预防失效，提高水力破岩能力，延长钻头寿命。

5. 推广应用情况

5in 塔标钻杆满足了塔里木油田超深井苛刻的钻井环境及强化钻井参数的需求，自使用以来显现大排量低能耗的优越性，现场应用效果良好，对提高钻井安全性和提高钻速具有重要意义，该钻杆在塔里木油田范围内已全面替代同规格 API 标准钻杆，并在国内石油行业得到广泛应用。

二、铝合金钻杆

铝合金钻杆仅是同尺寸钢质钻杆质量的 50%~65%，在密度为 $1.44g/cm^3$ 的钻井液中，其平均质量是钢钻杆的 40%，在运输和提高钻机的钻深能力方面具有很大的优越性。铝合金钻杆的挠性好，具有很好的抗疲劳性能，因此在弯曲井段使用铝合金钻杆比较有利；由于铝合金钻杆的弹性大，可以吸收井底的振动，从而提高了上部钻柱的使用寿命。应注意的是，必须使它处于拉伸状态，因为弯曲会导致严重磨损。此外，铝合金钻杆在碱性大的（高 pH 值）钻井液中，腐蚀较严重，需添加腐蚀抑制剂。但在 pH 值为 6~10.5 的介质中，铝有很好的抗腐蚀性能。铝合金钻杆在含 H_2S 的介质和某些酸性介质中，可以较好地工作。

1. 主要特点

塔里木油田使用的铝合金钻杆管体是用 D16T 铝合金制造，具有重量小、弹性模量小、抗硫化氢和二氧化碳腐蚀性能高、材料可钻性好、运动阻力小等很好的综合物理机械性能。由于这种钻杆的挠性好，具有良好的抗疲劳性能，其疲劳寿命比磨损寿命长。铝合金钻杆具有以下主要特点：

（1）重量轻，材料密度为 $2.8g/cm^3$，在水中的重量仅为钢的四分之一，能增加钻深能力，提高深井钻柱的过载拉伸能力。

（2）弹性模量约相当于钢材的 33%（即相同井眼曲率下的弯曲应力只相当于钢钻杆弯曲应力的 33%），钻柱的韧性好，刚性低，提高钻柱的抗弯曲疲劳能力。在 $8\frac{1}{2}$in 井眼，实际使用过的钻压 22t，转速为 90r/min，实际使用过的扭矩为 45kN·m。

（3）对硫化氢不敏感；无磁特性；摩擦系数低，提高钻头水功率，减轻起下钻阻卡，对套管的磨损小。

（4）铝合金钻杆表面氧化物既溶于碱又溶于酸，俄罗斯实际使用的钻井液 pH 值在 6.5~9.5。

（5）铝合金钻杆的疲劳寿命长于磨损寿命，不利于采用转盘高速钻进，俄罗斯主要采用铝合金钻杆配合涡轮或螺杆钻进。

（6）铝合金钻杆对温度比较敏感，如果超过许用最高温度后强度性能会大大减弱；铝合金钻杆的起下钻和打捞不需要特殊工具；铝合金钻杆寿命主要是由内壁冲蚀磨损速度决定。

（7）俄罗斯大量使用的铝合金钻杆是配备热装钢接头的钻杆。

（8）铝合金钻杆的失效主要是管体中间壁薄部分抗拉强度不足所致，在铝合金管体与钢接头连接部分没有出现过失效。

2. 结构及特性

ϕ146mm 全铝合金钻杆用 D16T 铝合金经热压力加工制成，其结构如图 3-47 所示；带钢接头的铝合金钻杆其钢接头与管体两端是热装配的过盈配合连接，ϕ147mm 钢接头铝合金钻杆结构如图 3-48 所示。不同规格铝合金钻杆技术参数见表 3-45 至表 3-47。

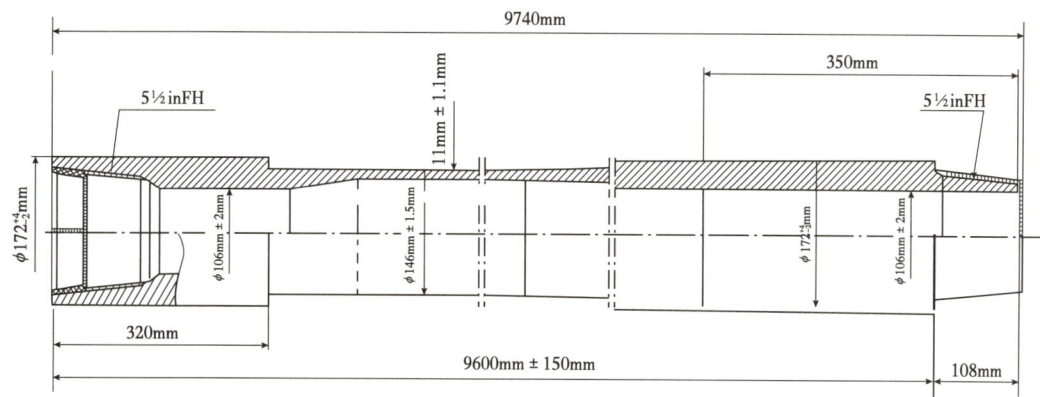

图 3-47 全铝合金钻杆结构图

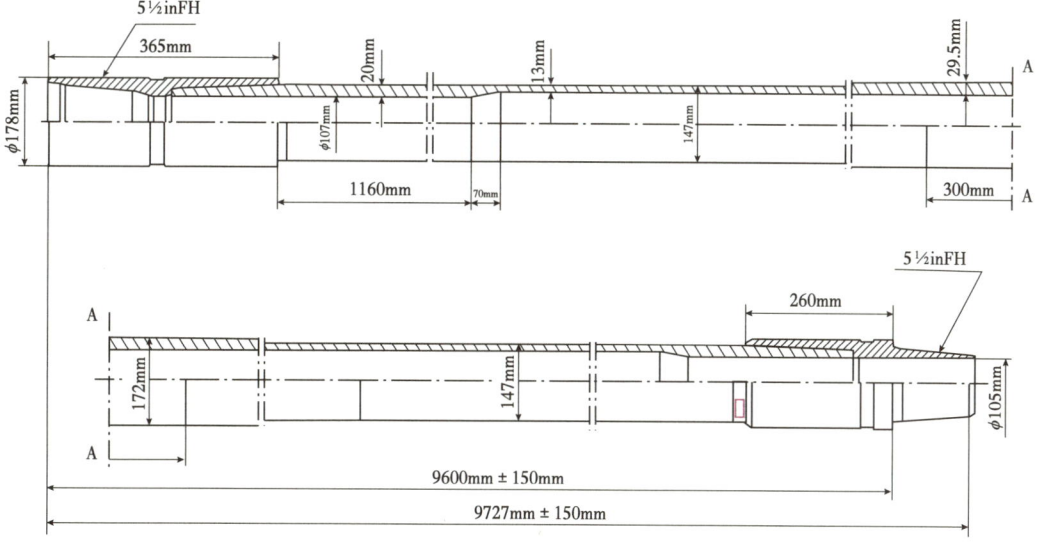

图 3-48 147mm 钢接头铝合金钻杆结构图

表 3-45　D16T 铝合金的技术参数

机械物理性能指标	数值
抗拉强度（MPa）	460
屈服强度（MPa）	325
硬度（HB）	120
密度（kg/m^3）	2780
延伸率（%）	12
最高工作温度（℃）	160

表 3-46　钢接头材料的机械特性

机械特性指标	数值
抗拉强度（MPa）	965
屈服强度（MPa）	825
布氏硬度（HB）	285~341
冲击韧性（J）	68.6
延伸率（%）	13

表 3-47　D16T 全新铝合金钻杆技术参数

参数	ϕ103mm 钢接头钻杆	ϕ146mm 全铝合金钻杆	ϕ147mm 钢接头钻杆
公称质量（kg/m）	10.4	16.7	23.5
本体外径（mm）	103	146	147
壁厚（mm）	9	11	13
接头外径（mm）	127	172	178
内接头内径（mm）	71	100	105
外接头内径（mm）	68	100	105
内接头长度（mm）	310	320	365
外接头长度（mm）	208	240	260
螺纹连接型式	NC38	5½ in FH	5½ in FH
推荐上扣扭矩（kN·m）	17.0	15.4	45.0
抗扭强度（管体）（kN·m）	13.7	34.9	40.2
抗扭强度（接头）（kN·m）	20.00	18.24	68.72
抗拉强度（管体）(kN)	691	1203	1423
抗拉强度（接头）(kN)	2622	1683	5076
抗内压强度（MPa）	39.8	34.3	40.2

续表

参数	ϕ103mm 钢接头钻杆	ϕ146mm 全铝合金钻杆	ϕ147mm 钢接头钻杆
抗挤强度（MPa）	36.6	29.1	37.2
管子开排（L/m）	4.10	5.77	6.80
管子闭排（L/m）	8.54	16.62	16.66

注：（1）表中所列铝合金钻杆指标是按照材料额定屈服极限的80%并在单应力作用下确定的数值；

（2）表中强度数据是在使用温度等于21℃±3℃的情况下确定的，实际使用时应乘以一个温度系数K_T，当使用温度20℃≤T≤140℃时，K_T=1-0.0014×(T-20)，当使用温度140℃≤T≤160℃时，K_T=0.862-0.0063×(T-140)。

1）与钢钻杆对比

（1）硬度。

铝合金的标准布氏硬度是135HB，E级钢钻杆的布氏硬度是200HB，所以铝合金钻杆容易产生刻痕、擦伤与凹痕等。钻井时更易受井壁上的坚硬物的刮削，钻井液中的尖角钢颗粒会楔入铝合金钻杆体而产生疲劳破坏源，所以应经常用磁性装置清除钻井液中钢质颗粒。由于钻井液中研磨性颗粒的存在，还容易使橡胶护箍的上面与下面产生侵蚀。

（2）弹性。

铝合金的弹性模数是7.31×10^4MPa，比钢小，这就使铝合金有较大的柔性和较大的拉伸度。与钢钻杆伸长不同，受钻井浮力影响较大，所以上提卡钻的钻柱或铝合金钻杆下边带有钢钻柱或衬管时，必须仔细计算。铝合金钻杆柔性好使其具有良好的抗疲劳性能，有利于用在易斜和易弯曲的井中，但是抗磨损寿命较短。

（3）耐温与抗腐蚀。

①铝的抗拉屈服强度与韧性随温度的升高而降低。在135℃时，屈服强度是室温的88%。

②铝合金钻杆在pH值6~10.5的钻井液中有很好的抗腐蚀性。在高转速、高温及研磨的条件下，高的pH值会加快管子的磨损，但在酸性介质里铝合金钻杆比钢钻杆抗硫化氢的能力强。

2）无损检测

（1）钢接头钻杆沿整个圆周用厚0.3mm的钢塞规测量钢接头与管子之间的径向间隙，如果塞规能从间隙里伸进去5mm以上，管子应当报废。

（2）钢接头钻杆沿整个圆周用宽12mm厚0.3mm的钢塞规测量管子端面与接头内止推台肩间隙，如果塞规能够伸进去5mm以上，管子应当报废。

（3）确定钢接头钻杆接头在管子上是否有偏移。在把管子投入使用之前，在管体和接头连接端面上沿轴向刻划一段线段进行标记，如果在使用一段时间后进行检查时，发现这段标记线的位置偏移，应及时收回进行无损检测。

（4）几何尺寸测量：需测量管体与卡瓦接触处的直径，管体中间部位的直径，管体靠近加厚部分的直径，管体中间加厚部分的直径，内、外螺纹接头的直径。

（5）采用磁粉检测接头螺纹，超声波检测接头与管子之间的连接螺纹、管体和过渡区。

（6）用测厚仪测量管子壁厚。

（7）经过检测后，将高可靠性铝合金钻杆上的磁粉、黏在上面的检测液体和工艺材料清洗干净，螺纹要涂上专门的螺纹脂，并带上护丝。

3）抗扭试验情况

采用两根全新 ϕ146mm 全铝合金钻杆，验证 ϕ146mm 全铝合金钻杆接头和管体在无轴向载荷下的抗扭性能，以及在极限扭矩下的屈服变化。

试验过程：使用扭矩机，第一步，接头抗扭试验，将两根铝合金钻杆对扣上紧，分别以推荐上扣扭矩、接头屈服扭矩、屈服强度的120%、屈服强度的150%和极限扭矩紧扣，每次卸开后检查接头内外径、螺纹、台肩面的变化；第二步，管体抗扭试验，在管体沿轴向画两道长约300mm的直线段，然后夹持在线段两端施加扭矩，直到发生明显扭转变形。

试验结果：第一步，接头抗扭试验，在推荐上扣扭矩15.4kN·m的情况下，接头完好，牙板咬印深0.3mm左右，在逐步增大扭矩直到允许的抗扭强度22.8kN·m时，接头台肩面出现磨损现象，其他无明显变化；继续增加扭矩，达到84kN·m，夹持牙板在接头上开始剥皮打滑时，螺纹仍未断裂。第二步，管体抗扭试验：标准规定管体允许抗扭34.9kN·m，试验中预想一次性将管体扭断，结果在扭矩增大到98kN·m，夹持牙板在管体上严重剥皮时，管体仍未断裂。

以上试验结果表明：在无轴向拉压的情况下，钻杆受到超过允许抗扭时，不会发生断裂事故。具体数据见表3-48和表3-49。

表3-48 接头抗扭试验数据

钻杆类型	扭矩说明	上扣/卸扣 kN·m	内螺纹接头外径	镗孔直径	外螺纹接头外径	外螺纹接头内径	外螺纹长度	外螺纹大端	刻线偏移	螺纹及密封面变化情况
			mm							
ϕ146mm全铝合金钻杆接头	原始尺寸	0	174.70	150.50	174.00	100.00	126.40	147.00		
	推荐上扣扭矩	15.4/20.0	174.70	150.55	174.00	100.00	126.60	174.37	0	无变化
	接头屈服扭矩	22.8/22.5	175.00	150.83	174.00	100.00	126.68	147.60	30	台肩面外缘有粘连划痕，牙型完好
	屈服强度的120%	28.0/32.0	175.16	150.84	174.00	100.00	126.84	147.80	55	整个台肩面有划痕，深0.02mm，螺纹牙型正常，无明显拉伸
	屈服强度的150%	33.6/32.0	175.20	151.18	174.14	100.48	126.96	147.85	78	台肩面划痕加深0.06mm，出现环形沟槽，牙型有磨损，见金属铁屑
	极限扭矩	84.0/72.0	178.10	153.30	176.65	100.38	127.40	147.61	145	整个密封面粘连磨损严重，沟槽深约0.1mm，周向长1/3圆周，内螺纹接头明显胀扣，台肩面外缘起双台肩状，凸起0.23mm

表 3-49 管体抗扭试验数据

钻杆类型	扭矩说明	扭矩大小 kN·m	管体外径	壁厚 第1次测量	第2次测量	第3次测量	第4次测量	平均	夹持段长	刻线偏移量	管体变化
φ146mm 全铝合金钻杆管体	原始尺寸	0	146.6	10.83	11.21	10.96	10.58	10.895	280	0	
	极限扭矩	98							280	30	夹持段出现明显扭转变形，扭转偏移 30mm，夹持部位被牙板剥皮严重，牙深 1.5mm，管体无破裂

4）现场使用情况

（1）克深 7 井 φ147mm 铝合金钻杆使用情况。

2009年6月8日，铝合金钻杆首次使用15根试验，上扣扭矩为40kN·m，使用过程中顶驱扭矩最高限值为25kN·m，铝合金钻杆的许用扭矩为34.2kN·m，超过设置扭矩顶驱自动停止；转速最高控制70r/min。

钻具组合：13⅛in 钻头 +630×NC61 转换接头 + 随钻测斜工具 +9in 螺旋钻铤 ×2 根 +13⅛in 钻具稳定器 +9in 螺旋钻铤 ×1 根 +13⅛in 钻具稳定器 +NC61×NC56 转换接头 +8in 螺旋钻铤 ×6 根 +8in 随钻 + 挠性短节 +8in 螺旋钻铤 ×5 根 +NC56×520 转换接头 +5½in×18° 加重钻杆 ×15 根 +5½in×18° 钻杆 ×6 根 +147mm 铝合金钻杆 ×15 根 +5½in×18° 钻杆。

6月12日在井段5082~5099.28m划眼，最高扭矩22kN·m，12：50下钻到井底，悬重202t，先采用较小的参数井底造型（钻压4~6t、转速20r/min），正常钻进时钻井参数为：钻压8~12t，转速35~70r/min，扭矩5~22kN·m，泵压17.5~20MPa，排量45L/s。所钻地层为砾石及泥岩，在钻井过程中有轻微跳钻现象。

6月17日2：00铝合金钻杆起完检查发现15根铝合金钻杆大部分有明显的横向划痕，深度为0.1~0.3mm，深的达到1mm，有的钻杆有纵向或螺旋状划痕，有2根钻杆有压痕，最深的坑深1.45mm，如图3-49和图3-50所示。

图 3-49 管体划痕

图 3-50 管体压痕

单井试用小结：铝合金钻杆使用纯钻时间57h，进尺56m（5099~5155m，其中含砾石层进尺22m）。使用后的铝合金钻杆接头没有明显磨损情况，管体外径和壁厚基本无变化，大部分钻杆有划痕，铝合金钻杆管体对钻井液的黏附情况与钢钻杆基本相当。本趟钻使用过程中出现复杂情况蹩停转盘3次，起钻过程中裸眼段摩阻范围8~16t。因该井段为含砾石地层，钻杆出现较多明显划痕，说明铝合金钻杆不适合山前井砾石地层钻井要求。

（2）ϕ147mm铝合金钻杆在哈15井使用情况。

2010年1月16日9½in钻头二开钻进，本井二开钻进中全程使用了铝合金钻杆，1月17日15：00入井，入井井深1530m，在铝合金钻杆与下部大钻具之间使用了2柱钢钻杆作为过渡。至1月28日11：40，共入井393根（3811.43m），井深4250m，之后开始接入钢钻杆，截止到3月21日16：30，二开中完，井深6515m。

铝合金钻杆在井使用62d，使用井段1530~6515m，纯钻时间977.58h，进尺4985m。使用过程中钻压30~140kN，转速45（螺杆）~80r/min，泵压13~20MPa，排量31~60L/s。铝合金钻杆承受的最大拉伸载荷为145t（正常悬重100t，挂卡45t），最大扭矩为18kN·m。使用中铝合金钻杆没有发生刺漏、断裂等失效事故。

二开以来本井地层岩性主要是砂泥岩，岩屑没有较大坚硬块状，对铝合金管体没有明显磨损，接头磨损量为0.7~1.3mm，主要磨损腐蚀情况如图3-51和图3-52所示。

图3-51　块状腐蚀坑

图3-52　内接头吊卡台肩环形冲蚀槽

初步分析环形槽冲蚀可能原因有两方面，一是由于吊卡台肩为平台肩，钻井液流到台肩面处会产生涡流，对管体产生横向冲击力，在钻柱旋转情况下，对管体表面产生横向剪切力，同时钻井液中含有岩屑砂砾，这种情况下就发生了对吊卡台肩面底部管体的环形冲蚀磨损。钻柱的转速越大，钻井液排量越高，岩屑中含有的砂砾越硬越尖锐，环形冲蚀越严重。二是由于接头材料为钢，管体是铝合金，两者在钻井液中形成电化学腐蚀。

单井试用总结：

①铝合金钻杆内径较大，压耗损耗小，相同泵压下可提供更大排量，对清洗井底、快速钻进有积极作用，同时在相同排量下泵压较低，能减少钻井泵的压力及能源消耗。

②铝合金钻具重量约为同尺寸钢钻杆的60%，有效降低了钻机负荷，延长钻机及设备的使用寿命。

③在砂泥岩段，铝合金钻杆适合用于在转速不超过 65r/min+ 螺杆的情况下钻进，一旦遇到岩屑中含有砾石或尖锐块状，应及时降低转速。

三、超级 13Cr 油钻杆

1. 超级 13Cr 油钻杆背景

氮气钻是解决致密气藏开发的一个有效手段，2011 年塔里木油田迪北侏罗系迪西 1 井氮气钻井试验取得重大突破，证实氮气钻井是保护低渗透致密砂岩气藏、最大限度提高单井产能的有效的途径。由于该区域致密气藏对液体敏感，不能采用氮气钻打开储层后再压井用常规方案完井。因此塔里木油田首次提出"油钻杆"的理念，即氮气钻开储层后不压井不起钻，将钻井管柱转为完井管柱使用，需要设计一种既当钻杆又当油管使用的油钻杆。

设计的油钻杆需要适应腐蚀环境，迪西 1 井二氧化碳含量 2.42%，分压 1.69MPa，含凝析水。钢钻杆无法适应二氧化碳腐蚀环境，考虑采用超级 13Cr 材料制造油钻杆。氮气钻井工程中，环空气体上返速度快，钻具受高速岩屑冲击的"喷砂"切割作用，冲蚀损伤大，对超级 13Cr 油钻管抗冲蚀性能提出了较高要求；氮气钻井井壁稳定性差，钻进过程中易发生垮塌卡钻，而气体的携岩能力差，因此油钻杆要具有处理卡钻的能力，希望油钻杆材料强度高；钻具组合不加稳定器，钻柱稳定性差，易失稳弯曲，由于没有钻井液的阻尼作用，钻柱振动和扭矩波动较大，容易导致钻具疲劳，迪西 1 井氮气钻后无损检测发现有 24 根钢钻杆螺纹产生微裂纹，因此要求油钻杆螺纹接头的抗扭和抗疲劳强度高；气体钻井中没有钻井液的润滑和冷却作用，钻柱和套管或井壁之间的摩擦强烈，容易产生热裂，要求材料的横向冲击韧性要好。

由于在 $7\frac{7}{8}$in 套管内使用，油钻杆尺寸设计为：外径 4in（101.6mm）、内径 72mm，两端接头外径 133.4mm。接头尺寸如图 3-53 和图 3-54 所示。由于超级 13Cr 没有进行过摩擦焊试验，焊缝性能难以保证，因此采用接头整体镦粗的方式，接头长度有限，外螺纹大钳空间长度只有 50mm。螺纹需要气密封性能，采用宝钢 BGXT42M 钻杆粗牙螺纹。一般 13Cr 的屈服强度只能达到 110ksi，本次油钻杆的实物屈服强度达到了 135ksi。实物取样机械性能及冲击韧性分别见表 3-50 和表 3-51，与钢钻杆性能参数对比情况见表 3-52。

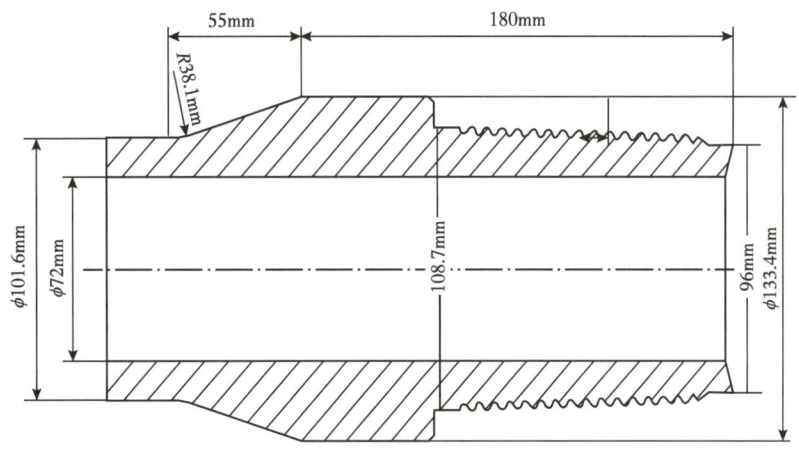

图 3-53 外螺纹接头设计尺寸

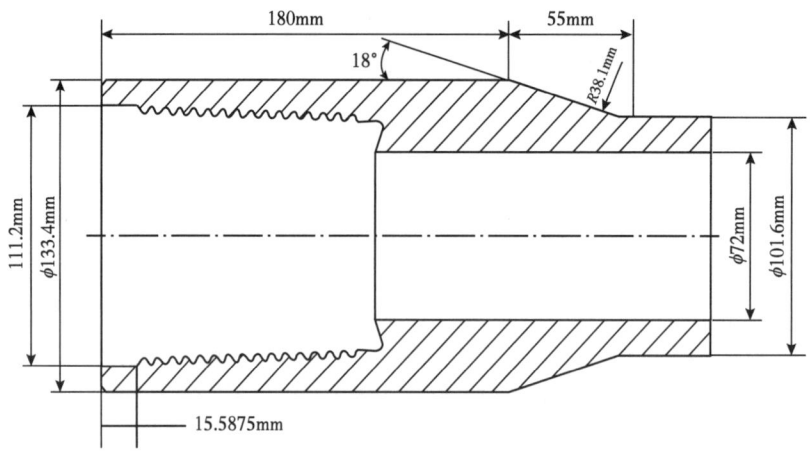

图 3-54　内螺纹接头设计尺寸

表 3-50　油钻杆实物机械性能水平

试样部位	抗拉强度		屈服强度		弹性模量（GPa）	断后伸长率（%）	
	实测（MPa）	均值	实测（MPa）	均值		实测	均值
管体	979	976MPa 141ksi	939	937MPa 136ksi	202	21.0	21.5
	971		932		202	21.7	
	979		941		201	21.7	
外螺纹端	984	996MPa 144ksi	943	953MPa 138ksi	201	22.1	21.7
	999		956		201	22.0	
	1005		962		202	21.1	

表 3-51　油钻杆冲击韧性

测试部位		测试温度（℃）	冲击功（J）
管体	横向	25	130.74
		0	132.78
		-20	127.24
	纵向	25	168.47
		0	161.25
		-20	165.80
接头	横向	25	159.41
		-20	154.22
	纵向	25	168.23
		0	148.09

表 3-52　油钻杆与钢钻杆参数对比表

类别	钢级	管体规格（mm×mm）	管体抗扭强度（N·m）	管体抗拉强度（t）	接头型号	接头外径（mm）	接头内径（mm）	接头抗拉强度（t）	接头抗扭强度（N·m）	上扣扭矩（N·m）
超级13Cr油钻杆	110	φ101.6×14.80	67380	312	BGXT42M	133.4	72.0	331	55060	33030
钢钻杆	135	φ101.6×9.65	62998	265	HT40	139.7	65.1	384	62883	37730

2. 现场应用情况

塔里木油田共研制了超级 13Cr 油钻杆 1760 根，分别在迪北 101 井、迪北 103 井和迪北 104 井等井成功应用。

1）迪北 101 井应用情况

迪北 101 井是油钻杆成功应用的第一口井。2012 年 10 月 16 日该井四开用 6$\frac{1}{2}$in 钻头氮气钻进，氮气钻井段 4785~4837.07m，17 日 6:30 钻至 4837.07m 钻遇良好油气显示，该井在处理卡钻时旁通阀处断裂，替入钻井液，结束氮气钻井。油钻杆在本井使用 488 根，使用时间 10.5h，进尺 52.07m。油钻杆参与处理卡钻事故时，最大扭矩达 30kN·m，拉力 2886kN。油钻杆起出后未发现明显冲蚀，螺纹未发生黏扣等异常现象，经受住苛刻条件的考验，能够满足氮气钻井的工艺需要。

2）迪北 104 井现场情况

迪北 104 井 2013 年 10 月 11 日四开 6$\frac{5}{8}$in 钻头氮气钻进，12 日 3:51 钻至 4794.81m 钻遇良好油气显示完钻。入井使用油钻杆 482 根，氮气钻井段 4768~4794.81m，纯钻时间 7.5h，进尺 26.81m，钻压 13.3~44.2kN，转速 31~57r/min，泵压 4.6~6.8MPa，注气量 177~195m³/min，最大扭矩 4.6~10kN·m。该井发现工业油气流，油钻杆未起出直接用于采气生产，实现了油钻杆的设计目的。

3）迪北 103 井应用情况

2014 年 1 月 11 日 8:00 迪北 103 井自井深 4720m 开始五开 6$\frac{5}{8}$in 钻头氮气钻进，至 1 月 12 日 20:40 氮气钻进至井深 4890m，钻压 4~111kN，转速 30~60r/min，注气量 180~220m³/min，扭矩 2~4kN·m。本井入井油钻杆 475 根，进尺 170m，纯钻时间 34h，这期间下钻划眼至井深 4822.24m 蹩停顶驱，上提下放活动钻具解卡，活动范围 160~260t，原悬重 182t，扭矩 25kN·m，油钻杆未发生失效问题。

超级 13Cr 油钻杆共应用 3 口井，使用过程中未发生黏扣、刺漏和断裂等异常情况，经受了卡钻处理事故的考验，通过对回收后的油钻杆接头螺纹和加厚区无损检测，未发现裂纹。油钻杆能满足氮气钻井的工艺需要，达到设计性能要求，实现了作为油钻杆的设计目的。

3. 现场使用注意事项

（1）油钻杆是气密封扣，油钻杆上扣时应使用专用引扣器，形貌如图 3-55 所示。引扣器可以有

图 3-55　引扣器形貌

效保护内螺纹的密封面和外螺纹的小端台肩发生碰撞、错扣。

（2）油钻杆接头为整体镦粗，外螺纹接头大钳空间长度只有50mm，上扣扭矩33kN·m，钻杆液气大钳无法咬合接头，普通油管钳上扣扭矩无法满足；上扣时钳牙咬痕太深，钳牙咬痕部位容易产生应力集中，导致腐蚀开裂，咬痕会损伤旋转控制头胶芯，带来井控风险。因此专门研制了微牙痕油钻杆上扣大钳，牙痕深度控制在0.2mm以内，较好地满足了油钻杆上扣要求。油钻杆微牙痕上扣大钳如图3-56所示，配套微牙痕牙板如图3-57所示。

图3-56　油钻杆上扣液压钳

图3-57　微牙痕牙板

（3）超级13Cr材质对铁污染敏感，应避免钻杆与钢制材料接触。装车运输时，应使用专用支架捆绑整齐并带齐护丝，装车捆绑时与油钻杆接触的绳索应使用尼龙带，不得使用钢丝绳；层与层之间用硬质塑料隔开；通径时应使用专用尼龙材料制作的通径规，通径规形貌如图3-58所示。

图3-58　尼龙棒通径规

（4）通过对迪北101井氮气钻后起出油钻杆观察，接头有明显的气体冲刷光滑痕迹，部分管体有较规则的椭圆形凹坑，如图3-59和图3-60所示，推测是井下钻柱与井壁碰撞所形成，通过测厚显示壁厚没有明显减薄情况，对油钻杆的强度没有明显影响。

图 3-59　出井油钻杆管体形貌

图 3-60　出井油钻杆接头形貌

四、双台肩螺纹钻铤

1. 双台肩螺纹钻铤背景

2006 年，塔里木油田采用 ϕ149.2mm 或 ϕ152.4mm 小井眼钻进的有 21 口，ϕ120.65mm 钻铤螺纹断裂失效达到 25 根次，占钻具断裂失效总数 57 根次的 43.86%。其中位于塔里木盆地东部中央隆起的米兰 1 井，在 5535~5740m 井段 ϕ149.2mm 井眼钻进过程中先后发生 ϕ120.65mm 钻铤外螺纹断裂失效 6 根。位于塔里木盆地塔北哈拉哈塘凹陷的哈 6 井，在井段 7110~7112m ϕ149.2mm 井眼钻进过程中先后发生 ϕ120.65mm 钻铤外螺纹断裂失效 4 根。

2. 试验情况

双台肩技术在钻杆接头上的成功应用为 ϕ120.65mm（4¾in）钻铤螺纹提高抗扭强

度提供了借鉴。双台肩技术就是在常规 API 外螺纹小端和内螺纹末端各加工一个副台肩，在正常扭矩下主密封台肩接触，扭矩升高到一定程度后副台肩接触以提高螺纹抗扭强度。

塔里木油田设计了 NC35 双台肩螺纹的结构和尺寸，加工了 NC35 API 螺纹、LET 螺纹、API 应力槽螺纹（外螺纹）、双台肩螺纹各 1 套，4 种螺纹结构如图 3-61 所示。通过有限元计算证实，API 应力槽螺纹应力最小，双台肩螺纹具有较低应力水平，在提高抗扭强度的同时有助于提高螺纹疲劳寿命，不同螺纹应力有限元计算情况见表 3-53。

(a) API 螺纹　　(b) LET 螺纹

(c) API 应力槽螺纹　　(d) 双台肩螺纹

图 3-61　不同螺纹形貌

表 3-53　四种外螺纹有限元计算结果

螺纹类型	API 螺纹	LET 螺纹	API 应力槽螺纹	双台肩螺纹
最大应力（MPa）	313	232	142	153
最大应力位置	第 1 牙	台肩与螺纹过渡处	第 1 牙	台肩与螺纹过渡处

抗扭试验采用量程为 0~270kN·m 的扭矩机。在扭矩试验中将试样分别装夹在扭矩试验机上，从 40kN·m 加载至断裂。当载荷每增加 3~6kN·m 时，稳压 2~3min 卸载，再对试样进行超声和磁粉探伤，观察螺纹及密封面，并测量外螺纹长度、内螺纹大端直径、管体外径、内径。试验表明，双台肩螺纹的抗扭性能最好，比 API 螺纹抗扭强度提高了约 42%。不同螺纹扭矩试验情况见表 3-54，断裂失效扭矩如图 3-62 所示。

表 3-54 不同螺纹扭矩试验情况

螺纹类型	扭矩（kN·m）	外螺纹长度（mm）	内螺纹外径（mm）	密封面状况	备注
NC35 API 螺纹	40.0	93.9	120.36	无明显压痕	探伤无伤
	43.0	94.9	120.84	靠外圈出现压痕，占圆周的 1/2，深 0.4mm	探伤无伤
	46.0	95.6	121.00	周边出现双台阶，深 0.6mm，明显黏扣	探伤无伤
	52.0	96.2	121.60	周边出现双台阶，深 0.8mm，内螺纹密封面全坏，距外螺纹密封面 16mm 出现裂纹	探伤发现裂纹
	56.3		122.70		出现脆响
	56.9				断裂
LET 螺纹	46.0	95.0	120.99	靠外圈出现压痕，占圆周的 1/2，深 1mm	探伤无伤
	49.5	97.2	121.30	靠外圈出现压痕，距外螺纹密封面 38mm 出现明显裂缝	探伤发现明显裂纹
	29.8				再次紧扣断裂
API 应力槽螺纹	46.0	96.0	120.40	靠外圈出现压痕，占圆周的 1/4，深 0.5mm	探伤无伤
	60.0		120.50		断裂
双台肩螺纹	43.0	105.5	120.00	无变化	探伤无伤
	49.0	105.5	120.00	无变化	探伤无伤
	55.0	104.9	120.50	密封面外缘出现环形槽，深 0.5mm；内螺纹台阶外缘有压痕，出现双台阶	探伤无伤
	59.6	104.6	121.90	密封面外缘出现环形槽，深 1mm	探伤无伤
	81.0		122.60		断裂

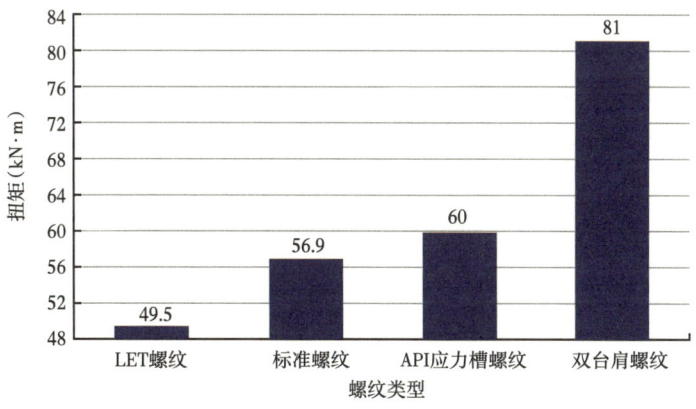

图 3-62 四种螺纹断裂扭矩试验结果

3. 使用效果

哈 6 井在井深 6589~7273m 钻进期间，4 根 ϕ120.65mm 螺旋钻铤 NC35 外螺纹断裂。更换双台肩螺纹钻铤后，在井深 7327~7428m 间没有一根双台肩钻铤发生断裂，顺利完钻。在哈 6 井成功试用基础上，在 ϕ127mm 及以下规格钻铤中进行全面推广，同期对比小尺寸钻铤螺纹断裂失效率下降超 60%。

但在其后的老井开窗侧钻及狗腿严重井段仍然发生双台肩螺纹断裂失效故障，说明双台肩螺纹在承受弯矩时存在失效风险，塔里木在类似工况下推荐使用 API 应力减轻槽螺纹；而在直井段小井眼钻井作业必须选用双台肩螺纹。

第四章 塔里木常用钻井工具

在超深井的钻探过程中，钻井工具是钻柱中的重要构件，特别是在地层倾角较大的地层安全快速钻井对钻井工具提出了较为苛刻的要求。本章主要介绍塔里木油田超深井常用旋转导向工具、垂直钻井工具等提速工具，以及随钻震击器、减振器、扩眼器等钻井工具。在介绍各类钻井工具结构性能基础上，突出介绍了常用钻井工具现场使用及维护关键措施，对超深层钻井工具的选择和安全使用具有指导意义。

第一节 钻井提速工具

目前国内外成熟的钻井提速工具种类繁多，每一种工具均有不同的提速效果和应用条件，目前塔里木油田比较常用的提速工具有 Power-V 垂直钻井、旋转导向、螺杆、扭力冲击发生器、双摆、涡轮等。

一、旋转导向系统

1. 工具简介

1）Power-V 垂直钻井系统

Power-V 垂直钻井系统是一种推靠式旋转导向工具，控制单元控制分流钻井液从重力高边方向出水，钻井液流经钻头产生 500~600psi 的压降，三个导向推靠块轮流经过重力高边这一出水方向时，在内外压差的作用下开启推靠井壁，给钻头一个反方向的侧向切削力来实现降斜，Power-V 垂直钻井系统的降斜原理如图 4-1 所示。

Power-V 垂直钻井系统整体由偏置单元、控制单元两部分组成（图 4-2）。偏置单元负责输出做功，保持垂直钻进；控制单元包含六轴传感器，根据井眼实际井斜控制偏置单元做功，同时记录井下振动及其他井眼状况参数。

2）PD Archer 高造斜率旋转导向系统

PowerDrive Archer（简称 PD Archer）是一套混合式的旋转导向系统（图 4-3），其推力块设置在本体内部，不与地层接触，所以系统更稳定可靠。推力块在钻井液动力的驱动下推动本体扶正套加大造斜率能力（推靠式）；同时系统万向轴按照指令驱动，实现钻头方向的指定（指向式）。这种独特的混合设计，降低对井壁接触的依赖，实现了该系统可在井眼任

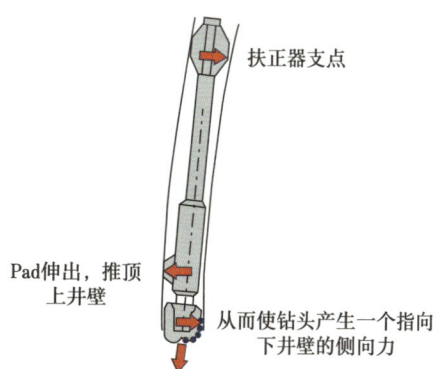

图 4-1 Power-V 垂直钻井系统降斜原理示意图

意位置进行裸眼侧钻的目标。

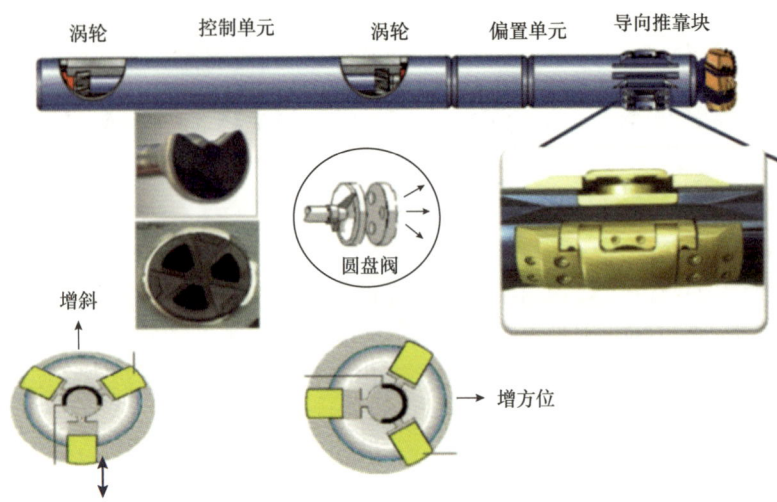

图 4-2 Power-V 垂直钻井系统组成

PowerDrive Archer 系统的高造斜能力是根植于 PowerDrive X6 所使用的精确控制单元来实现的，其可靠性和稳定性已由现场钻井实践所证明。全新控制单元的设计允许在钻进中使用更高的钻井液密度和更大的排量范围。PowerDrive Archer 还具备闭合回路稳斜模式，可以保证在任意钻速下精确控制轨迹。

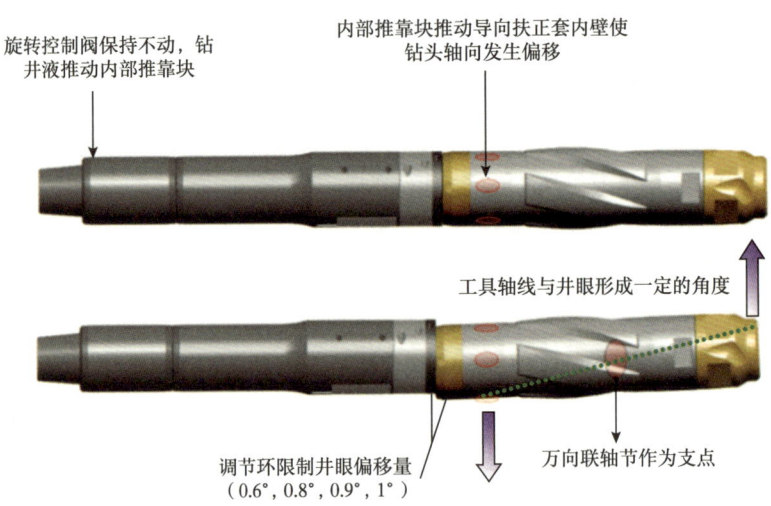

图 4-3 PD Archer 旋转导向系统工作原理示意图

3) PD Orbit 旋转导向系统

PowerDrive Orbit（简称 PD Orbit）是一种具有高度可靠性的推靠式旋转导向系统（图 4-4），采用全新设计的推力板驱动方案来实现井眼轨迹控制，通过推靠块连续推靠井壁的侧向力推靠钻头，指令位置 360° 覆盖，其旋导头使用全金属密封，可应用于更恶劣的井下环境,可极大提高钻进时效,能在任何钻井平台上应用。

PowerDrive 旋转导向系列工具采用了一系列广泛的定向钻进技术,实现定向过程中工具全旋转,以减小托压,提高机械钻速,降低井底黏滑,同时能在多种作业场景中保证出众的井眼清洁度,全旋转导向系统不存在不旋转组件,通过消除钻具不旋转组件引起的摩擦和低效来提高机械钻速。

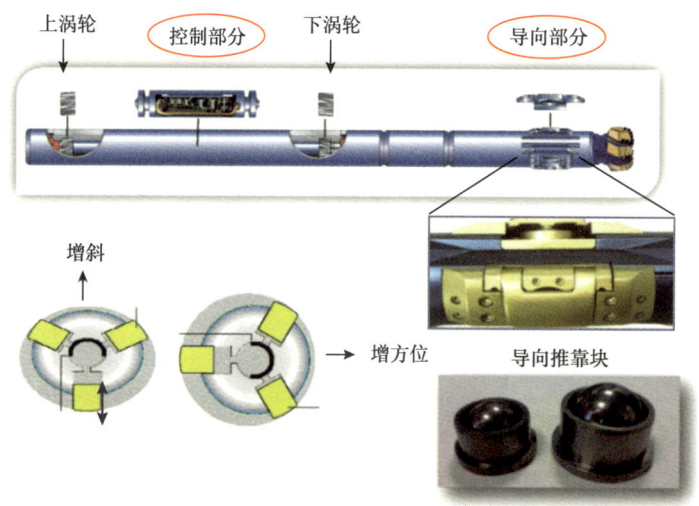

图 4-4 PD Orbit 旋转导向系统工作原理示意图

4)NeoSteer 钻头导向系统

NeoSteer 钻头导向系统(ABSS)由一体化的导向与切削结构(内螺纹)组成(图 4-5),其水力推动活塞位于近切削结构的本体或切削结构上,极大缩短了推动活塞和切削结构距离,进而获得较高的狗腿能力。NeoSteer 具有 3 组互成 120° 的导向结构,每组导向结构具有 2 个活塞。在钻井液动力的驱动下,导向活塞呈径向运动并将力传递给井壁,从而将井底钻具组合(BHA)导向预定方向。

NeoSteer 系统设计采用与 PowerDrive Orbit 相同的控制单元,共享导向单元一些内部组件,并升级优化了导向单元其他内部结构,可靠性更高。

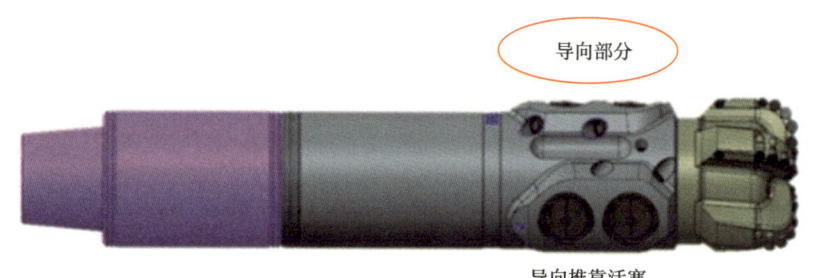

图 4-5 NeoSteer 钻头导向系统工作原理示意图

2. 主要技术参数

Power-V 垂直钻井系统本体有 279.4mm、228.6mm、171.45mm、120.65mm 共 4 种尺寸，根据井眼尺寸配置不同扶正器及偏置单元大小，适合从 149.2mm 至 571.5mm 范围不同的井眼。常压 Power-V 垂直钻井系统可承受最大压力为 20000psi，高压版可承受最大压力为 25000psi，超高压版可承受最大压力为 30000psi，主要技术参数见表 4-1。

表 4-1　Power-V 垂直钻井系统主要技术参数表

工具名称	Power-V 475	Power-V 675	PowerDrive X6/Powre-V 900	PowerDrive X6/Powre-V 1100
井眼尺寸	5.5~6.75in（139.7~171.5mm）	7.875~9.875in（200.0~250.8mm）	12~18.5in（304.8~469.9mm）	20~28in（508~711.2mm）
适用钻井液	水基钻井液，油基钻井液，合成油基钻井液	水基钻井液，油基钻井液，合成油基钻井液	水基钻井液，油基钻井液，合成油基钻井液	水基钻井液，油基钻井液，合成油基钻井液
最高作业温度	150℃	150℃	150℃	150℃
理论最大狗腿度	8°/30m	8°/30m	5°/30m	4°/30m
工具外径	4.75in（120.7mm）	6.75in（171.5mm）	9in（228.6mm）	11in（279.4mm）
排量范围	170~310gal/min，即 643~1173L/min	210~970gal/min，即 794~3671L/min	280~2000gal/min，即 1059~7571L/min	280~2000gal/min，即 1059~7571L/min
排量配置	低排，中排，高排	低排，中排，高排	低排，中排，高排	低排，中排，高排
最高承压	20000psi/25000psi/30000psi	20000psi/25000psi/30000psi	20000psi/25000psi/30000psi	20000psi/25000psi/30000psi
最高转速	220r/min	220r/min	220r/min	125r/min
抗扭	9000ft·lb，即 12202N·m	18500ft·lb，即 25082N·m	45000ft·lb，即 61011N·m	70000ft·lb，即 94907N·m
抗拉	340000lb，即 154t	1100000lb，即 499t	1900000lb，即 816t	2500000lb，即 1134t
最佳钻头压差范围	450~600psi	500~650psi	500~650psi	500~650psi
下端扣型	3½in Reg	4½in Reg（8.5in 井眼），6⅝in Reg（9.5in 井眼）	6⅝in Reg 或 7⅝in Reg	7⅝in Reg
上端扣型	3½in IF	4½in IF	6⅝in Reg 或 7⅝in Reg	7⅝in Reg
钻井液要求				
堵漏剂要求	35×10^{-9}/0.13kg/L，粒径 1.4mm 以下	50×10^{-9}/0.19kg/L，粒径 1.4mm 以下	50×10^{-9}/0.19kg/L，粒径 1.4mm 以下	50×10^{-9}/0.19kg/L，粒径 1.4mm 以下
钻井液酸碱度范围	pH 值 9.5~11	pH 值 9.5~11	pH 值 9.5~11	pH 值 9.5~11
钻井液最高氧含量	1μL/L	1μL/L	1μL/L	1μL/L
最高含砂量	0.30%	0.30%	0.30%	0.30%

PD Archer 高造斜率旋转导向、PD Orbit 旋转导向、NeoSteer 钻头导向系统工具参数分别见表 4-2 至表 4-4。

表 4-2 PD Archer 工具参数

参数	PowerDrvive Archer 675	PowerDrvive Archer 475
公称外径（API）[in（mm）]	6.75（171.45）	4.75（120.65）
井眼尺寸 [in（mm）]	$8^{3}/_{8}$~$8^{3}/_{4}$（212.73~222.25）	$5^{7}/_{8}$~$6^{3}/_{4}$（149.22~171.45）
工具长度 [ft（m）]	16.15（4.92）	14.98（4.57）
最大造斜率 {(°)/ft[(°)/m]}	15/100（15/30）	18/100（18/30）
最大作业扭矩 [ft·lbf（N·m）]	16000（21693）	8000（10846）
最大作业载荷 [lbm（kg）]	400000（181437）	272000（123377）
最大钻压 [lbf（N）]	参考 Simith 钻头要求	参考 Simith 钻头要求
堵漏剂最高浓度 [lbm/bbl（kg/119L）]	50（22.68）	35（15.88）
排量范围 [galUS/min（L/min）]	230~650（871~2461）	220~350（833~1325）
钻井液密度 [lbm/galUS（kg/L）]	8.3~18（1~2.16）	8.3~18（1~2.16）
最高转速（r/min）	350	350
黏滑指数	平均转速 ±100%	平均转速 ±100%
最高温度 [°F（℃）]	302（150）	302（150）
最大静液柱压差 [psi（kPa）]	20000（137895）	20000（137895）
工具压降 [lbm/galUS×galUS/min² （kg/L×L/min²）]	56000（25400）	14500（6577）
推荐钻头压降 [psi（kPa）]	600~750（4137~5171）	600~750（4137~5171）
最大含砂量	体积占 1%	体积占 1%
接头参数		
接钻头	$4^{1}/_{2}$ in 正规内螺纹	$3^{1}/_{2}$ in 正规内螺纹
仪器上接头	$4^{1}/_{2}$ in 内平内螺纹	$3^{1}/_{2}$ in 内平内螺纹
导向单元		
稳定器外径 [in（mm）]	$8^{1}/_{4}$ in~$8^{5}/_{8}$ in[209.55~219.075]	$5^{3}/_{4}$ in~$6^{5}/_{8}$ in[146.05~168.27]
调节环配置（°）	0.6，0.8，0.9，1.0	0.6，0.7，0.8，0.9，1.0
传感器		
井斜精度（°）	±0.11	±0.11
方位精度（°）	±2	±2
伽马精度（°）	±5	±5
振动探测极限，径向	50g±5g	50g±5g

注：钻具组合和钻头设计必须得到系统化优化部门的批准。

表 4-3 PD Orbit 工具参数

参数	PowerDrvive Orbit 475	PowerDrvive Orbit 675	PowerDrvive Orbit 900	PowerDrvive Orbit 900 Large borehole
通称直径	4.75in（120.7mm）	6.75in（171.5mm）	9.625in（244.5mm）	9.625in（244.5mm）
井眼范围	5¾~6⅛ in	8½ in	12¼~14¾ in	16~18⅛ in
工具长度	13.5ft（4.11m）	13.53ft（4.12m）	14.00ft（4.2m）	14.27ft（4.35m）
质量	584lbf（265kg）	1276lbf（579kg）	2445lbf（1109kg）	2729lbf（1238kg）
钻井液排量范围	170~330gal/min（10.7~20.8L/s）	250~950gal/min（15.8~60L/s）	350~2000gal/min（22.1~126L/s）	350~2000gal/min（22.1~126L/s）
底端扣型	3½ in Reg 正规内螺纹	4½ in Reg 正规内螺纹	6⅝ in Reg 正规内螺纹	7⅝ in Reg 正规内螺纹
顶端扣型	3½ in IF box 内平内螺纹	4½ in IF box 内平内螺纹	6⅝ in Reg box 正规内螺纹	7⅝ in Reg box 正规内螺纹
造斜率	（0°~8°）/100ft [（0°~8°）/30m]	（0°~8°）/100ft [（0°~8°）/30m]	（0°~5°）/100ft [（0°~5°）/30m]	（0°~3°）/100ft [（0°~3°）/30m]
最大钻压	50000lbf（223kN）	65000lbf（290kN）	65000lbf（290kN）	65000lbf（290kN）
最大工作扭矩	9kft·lbf（12.2kN·m）	16kft·lbf（21.7kN·m）	48kft·lbf（65kN·m）	48kft·lbf（65kN·m）
最大载荷	340klbf（1500kN）	1100klbf（4900kN）	1400klbf（6200kN）	2280klbf（10140kN）
工具压降常数 C	14500	56000	25900	337500
最大允许狗腿度	滑动时 30°/30m 旋转时 10°/30m	滑动时 16°/30m 旋转时 8°/30m	滑动时 10°/30m 旋转时 5°/30m	滑动时 8°/30m 旋转时 4°/30m
堵漏剂允许最大规格	35 lbm/bbl（100g/L）中粒度壳类	50 lbm/bbl（143g/L）中粒度壳类		
最大工作转速	350r/min			
钻井液含沙量	1%（体积分数）			
横向振动承受极限	超过 50g 的三级振动，累计达 30min			
黏滑率承受极限	超过地面转速 100%，累计达 30min			
径向振动传感器门槛值	50g±5g（峰值 ±500g）			
最高耐温	302°F（150°C），可选 350°F（175°C）			
最大承压	20000psi（138MPa），可选 30000psi（207MPa）			
测量规格				
伽马距底端内螺纹	5.86ft（1.79m）	6.40ft（1.95m）	7.56ft（2.30m）	7.97ft（2.43m）
井斜距底端内螺纹	6.73ft（2.05m）	7.27ft（2.21m）	8.43ft（2.57m）	8.83ft（2.69m）
方位角距底端内螺纹	8.83ft（2.69m）	9.37ft（2.85m）	10.53ft（3.21m）	10.93ft（3.33m）
井斜角精度	0.1°			
方位角精度	1.8°			
方位伽马精度	5%（30s 平均值），8 扇区			

表 4-4 NeoSteer CL 工具参数

参数	NeoSteer CL 675
标称外径 [in（mm）]	6¾（171.5）
井眼范围 [in（mm）]	8½（215.9）
工具最大外径 [in（mm）]	8½（215.9）
最高工作温度 [°F（°C）]	302（150）
最高工作压力 [psi（MPa）]	20000（138）
最大工作排量 [gal/min（L/min）]	970（3666）
最小工作排量 [gal/min（L/min）]	210（794）
最大钻压（lbf）	根据切削齿类型确定
最大转速（r/min）	350
最大抗拉力（lbf）	1100000
工作压降范围（psi）	450~900
井斜测量精度（°）	0.5
方位测量精度（°）	2
最大堵漏剂尺寸	中型
最大堵漏剂含量（lbm/bbl）	50
钻井液 pH 值范围	9.5~12
最高钻井液含氧量（μL/L）	1
最大含砂量（%）	1

3. 现场使用及注意事项

1）钻前要求

（1）钻前准备。

①建议井队提供顶驱，提高钻进效率，保障井下仪器安全。

②排量满足工具要求，且排量可以在 1min 内实现正常打钻排量和 80% 正常打钻排量的变化，以便使用排量方式给旋转导向工具发送指令。

③转速可以满足 80~120r/min 之间调节，以体现旋转导向的优势，且利于井眼清洁和控制井下振动。

④要求提供稳定的排量、泵压和转速，有利保证井下工具的工作性能稳定。

⑤需准备浮阀和随钻液压震击器，以及转换接头等。

（2）钻进过程。

①现场需要提供钻井泵的最大排量、可承受的最大泵压和泵的上水效率。

②需提供各井段钻井液的平均密度、最大密度、塑性黏度值和动切力值。

③向监督提交打印的钻具组合、钻头水眼情况和计算的钻头水力参数。

④上钻台查看泵冲表、大钳拉力表、扣型的提升短节、钳头，熟悉其他钻台仪表的位置。

⑤找井队工程师落实有关转换接头是否齐备、大钳拉力表的上次校验时间、旋转导向工具井口测试需要接顶驱时扣型如何转换、缸套尺寸和冲程等问题。

⑥计算每冲的排量。

⑦查看测斜仪器，计算井斜/方位传感器到钻头的距离。

⑧检查即将使用的钻头、旋转导向工具、浮阀、钻具稳定器和有关转换接头的本体和螺纹是否完好。

⑨测量即将下井钻具的长度、内径、外径和打捞尺寸。

2）钻具组合注意事项

（1）由于工具都是无磁的，内置有电子设备及锂电池，吊卸钻具时，需轻提轻放，避免猛磕造成工具损坏。

（2）所有上下钻台的钻具必须戴好护丝。

（3）用电动绞车把钻头（连同其防碰撞外包装一起）提前吊上钻台，安装好水眼。

（4）在钻台上准备好相应扣型的提升短节、所有在钻具组合中和在旋转导向工具井口测试时要用到的转换接头。

（5）在有关钻具甩下钻台后，用吊车把各种工具依次摆上坡道，注意不要碰到螺纹。

（6）与司钻（或井队技术人员）商议钻具的吊装顺序。

（7）所有钻具在涂螺纹脂之前，都要再次检查螺纹和端面是否完好，每个外螺纹和内螺纹表面是否清洁，并且确保螺纹脂内没有杂质。螺纹脂不但要涂在螺纹上，也要涂在端面上。

（8）大钳在紧扣时，其咬紧部位距外螺纹端面应大于15cm，距内螺纹端面应大于30cm。

（9）接、卸钻具都要求在井口操作，用链钳卸上扣，用内外大钳松紧扣，每一连接处必须按要求扭矩上扣。

（10）所有新入井钻具应通径。

3）起下钻注意事项

（1）下钻时要使用计量罐，并记录返出钻井液的体积变化，发现异常立即通知钻井监督。根据钻井液密度及时灌浆（每下10柱或20柱钻具灌满一次钻井液）。

（2）每次接单根/立柱时，在钻杆里放上钻杆滤网，同时卸单根/立柱时，取出钻杆滤网，防止钻杆滤网掉落入井内。

（3）起下钻过程中，平稳地控制速度，严禁猛提猛放对井下产生抽吸和冲击，导致井下坍塌和憋漏地层。起下钻遇阻超过10t应通知定向工程师及相关人员。

（4）起钻时应打开计量罐，监视液面变化情况，如有异常应立即通知监督。

（5）起钻前循环应使用钻进排量和转速，不应降低排量或转速，需循环至井口返出干净。

（6）起钻遇阻后应下放3柱，开泵开转盘循环，起到相同点仍遇阻则可以考虑倒划眼。划眼排量应满足岩屑正常运移，不应使用过低排量。

（7）如果地层温度较高，在预测井下静止温度达到130℃时，需要每下钻150m灌浆循环降温20min以保护工具。如地层不稳定等因素导致不能按照高温程序执行的，需要按照地层情况来进行灌浆循环，间隔不能过长以避免累积升温对工具造成破坏。

4）钻进注意事项

（1）新钻头下井要磨合 30min。

（2）每钻完单根／立柱都要根据钻速、扭矩摩阻和井眼清洁状况决定是否划眼。建议通过高排量、高转速和良好的钻井液性能保证井壁稳定和井眼清洁，如果不能则建议每 200m 短起一次，但应视实际情况而定。

（3）尽管钻井液吸入口和水龙头处都有滤网，但实践证明还是时常会有一些布条、塑料袋和橡胶块被泵入钻具内，造成堵塞仪器或者钻头水眼，因此需要保证钻井液清洁和使用钻杆滤网。

（4）如果需要调整工具的工作状态，由服务工程师通过调控钻井液排量来给井下仪器发送新命令，通常边打钻边调泵冲，不需要停钻。对钻井泵的要求是：上水效率高、运行平稳、反应迅速和准确。

（5）工具的工作效果是与钻压、排量、转速和钻井液密度等钻井参数紧密相关的。因此，钻压、排量和钻具转速必须由服务工程师和钻井监督商议决定，任何钻井液密度的变化都必须及时通知服务工程师。

（6）如果钻进过程中发现跳钻、蹩钻或者顶驱扭矩波动幅度异常偏大时，需把钻头提离井底，调整钻压和转速，然后再慢慢放回井底。调整到能正常平稳钻进。

（7）钻井过程中如果发现泵压异常、卡钻、蹩跳、井涌或井漏等异常情况预兆时应立即通知现场服务工程师及钻井监督。

（8）钻遇复杂地层，需采取合理措施及时有效应对。

（9）针对容易增斜的地层，需要保证 Power-V 工具具有足够钻头压降，正常工作，在发现井斜有微增趋势时，尝试不同钻井参数，寻找合适的钻井参数进行井斜控制。

（10）钻进过程中，使用合适的钻井液密度，起下钻注意控制速度避免引起井下压力波动，造成易漏地层发生漏失。密切关注钻井液池液面及泵压变化，提早发现并有效应对溢流、漏失等井下复杂。

（11）泥岩容易垮塌、产生掉块，导致钻进或起下钻过程中遇阻卡，如遇阻卡，现场需及时采取合理措施处理。

5）钻井液性能要求

（1）控制含砂量小于 0.3%，pH 值 9.5~12，含氧量低于 1μL/L。

（2）在钻井液中严禁使用硅酸盐、铁矿粉和乳化沥青材料。

（3）堵漏材料（中粒度）添加浓度小于 50lb/bbl。

（4）在钻井液性能控制方面，保障其润滑性和对井壁稳定性。

（5）如果需要对钻井液性能进行调整，需提前告知定向井工程师和仪器工程师。

（6）除砂器、除泥器在钻进期间保持 100% 全开，离心机使用率达到 80%。

（7）加重钻井液使用配浆池，不能直接在循环池中配加重钻井液。

（8）钻井泵上水接头处需要加一级过滤网，保证钻井液清洁。

二、螺杆钻具

1. 工具简介

螺杆钻具是一种容积式马达，钻井液进入螺杆钻具后，马达进出口两端的液体压力差迫使转子旋转，通过万向轴和传动轴将扭矩和转速传递到钻头上，达到钻井目的[6]。螺杆钻具一般由传动轴总成、万向轴总成、马达总成、防掉总成、旁通阀总成（现多取消旁通阀）等五大部件组成（图4-6）。多种弯壳体配置，包括0°~3°可调弯壳体、直壳体等，以满足不同定向井井眼轨迹的技术要求。

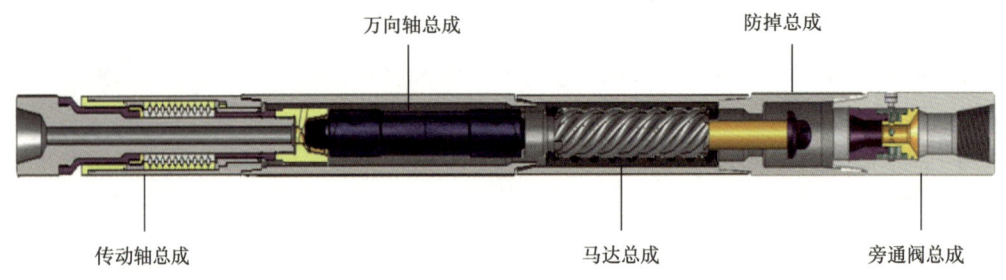

图4-6　螺杆结构示意图

目前螺杆钻具有橡胶、全金属螺杆两大类。

橡胶螺杆马达转子外表面与定子橡胶衬套内表面通过过盈配合设计（图4-7），提高井下转速和扭矩，实现定向、提速效果，国内螺杆钻具主要厂家有江汉石油钻头股份有限公司、天津立林石油机械有限公司、德州联合石油科技股份有限公司、山东东远石油机械有限公司等。影响橡胶螺杆抗温性能的关键是定子橡胶材质，国内市场主流的螺杆定子橡胶材质为丁腈橡胶（NBR）、氢化丁腈橡胶（HNBR）和氨基橡胶（UF）；丁腈橡胶具有优良的物理机械性和加工性能，但其长期使用温度为120℃；氢化丁腈橡胶，标称耐温175℃；氨基橡胶具有优良机械性能和耐磨性、延伸性、弹性及化学惰性，标称耐温190℃。

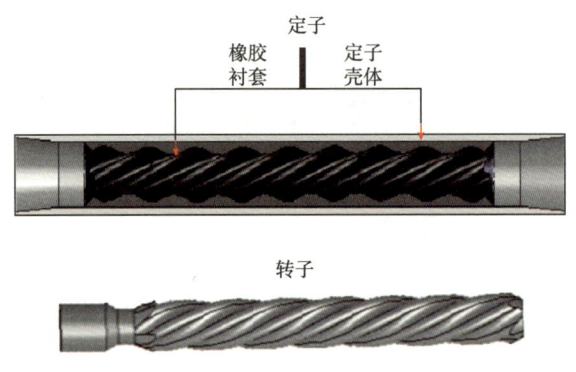

图4-7　橡胶螺杆定子、转子结构示意图

全金属螺杆与橡胶螺杆相比，不同之处在于全金属螺杆定子和转子均采用纯金属材质，定转子间隙配合，当液体流经定转子之间的间隙时会形成液体密封（图4-8和图4-9）；具有耐超高温、耐腐蚀、大扭矩、高转速、长寿命等技术优势，主要适用于超深井、高温/超高温井、地热井、大位移井等的钻井作业。目前主要由深圳海博瑞能源科技有限公司生产。全金属螺杆定转子采用特殊特种合金钢，通过氮碳共渗，加强定转子的耐高温表面硬度、耐磨性、疲劳强度和耐腐蚀性；万向轴总成采用爪轴总成，可承载更大输出扭矩,确保在苛刻的井下环境中保持更高的耐用性、稳定性和长寿命;传动轴总成采用串轴承设计,结合径向和轴向轴承设计,配合并承载动力端输出更高的扭矩。作业过程中,当钻井泵产生的高压钻井液进入螺杆时,转子在压力钻井液的驱动下绕定子的轴线旋转,螺杆产生的扭矩和转速通过万向轴和传动轴传递给钻头,从而实现高效钻井作业。

图 4-8 全金属螺杆定子、转子示意图

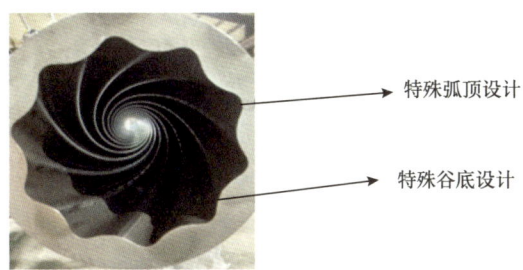

图 4-9 全金属螺杆定转子特殊线型设计

2. 主要技术参数

1)江汉石油钻头股份有限公司等壁厚螺杆钻具

江汉石油钻头股份有限公司率先实现国内等壁厚螺杆钻具的批量生产与销售,产品规格涵盖 $\phi 73 \sim \phi 286$ mm。螺杆钻具具有功率高、扭矩大、定向能力强等特点,能适应饱和盐水钻井液、油基钻井液、高温井等各种工况。等壁厚螺杆定子及常规定子如图4-10所示。

(a)常规定子　　　　(b)等壁厚定子第一代　　　(c)等应力马达(第二代)

图 4-10 等壁厚定子及常规定子示意图

与常规螺杆钻具相比,等壁厚螺杆具有如下特点:

(1)马达单位长度承压大,具备更强劲的输出动力。

（2）等壁厚马达定子金属内腔强有力的支撑，使得橡胶具有良好的抗变形能力、散热性能及封闭性能，使得等壁厚定转子能在更长时间内保持正常配合，延长马达使用寿命。

（3）定子橡胶受温度和钻井液介质的损害更小，在高温、油基钻井液等恶劣工况下适应性更强。

（4）钻具长度短，定向能力强，减少滑动钻进时间，提高钻井效率。

（5）提高随钻测量仪（MWD）、随钻录井仪（LWD）的测量精度。

（6）为适应强化参数钻井，提升螺杆动力输出，在等壁厚马达技术基础上，开发了等应力螺杆钻具。

塔里木油田江汉石油钻头股份有限公司常用螺杆钻具型号及相关参数见表4-5。

表4-5 江汉石油钻头股份有限公司等壁厚螺杆钻具技术参数规范

规格尺寸（mm）	类型	型号	排量（L/s）	输出扭矩（N·m）	最大钻压（kN）	推荐使用时间（h）
286	等壁厚	H5LZ286×7.0-3R-0°	50.0~95.0	33695	350	260
	等应力			52508	350	260
244	等壁厚	H7LZ244×7.0-3.3R-0°	27.5~55.0	36847	330	240
	等应力			47901	330	240
216	等壁厚	H7LZ216×7.0-3.8R-0°	35.0~55.0	23000	300	220
	等应力			28159	300	220
197	等壁厚	H5LZ197×7.0-3.7R-0°	27.5~55.0	23817	200	240
	等应力			30590	200	240
185	等壁厚	H7LZ185×7.0-3G-0°	21.4~38.0	16246	170	220
	等应力			24899	170	220
172	等壁厚	H7LZ172×7.0-4G-0°	19.7~39.4	11679	170	180
	等应力			17984	170	180
127	等壁厚	H7LZ127×7.0-4U-0°	12.4~24.8	4705	100	120
	等应力			5175	100	120
120	等壁厚	H7LZ120×7.0-2.8U-0°	12.4~24.8	4263	100	120
	等应力			4689	100	120

注：（1）常温螺杆在循环温度不大于120℃范围内使用，型号带G表示高温螺杆，在循环温度120~170℃范围内使用，型号带U表示超高温螺杆钻具，在循环温度170~195℃范围内使用；

（2）应在推荐排量范围内使用，最大可超过排量上限10%以内使用，排量过大转子超速运转，振动剧烈加剧螺杆钻具损坏，最小可在排量下限90%以上范围内使用，排量过小马达容易产生滞动，影响输出功率；

（3）在钻井现场，严禁壳体螺纹紧扣或松扣操作后下井使用；

（4）螺杆钻具输出转速与流量成正比，最佳排量是其最大允许排量的70%；

（5）水基钻井液中低荧光润滑剂含量不应高于2%，油基钻井液中芳香烃含量不应高于2%，常温情况下油基钻井液的苯胺点应高于75℃，井底温度较高时苯胺点应高于93℃或更高；

（6）不建议在大量添加有LE-5润滑剂、RH-220润滑剂及类似分子结构的物质的钻井液情况下使用江汉石油钻头螺杆，如果添加如LE-5、RH220及类似分子结构润滑剂，螺杆橡胶将产生很大的体积膨胀，导致橡胶受力异常而掉胶。

2）天津立林石油机械有限公司螺杆钻具

天津立林石油机械有限公司螺杆钻具技术参数规范见表4-6。

表4-6　天津立林石油机械有限公司常用螺杆钻具技术参数规范

规格尺寸（mm）	型号	排量范围（L/s）	最大钻压（kN）	推荐使用时间（h）
95	5LZ95×7.0L-4	6.3~12.6	55	40
120	5LZ120×7.0L-4	9.5~22.0	100	80
130	5LZ130×7.0L-4	11.5~23.0	100	80
130	7LZ130×7.0L-3	9.5~22.0	100	80
135	5LZ135×7.0L-5	11.3~24.0	100	80
172	5LZ172×7.0L-5	16.0~32.0	170	150
172	7LZ172×7.0L-5	19.0~38.0	170	150
185	5LZ185×7.0L-5	19.0~40.0	170	180
185	7LZ185×7.0L-5	19.0~44.0	170	180
197	5LZ197×7.0L-4	25.0~50.0	200	200
197	5LZ197×7.0L-5	25.0~45.0	200	200
197	7LZ197×7.0L-5	25.0~50.0	200	200
197	U5LZ197×7.0L-5	25.0~45.0	200	240
216	7LZ216×7.0L-3.5	31.0~63.0	300	200
244	5LZ244×7.0L-5	38.0~65.0	330	220
244	7LZ244×7.0L-5	38.0~75.0	330	220
244	U7LZ244×7.0L-4.5	38.0~75.0	330	260

注：（1）需注明井底温度，以便做出合适的马达配合，从而提供更优的输出性能，以及减少螺杆由于温度不匹配导致的马达失效；

（2）120℃以内选用常温螺杆，120~150℃选用高温螺杆，150~180℃选用超高温螺杆。

3）山东东远石油机械有限公司螺杆钻具

山东东远石油机械有限公司螺杆钻具技术参数规范见表4-7。

表4-7　山东东远石油机械有限公司常用螺杆钻具技术参数规范

规格尺寸（mm）	型号	排量范围（L/s）	最大钻压（kN）	推荐使用时间（h）
120	5LZ120×7.0-5	10~16	90	120
127	5LZ127×7.0-5	12~18	100	120
172	5LZ172×7.0-5	25~35	150	160
172	7LZ172×7.0-5	25~35	160	160
185	5LZ185×7.0-5	28~40	170	180
197	5LZ197×7.0-4	35~50	180	220
197	7LZ197×7.0-4	35~50	200	220

续表

规格尺寸（mm）	型号	排量范围（L/s）	最大钻压（kN）	推荐使用时间（h）
244	5LZ244×7.0-4	40~65	300	240
244	7LZ244×7.0-4	40~65	330	240
286	5LZ286×7.0-4	45~75	350	240

注：（1）需注明井底温度，以便做出合适的发动机配合，从而提供更优的输出性能，以及减少螺杆由于温度不匹配导致的发动机失效；

（2）120℃以内选用常温螺杆，120~150℃选用高温螺杆，150~180℃选用超高温螺杆。

4）德州联合石油科技股份有限公司螺杆钻具

德州联合石油科技股份有限公司螺杆钻具技术参数规范见表4-8。

表4-8 德州联合石油科技股份有限公司常用螺杆技术参数规范

规格尺寸（mm）	型号	排量范围（L/s）	最大钻压（kN）	推荐使用时间（h）
95	7LZ95×7.0-3.0	6.0~12.0	50	80
120	5LZ120×7.0-4.5	10.0~18.0	60	130
135	5LZ135×7.0-5.0	14.0~21.0	70	150
135	7LZ135×7.0-3.0	15.0~25.0	70	150
172	7LZ172×7.0-5.0	25.0~36.0	180	220
172	5LZ172×7.0-5.0	24.0~32.0	180	220
185	5LZ185×7.0-5.0	25.0~40.0	200	250
197	7LZ197×7.0-5.0	30.0~65.0	250	280
197	5LZ197×7.0-4.8	25.0~55.0	250	280
244	7LZ244×7.0-5.0	35.0~75.0	280	300
244	5LZ244×7.0-5.0	40.0~60.0	280	300
286	5LZ286×7.0-5.0	37.5~70.0	300	300

注：（1）根据井温选择螺杆钻具可以提高使用寿命，高温螺杆钻具不能在常温井内使用；

（2）0~120℃螺杆钻具，井底循环温度上限100℃，静止温度上限120℃；

（3）120~150℃螺杆钻具，井底循环温度上限130℃，静止温度上限150℃；

（4）150~180℃螺杆钻具，井底循环温度上限160℃，静止温度上限180℃；

（5）结合钻井液体系选择螺杆钻具，油基钻井液选择耐油螺杆钻具，盐水钻井液（氯离子含量不小于50000mg/L）选择耐饱和盐水钻井液螺杆钻具；

（6）钻井液中含砂不大于0.5%，固相含量不高于13%；

（7）堵漏材料对螺杆钻具影响很大，使用后的螺杆钻具必须返厂检测，堵漏颗粒大小限定：120mm规格以上螺杆钻具允许堵漏颗粒应小于1/4in，即6.4mm，120mm规格以下螺杆钻具允许堵漏颗粒应小于3/16in，即4.8mm；

（8）堵漏材料的含量最大不超过50kg/m³，一般不超过35kg/m³。

5）渤海装备（天津）中成机械制造有限公司螺杆钻具

渤海装备（天津）中成机械制造有限公司螺杆钻具技术参数规范见表4-9。

表4-9 渤海装备（天津）中成机械制造有限公司常用螺杆钻具技术参数规范

规格尺寸（mm）	型号	排量范围（L/S）	最大钻压（kN）	推荐使用时间（h）
120	C7LZ120×7.0-V	10~16	100	120
127	C7LZ127×7.0-V	10~16	100	120
135	C7LZ135×7.0-IV	12~24	100	150
172	C7LZ172×7.0	19~38	170	180
197	C7LZ197×7.0	25~45	200	200
216	7LZ216×7.0	32~57	300	200
244	7LZ244×7.0-IV	44~76	400	220
286	5LZ286×7.0	63~114	540	250

注：（1）根据井温选择螺杆钻具可以提高使用寿命，高温螺杆钻具不能在常温井内使用；
（2）额定工作温度95℃螺杆钻具：井底循环温度上限100℃，静止温度上限120℃；
（3）额定工作温度135℃螺杆钻具：井底循环温度上限130℃，静止温度上限150℃；
（4）额定工作温度165℃螺杆钻具：井底循环温度上限160℃，静止温度上限180℃；
（5）螺杆钻具输出转速与输入钻井液流量成正比，当输入钻井液流量超过最大流量值，转子超速旋转，定子疲劳负载就会大大增加，导致定子提前损坏，如果输入钻井液流量小于最小流量值，马达输出转速和扭矩就会降低，从而影响其使用效果，因此建议按推荐参数进行操作，当实际使用的钻井液排量超过推荐的最大流量时，可使用中空转子以延长马达的使用寿命；
（6）螺杆钻具是正容积式发动机，决定螺杆钻具性能的因素是发动机输入流量和压力降，推荐钻井液最大塑性黏度不应超过 0.05Pa·s；
（7）钻井液中所含各种硬颗粒必须予以限制，推荐钻井液中含砂量应低于1%，若含砂量高于5%，螺杆钻具寿命将大大缩短；
（8）使用油基钻井液或柴油基钻井液时，应该控制芳香烃的含量，同时提高油基钻井液的苯胺点，苯胺点是油基钻井液中均匀混合的油和苯胺在冷却时分离成两相的温度，一般情况下，油基钻井液的苯胺点应高于70℃，井底温度较高时苯胺点应高于93℃或更高；
（9）低固相钻井液中某些降失水剂会对定子橡胶造成溶胀，氯离子过高时应选用高耐盐马达；
（10）螺杆钻具空转时，若保持钻井液流量不变，螺杆钻具与钻头产生的压降为常数值，该值与螺杆结构和规格有关，发动机工作时，随着钻压增加，钻井液循环压力逐渐上升，该压力的增量与钻压或钻进所需扭矩的增量成正比，当达到最大推荐工作压力降时，产生最佳扭矩，继续增加钻压使螺杆压降超过最大设计值时，螺杆将发生制动；
（11）正常工作时，立压随钻压增减而升降，如果立压突然增加数兆帕，继续增加钻压，泵压不再增加说明螺杆发生了制动，此时定子与转子密封被冲开，钻井液通过不转的发动机从钻头水眼流出，这是螺杆紧急过载保护功能，当钻头因故障遇卡时，钻井液在螺杆制动情况下仍可以继续循环流过螺杆，一旦螺杆发生制动，应迅速将其提离井底降低钻压，钻井液长时间流过不转的发动机会使螺杆产生严重损坏；
（12）应将螺杆两端压差控制在推荐参数范围内，以保证螺杆钻具获得最佳工作效率和工作寿命；
（13）螺杆输出扭矩与钻井液流过发动机产生的压降成正比，对输出转速几乎不产生影响，实验表明，螺杆从空载状态到最大有效工作载荷区，速度降低一般不超过10%；
（14）螺杆工作时，转子驱动钻头作顺时针转动，同时在钻具壳体上形成反扭矩，该扭矩向上传递到整个钻柱上，会引起螺杆以上各连接螺纹紧扣或引起螺杆定子壳体以下连接螺纹松扣，反扭矩随钻压增加而增加，当螺杆制动时，其值达到最大值。

6）深圳海博瑞能源科技有限公司全金属螺杆钻具

深圳海博瑞能源科技有限公司全金属螺杆钻具技术参数见表4-10。

表 4-10　深圳海博瑞能源科技有限公司全金属螺杆技术参数表

螺杆规格尺寸（mm）	φ127	φ172
使用井眼（mm）	149~165	213~251
排量（L/min）	380~1520	1140~2850
空载转速（r/min）	55~220	135~338
带载转速（r/min）	30~120	90~225
转/排量（r/L）	0.18	0.08
定转子头数	9/10	5/6
转子级数	4	4
工作范围最大建议压差（kPa）	13800	13800
工作范围内最大释放扭矩（N·m）	10175	12175
制动扭矩时压差（kPa）	25493	26871
制动扭矩（N·m）	17550	21600
最大承温（℃）	450	450
最大允许钻压（kN）	181	225
最大承受拉力（kN）	2240	4470
上扣型	3½ in IF BOX	4½ in IF BOX
下扣型	3½ in REG BOX	4½ in REG BOX

3. 使用及注意事项

1）施工前准备

（1）检查螺杆钻具两端螺纹，螺纹及其端面应无磕碰现象和异物。

（2）检查钻具外观质量，查看有无明显的沟槽、裂纹。

（3）检查旁通阀（如有）：用木棒下压旁通阀阀芯，从上部注满水，此时旁通阀应不漏。松开阀芯，阀芯复位，所注水应从旁通阀口均匀流出。

（4）开泵测试。逐步提高排量直到旁通阀关闭马达启动；不停泵上提钻具至能看见传动轴转动，可能有部分钻井液经轴承组流出；停泵前应下放钻具，让旁通阀阀口位于转盘以下，检查停泵时是否有钻井液经旁通阀阀口顺利流出。

（5）地面检查结束后，连接钻头与螺杆。注意：只可夹紧传动轴轴头，保证传动轴轴头相对螺杆壳体逆时针转动，以防止内部螺纹松扣。

（6）使用弯接头时，定向装置带的转盘套和定位键必须和工具面对正；如果使用回压阀，可直接安装在旁通阀上方。若在螺杆与钻头之间加转换接头，建议不应超过250mm长，以免产生过多的方位变化，降低轴承寿命或损坏传动轴。

2）下钻注意事项

（1）平稳匀速下放以防撞到沙桥、井壁台肩和套管鞋等使螺杆钻具损坏。下钻遇阻应开泵循环，缓慢划眼通过。若带有弯接头或弯壳体的螺杆遇阻时应周期性地转动缓慢通过，以防划出新井眼。

（2）对于深井和高温井，下放中周期性循环，可防止螺杆堵塞或因高温造成的螺杆定子损坏。

（3）下钻时，注意不可顿钻或将螺杆直接坐入井底。

（4）避免螺杆钻具长时间划眼，划眼时轴向力全部由螺杆钻具推力轴承承受，寿命影响较大。

3）钻进注意事项

（1）下钻到底后循环，逐步加大排量到推荐值充分清洗井底，上提钻具0.5~1m，记录循环泵压。

（2）施加钻压不要太猛，钻压不是监视螺杆工作的指标，判断螺杆工作情况的主要依据应该是泵压。对于发生较大磨损的马达，还应以进尺速度为依据。

（3）弯螺杆允许的最大转盘转速见表4-11。

表4-11 弯壳体螺杆允许的最大转盘转速

弯壳体角度（°）	转盘转速（r/min）
0	80
0.25	70
0.50	70
0.75	60
1.00	50
1.25	40
1.50	40
1.75	30
1.75以上	禁止开动转盘

（4）钻井方式采用导向钻进时，转盘转速应不超过80r/min，弯壳体角度在1.5°以上的螺杆钻具，导向钻进时不允许开动转盘。

（5）当采用导向钻进时，螺杆钻具的自身旋转（自转）和转盘的旋转（公转）产生一个叠加效应，但这个叠加存在一个正叠加和负叠加的效果，即给钻头转速产生一个增速或失速（也称丢转）的结果。因此，由于此现象的存在，导向钻进时，钻压不宜过大，即转盘旋转产生的扭矩应小于马达输出的扭矩。这样，才能使两种旋转产生正叠加，最终达到提高机械钻速效果。

（6）控制钻井液中固相颗粒含量，当钻井液中含砂量超过0.5%时，会加速传动轴轴承及发动机橡胶的磨损速度，从而影响钻具使用寿命。

（7）钻井液排量按照推荐参数进行选用，否则会降低螺杆钻具工作效率和使用寿命。

（8）使用的堵漏材料粒径要求小于3mm，严禁将大颗粒堵漏材料混入钻井液中。

（9）钻进时平稳送钻，控制钻压在要求的范围内，严禁溜钻、顿钻。

（10）钻进过程中注意泵压变化，有异常按照异常处理进行操作。

4. 异常情况处理

（1）立压突然升高，原因可能是螺杆或钻头堵塞，传动轴轴承受卡或损坏。钻具提离井底 0.3~0.6m 核对循环泵压，若泵压正常，逐步加钻压，压力表指数若相应升高，均正常，则可继续钻进；钻头提离井底后，若立压仍很高，需起钻检查或更换钻头。

（2）压力表读数缓慢降低，可能是由于钻井泵输出循环流量降低，钻柱刺坏或出现井漏，螺杆旁通阀打开关不上，也可能是由于螺杆马达定转子之间密封不良引起的。稍提起钻具，检查钻井液流量是否变化，若压力表指数低于正常循环泵压，应起钻检查。

（3）突然无进尺、无压差、无反扭矩情况应立即起钻检查。

（4）钻进或划眼期间，转盘（顶驱）扭矩较正常情况波动大，切勿盲目钻进或加压划眼通过，应及时停钻，从地层、钻井液、井下工具等方面分析扭矩波动原因，逐一排查，降低钻井参数进行试划或者划眼。若仍没有改善，为防止发动机钻具发生壳体断裂或脱扣等严重问题，应起钻检查发动机钻具，下入常规钻具将井眼修整通畅后再下入螺杆钻具。

5. 现场维护及保养

（1）螺杆钻具使用后，应立即进行检查，对可继续使用的螺杆钻具，应及时进行保养：

①将螺杆钻具内的钻井液排出（顺时针旋转轴头）；

②用高压水枪对旁通阀阀口滤网部位进行冲洗，以免长时间搁置后，干涸钻井液将旁通阀堵塞，导致旁通阀失效。

（2）使用后的旧螺杆钻具如果未经正常的维护和保养，会缩短钻具的使用寿命，造成不必要的起下钻。

（3）螺杆钻具的拆检和维修保养，应当在厂家允许且有条件的维修车间内进行。

三、扭力冲击发生器

1. 工具简介

钻井过程中，PDC 钻头的运动是极其无序的，包括横向、纵向和周向（扭矩方向）的振动及这几种振动的组合。井下振动会损坏单个 PDC 切削齿，导致钻头寿命降低，引起扭矩波动，干扰定向控制和随钻测井（LWD）信号，以及产生不规则井眼降低井身质量。

扭力冲击发生器配合 PDC 钻头一起使用，其破岩机理是以冲击破碎为主，并加以旋转剪切岩层，主要作用是在保证井身质量的同时提高机械钻速。扭力冲击发生器消除了井下钻头运动时可能出现的一种或多种振动（横向、纵向和周向）的现象，使整个钻柱的扭矩保持稳定和平衡，巧妙地将钻井液的流体能量转换成扭向的、高频的、均匀稳定的机械冲击能量并直接传递给 PDC 钻头，使钻头和井底始终保持连续性。工作原理如图 4-11 所示。

由扭力冲击发生器提供的额外的周向冲击力完全改变了 PDC 钻头的运作，其每分钟 750~1500 次高频稳定的冲击力，相当于每分钟 750~1500 次切削地层，这就使钻头不需要等待扭力积蓄足够的能量就可以切削地层。这时候 PDC 钻头上有两个力在切削地层，一个是转盘提供的扭力，一个是扭力冲击发生器提供的力——并直接给到钻头本身（对钻杆并不产生任何作用和改变整个冲击能量的荷载，只作用在钻头体本身上）。这时钻杆的扭矩基本是稳定的，钻杆传达的扭矩可以完全用于切削地层，而不会浪费。扭力冲击发生器结构如图 4-12 所示。

第四章 塔里木常用钻井工具

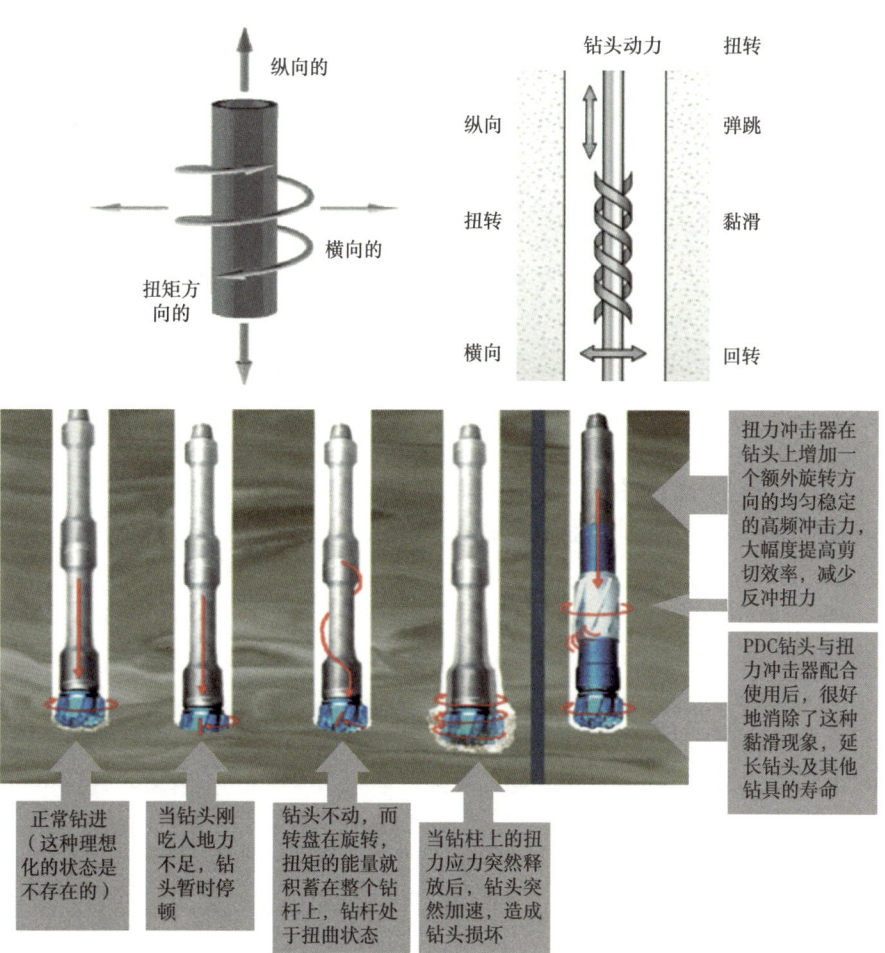

图 4-11 扭力冲击发生器工作原理图

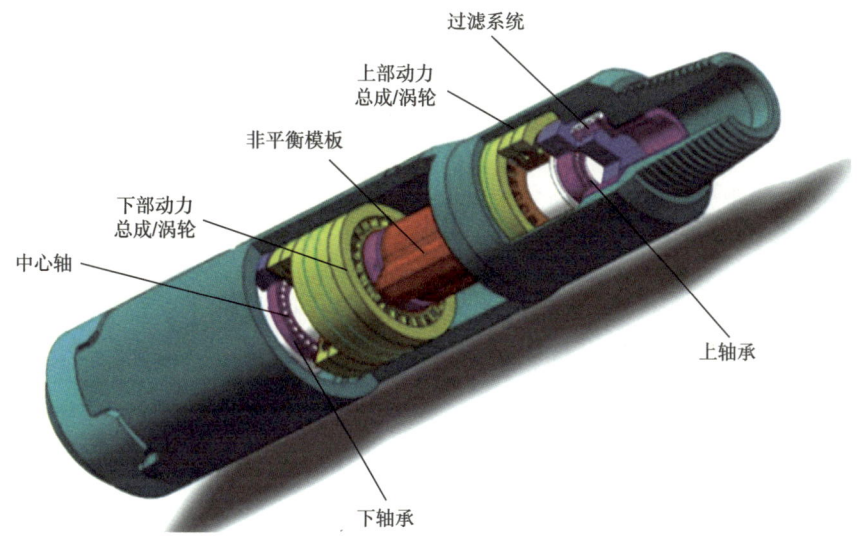

图 4-12 扭力冲击发生器结构图

155

扭力冲击发生器具有以下技术特点：

（1）扭力冲击发生器钢体外壳和钻头套筒独特的倒扣交错式连接牢固可靠。扭力冲击发生器外部物理尺寸紧凑，内部机械结构合理，钻井液流道通畅，无任何橡胶件，无任何电子元器件。另外，即使扭力冲击发生器失效，它也只是相当于一个转换接头和 PDC 钻头一起继续旋转并不影响继续钻进，并不需要对此进行起下钻，但性能相当于又回到之前不用扭力冲击发生器的状态中，这时的机械钻速会降低，但没有任何其他风险。

（2）使用扭力冲击发生器，会大大增加机械钻速和钻井导向性，使 PDC 更有效地剪切破碎地层。

（3）钻井液流量和流速越大，扭力冲击发生器产生的冲击能量也越大，对钻头产生的机械钻速及冲击的频率也越高。

（4）扭力冲击发生器由于是从周向上产生的稳定均匀的高频冲击，所以只适用于金刚石钻头。产生的所谓振动或冲击，不会对 PDC 钻头的金刚石复合片产生损坏，反而会延长 PDC 钻头寿命，同时也减弱其他钻具的疲劳强度，延长其他钻具的寿命。

2. 技术参数

塔里木油田应用最成熟的扭力冲击发生器是阿特拉斯公司生产的扭力冲击发生器，其主要参数见表 4-12。

表 4-12　阿特拉斯公司常用扭力冲击发生器技术参数规范

型号尺寸（mm）	排量范围（L/s）	钻压范围（kN）	推荐使用时间（h）
127.00	15~20	60~100	200
165.10	25~32	80~140	200
196.85	28~35	80~160	200
254.00	40~55	100~180	200
333.40	65~75	100~200	200

注：（1）工具可以通过 5mm 以内直径的随钻堵漏颗粒；

（2）工具在正常钻进中，钻压不建议低于推荐钻压，如果由于井下需要钻压可能低于推荐钻压，建议和现场服务人员进行其他的安全参数调整；

（3）针对不同的应用工况，可以提供不同扣型的工具，目前扭力冲击发生器配合使用过的方案有大扭矩螺杆、垂直钻井工具、旋转导向工具等。

3. 使用及注意事项

1）施工前准备

（1）与井队方预先做好交流工作，了解该井的基本情况：包括钻机性能、当前地层、井深、该井段上部使用钻头情况、机械钻速、是否有复杂情况、钻井液参数、钻井液清洁情况。

（2）准备两个完好的钻杆滤清器。

（3）充分循环清洁钻井液，尽可能降低钻井液含砂量（小于 0.3%）和固相含量（小于 15%），做好钻井液清洁工作。

（4）准备好入井工具的转换接头，上扣扭矩等。

（5）请井队方检修好地面设备等，满足井下工具需要。

(6)施工泵压一般都比较高,立压20~25MPa,确保设备有足够的动力。
(7)调整确定好钻具组合,确保有足够钻压(推荐钻具组合钻压可以满足20t)。
(8)工具、钻头上下钻台平稳,避免工具和钻头直接接触钻台面。
(9)工具上扣有专用上扣位置,禁止其他位置使用大钳,比如$6\frac{1}{2}$in工具紧扣扭矩推荐为20000N·m。
(10)工具接好后下入井内距离井口30m以内测试工具,测试排量1m³/min、1.5m³/min、2m³/min,分别记录对应泵压,工具振动清脆"哒哒哒",测试正常后开始下钻。

2)下钻及注意事项
(1)下钻过程避免大井段划眼,防止钻头先期损坏。
(2)距离井底10~20m开泵,避免钻头直接接触井底或井底沉砂,防止堵塞水眼。
(3)到底之后检查泵压、排量,查看是否正常,异常排除之前,禁止低排量情况下接触井底。
(4)避免在套管中大排量开泵循环的现象,尽可能减少套管中开泵时间。

3)钻进及注意事项
(1)确保排量、泵压正常,然后开始接触井底。
(2)钻附件及水泥:排量1.8m³/min,钻压2~6t,转速60~70r/min。
(3)造型参数:转速70r/min、钻压2~5t,造型长度20~50cm。
(4)正常钻进参数:转速90~120r/min,钻压参照表4-12。
(5)根据钻时快慢,及时观察、判断工具和钻头情况。
(6)观察返出岩屑,是否有大量掉块、铁屑、石英等特殊岩屑,注意观察钻井参数。
(7)观察并记录各种钻井参数,有异常情况便于对比。
(8)当机械钻速连续变慢,首先判断是否为地层原因。如机械钻速逐渐增加,判断井下工具和钻头情况,及时判断,及时起钻。
(9)均匀送钻,防止顿钻、溜钻。
(10)每个单根及时清理钻杆滤子;钻井泵上水滤子至少每班清洁一次。

4)异常情况处理
(1)下钻到底后钻时较慢。
原因分析:
①钻头刚接触井底需要一个匹配过程,此时钻时较慢正常,某些地层需要高钻压吃入地层。
②钻头刚接触井底开始造型钻进时可能钻井液排量低,不能充分打开工具造成,所以钻头刚接触井底时必须达到工具额定的最佳排量,如果设备受限,可以在工具正常工作后再适当降低。
③如果造型结束到正常钻进后钻时较慢,可能是工具未能正常打开工作,可以根据现场实际情况处理。
解决手段:
①开大排量,给工具一个更大的力量。
②小钻压、高转速打上1m左右。
③大钻压、低转速钻进一段。

④使用正常参数钻进，有时钻头工具在井下和地层有一个较长的匹配时间，过一段就可以恢复正常。

⑤在下钻时，由于上部地层原因可能使钻头有泥包现象。

⑥转盘静止不动，开泵并加钻压至 16~20t，在井下停顿 30~60min。

（2）正常钻进中钻时变慢。

原因分析：

①地层原因。地层改变、岩性变化。

②参数原因。因扶钻或者排量等原因造成参数达不到要求。

③工具不工作。钻时持续 2 倍高于工具工作时的钻时。

④钻头损坏。在一些特殊地层，钻头易损坏。

⑤钻头泥包或水眼堵塞。钻时变慢，首先观察岩性、钻井参数等，根据实际情况判断是否需要起钻。

解决手段：

①工具寿命超过 150h，不要做任何调整，钻时无法接受时，直接起钻。

②增加钻压至 14~16t。

③开高转速。

④开泵井底静压（20~25t）。

⑤提高排量。如参数怎么调整都不起作用，钻头可能泥包，适当浸泡清洁剂。

（3）泵压升高。

原因分析：

①可能水眼堵塞。

②可能钻杆滤子堵塞。

③钻井液性能变化。

④井下掉块多，坍塌。

⑤钻头磨损或者工具堵塞等。

解决手段：

①检查钻杆滤子。

②检查地面设备。

③检查钻井液性能。

④如果与螺杆配合，考虑螺杆损坏等。

⑤观察扭矩变化，如果扭矩较大，则上提下放无法到底、到底后泵压上升等。

（4）泵压下降。

原因分析：

①水眼掉落。

②钻井液性能变化。

③气侵。

④循环短路。

⑤井漏。

⑥钻具事故。

解决手段：

①检查地面设备。

②检查钻井液性能。

③检查钻具悬重及钻时扭矩变化等。

5）典型工具失效案例及分析

（1）工具自身问题分析及注意事项。

①跃满 3-H9 井工具防脱装置失效问题分析。

失效简况：2020 年跃满 3-H9 井工作盘和心轴脱落，如图 4-13 所示。

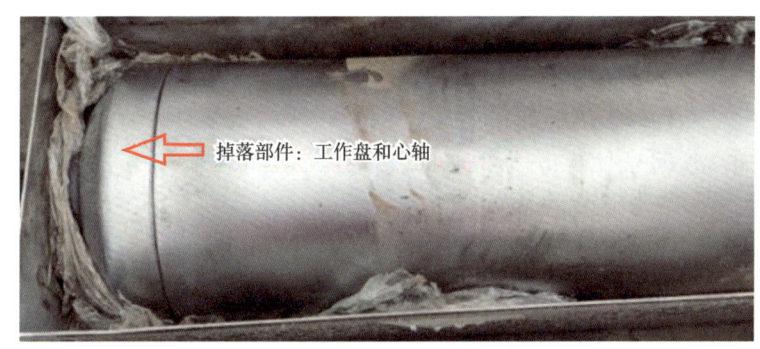

图 4-13　防脱装置失效

直接原因：在装配时，工具内部总成与外管的连接螺纹装配扭矩未达标，在使用过程中，连接螺纹松脱造成动力总成从外管内部脱落。

间接原因：施工参数长时间低于要求，诱发工具出现安全事故。

解决方案：

a. 工具连接螺纹重新上扣，确保上扣扭矩达到设计要求；

b. 设置参数红线，如果无法达到及时提出；

c. 优化工具结构，增加安全系数；

d. 针对薄弱部位优化升级并做针对性的打捞配套设备。

②满深 503H 井垂钻工具连接外螺纹失效断裂。

失效简况：2021 年满深 503H 井垂钻工具连接外螺纹断裂，如图 4-14 所示。

基本情况：进尺 1271m，平均机械钻速 6m/h 以上，起钻更换垂钻工具发现外螺纹断裂。

原因分析：分析为疲劳损坏。

解决方案：

a. 优化垂钻工具薄弱环节的安全参数，更改连接螺纹的安全系数；

b. 升级材料综合性能；

c. 控制安全使用时间，并加强垂钻工具使用后疲劳情况检测；

图 4-14　垂钻工具连接外螺纹断裂

d. 加强现场施工巡查，保证各参数施工正常。

（2）井下环境问题分析及注意事项。

① 扭矩波动较大：如果钻时持续变慢建议起钻，有可能是工具已到后期或者钻头损坏。

② 扭矩突然变小：如果钻时持续变慢，建议按照钻头泥包来处理，如果到后期，建议起钻检查。

③ 如果开始钻井扭矩持续波动较大，钻时较为理想，调整参数后扭矩无变化，建议调整工具使用时间，把安全时间调整到原额定时间的 80% 以内。

（3）施工参数分析及注意事项。

排量：

① $12\frac{1}{4}$ ~ $13\frac{1}{8}$ in 井眼施工建议排量在 45~55L/s。

② $8\frac{1}{2}$ ~ $9\frac{1}{2}$ in 井眼施工建议排量在 28~35L/s。

③ 如果排量有特殊需要建议提前告知，更换配套钻头水眼参数，防止由于排量过大造成工具内部压耗增大，影响工具使用效率等。

钻压：

① $12\frac{1}{4}$ ~ $13\frac{1}{8}$ in 井眼施工建议钻压在 10~16t。

② $8\frac{1}{2}$ ~ $9\frac{1}{2}$ in 井眼施工建议钻压在 8~14t。

③ 由于扭冲工作原理不同，所以每家扭冲对施工参数也有不同要求。如果扭冲钻压低于额定要求钻头，需要双方保持良好沟通，调整好其他配合参数，主要为防止由于参数原因造成井下全风险。

（4）现场操作问题分析及注意事项。

① 下钻中，如果需要带扭冲大段划眼，建议起钻更换常规钻头通井，主要是防止钻头损坏或者卡钻等。

② 火成岩钻进中建议不进行短期钻作业，主要是防止在火成岩段划岩，因为如果无法钻穿火成岩，划眼容易造成井下复杂或者钻头提前报废。

③ 扭冲工具施工中主要是防止顿钻、溜钻，如果发生溜钻或者顿钻等，容易造成工具安全锁死，或者其他安全事故，建议起钻检查。

四、双摆提速工具

1. 简介

双摆提速工具突破传统提速工具的设计理念，引用陀螺的进动性原理，利用陀螺具有自稳性的特点，主动抑制因钻头切削岩层时的跳动对钻具产生的振动而带来的钻具各种姿态振动。双摆提速工具结构如图 4-15 所示。

双摆提速工具为主动减振，即振动源产生多少振动载荷，工具本身在能力范围内就产生多大的抵抗力，最大限度地抑制振动。钻井液通过导流帽冲击涡轮工作，将液压能转换成涡轮的机械能，驱动内筒陀螺高速旋转后转为抑制钻头的势能。通过应用双摆提速工具，既能保证钻头工作平稳，减少钻头无效钻进时间，提高机械钻速；又能减少钻具涡动和振动，以达到保护钻具的目的；在合理的钻具组合下，对井斜有辅助控制作用。

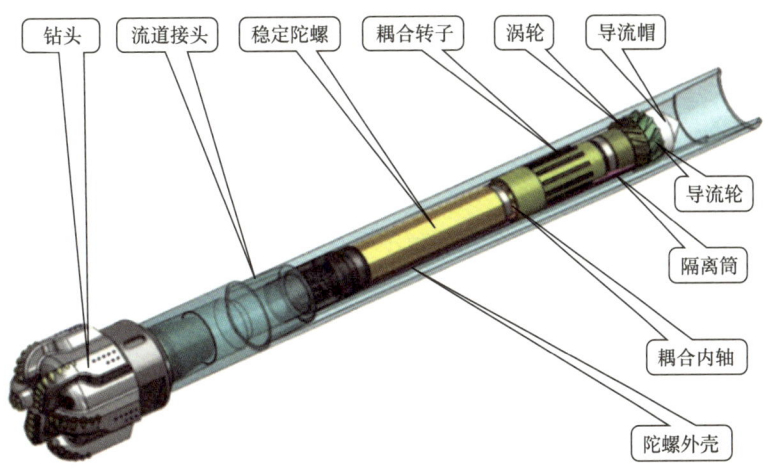

图 4-15 双摆提速工具结构图

2. 技术参数

塔里木油田常用双摆技术参数规范见表 4-13。

表 4-13 常用双摆技术参数规范

规格尺寸（mm）	127.0	177.8	203.2	228.6
长度（m）	1.05	3.20	3.20	2.80
外径（mm）	130	176	203	227
壁厚（mm）	10.0	20.0	33.5	45.5
质量（kg）	75	600	900	1000
钻压范围（t）	2~8	5~15	5~25	5~30
钻井液排量（L/s）	10~20	28~38	37~45	45~55
常压（MPa）	≤105	高压（MPa）	105~140	超高压（MPa）	≥140
常温（℃）	≤130	高温（℃）	130~150	超高温（℃）	≥150
钻井液类型	可适应所有类型钻井液（可铁矿石及重晶石加重）			
含砂量（%）	最大 1（建议小于 0.5）			
水力损耗（MPa）	0.4~0.7			
堵漏剂	常规非胶黏堵漏剂（颗粒小于 8mm×8mm）			
额定使用时间（h）	400（以纯钻时间计算）			
上端连接扣型	331	410	NC56/630	NC61/730
下端连接扣型	330	411	630	731
上扣扭矩（kN·m）	10~12	30~40	40~50	70~80
上扣压力（MPa）	3	5	6	8
钻头规格（in）	6.5~7.0	8.5~9.5	9.5~12.2	12.2~15.0
拉力强度（t）	261	323	398	410
扭力强度（kN·m）	72	103	123	143

3. 使用及注意事项

1）钻前准备

（1）向作业方提供人员证件、HSE作业计划书、工具合格证及检测报告。

（2）双摆提速工具和转换接头到达井场后，现场工程师要认真丈量尺寸，并绘制草图。

（3）向现场监督汇报双摆工具原理和技术参数，签订安全协议，纳入井队属地管理。

（4）配合井队现场技术人员，进行钻具组合设计优化，做好施工交底工作。

（5）所有钻井设备、固控设备、井控装置处于良好状态，调整好钻井液性能，保障井眼畅通。

（6）了解作业井钻井工程、地质设计、钻井液体系，掌握邻井和上趟钻使用信息，以及地质、综合录井等技术资料。

2）钻具组合推荐

（1）双扶大钟摆钻具组合。

250.88mm PDC 钻头 +ϕ203mm 双摆提速工具 +ϕ203.2mm 螺旋钻铤 ×18m+ϕ244mm 钻具稳定器 +ϕ203.2mm 螺旋钻铤 ×9m+ϕ244mm 钻具稳定器 + 直井测斜工具 +ϕ203.2mm 螺旋钻铤 +ϕ139mm 加重钻杆 +ϕ127mm 钻杆。

（2）垂钻钻具组合。

250.88mm PDC 钻头 + 垂钻工具 +203.2mm 螺旋钻铤 +ϕ203mm 双摆提速工具 +ϕ244mm 钻具稳定器 +ϕ203.2mm 螺旋钻铤 ×54m+ϕ244mm 钻具稳定器 +ϕ139mm 加重钻杆 +ϕ127mm 钻杆。

注意：在实钻中，现场工程师可根据实钻情况对钻具组合和钻井参数进行适当调整。

3）下钻及注意事项

（1）双摆提速工具上下钻台，要戴好护丝。吊装时，操作一定要平稳，防止磕碰。

（2）均匀涂抹钻具螺纹脂，要磨合好螺纹，按照工具参数规定扭矩值上扣。

（3）下钻操作要平稳，尤其是工具入转盘、入喇叭口、过封井器、过尾管悬挂器，以及过套管窗口时做到缓慢通过。

（4）下钻过程中控制下放速度，遇阻不能硬压，遇阻吨位不能超过50kN。

（5）下钻遇阻时，接方钻杆要安装钻杆滤清器开泵，轻压划眼通过遇阻井段。

（6）下钻过程中密切注意悬重指示和钻井液总量变化，出现异常应停止下钻，查明原因并采取相应措施予以处置。

4）钻进及注意事项

（1）下钻到底，开泵前安装钻杆滤清器，缓慢开泵，逐步提高排量至正常值。

（2）首先轻压磨合钻头及双摆提速工具，磨合 2~3h 可正常钻进。

（3）钻进时，应根据地层情况及时调整钻压、转速、水力参数等，使钻头达到最佳工作状态。

（4）钻进中认真观察分析钻井参数变化情况，对泵压、扭矩、钻速、钻头蹩跳、扭矩大等不正常现象及时做出正确判断和处理。

（5）在空载扭矩基础上，增加 5000N·m（平均），如需超过此数值钻进，应通知钻具及钻头厂家技术人员联合商讨确定扭矩。

（6）主动选择试验：

①初选一个合适的钻压和中等转速（60~100r/min），钻进 5min，记下机械钻速；

②保持转速不变，以适当幅度增加钻压，在此钻压下钻进 5min，记下机械钻速，重复该步骤；

③以相同幅度适当降低钻压，重复步骤②；

④找出两组试验中机械钻速最快的钻压；

⑤在最佳钻压下，改变转速，记下机械钻速；

⑥选择最快钻速时的转速；

⑦将钻井参数调整到最佳值进行钻井。

（7）被动选择试验：

①初选一个中等转速（60~100r/min）和最大钻压［控制在空载扭矩基础上最大增加5000N·m（平均）］，刹住绞车，旋转钻头钻进；

②确定钻压下降幅度，随着钻头钻进，让钻压以该幅度自动下降，记下钻压下降到新钻压时所消耗的时间；

③钻压继续以相同幅度下降，重复步骤②直到机械钻速非常缓慢；

④分别采用不同的转速重复上述步骤①~③，以确定最佳转速；

⑤应用所确定的最佳转速和最佳钻压范围，采用主动选择法确定具体的最佳钻压。

五、涡轮钻具

1. 简介

涡轮钻具是一种将液压能转化为机械能的井下动力钻具，其不仅具有动力强，输出功率高，长寿命，单趟工作时间不小于 350h，不受钻井液环境限制，工具同心运动，减小振动、所钻井眼平滑，滑动钻进与复合钻井钻时相当的特点；更是有耐温 400℃，可导向的特性。

耐温 400℃：涡轮内部元件全部为金属配件，其材质主要为硬质合金及 4140 钢材，不受温度限制。

可导向：涡轮钻具配有柔性轴及可调弯壳体，能够实现导向功能，其弯点到钻头距离更短，同角度下，相比螺杆拥有更高造斜率。同时涡轮钻具因其同心运动的特性具有反扭小的特点，工具面更稳定、更易控制。

涡轮钻具主要是把液压能转换为旋转机械能作用在钻头上。涡轮钻具将流体（钻井液）系统中的以压力和流速的形式表现的能量转换为机械能，以此来传动。这种转换主要发生在涡轮区域的旋转过程。涡轮钻具的能量输出来自一次或者多次一系列的涡轮机级传递出的混合机械能。在液体流动中产生的能量被转换成转速和扭矩。输出的转速与液体流速成比例相关，扭矩输出则是液体流动速率、液体的密度，以及工具中使用的涡轮机级的数量共同作用的结果。

涡轮钻具主要由三大部分组成：

（1）涡轮端：将液力能转变为旋转机械能（图 4-16）。

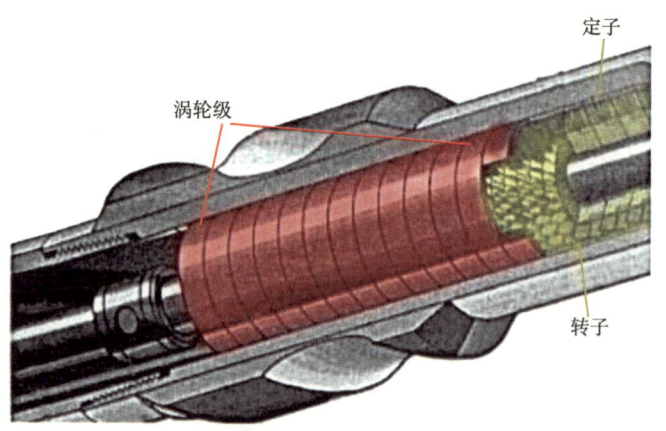

图 4-16　涡轮局部剖视图 1（红色部分为涡轮级，黄色部分为涡轮级的局部剖视图）

（2）轴承端：承载轴向力，维持驱动轴居中，在某些型号上的轴承还具有导向能力（图 4-17）。

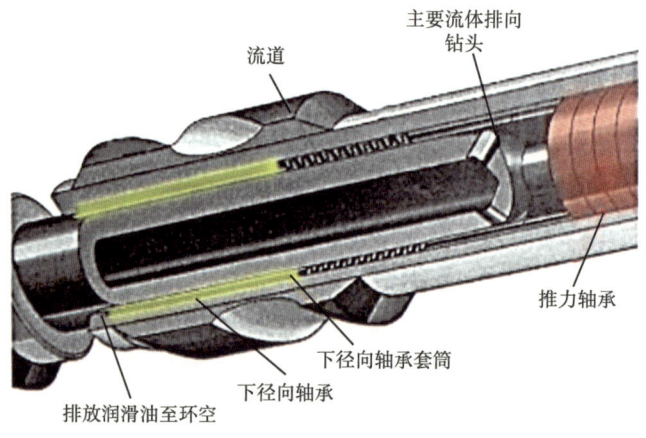

图 4-17　涡轮局部剖视图 2（红色区域为止推轴承组，黄色区域为底部径向轴承）

（3）防脱装置：上下双防脱配置，上部防脱为悬挂设置（图 4-18），防止出现"抽心现象"，下部防脱为限位设置，防止内部元件出现异常时的落井现象。

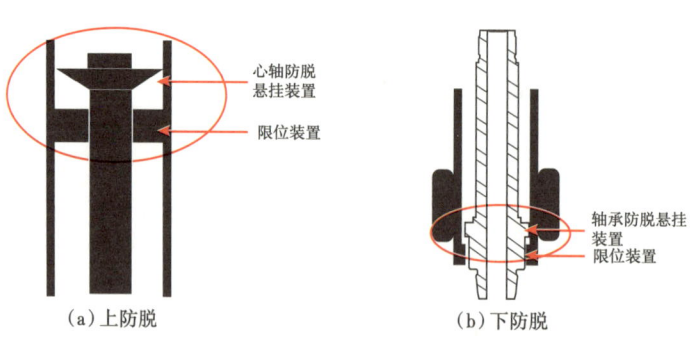

图 4-18　防脱装置示意图

2. 技术参数

塔里木地区常用的深圳市百勤石油技术有限公司涡轮技术参数，见表4-14和表4-15。

表4-14 涡轮钻具技术参数单

工具尺寸（mm）	适应井眼尺寸（mm）	工具长度（m） 直	工具长度（m） 弯	连接扣型	最大抗拉强度（kN）	最大抗压强度（kN）	最大抗扭强度（N·m）
121	114~171	6.81	7.51	310×331	590	590	1200
146	178~194	—	7.23	4A10×331	780	780	2450
172	197~251	7.21	7.89	410×431	1210	1210	3780
245	286~445	7.44	8.20	730×631	2250	2250	11900

表4-15 涡轮钻具造斜率对应单

121mm（4¾in）涡轮钻具					
造斜率（井眼角度，6in，＜7m/h）					
工具角度（°）	转盘允许最大转速（r/min）	＜5°	30°	60°	90°
0.4	120	1.5	2.0	4.0	6.0
0.6	120	2.0	2.5	4.5	6.5
0.8	120	3.0	4.0	6.0	8.0
1.0	100	7.0	8.0	9.0	12.0
1.2	100	8.0	9.0	11.0	13.0
1.4	100	9.0	10.0	12.5	15.0
172mm（6¾in）涡轮钻具					
造斜率（井眼角度，8½in，＜7m/h）					
工具角度（°）	转盘允许最大转速（r/min）	＜5°	30°	60°	90°
0.4	120	3.5	6.5	7.5	8.5
0.6	120	4.4	6.9	8.4	9.4
0.8	120	5.3	7.8	9.3	10.3
1.0	100	6.2	8.7	10.2	11.2
1.2	100	7.1	9.6	11.1	12.1
1.4	100	8.0	10.5	12.0	13.0
245mm（9⅝in）涡轮钻具					
造斜率（井眼角度，12¼in，＜7m/h）					
工具角度（°）	转盘允许最大转速（r/min）	＜5°	30°	60°	90°
0.4	120	0.4	1.3	1.8	2.3
0.6	120	1.3	2.3	2.8	3.3
0.8	120	2.2	3.3	3.8	4.3
1.0	100	3.1	4.3	4.8	5.3
1.2	100	4.0	5.4	5.9	6.4
1.4	100	4.9	6.5	7.0	7.5

深圳市百勤石油技术有限公司 121mm、146mm、172mm、245mm 涡轮技术参数单分别如图 4-19 至 4-22 所示。

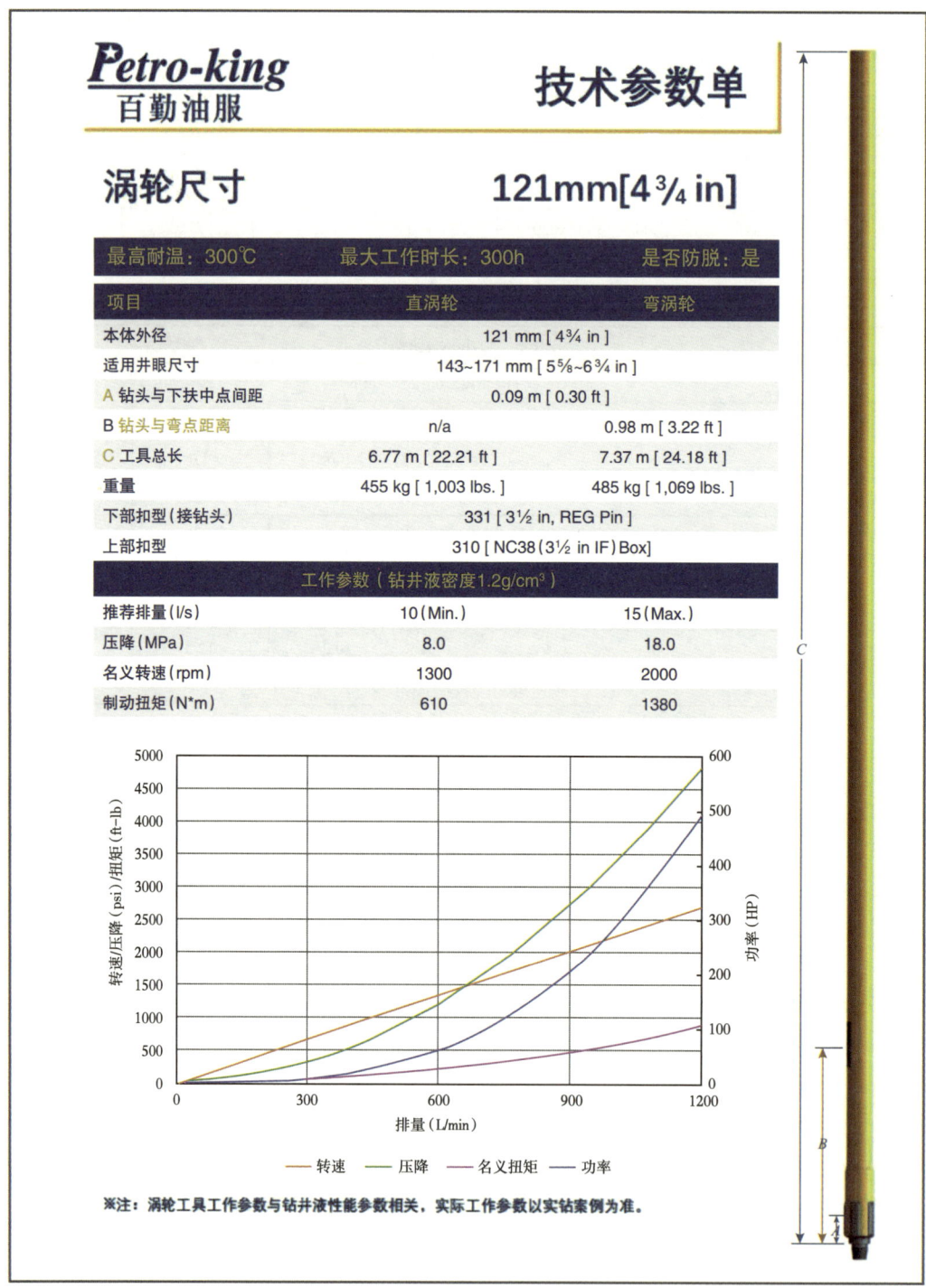

图 4-19　121mm 涡轮技术参数单

第四章 塔里木常用钻井工具

Petro-king 百勤油服 技术参数单

涡轮尺寸　146mm [5¾ in]

最高耐温：300℃	最大工作时长：300h	是否防脱：是
项目	直涡轮	弯涡轮
本体外径	146 mm [5¾ in]	
适用井眼尺寸	178~203 mm [7~8 in]	
A 钻头与下扶中点间距	0.13 m [0.43 ft]	
B 钻头与弯点距离	n/a	1.29 m [4.23 ft]
C 钻头到中扶距离	3.30 m [10.83 ft]	3.99 m [13.09 ft]
D 钻具总长	7.23 m [23.72 ft]	7.92 m [25.98 ft]
重量	752 kg [1,658 lbs.]	833 kg [1,836 lbs.]
下部扣型（接钻头）	NC38 Pin	
上部扣型	NC46 Box	
工作参数（钻井液密度1.2g/cm³）		
推荐排量(l/s)	19 (Min.)	25 (Max.)
压降 (MPa)	7	13
名义转速 (rpm)	1100	1400
制动扭矩 (N*m)	1400	2800

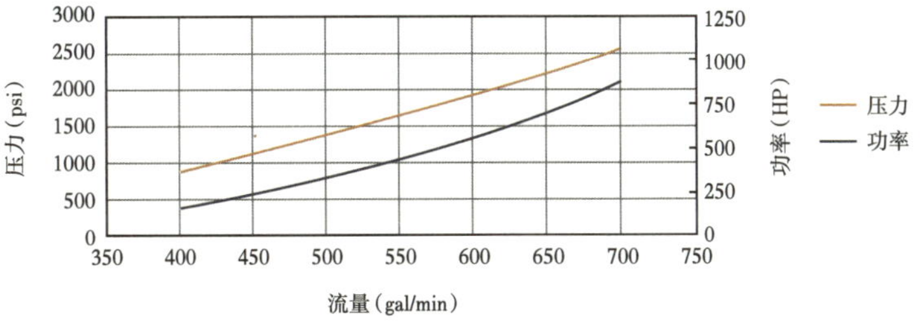

※注：涡轮工具工作参数与钻井液性能参数相关，实际工作参数以实钻案例为准。

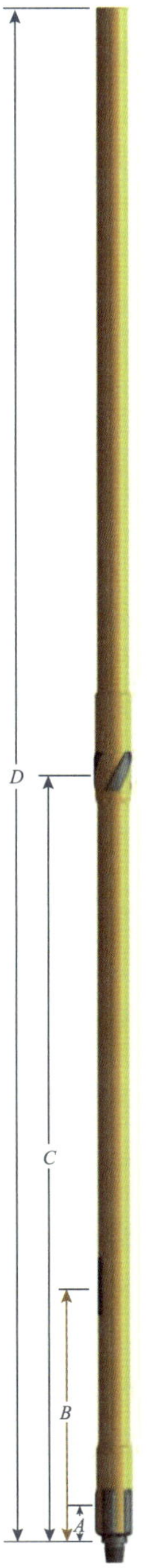

图 4-20　146mm 涡轮技术参数单

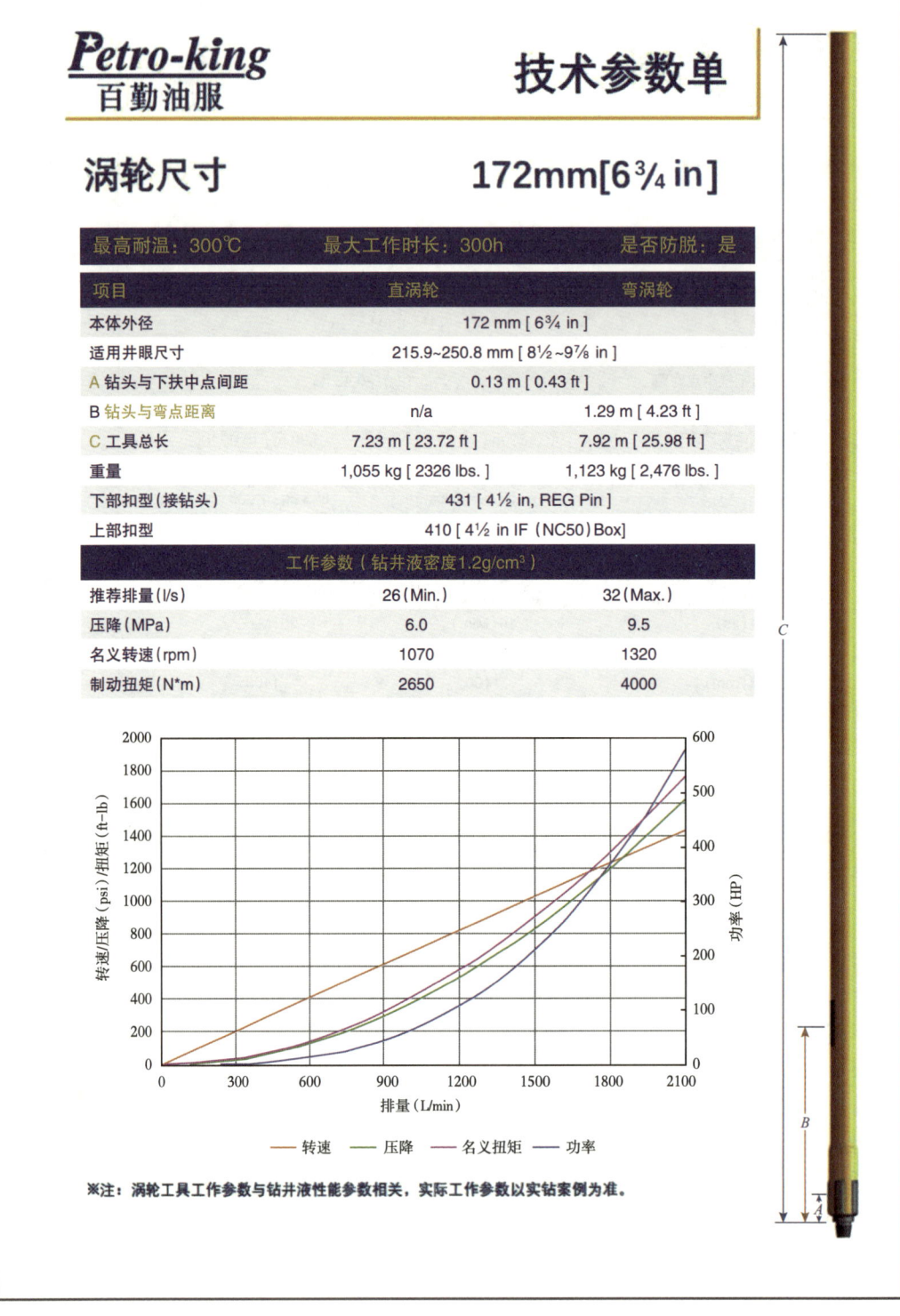

图 4-21　172mm 涡轮技术参数单

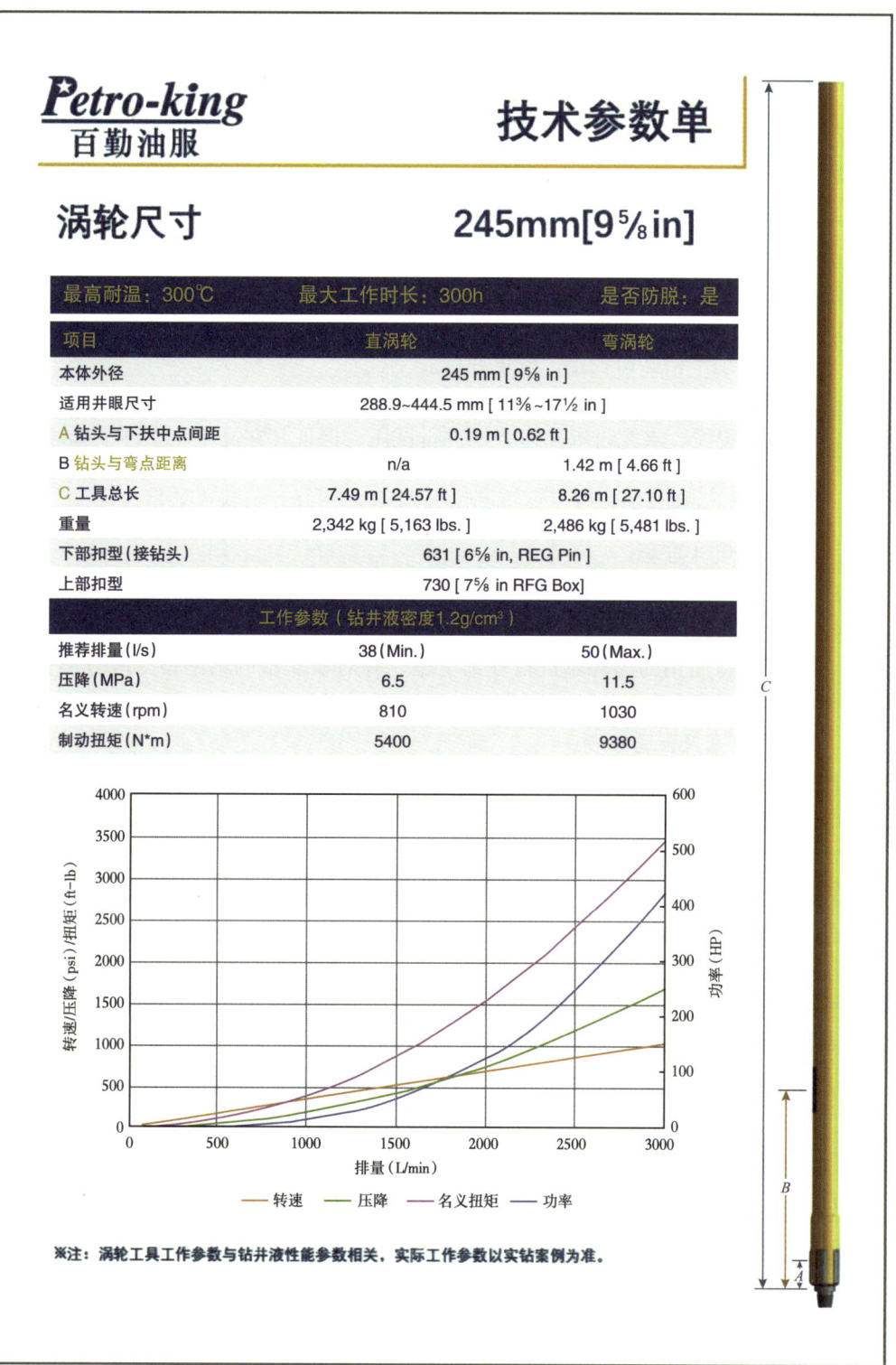

图 4-22 245mm 涡轮技术参数单

3. 使用及注意事项

1) 涡轮入井前的准备

（1）技术交底。

涡轮钻具施工之前，要召集钻井队、录井服务方、钻井液服务方、定向服务方等各配合单位，进行涡轮钻井施工技术交底，明确涡轮施工期间的注意事项。

（2）设备落实。

①检查施工方案中所列设备，如果设备不齐全，需立即开会讨论制订补救措施。

②要求各类仪器仪表工作正常。

③校准综合录井参数仪，保持其在涡轮钻井过程中处于良好工作状态，并根据参数变化及时修正。

④开钻前必须严格井口找正，校正井口。

2) 循环系统要求及注意事项

（1）对地面管线、水龙带等高压管线进行试压，保证其在高泵压条件下能够安全稳定地工作。

（2）井队钻井泵需满足水力参数设计要求的泵压，钻井泵最好能无级调速。推荐现场配备足够的各种尺寸缸套。

（3）在立管、钻井泵上、排水系统安装合适的过滤装置，定期检查并清洗。

（4）筛布目数在150目或以上，并实时检查更换损坏筛目，振动筛使用率100%。

（5）必须对将使用的循环罐进行仔细清罐，并对所储备的堵漏钻井液分类分别储存，必须防止大颗粒堵漏材料在正常涡轮钻进时混入钻井液。

3) 钻井液要求及注意事项

（1）根据地质设计压力预测、上部井段钻井情况，调整处理好钻井液，提高钻井液的护壁性、抑制性、携岩能力和润滑能力，保证性能的稳定。

（2）避免涡轮钻井期间大幅度调整钻井液性能。

（3）固相含量控制在20%以下，含砂量控制在0.3%以下。

（4）涡轮钻井产生的岩屑较小，钻井液应具备良好的携岩能力和润滑能力，以使井底岩屑及时清离，避免岩屑在涡轮及钻头处堆积而导致的机械钻速变慢及钻头蹩卡现象。

（5）钻井液密度应及时调整至可平衡地层压力及地层坍塌压力，以保持井眼稳定，减少掉块的发生。同时，在钻遇易塌井段时，控制钻井速度，提高钻井液对井壁的维护。

（6）严禁将大颗粒堵漏材料混入正常钻进钻井液中，以免造成对涡轮钻具的损坏。除钻井工程设计中的相应规定外，特别强调添加的任何钻井液材料（包括套管防磨剂）均需符合堵漏材料表的要求。

（7）涡轮钻进期间，当受地面或井况条件限制而降低排量钻进时，必须加强钻井液携岩性。钻井液工程师做好钻井液的处理及维护工作，确保钻井液性能适应井下需要，保持井下正常。

4) 井眼准备

（1）认真分析前一趟钻的钻头使用情况，特别是有无断齿等现象，确保井径规则无缩径、井底干净、无落物。

（2）涡轮钻具入井之前一趟钻起钻后仔细观察分析钻头及扶正器磨损情况。

（3）如需要在出套管鞋后直接下入涡轮钻具，至少使用一只钻头扫塞后进入新地层至少 20m 后方可下入。

5）钻头安装及地面测试

（1）必须在涡轮工程师的指导下进行钻头与涡轮的连接。

（2）用 B 型钳上扣，严格控制好上扣扭矩。

（3）涡轮钻具入井前在井口以小排量（正常钻进排量的 60%）进行测试，检查涡轮钻具是否容易启动和螺纹处有无渗漏，并记录立管压力和排量。地面流量测试最大压力不能超过 7MPa。

（4）任何时候开泵必须使用钻杆滤清器，适时取出并清洗干净，以备下次使用。

6）下钻及注意事项

（1）无论钻具中有无浮阀，建议下钻每 25~30 柱，要向钻具内灌满钻井液一次；灌浆要用小排量（小于正常排量的 60%）；灌满起压后，再循环 1~2min 排除气体与杂质。

（2）严格控制下钻速度，操作平稳，严禁猛刹、猛放。在下部组合通过套管鞋和进入裸眼段时一定要小心，并注意缩径井段。

（3）钻头距井底 5~9m 时首先开单泵循环，井口有钻井液返出时缓慢下放钻具接触井底。

7）井底造型及正常钻进

（1）以小钻压进行井底造型约一个钻头的长度，逐渐将排量开到设计值，将钻压增加至设计值，司钻可根据钻时及扭矩变化在一定范围内调整钻压，使机械钻速达到最高。

（2）正常钻进时钻压控制在施工设计值，送钻要均匀，严防溜钻，时刻注意钻压、泵压、钻时及扭矩的变化情况，准确判断钻头工作情况。

（3）钻进中需停泵时，应先上提钻具不少于 4m，以防岩屑下沉而卡住钻头或涡轮钻具。涡轮钻井工程师将提供最佳钻井参数，如最大钻压和排量等。正常钻进中应保持参数的稳定，以使涡轮钻具达到最佳工作状态。

（4）如钻速较快，岩屑较多，可以适当降低钻压钻进一段时间后再加大到设计值。

（5）短起下及起钻：

①巩固井壁，要求每 150~200m 短起下 1 次，实际根据井眼情况进行适当调整。

②短起或起钻前，必要时可使用稠浆，将井底岩屑充分循环带出井筒，减少因岩屑堆积导致的起钻困难、倒划眼等现象。

③短起或起钻前应充分循环钻井液，根据返回岩屑情况确定起钻时机，在新钻井眼中起钻时一定要控制起钻速度。涡轮钻井眼较规则，应防止上部掉块所引进的阻卡现象。

④起下钻（包括短起下）过程中，在通过易垮塌井段时要适当降低速度，平稳通过，减少对井壁的破坏，防止掉块。

8）其他操作说明

（1）整个作业过程中保持钻台整洁，防止落物入井。

（2）涡轮钻井钻出岩屑较细，岩屑录井时要采用捞取较细岩屑的技术措施，以确保取准取全资料。录井技术人员应及时分析岩性，并为钻井工程师、涡轮服务工程师提供地层相关对比资料。

（3）涡轮钻井过程中严格执行涡轮现场服务工程师的指令。

9）事故及复杂情况预防

涡轮钻井过程中的井喷、井漏、卡钻预防方法与常规钻井相同，加强坐岗与录井监测工作，发现井漏、溢流等异常情况应立即通知钻井监督、井队及各服务方并采取相应的行之有效的措施。

（1）井漏。

①如发生井漏，应认真分析漏层特性，并立即组织人员和材料及向甲方有关部门申报，决定下步施工方案。

②如果需要堵漏，应采用涡轮钻具允许通过的粒径和长度的堵漏材料，可参考堵漏材料表，堵漏剂类型须为非膨胀型；如果发生较大的漏失，则使用多次循环阀进行堵漏；如果发生特别严重漏失，则需起出涡轮钻具下入常规钻具进行堵漏。

（2）起下钻遇阻卡。

①起下钻遇阻不超过50kN，上下活动钻具无效时，应开单泵循环，慢慢划眼通过，不得强下；尽量避免用钻头划眼，如果划眼，一定要用小排量（小于正常排量的60%）。

②在裸眼段起钻遇卡，应该马上下放，然后再慢慢上提。如果遇阻上提拉力仍增加，应再次慢慢下放钻具，开泵慢慢倒划眼。

③钻具中必须使用随钻震击器，如果下部钻具组合或者钻头处卡死，按规定上提载荷进行操作，若过提无效，用震击器向被卡的反方向震击。

（3）钻头制动。

制动不会对工具造成损伤。涡轮的叶片决定了钻进过程中制动会令钻井参数产生何种变化，作业使用3D型叶片，理论上接触井底与提离井底压力有0.5~1.1MPa的变化，正常钻进到制动压力有0.7~2.1MPa的变化，制动时扭矩上升明显，且机械钻速降为0，可根据这些现象判断钻头是否制动（由于是小工具、深井，而且受仪器灵敏度影响，有时很难判断钻头制动情况，司钻除根据泵压、扭矩等参数外，还应结合钻压是否回及机械钻速情况加以判断）。

（4）泵压异常。

①在钻井过程中压力大，检查排除以下可能的原因：

钻井液密度、黏度等的改变；滤子、钻头和工具的阻塞；钻头磨坏（提离井底过程压力应该保持在同一数值）；泵的问题；工具失效。

②在钻井过程中压力小，检查排除以下可能的原因：

管柱刺漏（压力会持续减小）；泵的问题；钻井液密度、黏度等的改变。

10）现场维护

涡轮钻具未入井前确保两端螺纹有护丝保护，严禁未有护丝保护的情况下对涡轮钻具进行吊装、移动等作业。出井涡轮钻具需首先用清水进行内部及外部清洗，其次采用不少于1200mL的润滑剂（以机油为主）灌于工具内部以防止工具内部元件与内壁出现粘连现象。

第二节 扩眼器

扩眼器常用于塔里木油田复合盐膏层的扩眼作业，具有降低钻井液循环当量密度，提高固井质量，延长下套管安全作业时间等作用。

一、简介

水力扩眼器是一种通过钻井液压力驱动刀块从本体内部伸出进而达到井下扩眼的同心扩眼工具。工作原理为激活（投球或水力）后依靠水力压力推动液压活塞，从而驱动刀翼膨胀扩眼，停泵自动收回，确保起钻通过上部套管（图4-23）。目前塔里木油田应用最多、最成熟的扩眼器是斯伦贝谢犀牛水力扩眼器等。

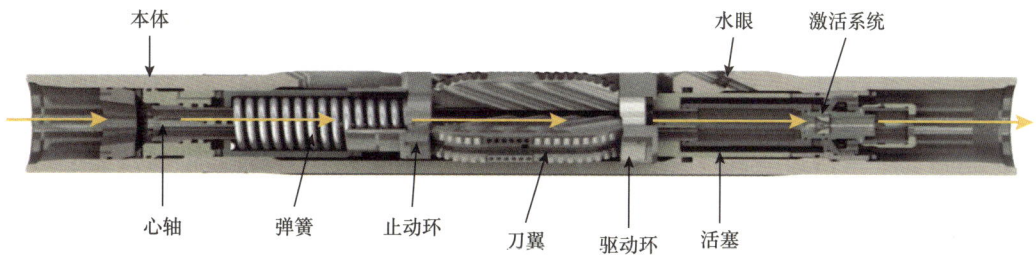

激活前，关闭，此状态下开泵刀翼不会张开

投球（或排量控制）激活后，此状态下开泵达到要求压差，刀翼张开

图4-23 斯伦贝谢水力扩眼器结构原理图

斯伦贝谢犀牛扩眼器装有三个可更换的喷嘴，用于提升清洁和携岩效果。工具的大缸筒可以处理大排量的钻井液，合理分配钻头和切削模块间的水力能量。处理大排量的能力也满足了旋转导向工具和定向钻具组合的需求，可实现随钻扩眼和钻后扩眼。

刀翼依靠弹簧和自身重力回收，在特定情况下，还可通过在上部未扩眼段（或套管脚）通过过提强制收回。刀翼120°分布，经钻井动态模拟分析进行的刀翼设计，兼顾了力学稳定，降低扩眼过程中的振动，"Z"形槽推动具有有效协助刀翼清洁回收等特点（图4-24）。

二、技术参数

塔里木地区常用的斯伦贝谢水力扩眼器技术参数见表4-16，尺寸结构示意图如图4-25所示。

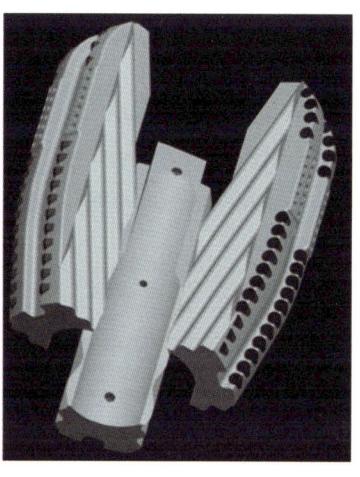

图4-24 斯伦贝谢水力扩眼器刀翼

表 4-16 斯伦贝谢水力扩眼器技术参数规范

系列		4000	4500	5000	5500	5625	5800	6125	6375	7250	7300	8000	9250	10000	10375	11625	13000	14250	16000×20.00	16000×22.00	17500
A	工具外径（in）	4.00	4.50	5.00	5.50	5.62	5.80	6.13	6.38	7.25	7.30	8.00	9.25	10.00	10.38	11.63	13.00	14.25	16.00	17.50	17.50
B	颈部直径（in）	3.50	4.50	5.00	5.25	5.25	5.25	5.38	5.38	6.25	6.25	7.25	7.25	8.50	8.50	10.50	10.75	11.00	12.00	12.00	12.00
C	上颈部长度（in）	6.00	12.25	12.25	13.75	13.75	13.75	13.75	13.75	13.75	12.15	16.25	13.00	14.50	14.50	20.00	20.00	20.00	18.00	18.00	18.00
D	工具长度（in）	12.50	12.50	12.50	27.25	27.25	27.25	27.25	27.25	32.75	35.75	36.25	41.50	48.50	48.50	55.00	55.00	57.00	59.00	59.00	61.00
E	总长度（in）	36.00	36.00	36.00	53.00	53.00	53.25	53.00	53.00	56.50	62.68	67.50	67.50	76.00	76.00	90.00	90.00	92.00	92.00	92.00	94.00
裸眼尺寸（in）		4½~5½	4¾~5¾	4½~5¼	5¼~6¾	6½~7	6½~7	6½~7⅜	7~7½	7~8	8~9	8~9	9~10¼	10¼~11¾	11~12½	11¾~15	14½~16½	15½~18¼	17½~20	18½~22	21½~24
最小导向孔尺寸（in）		4¼	4¾	5¼	5¾	5⅞	6⅛	6⅜	6¾	7½	7½	8¼	9½	10½	10⅞	12¼	13½	14¾	16½	18	18¼
内孔直径（in）		0.875	1.250	1.250	1.380	1.380	1.380	1.380	1.380	1.380	1.660	2.000	2.000	2.500	2.500	3.000	3.000	3.000	3.000	3.000	3.000
上下接头连接型号		2⅜ in API IF	3½ in API IF	3½ in API IF	4½ in API IF	4½ in API REG	4½ in API REG	4½ in API REG	4½ in API REG	4 API IF	4½ in API IF	6⅝ in API REG	6⅝ in API REG	T-38	T-38	T-20	T-20	T-20	T-20	T-20	T-20
推荐最大流量（gal/min）		141	230	230	350	350	350	350	350	350	525	750	750	1200	1200	1700	1700	1700	1700	1700	1700

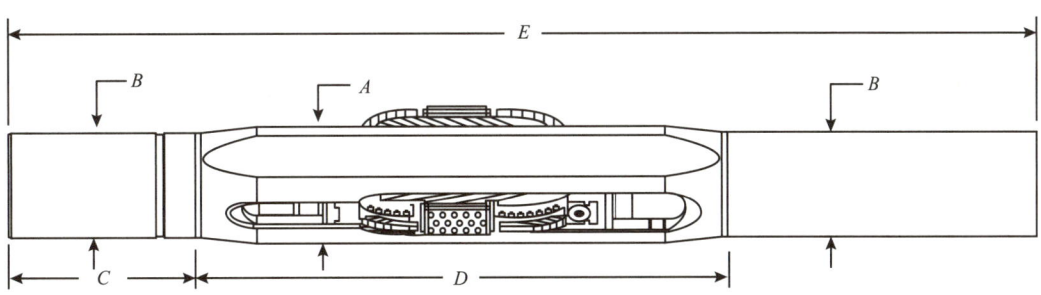

图 4-25　斯伦贝谢水力扩眼器尺寸结构示意图
A—工具外径；B—颈部直径；C—上颈部长度；D—工具长度；E—总长度

三、使用及注意事项

1. 下钻前准备

（1）工具的外观检查，包括工具外形尺寸、螺纹端面及扣型，确保刀翼完好无损。

（2）工具绘制打捞尺寸图，各尺寸确保准确无误。

（3）检查钻具组合部件，确保扩眼器以上位置钻具中无滤网等，并核查各部件内径，确保投球式扩眼器可顺利入球座。

2. 工具组装

（1）按要求组装扩眼器，清理接头螺纹并涂抹钻具螺纹脂。

（2）各系列工具按照 API 标准上扣。

（3）确保扩眼器喷嘴位于刀翼下方。

（4）禁止将大钳置于扩眼器刀翼上。

3. 入井测试

（1）随钻扩眼器每次入井前，均应开泵进行系统地面测试。

（2）缓慢开钻井泵至钻进排量，循环 3min，观察刀翼未被激活，水眼无泄漏。

（3）地面测试期间不投球，地面测试前做好安全分析，做好井口防护，避免井口落物。

4. 下钻

（1）司钻应平稳操作，匀速下放钻具，在通过分流器、防喷器、井口及套管鞋处需谨慎操作，避免对工具及设备造成冲击损伤。

（2）下钻若发生遇阻，采用上提下放活动钻具，若 2~3 次后仍无法通过，则开泵划眼通过，划眼排量小于随钻扩眼工具钻进排量。

5. 激活扩眼器

（1）钻头提离井底 1~2m，开泵循环至返出正常（正常钻进排量），记录压力，停泵，卸开钻杆，做投球准备。

（2）投激活球，在该柱钻杆上用绿色标记，接顶驱，开泵送球，确保不超过要求的泵送排量及泵压。为确保投球顺利入球座，泵送距离及排量至关重要，服务商计算投球到扩眼器所需的时间，在整个钻柱上部 50% 容积距离上，不超过 250gal/min，即 15.75L/s 的排量泵送球，后50%容积距离上，排量控制在150gal/min，即9.45L/s以下。

（3）建议泵送过程中上下活动钻柱，同时开转盘（转速低于50r/min）。

（4）球入球座后，观察到立管压力增加，上升至事先设定的剪切压力，剪断球座上的销钉，球座被推下，扩眼器被激活，刀片张开，水眼参与分流，观察到压降（鉴于各井不同井况，实际操作过程中可能未观察到压降，若投球时间计算无误，则继续循环10min并上下活动钻具）。

（5）详细记录投球前后钻井参数，对比扩眼器激活前后的排量、泵压等，扩眼器激活后的立管压力偏小，其差值取决于扩眼器过流面积和井下钻具组合的过流面积，扩眼器的过流面积越大，激活前后的压降越大。

6. 台肩造型

（1）确保扩眼器处于管鞋下10~15ft（3~4.5m），钻头提离井底5~10ft（1.5~3m），缓慢开启转盘至30~50r/min，逐渐提至钻进排量后，进行台肩造型，旋转并上下活动5ft（1.5m），完成台肩造型，记录造型时的悬重和扭矩。

（2）台肩造型后，可进行台肩测试再次验证扩眼器刀翼是否打开。停止旋转钻具，保持正常排量，下放扩眼器若发现遇阻，上提扩眼器发现过提现象，则说明扩眼器正常张开。

7. 随钻扩眼钻进注意事项

（1）随钻扩眼作业中，刀翼的外径不会随外力变化，扩眼器内外的压差推动活塞使刀翼保持在打开位置。

（2）按照预定的作业参数和作业程序开展随钻扩眼，根据实钻扭矩、振动及机速情况，及时调整作业参数。

（3）钻进过程中，若发生扭矩异常、蹩跳、卡钻或井漏等异常情况时，应及时分析处理。

8. 刀翼强制性关闭

（1）若工具为双投球式随钻扩眼器，起钻前可投入关闭球，强制性关闭刀翼。

（2）记录基准参数，记录强制关闭刀翼前的排量和立管压力，做投球准备。

（3）投关闭球，在该柱钻杆上用黑色标记，接顶驱，开泵送球，确保不超过要求的泵送排量和泵压。

（4）建议泵送过程中上下活动钻柱，同时开转盘（转速低于50r/min）。

（5）球入球座后，观察到立管压力增加，上升至事先设定的剪切压力，剪断球座上的销钉，球座被推下，扩眼器被强制性关闭，观察到立管压力升高。

（6）对比扩眼器刀翼关闭前后的排量、泵压等，扩眼器刀翼关闭后的立管压力偏大，其差值取决于扩眼器过流面积和井下钻具组合的过流面积，扩眼器的过流面积越大，关闭前后的压差越大。

9. 起钻

（1）作业完成后，停泵，扩眼器刀翼自动复位，正常起钻。

（2）起钻前充分循环，维护好钻井液性能。

（3）严格控制起钻速度。

（4）起钻时上提遇卡，悬重增量不超过200kN，遇卡后尝试上提下放2~3次通过，若不能通过，单投球式扩眼器开泵倒扩划眼通过，双投球式扩眼器刀翼强制性关闭后，正常开泵倒划眼通过。

（5）扩眼器到达井口后，检查刀翼及水眼的情况。拍照记录，做好刀翼磨损定级及钻后分析。

10. 超参数使用的影响

（1）钻压、扭矩超参数或过拉：由于水力扩眼器为本体开槽，超过推荐参数使用将导致刀块槽变形，影响刀块回收或打开异常，严重时可能导致水力扩眼器断裂落井。因此严格参考推荐参数进行钻进，同时在入井前分析井下振动的产生，做好BHA（底部钻具组合）的优化，减少因钻具振动造成的工具疲劳、井眼质量差、扩眼率不够等不良后果。

（2）泵压超参数：水力扩眼器工作时需要不断地伸出和收回，为活动件，通过密封件将内流道与环空隔开，若钻井液压力超过工具承受极限，将导致密封失效，最终影响工具功能。

11. 异常情况处理

水力扩眼器异常情况处理见表4-17。

表4-17 水力扩眼器异常情况处理

序号	风险内容	原因	预防及应急预案
1	刀翼未张开	钻具通径不满足投球要求；下部钻具+钻头压降不满足扩眼器刀翼需要的压降	预防措施：严格对钻具进行通径规检测，并在开钻前校核水力参数，保证下部钻具和钻头的压降满足要求
2	振动大、黏滑值高	钻参不合适；掉块或缩径	预防措施：钻具组合和参数提前设计优化 应急预案：调整参数，优化钻具自身的振动
3	扭矩持续波动大	井眼缩径或掉块；机速过快，钻井液性能不能满足井眼清洁要求	预防措施：钻具组合和参数提前设计优化 应急预案：现场根据情况加强短起下并调整钻井液性能
4	泵压下降	排除地面设备、钻具刺漏或钻井液调整等原因，可能为钻头或扩眼器水眼冲蚀	应急预案：通过随钻工具信号判断，起钻检查更换水眼
5	扩眼钻速异常偏低	扩眼器或钻头切削齿磨损，特征为扭矩波动变小；蠕变缩径或井眼不清洁，特征为扭矩波动大；地层变化	应急预案：根据实际情况判断并决策，如为切削齿磨损，则起钻检查更换钻头或工具
6	刀翼无法收回	刀翼回收口被岩屑堵塞	预防措施："V"形刀块设计，利于回收；做好井眼清洁； 应急预案：在套管鞋或上部未扩眼地层底部通过施加一定拉力帮助回收
7	扩眼尺寸未达标	井眼缩径；钻速过快，井眼不规则	应急预案：测井后用水力扩眼器进行复扩
8	卡钻	沉砂卡钻；刀翼未收回；坍塌卡钻	预防措施：在堵漏前上提钻具，堵漏后进行充分循环；"V"形刀块设计，利于回收，做好井眼及刀翼的清洁 应急预案：沉砂卡钻：开关泵使刀翼张开和关闭几次，清理刀块槽中的沉砂；坍塌卡钻：在钻柱可以旋转的情况下，大排量开泵使刀块张开，缓慢倒划解卡；刀翼未收回：参考第6条处理方法

第三节 减振器

井下钻具的振动给钻井工作带来一系列危害，使钻头先期破坏，并引起钻杆、钻铤等钻工具疲劳失效事故。钻井中，常用钻具减振器来吸收这种振动，维持较平稳的钻压和扭矩，从而减少钻头、钻具振动破坏，实现提高钻速和降低钻具失效目的。

一、简介

减振器是一种能减缓钻具振动的井下钻井工具。按作用方式分为单向减振器和双向减振器；单向减振器减缓纵向振动，双向减振器减缓纵向和周向振动。按减振器的减振元件分为液压减振器、机械—液压减振器。

塔里木主要是山前井一开、二开钻进，钻头尺寸17in及以上时使用减振器。使用的减振器最早是高峰产单向液压减振器、后是双向减振器。2013年以后，使用最多的是高峰机械—液压减振器和威德福、斯伦贝谢机械—液压减振器。9in及9½in减振器结构强度不足，断裂失效次数较多。11in、12in基本满足现场使用要求。总体上进口减振器综合性能稍好。各种减振器的优缺点对比见表4-18。

表4-18 各类型减振器性能对比

类型	优点	缺点	减振效果	应用范围	工作寿命
液压减振器	纵向减振，结构简单、检修方便	液压油为工作介质，易泄漏性能下降	较好	中小砾石层、软硬交错地层	短
双向减振器	纵向和扭转双向减振	结构复杂。液压油为工作介质，易泄漏性能下降	较好	中硬、中小砾石层、软硬交错地层	短
机械—液压减振器	碟簧+液压油双作用纵向减振，抗冲击能力强、性能可靠	抗扭转冲击载荷性能差	好	巨厚砾石层、硬地层、软硬交错地层	较长

二、工作原理

1. 双向减振器

1）结构及工作原理

（1）基本结构。

双向减振器基本结构如图4-26所示，包含内轴部分（心轴—冲管）、外筒部分（扶正外筒—花键外筒—油缸外筒—下接头）、心轴和花键外筒之间的一个扭矩螺旋转换机构。钻压传递是通过螺旋心轴传到螺旋花键套，再传到活塞、下接头，直到钻头。扭矩传递是通过螺旋心轴传到螺旋花键套，再传到花键外筒、下接头，直到钻头。

（2）工作原理。

钻压或钻头蹩跳压缩工作腔的硅油，硅油在压缩或膨胀过程中，活塞及螺旋花键套相对花键外筒做轴向移动，相对螺旋心轴作螺旋转动。同时阻尼腔中的非压缩液压油高速流过阻尼环隙，并产生大量摩擦热。这样的结构使钻头的扭转及冲击载荷转换为工作腔活塞的纵向分力，实现钻具纵向和周向的减振，扭矩和钻压的传递。

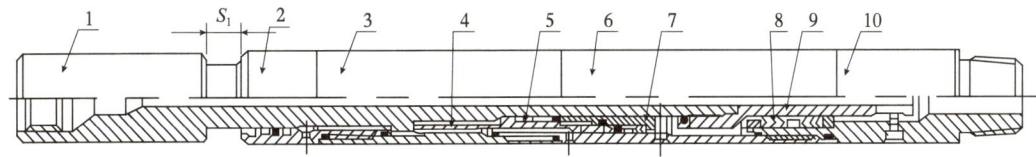

图4-26 双向减振器结构示意图

1—心轴；2—扶正外筒；3—花键外筒；4—活塞；5—隔套；6—油缸外筒；7—活塞接头；
8—密封组；9—冲管；10—下接头

2）规格参数

常用型号为SJ229（9in）、SJ279（11in）。SJ Ⅱ型双向减振器规格及性能参数见表4-19。

表4-19 SJ Ⅱ型双向减振器规格参数

参数名称	规格	
	SJ Ⅱ 229	SJ Ⅱ 279
外径（mm）	229	279
水眼（mm）	70.0	76.2
最大工作行程（mm）	120	160
活塞最大行程（mm）	203	320
环境温度（℃）	−40~150	−40~110
最大工作扭矩（kN·m）	20	30
允许最大钻压（kN）	540	600
允许上提拉力（kN）	2160	2160
总长度（mm）	5522	5580
两端连接螺纹扣型	NC61	NC77
平均刚度（kN/cm）	35	45

2. 液压减振器

1）结构及工作原理

（1）基本结构。

液压减振器基本结构如图4-27所示。减振器的心轴部分主要是由心轴和冲管组成，外筒部分是由花键外筒、油缸外筒和下接头组成。心轴与传动套之间的花键传递扭矩。减振器内部还装有阻尼活塞、高压密封装置和各连接部位的密封件，组成液压腔，液压腔注满可压缩的201-100甲基硅油，起减振作用。

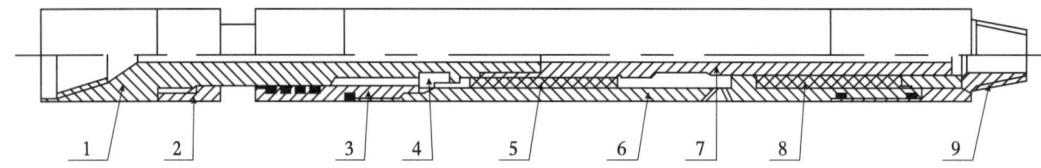

图 4-27 液压减振器结构示意图

1—心轴；2—限位套；3—花键外筒；4—半环；5—密封组；6—油缸外筒；7—冲管；8—密封组；9—下接头

（2）工作原理。

液压减振器扭矩是由上部钻具传递给心轴，通过花键传递给花键外筒、油缸外筒和下接头。钻压则来自上部钻具的重量，通过心轴上的密封组作用在硅油上，受压硅油又将钻压传至下接头和钻头上。液压减振器是利用硅油在压力作用下产生压缩变形来吸收钻头和钻具振动能量。

2）规格参数

常用型号为 YJ178（7in）、YJ203（8in）、YJ229（9in）。液压减振器规格及性能参数见表 4-20。

表 4-20 液压减振器规格系列及性能参数

参数名称	规格		
	YJ178	YJ203	YJ229
外径（mm）	178	203	229
水眼（mm）	57	64	70
最大行程（mm）	125	140	140
环境温度（℃）	-40~150	-40~150	-40~150
工作扭矩（kN·m）	15	20	20
最大工作钻压（kN）	390	490	540
允许上提拉力（kN）	1470	1960	1960
拉开总长度（mm）	3755	3899	3966
两端连接螺纹扣型	NC50	NC56	NC61
平均刚度（kN/cm）	47	43	47

3. 机械—液压减振器

1）结构、工作原理

（1）机械—液压减振器结构。

国产机械—液压减振器基本结构如图 4-28 所示，由心轴、限位套、扶正套筒、花键体、上筒体、心轴接头、碟簧、延长心轴、下筒体、浮子、下接头组成。限位套装在心轴上；碟簧、浮子装在延长心轴上。心轴、心轴接头、延长心轴构成内部部件；扶正套筒、花键体、上筒体、下筒体、下接头构成外筒部件。

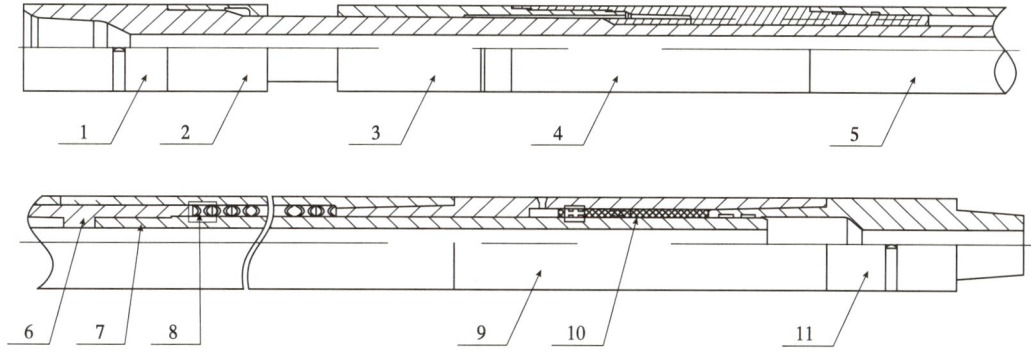

图 4-28 国产机械—液压减振器

1—心轴；2—限位套；3—扶正套筒；4—花键体；5—上筒体；6—心轴接头；7—延长心轴；8—碟簧；
9—下筒体；10—浮子；11—下接头

进口机械—液压减振器基本结构如图 4-29 所示，由上接头、压帽、延长心轴、浮动活塞、上筒体、压力调节套、碟簧、中套筒、中间心轴、花键套筒、心轴接头组成。压帽、延长心轴、浮动活塞、压力调节套、碟簧、中间心轴构成内部部件；上接头、上筒体、中套筒、花键套筒、心轴接头构成外筒部件。

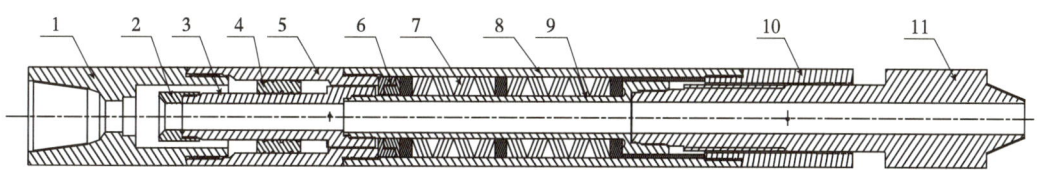

图 4-29 进口机械—液压减振器

1—上接头；2—压帽；3—冲管；4—浮动活塞；5—活塞外筒；6—弹簧力调节器；7—碟簧；8—碟簧外筒；
9—碟簧心轴；10—花键套；11—花键心轴

（2）工作原理。

机械—液压减振器是一种组合减振器，它通过两种减振元件——碟簧和硅油的压缩储能来吸收钻头的跳动和振动。碟簧是钢质的弹性元件，刚度值可以通过调整碟簧组合方式获得。硅油是液体弹性元件，刚度值可以调整灌注硅油量的多少获得。通过碟簧组合方式和增减硅油量来组合不同的刚度，从而达到最佳钻进组合要求。上部钻具的扭矩通过心轴到花键体传递到下部钻具，上部钻具的钻压通过心轴到碟簧及硅油传递到下部钻具。

进口机械—液压减振器受到钻压时，一部分由碟簧压缩产生、另一部分为浮动活塞受到钻井液压力产生，通过碟簧和活塞的压力来吸收钻头的跳动和振动。通过调节碟簧组的刚度和增减钻井泵的泵压可获得不同刚度组合，从而达到最佳钻井参数组合要求。

2）规格参数

常用型号为 DHJ229（9in）、DHJ241（9½in）、DHJ279（11in），规格及性能参数见表 4-21。

表 4-21　机械—液压减振器规格及性能参数

参数名称	国产规格			进口规格	
	DHJ229	DHJ241	DHJ279	9.5in	12in
外径（mm）	229	241	279	241	305
内径（mm）	76.2	76.2	76.2	76	83
最大工作行程（mm）	140	140	140	拉178、压76	拉178、压76
环境温度（℃）	-40~150	-40~150	-40~150	-40~150	-40~150
屈服扭矩（kN·m）	80	100	120	203	325
工作扭矩（kN·m）	20	25	30	50	60
最大钻压（kN）	800	800	800	454	500
屈服拉力（kN）	2000	2500	3000	8007	10230
接头螺纹	NC61	NC61	NC77	$7\frac{5}{8}$in REG	$7\frac{5}{8}$in REG
平均刚度（kN/mm）	35~100	35~100	35~100	50	50

三、维护及管理

1. 场地检查和起吊

（1）减振器下井前，检查外筒上标识的螺纹、最大压缩吨位、刚度，需合格。

（2）起下钻不得夹持心轴镀光部分，造成减振器报废；不得拆卸外筒连接螺纹，造成漏油及损坏。

2. 连接方式

减振器有近钻头和远钻头两种连接方式。近钻头连接方式就是减振器与钻头之间无钻铤或工具；远钻头连接方式就是减振器与钻头之间至少有一根钻铤或工具。近钻头连接方式，虽然对减振器以上的钻具具有较好的保护作用，但减振器受到横向及纵向的冲击载荷很大，诱发漏油、断裂失效，工作时间短，这一情况前期多次发生过。远钻头连接方式，减振器以下质量较大，吸收振动的能量，降低横向及纵向振动的幅度和冲击力，延长工作时间，对钻头破岩有帮助。

3. 塔里木油田推荐连接

综合考虑减振器的减振效果和工作寿命，按照钻具组合的实际情况，推荐减振器连接方式如下。

（1）钻头 +1 根钻铤 + 减振器 +……

（2）钻头 +1 根钻铤 + 减振器 + 稳定器 + 钻铤 +……

（3）钻头 +2 根钻铤 + 稳定器 + 减振器 + 稳定器 + 钻铤 +……

（4）钻头 + 垂钻工具 +1 根钻铤 + 稳定器 + 减振器 +1 根钻铤 + 稳定器 + 钻铤 +……

（5）钻头 + 垂钻工具 + 稳定器 + 减振器 +1 根钻铤 + 稳定器 + 钻铤 +……

（6）塔里木油田常用减振器钻具组合：

①钻头 +2 根钻铤（9in 或 11in）+ 稳定器 + 减振器（9in 或 $9\frac{1}{2}$in）+ 稳定器 + 钻铤 +……

②钻头 +11in 垂钻工具 +1 根钻铤（9in 或 11in）+ 稳定器 + 减振器（9in 或 $9\frac{1}{2}$in）+ MWD+ 稳定器 + 钻铤 +……

③钻头 +11in 垂钻工具 + 稳定器 + 减振器（11in 或 12in）+MWD（钻铤 9in 或 $9\frac{1}{2}$in）+

稳定器+钻铤+……在井斜大于3°纠斜情况不推荐使用。

（7）在井眼尺寸允许范围内使用最大直径的减振器，增加工具的可靠性和有效性。

（8）减振器应该在钻头允许的钻压和转速参数内使用。

（9）不同类型减振器必须按正确方向连接使用，不同类型减振器心轴的朝向不同。

4. 下钻

（1）确定减振器安放位置，备好转换接头。

（2）下井前检查全部油堵是否松动或漏油。

（3）在钻台上用1~3根钻铤加压，测量该减振器心轴的工作行程的变化情况，检查磨损使用情况，并做好记录。

5. 钻进

（1）钻进过程中，要求详细记录钻进参数和分析井下情况。

（2）操作平稳，发生顿钻、溜钻等异常情况时，应及时起钻检查。

（3）在井底瞬间阻卡的情况下，井底钻具冲击扭矩可能上升到井口扭矩的3倍多，造成过扭失效，应实时调整钻井参数。

6. 超参数使用的影响

减振器的主要作用是吸收钻头及钻具在钻进过程中的纵向振动，工具零件承受大量的交变载荷，因此应严格控制工具的操作参数，减少疲劳的产生，防止工具断裂。

（1）钻压或上提拉力超参数：减振器的轴与壳体间由一串碟簧连接，过拉或钻压过大都将对碟簧造成不可逆的破坏，影响后续的减振效果，严重时将导致花键心轴断裂，造成井下事故。

（2）扭矩及扭转/侧向振动超参数：由于减振器工况的影响，工具上端将承受大量的轴向交变载荷，如果扭矩或者扭转/侧向振动超参数，将非常容易导致超过零部件材料的屈服极限，产生断裂的风险。

7. 异常情况处理

机械式减振器没有激发装置，钻进过程中都在持续工作，不需要判断工具的工作状态。使用过程中关注泵压和悬重变化，如果出现泵压和悬重的双双降低，立刻起钻检查。

8. 起钻

（1）减振器每次起出井口时，清洗心轴及外筒；检查油堵是否松动或脱落，各部螺纹连接部位有无刺扣、黏扣、裂纹、本体磨损、弯曲变形等现象。

（2）在钻台上用下井时同样的方法测量工作行程的变化，若工作行程比下井前小25mm以上，则说明液压密封出现故障，应停用回收。

（3）双向减振器在钻台上增加心轴回转角度测量。在转盘上用内钳咬住花键外筒，用外钳咬住上接头，用一道猫头绳顺时针转动一定角度，当猫头绳松开后，测量心轴回转角度。若心轴回转角度偏差超过45°，则停用回收。

9. 维护、管理

（1）减振器上下钻台及搬运时，要戴好护丝，吊、放要平稳。

（2）在场地摆放检查时，用3~4根木方或钢管把减振器垫平。

（3）井下钻具严重振动及蹩跳工况，纯钻时间不超过150h。

（4）井下钻具具有明显振动及蹩跳工况，纯钻时间不超过200h。

(5)井下钻具振动及蹩跳不明显工况,纯钻时间不超过300h。

(6)减振器使用未到时间,但在起钻后发现损伤、弯曲、漏油,应停用回收。

(7)减振器外径磨损超过表4-22规定,应停用回收。

表4-22 外径磨损极限

规格(mm)	229	241	279
直径磨损量(mm)	10	11	12

四、减振器改进

2013年在博孜区块上部巨厚砾石层钻井作业中,由于蹩跳钻特别严重,1月至4月,在单套累计使用时间少于24d、累计进尺小于720m的情况下,7套11in国产机械—液压减振器因心轴花键侧面严重磨损、宽度变窄而报废,如图4-30和图4-31所示。具体使用情况见表4-23。

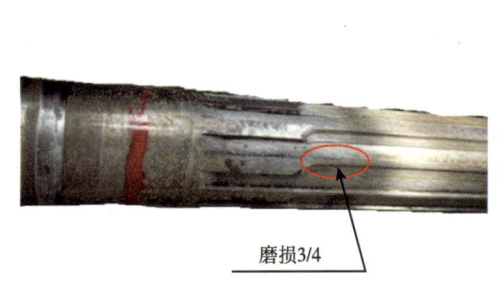

图4-30 外花键磨损

图4-31 内花键磨损

表4-23 11in减振器使用统计表

产品编号	使用次数	使用日期	累计使用时间(d)	使用井段(m)	累计进尺(m)	花键磨损情况
2012001	第1井次	2月4日至2月22日	23	746~1173	536	1/3
	第2井次	4月5日至4月10日		2393~2502		3/4
2012002	第1井次	3月7日至3月25日	24	1619~2174	703	1/4
	第2井次	4月2日至4月8日		2354~2502		3/4
2012003	第1井次	2月23日至3月6日	11	1173~1606	433	3/4
2012004	第1井次	1月3日至1月7日	20	57~193	594	1/4
	第2井次	2月17日至2月28日		1158~1426		1/3
	第3井次	3月27日至4月1日		2164~2354		3/4
2012006	第1井次	2月9日至2月14日	24	951~1113	720	1/4
	第2井次	3月7日至3月26日		1606~2164		3/4
2012007	第1井次	3月25日至4月5日	11	2174~2393	219	1/3

通过对失效减振器进行分析，认为造成减振器失效的原因为：

（1）花键接触侧面单位面积压力大；

（2）花键接触侧面硬度不足；

（3）花键接触侧面光洁度不足。

针对上述问题，技术人员提出以下改进措施：

花键接触侧面粗糙度从 6.3μm 提高到 3.2μm。提高花键接触侧面的硬度，从 HRC30 提高到 HRC45 以上。

常见提高金属表面硬度的工艺有渗碳、氮化、QPQ、淬火等。

淬火的种类也很多，对比分析激光淬火技术优势明显：

（1）易于实现局部、非接触式处理，特别适于少量复杂精密零件的表面硬化；

（2）热影响区小，加热和冷却速度快，对基材的性能及尺寸影响小；

（3）淬火组织细小，硬化层深度为 0.2~0.5mm。

基于上述情况，为提高减振器心轴耐磨性，一方面对接触侧面进行激光淬火，淬火硬度 HRC50，如图 4-32 所示；另一方面花键接触侧面粗糙度提高到 3.2μm。为此，修订减振器订货技术条件，将该两项要求进行固化。

（a）外花键激光淬火　　　　　　　　　（b）内花键激光淬火

图 4-32　激光淬火

2013 年，对后续 30 多套减振器配装改进的花键心轴，在多井次使用中，心轴花键的侧面磨损轻微。全部使用 6 井次以后，未发生磨损报废情况。

五、减振器现场试验

1. 试验用减振器简介

通过现场使用，对比国产减振器，斯伦贝谢提供的碟簧机械—液压减振器具有如下特点：

（1）适用钻压范围广，抗冲击载荷能力强；

（2）井下寿命长（200h 以上）；

（3）结构简单，方便检修和维护保养。

减振器长度 3.97m，外径 241.3mm，内径 76mm；拉力 222kN 时行程 178mm、压力 222kN 时行程 76mm；最高工作温度 150℃；最大工作扭矩 50kN·m；最大钻压 454kN；允许上提拉力 8007kN；允许扭矩 203kN·m；接头螺纹 7⅝ in REG。

2. 下部钻具组合设计

（1）推荐钟摆钻具组合：17½in 钻头 +730×730 转换接头 +9½in 减振器 +731×NC61 转换接头 +9in 螺旋钻铤 ×2 根 +17½in 钻具稳定器 +9in 螺旋钻铤 ×1 根 +17½in 钻具稳定器 +9in 螺旋钻铤 ×2 根 +NC61×NC56 转换接头 +8in 螺旋钻铤 ×14 根 + 随钻震击器 +8in 螺旋钻铤 ×3 根 +NC56×NC50 转换接头 + 加重钻杆 ×15 根 + 钻杆。

（2）推荐垂钻钻具组合：17½in 钻头 + 垂钻工具 +17½in 钻具稳定器 + 浮阀 + 转换接头 +9½in 减振器 + 转换接头 +MWD+ 转换接头 +17½in 钻具稳定器 +9in 螺旋钻铤 ×2 根 +NC61×NC56 转换接头 +8in 螺旋钻铤 ×14 根 + 随钻震击器 +8in 螺旋钻铤 ×3 根 + NC56×NC50 转换接头 + 加重钻杆 15 根 + 钻杆。

3. 现场试验及效果分析

2020 年 4 月至 10 月，8 套斯伦贝谢减振器在库车山前 8 口井开展了应用，结果见表 4-24。

表 4-24 减振器砾石层钻进现场应用情况

序号	工具	试验井号	实验时间	试验井段（m）	较邻井钻压提升（%）	机械钻速（m/h）	钻具组合
1	第一套	博孜 17	4月10日至4月20日	249~753.5	70	2.84	钟摆
2	第二套	博孜 17	4月20日至4月30日	井段1：753.5~849 井段2：849~1059.5	47	2.84	井段1钟摆，井段2垂钻
3	第三套	博孜 24	8月5日至8月19日	井段1：2642~2828 井段2：2828~2956	38	2.13	钟摆
4	第四套	博孜 1801	9月16日至9月22日	井段1：1000~1295 井段2：1950~2185	23	1.91	垂钻
5	第五套	博孜 1801	9月22日至10月6日	井段1：1295~1618 井段2：1618~1888	提前50d二开中完	2.68	垂钻
6	第六套	博孜 1801	10月6日至10月12日、10月23日至10月31日	井段1：1888~2158 井段2：2466~2665	37	2.15	井段1钟摆，井段2垂钻
7	第七套	博孜 1801	10月12日至10月23日	2158~2466	41	1.77	垂钻
8	第八套	大北 18	10月8日至10月16日	296~925	32	4.30	垂钻

博孜 17 井与邻井牙轮 + 双扶钻具组合钻压对比见表 4-25，博孜 1801 井与邻井牙轮 + 垂钻钻具组合钻压对比见表 4-26。

通过 8 口井砾石层的现场应用，得出结论如下：

（1）相比国产减振器，进口碟簧机械—液压减振器在砾石层钻进过程中能起到很好的减振作用。

（2）钻压提高 23% 以上，可提高机械钻速，缩短钻井周期，对钻头、钻柱有较好保护作用，减少井下事故。

（3）使用的碟簧减振器能与常规钻具和垂钻钻具组合匹配使用。

（4）使用的碟簧减振器使用寿命和工作性能能较好满足塔里木现场工况要求。

表 4-25　博孜 17 井与邻井牙轮 + 双扶钻具组合钻压对比

井号	钻具组合	井眼尺寸（mm）	钻头厂家	钻头型号	层位	井段（m）	岩性	钻压（kN）	平均钻压（kN）
博孜 12	牙轮 + 双扶	444.5	瓦瑞	HR18JMRSV	Q	235~462	砾石	56.30	92.0
博孜 301		444.5	瓦瑞	HR14JMRSV	N_2k	536~586	砾石	100.00	
			瓦瑞	HR34JMRSV	N_2k	712~908	砾石	140.00	
博孜 302		444.5	江汉	SKH517G	Q	228~335	砾石	89.18	
			宝石	JTH517G	Q	446~489	砾石	70.83	
博孜 17	牙轮 + 减振器 + 双扶	444.5	史密斯	G30	Q_1x	249~753	砾石	157.80	157.8

表 4-26　博孜 1801 井与邻井牙轮 + 垂钻钻具组合钻压对比

井号	钻具组合	井眼尺寸（mm）	钻头厂家	钻头型号	层位	井段（m）	岩性	钻压（kN）	平均钻压（kN）
博孜 18	牙轮 + 垂钻	444.5	瓦瑞	VM-28GDXO	N_2k	1012~1354	砾石	151	139.3
博孜 2		444.5	瓦瑞	HR34JMRSV	N_2k	1529~1720	砾石	120	
博孜 10		444.5	江汉	HJ537	Q	977~1347	砾石	147	
博孜 1801	牙轮 + 垂钻 + 减振器	444.5	史密斯	G30	N_2k	1000~1295	砾石	171	171.0

第四节　随钻震击器

一、简介

钻井过程中，由于各种原因造成的钻具卡在井内不能自由活动的现象，称为卡钻，这是钻井工作中一种常见的事故。主要有键槽卡钻、沉砂卡钻、井塌卡钻、压差卡钻、缩径卡钻、落物卡钻、砂桥卡钻、泥包卡钻及钻具脱落下顿卡钻等。地层构造情况不清、钻井液性能不良、操作不当等都可能造成卡钻，必须针对具体情况进行分析，以便有效地解卡。

随钻震击器是一种接在钻具下部，可按需产生向上和向下震击力，解除钻具阻卡的工具。塔里木山前井使用随钻震击器较多，台盆区井使用较少。随钻震击器按工作元件类别可分为全机械式、机械—液压式、全液压式三种。塔里木使用的随钻震击器最早是高峰产分体式上下震击器，后是全机械震击器、机械—液压震击器、全液压震击器。使用的进口震击器有威德福和哈里伯顿机械—液压震击器、斯伦贝谢液压震击器。

全机械式随钻震击器的工作元件为卡瓦副，液压油起润滑作用。全液压式随钻震击器的工作元件为节流阀，液压油起工作介质和润滑作用。机械—液压式随钻震击器工作元件为卡瓦副和节流阀的组合，液压油起工作介质和润滑作用。液压油温度越高黏度越低，作为工作介质时，流过节流阀的节流阻力越低。优良结构的节流阀具备温度补偿功能，保证液压式随钻震击器延长工作时间，以减轻液压油黏度降低对液压式随钻震击器震击效果的影响。不同结构随钻震击器具有不同的优缺点，优缺点对比见表4-27。

表4-27 随钻震击器优缺点对比表

类型	优点	缺点
机械式	（1）震击力相对稳定，不受腔内液压油温度、污染、漏失的影响； （2）内腔无高压，易于密封，易于维修	（1）震击力大小不可调，不能满足不同工作吨位要求； （2）细牙卡瓦副，啮合困难，导致无法回位锁紧不震击； （3）震击次数增加，卡瓦副磨损加剧、震击力下降明显
液压式	（1）震击力大小可调，能满足不同工作吨位要求； （2）震击次数增加，震击力下降不明显	（1）震击力受液压油温度的一定影响，污染、漏失的明显影响； （2）内腔存在高压，密封困难、维修困难
机械—液压式	（1）机械工作元件为粗牙卡瓦副，易啮合，液压部震击力大小可调，能满足不同工作吨位要求； （2）震击次数增加，液压部分震击力下降不明显	（1）震击力受液压油温度的一定影响，污染、漏失的明显影响； （2）内腔存在高压，密封困难

二、结构、工作原理

1. 全机械式随钻震击器

1）结构

以高峰Ⅱ型随钻震击器为例，整体结构如图4-33所示。锁紧状态如图4-34所示，卡瓦内齿与卡瓦轴外齿啮合、卡瓦外齿与卡瓦套内齿脱开，卡瓦轴不能向上或向下移动，随钻震击器处于锁紧状态。解锁状态如图4-35所示，卡瓦内齿与卡瓦轴外齿脱开、卡瓦外齿与卡瓦套内齿啮合，卡瓦轴可以向上或向下移动，随钻震击器处于解锁状态。

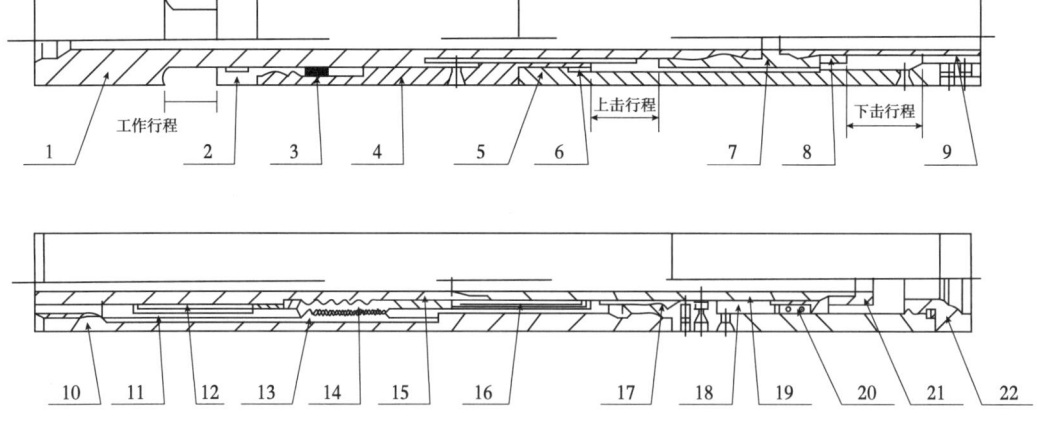

图4-33 高峰Ⅱ型随钻震击器

1—心轴；2—压紧螺母；3—扶正套；4—花键体；5—下控制套筒；6—上击垫；7—心轴接头；8—下击垫；9—下调节套筒；10—中间套筒；11—间隔套；12—弹性套A；13—卡瓦套；14—卡瓦；15—卡瓦轴；16—弹性套B；17—上调节套筒；18—上控制套筒；19—延长轴；20—密封圈；21—终端压帽；22—上接头

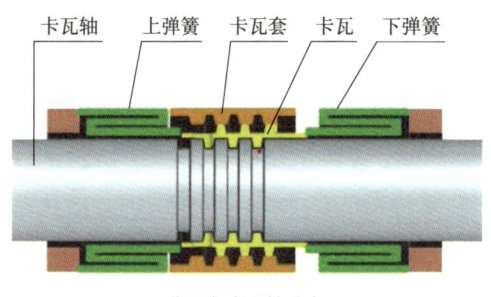

图 4-34 锁紧状态示意图

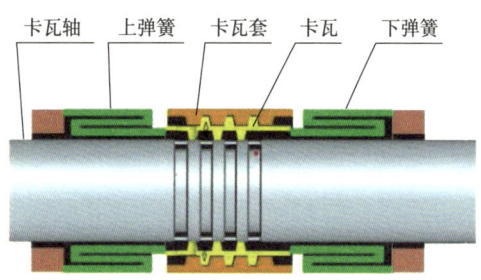

图 4-35 解锁状态示意图

2)性能参数

全机械式随钻震击器性能参数见表 4-28。

表 4-28 全机械式随钻震击器性能参数

参数名称	规格		
	4¾in（5in）	6¼in（7in）	8in
外径（mm）	121（127）	159（178）	203
水眼（mm）	51.4	57.0	71.4
总长（mm）（锁紧位置）	6343	6535	7244
上击行程（mm）	198.0	152.0	144.5
下击行程（mm）	205.0	162.0	176.5
接头螺纹	NC35（NC38）	NC46（NC50）	NC56
最大抗拉负荷（kN）	1400	2200	2500
最大工作扭矩（kN·m）	13	15	20
开泵面积（cm²）	60	100	176
最大上击卡瓦工作吨位（kN）	489	622	806
最大下击解卡瓦工作吨位（kN）	266	355	444

3)工作原理

(1)上击过程。

上拉或下放心轴，使随钻震击器处于锁紧位置，上提钻具，受上弹簧作用，迫使钻具储能。当拉力增大、达到预定解锁力后，卡瓦上行张开，解除锁紧状态，卡瓦轴滑出，心轴上的打击面碰撞筒体内的打击面，产生上击。重复上述过程，可使工具再次上击。

(2)下击过程。

上拉或下放心轴，使随钻震击器处于锁紧位置，下放钻具，受下弹簧作用，迫使钻具储能。当压力增大、达到预定解锁力后，卡瓦下行张开，解除锁紧状态，卡瓦轴滑出，心轴上的打击面碰撞筒体内的打击面,产生下击。重复上述过程,可使工具再次下击。

2. 机械—液压随钻震击器

1)结构

哈里伯顿随钻震击器是机械—液压结构的一种,结构示意图如图4-36所示。工作元件为节流阀+卡瓦副的组合。卡瓦轴、卡瓦、碟簧等组成机械结构,位于随钻震击器上部;节流阀、阀心轴、活塞等组成液压结构,位于随钻震击器下部;机械结构+液压结构形成机械—液压组合式震击结构。

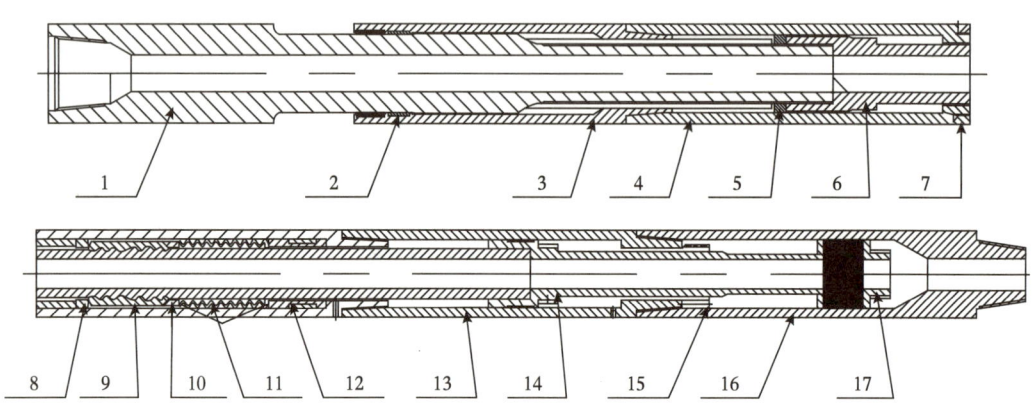

图4-36 机械—液压随钻震击器结构示意图

1—花键心轴;2—扶正套;3—花键外筒;4—连接外筒;5—上击垫;6—卡瓦心轴;7—卡瓦外筒;8—上锁环;9—卡瓦;10—下锁环;11—碟簧;12—吨位调节器;13—阀心轴外筒;14—阀心轴;15—节流阀;16—阀外筒;17—活塞

2)性能参数

机械—液压随钻震击器性能参数见表4-29。

表4-29 机械—液压随钻震击器性能参数

参数名称	规格			
	4¾in	6½in	6⅞in	8in
外径(mm)	121	165	175	206
水眼(mm)	51.4	57.0	70.0	70.0
锁紧位置总长(mm)	6250	6530	6610	6810
最大液压延时拉力(kN)	420	780	790	1030
上击卡瓦工作吨位(kN)	220	360	360	400
下击卡瓦工作吨位(kN)	110	180	180	200
上击行程(mm)	290	280	280	280
下击行程(mm)	152	134	152	152
最大抗拉负荷(kN)	1300	2900	3400	4250
最大工作扭矩(kN·m)	13	15	20	20
屈服扭矩(kN·m)	20.5	49.5	58.5	95.0
接头螺纹	NC35	NC46	NC50	NC56

3）工作原理

如图4-37所示，卡瓦内齿与卡瓦轴外齿啮合、卡瓦侧斜面与上下锁环通过碟形弹簧楔紧，卡瓦轴不能向上或向下移动，随钻震击器处于锁紧状态。如图4-38所示，卡瓦轴向上或向下运行，压缩碟形弹簧，卡瓦径向张开及上下锁轴向张开，卡瓦内齿与卡瓦轴外齿脱开、卡瓦轴可以向上或向下移动，随钻震击器处于解锁状态。

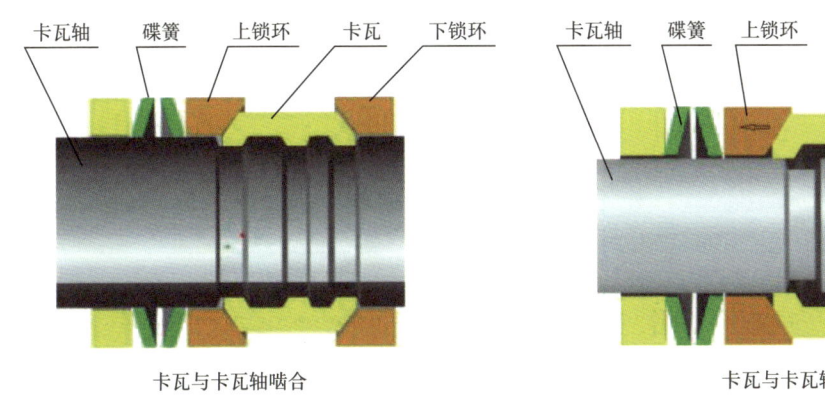

图 4-37　锁紧状态示意图　　　　　　图 4-38　解锁状态示意图

（1）上击工作过程。

下放钻具使随钻震击器完全关闭（处于锁紧位置），按一定吨位上提钻具，迫使碟簧储能，当随钻震击器所受拉力大于随钻震击器预定上击卡瓦工作吨位时，卡瓦轴从卡瓦内滑出；继续增加上提力（不超过最大液压延时拉力），如图4-39所示，阀心轴进入节流阀封堵液压油的主通道、液压油从节流阀的阀针流过，活塞迫使液压油储能。当阀心轴完全通过节流阀，解除阻力状态，钻具中贮存的弹性势能转换成向上的动能，心轴上的打击面碰撞筒体内的打击面，产生上击。重复上述过程，可使工具再次上击。

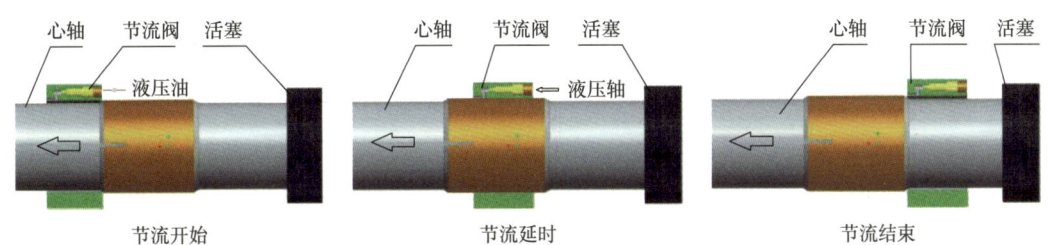

图 4-39　工作过程示意图

（2）下击工作过程。

上提钻具使随钻震击器完全关闭（处于锁紧位置），继续下放钻具，使碟簧压缩贮能，当随钻震击器所受压力大于随钻震击器预定下击卡瓦工作吨位时，卡瓦轴从卡瓦内滑出，解除锁紧状态，心轴上的打击面碰撞筒体内的打击面，产生下击。重复上述过程，可使工具再次下击。

3. 全液压随钻震击器

1）结构

全液压随钻震击器外形如图4-40所示，由心轴接头、驱动外筒、驱动销、过渡接头

A、前液缸、内接头、上活塞、上心轴、上旁通孔、上液缸、上固定帽、上节流阀、中间心轴、过渡接头 B、中间液缸、中间活塞、下旁通孔、下活塞、过渡接头 C、下液缸、下心轴、下节流阀、下固定帽、下接头组成。其中心轴接头、驱动销、内接头、上活塞、上心轴、上固定帽、上节流阀、中间心轴、中间活塞、下活塞、下心轴、下节流阀、下固定帽连接成内部组件；由驱动外筒、过渡接头 A、前液缸、上液缸、过渡接头 B、中间液缸、过渡接头 C、下液缸、下接头连接成外筒组件；心轴接头的扭矩通过驱动销传递到驱动外筒；上旁通孔和下旁通孔平衡内外腔的压力。

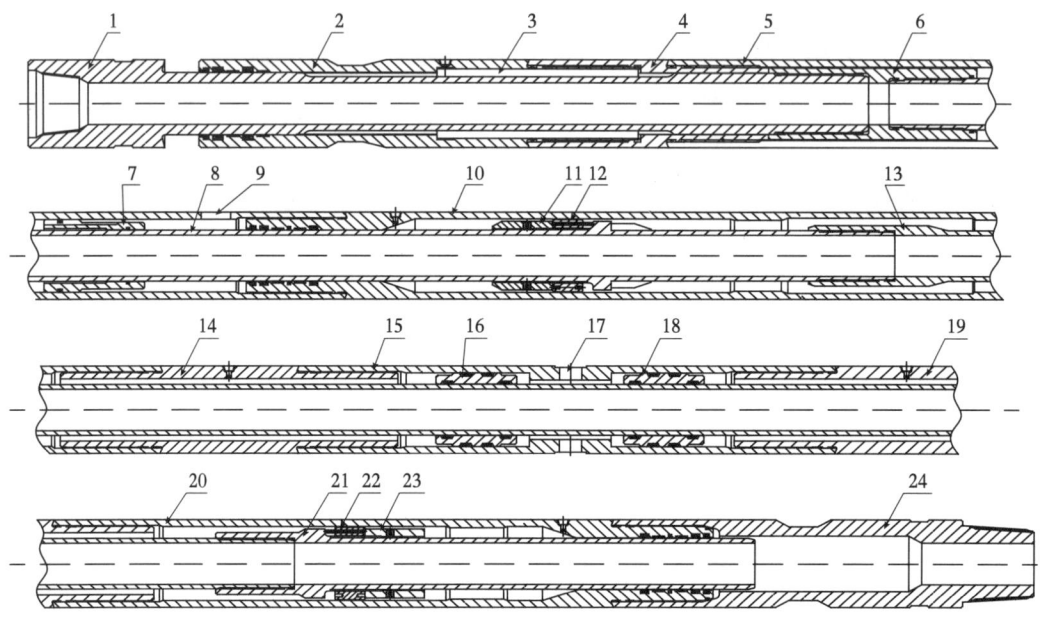

图 4-40 全液压随钻震击器

1—心轴接头；2—驱动外筒；3—驱动销；4—过渡接头 A；5—前液缸；6—内接头；7—上活塞；8—上心轴；9—上旁通孔；10—上液缸；11—上固定帽；12—上节流阀；13—中间心轴；14—过渡接头 B；15—中间液缸；16—中间活塞；17—下旁通孔；18—下活塞；19—过渡接头 C；20—下液缸；21—下心轴；22—下节流阀；23—下固定帽；24—下接头

2）性能参数

全液压随钻震击器性能参数见表 4-30。

表 4-30 全液压随钻震击器性能参数

参数名称	规格		
	4¾in	6¼in	8in
外径（mm）	121	159	203
水眼（mm）	57	70	76
伸出的全长（mm）	9093	9499	9754
上击行程（mm）	203	203	203
下击行程（mm）	178	178	178

续表

参数名称	规格		
	4¾ in	6¼ in	8 in
总行程（mm）	635	635	635
接头螺纹	NC35	NC46	NC56
抗拉屈服强度（kN）	2046	3247	7117
抗扭屈服强度（kN·m）	28.5	67.8	160.0
最大液压延时拉压力（kN）	356	667	1334

3）工作原理

全液压式随钻震击器无卡瓦锁紧机构，无上击或下击卡瓦工作吨位。

（1）上击工作原理。

下放钻具使随钻震击器完全关闭，按一定吨位上提钻具（不超过最大液压延时拉力），阀心轴进入节流阀封堵液压油的主通道、液压油从节流阀的阀针流过，活塞迫使液缸储能。阀心轴通过节流阀的过程，即为延时工作过程。当阀心轴完全通过节流阀，解除阻力状态，钻具中贮存的弹性势能转换成向上的动能，心轴上的打击面碰撞筒体内的打击面，产生上击。重复上述过程，可使工具再次上击。

（2）下击工作原理。

与上击原理相同，上提钻具使随钻震击器完全关闭，下放钻具，产生下击。重复上述过程，可使工具再次下击。

三、使用、维护管理

钻具上提或下放时，震击器将受到拉力或压力的作用，拉力或压力达到出厂设定工作吨位时，震击器将产生向上或向下的震击。震击器震击时，按钻具长度的不同，整个钻具的冲击力可达震击器工作吨位的3~5倍。冲击力最终作用在钻具卡点上，达到解卡的目的。

1. 震击器使用

1）全机械式

（1）场地检查、调节和起吊。

①随钻震击器下井前，检查外筒上标识的螺纹、上击下击卡瓦工作吨位，需合格。

②随钻震击器发出时是处在锁紧状态（既非上击也非下击的准备状态），现场人员可根据需要调节上击和下击卡瓦工作吨位。

③调节上击卡瓦工作吨位，随钻震击器必须在锁紧状态，且上部用3~5t钻铤加压。

④卸掉下部控制筒上的锁紧螺钉和调节螺钉，用调节棒插入调节螺钉孔（逆时针转动调节套筒增加上击卡瓦工作吨位，顺时针方向则减少上击卡瓦工作吨位），从孔眼里读到字母并与工具跟踪卡对照，便可得到所需的上击卡瓦工作吨位，然后拧紧两螺钉。

⑤调节下击卡瓦工作吨位，随钻震击器必须在锁紧状态，且不受压。

⑥卸掉上部控制筒上的锁紧螺钉和调节螺钉，用调节棒插入调节螺钉孔（逆时针转动调节套筒增加下击卡瓦工作吨位，顺时针方向转动减小下击卡瓦工作吨位），从孔眼里读到字母并与工具跟踪卡对照，便可得到所需下击卡瓦工作吨位，然后拧紧两螺钉。

⑦调节上击、下击卡瓦工作吨位，不得超过规定值。

⑧检查并上紧调节螺钉和锁紧螺钉。

（2）连接。

①推荐从下向上的钻具组合如下：钻铤（加重钻杆）+挠性接头+随钻震击器（心轴端向下）+钻铤（加重钻杆）。

②随钻震击器不能直接连接在扶正器上，至少在扶正器上有两根钻铤。

③随钻震击器连接应该避开钻具中的B型转换接头，应位于B型转换接头上或下至少两个单根。

④随钻震击器以上应该接入足够数量的钻铤、加重钻杆以提供足够的下击驱动力。

⑤在容易出现压差卡钻的地层，随钻震击器应安装在井下钻具组合相对靠上的位置，以防止随钻震击器以上钻具发生卡钻。

⑥在容易出现机械卡钻的区域，随钻震击器在井底钻具组合中的安装位置可以相对靠下，以提高随钻震击器的工作能力。

⑦随钻震击器不应连接在钻具悬重中和点部位，如果错误连接在中和点上，交替承受的拉压载荷使其在短时间内损坏。

⑧随钻震击器应连接在钻具悬重中和点以上的受拉部位，并承受最少50kN的拉力。

⑨若因设计等原因，随钻震击器需要安装在受压部位时，承受压力为30~50kN。

（3）起下钻。

①将随钻震击器用提升短节吊上钻台，严防碰击。

②螺纹涂螺纹脂，按相同规格尺寸钻铤的上扣扭矩将随钻震击器连接在钻具上。

③起下钻过程中，不应将任何夹持吊装工具卡在心轴部位，以防损坏心轴。

④下钻时，严格控制下放速度，应先开泵循环，再缓慢下放，防止下放遇阻或直通井底造成"人为下击"；若已产生下击，向上轻提钻具，将卡瓦回位锁紧，暂停作业数分钟，严禁猛提钻具。

⑤若起下钻过程中遇卡，可启动随钻震击器解卡。

⑥随钻震击器起出钻台面时，应把外筒、心轴、油堵冲洗干净，检查密封件、油堵是否完好、上紧。

⑦随钻震击器停用时，应将外筒、心轴、油堵冲洗干净，然后将心轴镀铬面擦干涂上甲基或锂基黄油，两端接头戴好护丝。

（4）正常钻进。

①随钻震击器在受拉状态下钻进为最佳工作状态，当随钻震击器下部拉力不大于随钻震击器上击卡瓦工作吨位的一半时可在锁紧状态下工作。

②钻进时，若随钻震击器受压，上提钻具在下部钻具重力作用下，有可能产生向上震击。

③无论随钻震击器在受拉或受压状态下钻进，都必须送钻均匀，严防溜钻或顿钻。

④钻进时，如井下阻卡严重，钻具井底扭矩可能上升到井口扭矩的3倍多，造成过扭

失效，应实时调整钻井参数。

（5）连续上震击。

①井斜和狗腿的大小影响随钻震击器震击效果；如井斜和狗腿过大，随钻震击器可能无法回位锁紧，导致不震击。

②当钻具发生卡钻事故需上击时，下放钻具直到随钻震击器受压 3~5t，使随钻震击器回位锁紧，如已为锁紧状态则不进行此步骤。

③以适当拉力上提钻具，直到随钻震击器受到的拉力达到一定值（大于随钻震击器以上钻具悬重加上随钻震击器调定的上击卡瓦工作吨位），随钻震击器将产生上击。实际上击操作需考虑井壁摩擦阻力、钻井液阻力、开泵效应产生的影响。

④随钻震击器上击后，重复上述步骤可继续向上震击。

（6）连续下震击。

①当发生事故需下击时，与上击时回位锁紧方法相同，使随钻震击器回到"锁紧"位置（已处于锁紧状态的随钻震击器不进行此步骤）。

②以适当速度下放钻具，直到随钻震击器受到压力大于随钻震击器调定的下击卡瓦工作吨位，随钻震击器将产生下击。实际下击操作需考虑井壁摩擦阻力、钻井液阻力、开泵效应产生的影响。

③随钻震击器下击后，上提钻具随钻震击器受到拉力 30~50kN，使随钻震击器回位锁紧，重复上述步骤可继续向下震击。

（7）连续上击下击。

当上击产生后，下放钻具随钻震击器受压回位锁紧，继续增加压力，将产生下击；当下击产生后，上提钻具随钻震击器受拉回位锁紧，继续增加拉力，将产生上击。重复操作将连续上击下击。

（8）故障排除。

①上击不工作：没有回位锁紧，可加大回位力、延长回位时间或停止循环钻井液，使随钻震击器易于回位锁紧；弯曲井眼中，井壁摩擦阻力大，可能是随钻震击器上部钻具受阻，可延长提拉时间或加大提拉力。

②下击不工作：没有回位锁紧，可加大回位力、延长回位时间或开泵循环钻井液，使随钻震击器易于回位锁紧；井眼弯曲或井深，钻具重力没有传递到随钻震击器上，须增加下放力。

2）机械—液压式

（1）场地检查。

检查外筒上标识的螺纹、上击下击卡瓦工作吨位，延时时间，需合格。

（2）连接。

推荐的从下向上钻具组合如下：钻铤（加重钻杆）+ 随钻震击器（心轴端向上）+ 挠性接头 + 钻铤（加重钻杆）。

（3）正常钻进。

正常钻进作业中，哈里伯顿随钻震击器处于锁紧状态，为保证一定的安全系数，随钻震击器实际承受的载荷不得超过上击或下击卡瓦工作吨位的 50%。在钻井液循环、钻头水力压降不同的情况下随钻震击器的上击、下击实际需要的卡瓦工作吨位有所变化，延时过程不得超过最大液压延时拉力。

（4）上击操作。

下放钻具，直到随钻震击器受压力 3~5t，使随钻震击器回位锁紧，如已为锁紧状态则不进行此步骤。以适当拉力上提钻具，使随钻震击器受到需要的拉力（大于上击卡瓦工作吨位），锁住绞车等待（1min 左右）随钻震击器产生上击。随钻震击器上击强度由提升吨位控制。开始应用较低提升吨位，以后逐渐增加，在同一提升吨位上应多次震击以加强作用效果。随钻震击器受到的最大拉力不得超过最大液压延时拉力的规定。

（5）下击操作。

下放钻具，使随钻震击器所受压力超过下击卡瓦工作吨位即产生下击。随钻震击器下击后，提升钻具，使提升拉力大于随钻震击器上部钻具重量 3~5t，使随钻震击器回位锁紧，重复上述步骤可继续向下震击。

（6）操作注意事项。

随钻震击器震击频率为 2~6 次 /h；多次震击后需降低震击频率，以降低液压油温度，减轻震击力的衰减。

3）全液压式

（1）场地检查。

下井前检查：检查外筒上标识的螺纹、延时时间，需合格。随钻震击器在存放、运输过程中安全夹子要一直装在心轴上。

（2）连接。

全液压式随钻震击器最适宜连接在钻具悬重中和点以上，但可以下到中和点以下，应避开中和点位置。随钻震击器外径应该小于或等于钻铤和下部钻具组合的直径。

①在受拉状态下连接。

全液压式随钻震击器连在钻具中和点之上，在受拉状态下入井，通过增加或减少随钻震击器下的钻铤来调节钻压大小。

②在受压状态下连接。

全液压式随钻震击器连在钻具中和点之下，在随钻震击器上、下连接足够的钻铤，以提供所需的钻压及下击力。

（3）起下钻。

①起下钻过程，不允许将任何夹持吊装工具卡在心轴光亮部分。

②将全液压式随钻震击器用提升短节吊上钻台，严防碰撞；两端螺纹均匀涂上钻具螺纹脂，卸掉心轴部位的安全夹子，按相同规格尺寸钻铤上扣扭矩将随钻震击器连接在钻具上。

③下钻时应先开泵循环，再缓慢下放，防止下放遇阻或直通井底造成"人为下击"。若在下钻过程中发生遇卡情况，可启动全液压式随钻震击器实施上击解卡。

④全液压式随钻震击器起出钻台面时，处于伸长状态，在心轴上装上安全夹子，排放立柱时，随钻震击器应该在立柱的顶部。

⑤施加钻压。下钻过程中，全液压式随钻震击器处于拉开状态，为避免下击，必须遵循下列步骤。当钻头接近井底时，缓慢下放钻具。当钻头探到井底时（指重表将显示钻具重量的轻微减小），继续缓慢下放钻具，时间控制在 3min 以上，让随钻震击器完全

关闭而不引起下击。当随钻震击器完全关闭时(指重表指针有微小的摆动),可以按需要施加钻压。

⑥接单根或起钻。在接单根或起钻时,全液压式随钻震击器被拉开,为避免产生上击,则应遵循以下步骤。缓慢上提钻具离开井底,让随钻震击器拉开而不引起上击。当随钻震击器完全拉开时(指重表指针有微小的摆动),这表明工具处于拉开状态,并且可以继续正常地接单根和起钻作业。

(4)正常钻进。

正常钻进时,全液压式随钻震击器受到拉力足够大,以防钻压的变化,随钻震击器受拉状态发生改变产生震击;在随钻震击器上保持一定的钻杆或钻铤重量,以提供一个有效的下击力。

(5)上击操作。

下放钻具,使全液压式随钻震击器关闭,在不超过规定的最大液压延时拉力范围内,按从小到大吨位顺序上提钻具,随钻震击器延时一定时间后,产生上击。重复上述过程,可使工具再次上击。

(6)下击操作。

上提钻具,使全液压式随钻震击器拉开,在钻具弯曲安全、不超过规定的最大液压延时压力范围内,按从小到大吨位顺序下放钻具,随钻震击器延时一定时间后,产生下击。重复上述过程,可使工具再次下击。

(7)连续上、下击操作。

在不超过规定的最大液压延时拉压力范围内,上提钻具,全液压式随钻震击器延时一定时间后,产生上击。继续上提钻具,使随钻震击器完全拉开。下放钻具,随钻震击器延时一定时间后,产生下击。继续下放钻具,使随钻震击器完全关闭。重复上述过程,可使工具产生连续上、下震击。

(8)震击周期。

全液压式随钻震击器受到的拉力及压力大小决定液压延迟时间长短,随钻震击器震击频率为2~6次/h;多次震击后需降低震击频率,以降低液压油温度,减轻震击力的衰减。

(9)提高震击效率。

钻井泵的泵压不影响上击力,但会减小下击力;因此,在下击作业开始前,应该关泵或减少泵压。在全液压式随钻震击器上放置适当数量钻铤,能提供最适宜的下击力,也可以减少钻具弯曲损坏的可能性。在全液压式随钻震击器上放置加速器,加速器可以增加随钻震击器的震击力,并且保护钻具免受破坏性的冲击载荷。

2. 维护管理

(1)随钻震击器上下钻台及搬运时,要戴好护丝,吊、放要平稳。

(2)在场地摆放检查时,用3~4根木方或钢管把随钻震击器垫平。若较长时间不用时,应将裸露在外面的螺纹、心轴表面清洗干净,涂上防腐脂,戴上护丝或包好。

(3)起下随钻震击器,不得夹持心轴镀光部分,以免造成随钻震击器报废;不得拆卸外筒连接螺纹,以免造成漏油及损坏。

(4)与挠性接头配套使用的随钻震击器,挠性接头接在震击器心轴端;一方面保护震击器心轴,另一方面配齐一柱钻具的合适长度。

（5）在正常作用情况下井温高于150℃工作300h，井温为150℃以下工作400h，应停用回收。

（6）随钻震击器每次起出后，应检查，如油堵漏油和脱落，各螺纹连接部位存在刺坏、胀大，本体弯曲变形、密封件损坏漏油，应停用回收。

（7）随钻震击器外径磨损、外筒内螺纹外径胀大超过表4-31规定，应停用回收。

表4-31　外径磨损、外筒内螺纹外径胀大极限

规　格	4¾in（5in）	6¼in（7in）	8in
直径磨损量（mm）	3.17	4.76	9.33
外筒内螺纹外径胀大（mm）	1.0	1.2	1.5

四、随钻震击器改进

1. 心轴镀层改进

随钻震击器在钻井液中工作，钻井液中的硬质颗粒具有研磨性、化学成分具有腐蚀性，震击器的心轴、活塞筒等与钻井液接触部位需进行耐磨和耐腐处理。早期塔里木使用震击器采用镀铬处理，在钾聚磺饱和盐水钻井液中使用，使用一次后80%的心轴镀铬层出现脱落现象，严重者镀铬层全部脱落。镀铬层脱落，一方面脱落部位的尖角快速损坏密封件，造成密封副失效，钻井液内渗；另一方面进入震击器内腔的钻井液将造成机械震击器的卡瓦副严重磨损、液压震击器的节流阀和滤网堵塞，导致震击器不工作或报废。

与镀铬作用相同，常用的处理方法还有喷涂碳化钨（WC）、镀镍钨合金、激光熔覆合金等工艺，目前常用的主要工艺及优缺点见表4-32。

表4-32　耐磨和耐腐工艺表

镀铬		喷涂碳化钨		镀镍钨合金		激光熔覆合金	
优点	缺点	优点	缺点	优点	缺点	优点	缺点
不伤基材；工艺成熟；应用广泛	镀层与基体结合强度一般，耐磨一般，不耐腐，不耐钾聚磺饱和盐水钻井液腐蚀	不伤基材；工艺成熟；硬度高，耐磨，耐钾聚磺饱和盐水钻井液腐蚀	镀层与基体结合强度一般，易碎裂，存在孔隙，工件变形	不伤基材；工艺成熟，耐磨，耐钾聚磺饱和盐水钻井液腐蚀	小批量生产价格高	单件生产价格低，耐磨一般，耐钾聚磺饱和盐水钻井液腐蚀	表面微焊接，伤基材，不脱落，存在熔覆过渡面开裂倾向

其中镀铬工艺不耐腐、喷涂碳化钨存在易碎裂的问题，不作为选用的处理方案。2011起年塔里木采用镀镍钨合金、激光熔覆合金工艺对震击器的花键心轴、活塞筒进行修复和加工，解决震击器心轴、活塞筒等耐磨和耐腐问题，取得良好效果。

1）改进背景

在石油工具中，当工具需要致密密封时，很多密封面都采用镀铬工艺来保证其硬度与耐磨性。早期震击器的花键心轴与延长轴的密封面等都采用了这种镀层工艺，在常用的钻井液中，镀铬层使用效果是能够满足密封要求的。近年来油田的深井、超深井逐渐增多，所应用的钻井液也发生变化，塔里木油田常用钾聚磺体系钻井液。钻井液性能的变化对随钻震击器镀铬层的稳定性也产生了很大的影响，在塔里木使用回收的随钻震击器中，进口

哈里伯顿、国产高峰的花键心轴和延长心轴镀铬层有成块脱落现象（图4-41和图4-42）。这些镀铬层脱落区域都是浸泡在钻井液里，表明钾聚磺体系钻井液对镀铬层有着极强的腐蚀性。2011年塔里木震击器花键心轴、延长心轴镀铬层脱落失效有近百根。

图4-41　花键心轴镀铬层脱落

图4-42　延长心轴镀铬层脱落

2）原因分析

镀铬是用电化学的方法在固体表面上沉积一层铬金属的过程，基体与镀层之间不是冶金结合，结合强度较低，且镀层的厚度只有12μm左右。由于镀层很薄，在外力损伤、腐蚀介质与疲劳应力的交互作用下，镀层极可能会破裂，在破裂部位基材裸露。镀铬层损伤的主要原因，一是镀层本身的气孔、过渡边缘、表面破裂部位发生电化学腐蚀和电偶腐蚀；二是钾聚磺钻井液体系在高温下分解出二氧化碳、硫醇等，加剧腐蚀和镀铬层剥落；三是磨损和变形进一步加剧镀铬层剥落。

塔里木油田在山前深井、超深井钻井过程中，使用钾聚磺体系钻井液，这种钻井液中含高浓度的Cl^-、Ca^{2+}、K^+的电解质粒子，在这些高浓度电解质粒子的催化作用下，随钻震击器心轴镀层破裂部位的基材（铁）和水、氧气发生剧烈的金属电化学腐蚀反应（$4Fe+3O_2 \rightleftharpoons 2Fe_2O_3$），导致随钻震击器心轴严重腐蚀，如图4-43所示。

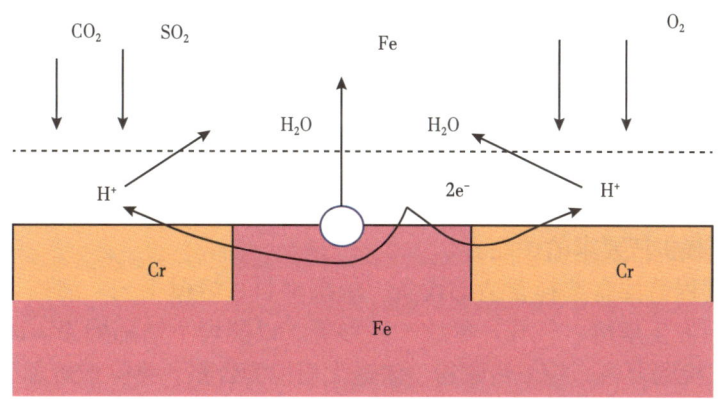

图4-43　电化学腐蚀示意图

使用过程中，随钻心轴及延长节镀层破裂部位基材（铁）的腐蚀开始为一点、小面积，随后逐步扩展、加深。除电化学腐蚀外，随钻心轴还发生电偶腐蚀。电偶腐蚀指异种金属彼此接触或通过其他导体连通，处于同一介质中，会造成接触部分的局部腐蚀，这种腐蚀又称接触腐蚀、双金属腐蚀。

3）改进试验

激光熔覆技术是 20 世纪 80 年代发展起来的一种金属零件表面改性技术。激光熔覆技术是利用大功率激光束聚集能量极高的特点，瞬间将被加工件表面微熔，同时使零件表面预置或与激光束同步自动送置的合金粉完全熔化，获得与基体冶金结合的致密覆层。

目前可在大多数金属、合金表面进行钴基、镍基、铁基、陶瓷材料的激光熔覆。激光熔覆的应用主要在两个方面，即耐腐蚀和耐磨损。激光熔覆技术具有很好的技术经济效益，广泛应用于机械制造与维修、汽车制造、纺织机械、航海与航天和石油化工等领域，特别是高价值特殊零件的表面性能改善和修复。与传统的电镀、喷涂等工艺获得的涂层相比，激光熔覆具有以下特点：

（1）激光熔覆层与基体为冶金结合，结合强度高，不低于原基体材料的 90%，冷却速度快（高达 106K/s），基体温升不超过 80℃。

（2）涂层稀释率低（一般小于 5%），与基体呈牢固的冶金结合或界面扩散结合，通过对激光工艺参数的调整，可以获得低稀释率的良好涂层，并且涂层成分和稀释度可控。

（3）热输入和畸变较小，微熔层为 0.05~0.10mm，基体热影响区极小，一般为 0.1~0.2mm。尤其是采用高功率密度快速熔覆时，变形可降低到零件的装配公差内。

（4）粉末选择几乎没有任何限制，特别是在低熔点金属表面熔覆高熔点合金。

（5）熔覆层的厚度范围大，单道送粉一次涂覆厚度在 0.2~2.0mm。

（6）能进行选区熔覆，材料消耗少。

（7）光束瞄准可以使难以接近的区域熔覆。

（8）工艺过程易于实现自动化。

（9）适用于单件或小批量生产。

激光熔覆根据需要可选用单层或复合层。复合层一般为三层，由底层、中间层，以及面层组成，底层组织具有与基体浸润性好、结合强度高等特点；中间层组织具有一定强度和硬度、抗裂性好等优点；面层组织具有抗冲刷、耐磨损和耐腐蚀等性能，使修复后的设备在安全和使用性能方面具有优良的品质。

激光熔覆层质量的优劣主要从两个方面来考虑：一是宏观上，考察熔覆道形状、表面不平度、裂纹、气孔及稀释率等；二是微观上，考察是否形成良好的组织，过渡层是否为冶金结合，能否提供所要求的性能。

激光熔覆过程需注意选择合适的设备、熔覆材料、熔覆工艺、结构设计，预防熔覆面和基材过渡面发生虚熔、气孔、裂纹、变形等，以防埋下缺陷隐患。激光熔覆层施工前，基材应无损检测合格，施工后磁粉、渗透无损检测合格，排除虚熔和裂纹缺陷。激光熔覆用于震击器花键心轴，接头与密封杆过渡部位不得熔覆，避免应力集中在过渡面形成裂纹。

基于激光熔覆技术的一系列优点，经前期小样件的熔覆试验及熔覆层的耐蚀、耐磨性能评价，选用性能优异的镍基合金材料作为熔覆材料，用于修复镀铬层脱落的随钻震击器心轴。

2010 年，塔里木用激光熔覆技术修复镀铬层剥落震击器零件。加工过程如图 4-44 所示，修复后的心轴外观如图 4-45 所示，修复后表面硬度为 40~45HRC。

图 4-44 熔覆完成后的磨削加工和探伤检测

图 4-45 激光修复花键心轴

4）改进效果

2010年10月,将装配激光修复零件的震击器发大北203井、大北204井使用。经过多井次长时间的试用回收检测,花键心轴、延长轴的激光熔覆层未出现腐蚀和脱落,达到预期目的,满足塔里木使用要求,并在国内各油田和生产商推广应用。

2. 材料升级

2012年以前,国产随钻震击器、减振器主要零件全部使用4145H材料,材料性能偏低,年度断裂失效3~5起,给油田的勘探开发造成较大影响。

为提高震击器、减振器主要零件材料综合性能,2012年起,塔里木选择高强度的4330V材料生产震击器、减振器。4145H和4330V材料性能对比情况见表4-33。

表 4-33 4145H 和 4330V 材料性能对比

材料种类	屈服强度（MPa）	抗拉强度（MPa）	纵向冲击功（J）	横向冲击功（J）	纵向弯曲疲劳强度（MPa）
4330V	1120	1170	110	85	600
4145H	939	1047	85	60	490

4330V材料震击器和减振器,经过10多年的使用,满足塔里木使用要求,达到预期目的,并在国内各油田和生产商推广使用。

第五节 取心工具

一、简介

取心工具是用于石油、地质勘探钻井中，获取井下岩样的专用工具。钻井取心是钻井过程中用取心工具从地下取出大块岩样（岩心）的作业过程。钻井取心一般可分为常规钻井取心和特殊钻井取心两种，前者有短筒取心、中筒取心、长筒取心，后者有定向取心、水平井取心、密闭取心、保持压力取心和保形冷冻取心等[7]。常用的常规、定向、密闭取心作业用途及目的见表4-34。

表4-34 常用取心作业用途及目的

项目	常规取心	定向取心	密闭取心
用途	对岩心无任何特殊要求的取心称为常规取心。它是通过常规取心工具来实现的一种钻井取心工艺	钻取岩心并确定其在原地层构造的取心称为定向取心。它是通过定向取心工具来实现的一种钻井取心工艺	密闭取心是指在水基钻井液中取得的岩心基本不受钻井液的污染，能真实再现地层原始地质孔隙度、含油饱和度、水侵和含水率等资料。它是通过密闭取心工具和密闭液的共同作用来实现的一种特殊钻井取心工艺
目的	发现油气层，了解含油气情况与储集特征，并确定油气层岩性、物性、厚度、面积等基础数据；建立地层剖面	了解地层的倾角、倾向、走向，以及裂缝的形状、裂缝分布规律等，为制定开发方案提供依据。在二次、三次采油中需采用定向取心	以注水方式开采的油田，在开发过程中为检查油田注水开发效果，了解地下油层水侵情况及油水动态，以制定合理的开发调整方案，需采用密闭取心

二、规格型号、结构及工作原理

1. 规格型号

常用的常规、定向、密闭取心工具规格型号及性能参数见表4-35。

表4-35 取心工具规格型号及性能参数

项目	常规、定向取心工具		密闭取心工具	
型号	127mm	178mm	MQX121-66	MQX194-120
长度（mm）	常规9200、定向5500	常规9200、定向5500	9800	9800
外筒外径×内径（mm×mm）	121×93	172×136	121×93	194×154
外筒螺纹上扣扭矩（kN·m）	6~7	12~13	6~7	30
内筒外径×内径（mm×mm）	85×72	121×108	85×72	144×129
顶端螺纹	NC35、NC38	NC50、NC46	NC35、NC38	NC50、NC46
钻头尺寸（in）	$5\frac{7}{8}$~$6\frac{1}{2}$	$7\frac{1}{2}$~$9\frac{5}{8}$	$5\frac{7}{8}$~$6\frac{1}{2}$	$8\frac{1}{2}$~$9\frac{5}{8}$

续表

项目	常规、定向取心工具		密闭取心工具	
岩心直径（mm）	66	101	66	120
投球直径（mm）	25.40	31.75	25.40	31.75
抗拉强度（10^6N）	1.07	1.50	1.07	2.10
抗扭强度（kN·m）	9.1	30.2	9.1	69.0

2. 结构

常用的常规、定向、密闭取心工具结构对比见表4-36，结构示意图如图4-46至图4-48所示。

表 4-36　取心工具结构

项目	常规取心工具	定向取心工具	密闭取心工具
结构相同部分	外筒部分有安全接头、稳定器、外筒、取心钻头等；内筒部分有悬挂装置、分水接头、内筒、岩心爪等		
结构不同部分	常规取心钻头和岩心爪	内筒有支撑装置，岩心爪为定向岩心爪	密闭取心钻头的钻井液只通过钻头水眼和外泄水槽循环，清洗冷却外唇面，杜绝岩心受钻井液直接冲蚀

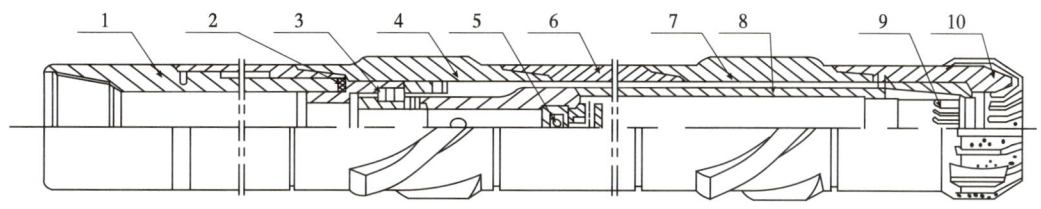

图 4-46　常规取心工具组成示意图

1—安全接头；2—调节垫片；3—悬挂装置；4—上扶正器；5—球和球座；6—外筒；7—下扶正器；
8—内筒；9—岩心爪；10—取心钻头

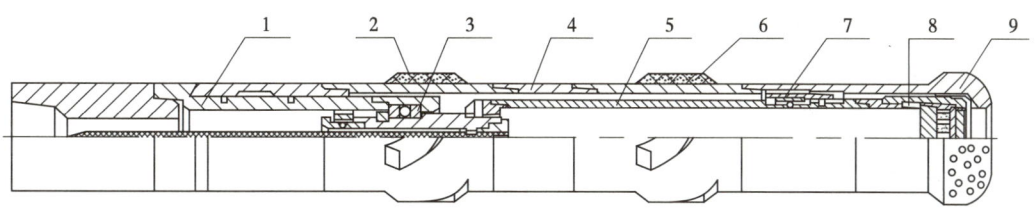

图 4-47　定向井取心工具结构示意图

1—安全接头；2—上扶正器；3—旋转总成；4—外筒；5—内筒；6—下扶正器；7—支承装置；
8—岩心爪；9—取心钻头

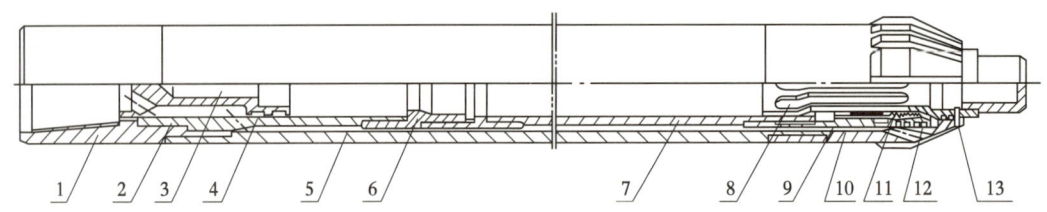

图 4-48　密闭取心工具结构示意图

1—上接头；2—分水接头；3—浮动活塞；4—"Y"形密封圈；5—外筒总成；6—限位接头；7—内筒总成；8—密封活塞；9—缩径套；10—取心钻头；11—岩心爪；12—"O"形密封圈；13—活塞固定销

1）取心钻头

（1）取心钻头的功能是环状破碎井底岩石，形成岩心柱。

（2）取心钻头的类型：刮刀取心钻头、领眼式硬质合金取心钻头、"西瓜皮"取心钻头、金刚石取心钻头，如图 4-49 所示。

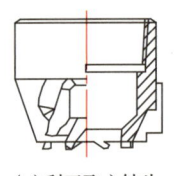 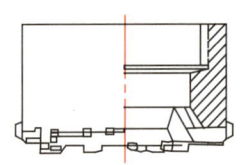 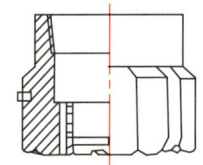 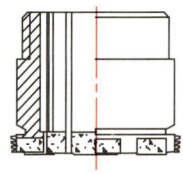

(a) 刮刀取心钻头　　(b) 领眼式硬质合金取心钻头　　(c) "西瓜皮"取心钻头　　(d) 金刚石取心钻头

图 4-49　取心钻头

（3）对取心钻头的要求。为提高岩心收获率，除在下部钻柱使用扶正器外，要求取心钻头工作稳定，钻头的切削元件要对称分布，耐磨性一致，钻头底面（井底）与岩心爪的距离尽可能短，岩心直径大。

（4）密闭取心钻头与常规取心钻头基本相同，不同的方面，一是密闭取心钻头与内筒的配合面上装有密封圈，二是钻头采用本体端部水眼和径向水眼循环、清洗冷却钻头外唇面的形式，保护岩心免受钻井液直接冲蚀，如图 4-50 所示。

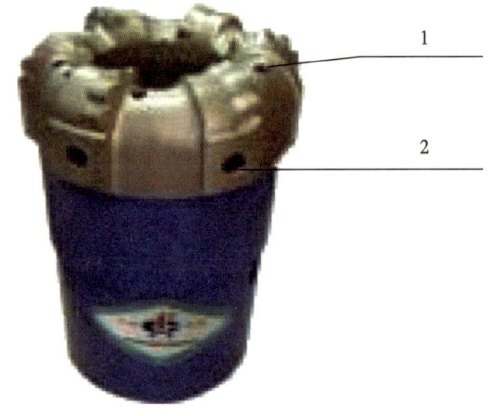

图 4-50　密闭取心钻头

1—端部水眼；2—径向水眼

2）岩心筒

常规、定向、密闭取心工具的岩心筒由内筒和外筒组成。

（1）内岩心筒的作用。内岩心筒的作用是存储及保护岩心。取心时岩心顺利进入内筒，防止钻井液冲刷岩心；为有效保护岩心，一般采用悬挂式滚动轴承装置将内筒挂在外筒顶部，取心钻进时内筒不转。

（2）外筒的作用是承受钻压、传递扭矩带动钻头旋转及保护内岩心筒。

（3）内、外岩心筒的技术规范。常用14~25mm优质厚壁管材（如35CrMo、30CrMnSi）加工制成，强度大，无弯曲变形。长度一般为5~13m。在较硬的致密岩层中取心，若钻头进尺较多时，内、外筒可长一些。在松软地层取心，内、外岩心筒长度宜短一些，一般为5~8m。破碎地层取心，内、外筒的长度也应短些，在钻头进尺较多又能有效保护岩心时，内、外筒长度可尽量长一些。

3）岩心爪

岩心爪的作用是锁住岩心和承托已割取的岩心柱。常用的岩心爪有卡爪式、卡箍式、卡片式、卡板式等几种结构，如图4-51所示。

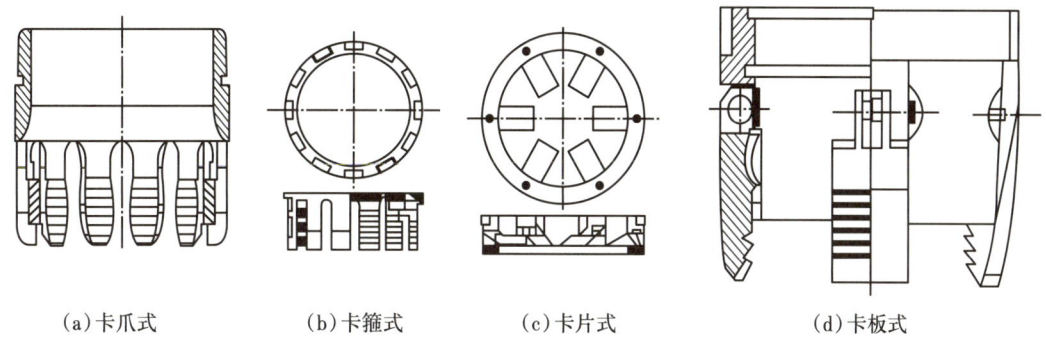

(a) 卡爪式　　　(b) 卡箍式　　　(c) 卡片式　　　(d) 卡板式

图4-51　岩心爪

岩心爪类型可根据不同地层来选用，其内、外径间隙要合适，才能有效提高岩心收获率。

4）外筒扶正器

可保持外筒和钻头工作稳定，防止倾斜。扶正器工作表面镶焊硬质合金，并磨削光滑，耐磨性好，转矩较小。使用外筒扶正器可增加钻头寿命及提高取心收获率。扶正器外径一般比钻头外径小1.6mm为宜。

5）内筒扶正器

装在内筒上，保持内筒稳定，使钻头与内筒对中，岩心易进入内筒。用于定向取心工具。

6）悬挂装置

悬挂内筒组件，实现内筒组件与岩心保持不转动，与外筒组件可相对转动。

7）分水接头

分水接头上设置回压阀，回压阀是装在内岩心筒上端的一个单流阀，其作用是防止钻井液刺坏岩心。下钻时只装上回压阀球座，下完钻后可通过大排量循环钻井液，这样既清洗内筒又可将井底冲洗干净。循环后开始取心钻进前才将阀钢球投入，封堵内筒，防止钻井液进入内筒冲蚀岩心。

8）安全接头

当内筒被卡时，可从安全接头处倒开，起出内筒和岩心。

3. 工作原理

1）常规取心工作原理

取心工具下钻到井底以后，先开泵循环清洗内筒和清除井底沉砂。取心钻进前，把一只直径合适的钢球投入钻具内,开泵送球入座。取心钻进时,外筒和取心钻头随钻具旋转。岩心柱顶开岩心爪后,还要克服岩心爪的阻力才能进入内筒。内筒在悬挂轴承和岩心爪的作用下不转动。割心时,上提钻具,岩心爪卡住并拔断岩心。

2)定向取心工作原理

工作原理与常规取心基本相同。主要用于井斜角大于 30° 井筒取心。定向取心工具上部连接定向仪器,定向岩心爪上设置三把刻刀,当岩心进入内筒时,刻刀在岩心柱沿纵向刻上标志线。

3)密闭取心工作原理

工作原理与常规取心基本相同。不同的是内筒与钻头的配合面上装有密封圈,内筒下端由销钉固定密封活塞,上端由浮动活塞密封,形成密封腔;取心工作开始前,在井口将取心工具内筒里注满密闭液。取心钻进时,由于钻压的作用,销钉被剪断,下端密封活塞上行,内筒密封被打开,之后取心钻头接触井底,并迫使密封活塞完全进入内筒。此时内筒里的密闭液开始被挤出,在井底形成保护区。随着钻进,岩心不断形成和增长,推着活塞不断上行。由于内筒上端是密封的,故筒内密闭液只能被进入内筒的岩心所挤压,且只能从内筒环空间隙向外排出,排出的密闭液立即涂抹在岩心柱表面形成保护膜。同时在井底岩心柱周围形成一定范围的保护区,钻井液只通过钻头水眼和外泄水槽循环,可携带岩屑和清洗冷却外唇面,保护岩心免遭钻井液污染,从而达到密闭取心的目的。

三、使用与管理

1. 常规及定向取心工具

1)取心前的准备及检查

(1)取心前应保证井底干净、无落物。

(2)取心工具的检查。安全接头的摩擦环、螺纹应完好,旋转总成转动应灵活。轴承轴向间隙不得超过 5mm,钢球、滑槽无损伤。内、外筒无咬扁,螺纹完好,无影响强度的裂纹等。选用的卡箍岩心爪、扶正卡箍岩心爪弹性适宜,敷焊的碳化钨颗粒均匀、平整;滑块岩心爪上下活动无阻卡现象;弹簧片岩心爪弹性要好。如外筒接稳定器,则稳定器外径不得大于取心钻头的最大外径,但又不得小于取心钻头 4mm。

2)取心工具的组装

(1)取心工具组装时,不装钢球,待下钻完毕,循环钻井液冲洗内筒后,从钻杆水眼内投入一个规定尺寸的钢球,球落座后可开始取心钻进。

(2)在场地上,上紧选用的岩心爪组合件和下稳定器(不用稳定器也可用差值短节代替),戴上护丝,用提升短节将内、外筒同时吊上钻台,外筒连接好钻头,按下钻铤的方法下入井眼内,用安全卡瓦卡牢。

(3)用内筒卡盘卡住内筒,并坐在外筒上端面上,卸掉提升短节,按上述方法,将所需下井的内外筒依次连接,内筒用链钳上紧。

(4)将地面组装好的安全接头和旋转总成与内筒内螺纹连接好后,卸掉内筒卡盘下放内筒,最后将安全接头外螺纹与外筒内螺纹上紧。

(5)调节岩心爪座底端面与钻头内台肩面的轴向间隙 B。178 型 B 为 8~10mm,127 型 B 为 6~10mm,否则,须卸开旋转总成,127 型用调节环调整间隙,178 型用螺母调整间隙。

3）起下钻

（1）起下钻做到操作平稳，不猛刹、猛放、猛顿，防止钻具剧烈摆动。

（2）下钻中若遇键槽、狗腿、井径缩小井段，应缓慢下入。严重遇阻，应起钻通井。

（3）下钻中若遇沉砂（或垮塌物），应开泵循环转动钻具，清除沉砂（或垮塌物）。

（4）下钻完毕，充分循环钻井液，冲洗内筒，清洁井底，转动钻具的同时，下放钻具，使钻头接近井底，校对灵敏表。

（5）在转动钻具时，严禁钻具猛烈反转，以防倒开安全接头。

4）取心钻进

（1）缓慢下放钻具，让钻头接触井底，采用低转速、小排量、轻钻压（5kN）试运转。若运转平衡，待井底与钻头形状吻合时，逐渐调整至推荐取心参数。

（2）推荐取心参数见表4-37。

表4-37　推荐取心参数

钻头尺寸 （in）	钻压 （kN）	转速 （r/min）	排量 （L/s）
5⅞	30~60	40~65	7~12
6	30~60	40~65	7~12
6½	40~70	50~80	9~15
7½	50~80	50~80	12~19
8⅜	50~80	50~80	16~22
8½	50~80	50~80	16~22
9⅝	70~100	50~80	18~27

5）取心钻进操作要求

（1）送钻均匀，增加钻压要缓慢，防止溜钻。

（2）严禁大钻压时启动转盘。

（3）送钻操作应由司钻或指定专人执行。

（4）取心钻进中，无特殊情况，一般不停泵，不停转，钻头不提离井底。

6）取心钻进注意事项

（1）取心钻进时，注意观察机械钻速、泵压的变化，发现异常，果断处理。

（2）泵压逐渐增高，机械钻速随之下降，上提钻具，泵压恢复，一般是钻头磨损，应割心起钻。

（3）泵压突然升高，机械钻速明显下降，一般是进入软地层，钻头出刃吃入深度大或钻头泥包，应适当调整钻压。

（4）泵压升高，机械钻速基本不变，上提钻具，泵压不降，多属钻头水眼堵塞，若不能排除，应割心起钻。

（5）泵压出现大波动，机械钻速忽高忽低，一般是钻遇软硬交错地层，应适当调整钻压。

（6）泵压降低，机械钻速明显下降，甚至根本无进尺，一般是卡心，应割心起钻。

（7）泵压明显下降，可能是由于钻具刺漏引起，应立即割心起钻。

7）割心和接单根

（1）割心时，缓慢上提钻具，注意观察指重表显示，一般增加悬重 50~150kN 又立即消除，证明岩心被拔断。如果增加悬重 50~150kN 稳住不降，则应停止上提钻具，保持岩心受拉状态，增加钻井液排量循环，直到岩心拔断。

（2）若上提钻具（超过钻具压缩距）不增加悬重，应立即起钻。

（3）若需接单根，拔断岩心后，关转盘锁销，保持井下钻具不转动，接好单根后，缓慢下放钻具到底，加比取心钻压大 10%~50% 的钻压，利用余心顶松岩心爪，上提钻具，恢复悬重后，启动转盘，逐渐增到推荐钻压。

8）岩心出筒

（1）当工具起至井口时，在上稳定器以下卡好卡瓦和安全卡瓦。

（2）卸开钻铤并上紧提升短节。

（3）把岩心筒提出井口，用钻头装卸器卸下取心钻头，上好短护丝。

（4）将岩心筒重新坐在转盘上。

（5）卸安全接头，提出内筒。

（6）距转盘面 30mm 高时，卸松岩心爪体。装岩心钳置于爪体上部的加厚处以上，卸掉爪体。逐段取出岩心，直到岩心指示器掉出来为止。

（7）岩心全部出筒之后，检查并重新装上岩心指示器和岩心爪等装置，并将其放进外筒。转动内筒并检查悬挂轴承，若一切正常，则上紧安全接头，接取心钻头，等待入井。

2. 密闭取心工具

1）取心前准备

（1）选用密闭取心工具需密封性好，性能稳定。

（2）选用性能优良的密闭液和取心钻头；取心钻头既能保持高的机械钻速，又能在钻头前端形成密闭液保护区，隔离钻井液与岩心的接触。

（3）取心前，钻井设备、钻井液性能要维护好，应处于稳定的工作状态。

（4）一般要求钻井液低压失水小于 4mL，高温高压失水小于 10mL。

（5）钻进参数要根据地层岩性特点合理制定，参考常规取心。

（6）要求井身结构好，井壁规则畅通，井底干净无金属落物，必要时应用全面钻进钻头进行划眼和清阻，避免销钉提前剪断，从而造成保护液漏失。

2）钻台组装

钻台组装取心工具，按要求连接内筒、取心钻头、密闭活塞及平衡活塞，倒入密闭液。

3）循环探底

充分循环井眼，测上提下放悬重和空转扭矩，做低泵速试验，下压钻具 6~8t 剪切销钉。

4）取心作业

（1）取心钻进中要求不跳钻和中途停钻，钻速平稳，钻压均匀，防止钻井液破坏井底岩心密闭保护区。

（2）低参数树心 0.3~0.5m，缓慢提高钻进参数进行取心作业，根据钻时、扭矩及泵压等参数变化，及时调整钻进参数。

5）割心出心

停钻不停泵，上提割心起钻，并在钻台上进行出心作业。

四、现场维护保养

（1）取心工具起出井后应清除泥污，检查旋转总成、内筒、外筒、稳定器（差值短节）及钻头螺纹有无碰伤、断裂。

（2）检查旋转总成、内筒、岩心爪组合件等各螺纹连接有无松动、碰伤滑扣。

（3）检查轴承转动是否灵活，安全接头"O"形密封圈是否完好。

（4）取心工具停用，应清洗干净，螺纹涂防锈油，零配件、辅助工具装箱，并存放于干燥通风处。

（5）现场检查，出现下列情况之一应回收修理或报废。

①取心工具下井取心4次。

②内、外筒连接螺纹碰伤、滑扣，内螺纹胀大等损坏。

③稳定器磨损后直径比钻头直径小4mm，或出现明显崩裂等。

④筒体可见弯曲。

⑤在悬吊状态下，手转动内筒有明显的卡阻，内筒上下窜动大于3mm等。

五、取心收获率

理论上取心钻进进尺与岩心长度相等。但常常由于多种原因（如冲蚀、磨损等）不能将所有长度的岩心取出。一般以"岩心收获率"作为取心作业评价指标。岩心收获率即实际取出岩心长度与本次取心钻进进尺之比的百分数。其计算方法如下：

$$岩心收获率 = 实际取出岩心长度 / 本次取心钻进进尺 \times 100\%$$

六、热普2井取心工具失效案例

（1）失效经过。

2011年7月31日20:00，热普2井取心工具下钻至6806m（遇阻3~5t），22:00划眼（0~6kN·m，井段6806~6816.66m），23:00投球、树心，8月1日02:10取心钻进至井深6819.25m时，扭矩由正常的6kN·m上升至14.1kN·m，4:00取心钻进至6819.86m，无进尺出现异常，割心，07:00循环，8:00起钻，22:30起钻完，发现从4¾in外筒上差值短节下端外螺纹处断裂。断口形貌如图4-52所示。

图4-52 失效断口形貌

(2)井身情况。

井深6762m、井斜35.8°、方位188.29°。

(3)失效前事故复杂井况。

据录井统计,本井2011年7月25日至8月1日,共发生过8次井下复杂情况,3次下放遇阻,3次上提遇卡,2次转动遇阻,统计情况见表4-38。

表4-38 工具事故使用异常统计表

异常情况	井深(m)	大钩负荷	阻卡载荷
下放遇阻3次	6792.98	由1752kN降至1618kN	13.4t
	6799.88	由1752kN降至1685kN	6.7t
	6806.39	由1665kN降至1490kN	17.5t
上提遇卡3次	6795.86	由1768kN升至1932kN	16.4t
	6795.86	由1752kN升至1912kN	16t
	6784.38	由1805kN升至2015kN	21t
扭转遇阻2次	6806.00	由0kN·m升至6kN·m	6kN·m
	6819.25	由6kN·m升至14.1kN·m	8.1kN·m

(4)失效时钻具组合。

6in SC276取心钻头+4¾in取心筒+NC35×310转换接头+3½in加重钻杆×30根+311×HT40转换接头+4in钻杆。

(5)失效工具情况。

断裂取心工具在本井入井3次,井段为6636~6644.9m、6807.66~6816.66m、6816.66~6819.86m,累计使用时间15.5h(含划眼1h),累计取心进尺21.1m。

(6)经验及认识。

常规取心工具不能长时间用于大井斜段取心钻进。

第六节 卡瓦

一、简介

卡瓦是钻井作业中用于钻杆、钻铤、套管等管柱卡持的井口工具。按操作方式分为手动卡瓦和动力卡瓦两种;按结构分为三片式、四片式、多片式三种;按卡瓦用途分为钻杆卡瓦、钻铤卡瓦和套管卡瓦三种[6]。用气动和液动推动的动力卡瓦代替手动卡瓦,是井口钻具起下的动力装置。用一台动力卡瓦和一只吊卡,无须倒换吊卡,实现"一吊一卡"起下管柱作业,可预防单吊环事故,提高管柱起下作业速度。

二、规格型号、结构及工作原理

1. 规格型号

1)手动三片式钻杆卡瓦规格型号

手动三片式钻杆卡瓦与卡持的钻杆本体规格配套,常用规格有2⅜~6⅝in、额定工作载荷 75~350t。

2）WQ 气动卡瓦规格型号

WQ 气动卡瓦型号有：WQ175-1350、WQ205-2250、WQ275-3150、WQ375-4500 等，规格型号及性能参数见表 4-39。

表 4-39　WQ 气动卡瓦规格型号及性能参数表

项目	型号			
	WQ175-1350	WQ205-2250	WQ275-3150	WQ375-4500
适用转盘（in）	17½	20½	27½	37½
适用管径（in）	2⅜~5¾	2⅜~5¾	2⅜~9⅞（Ⅰ型）	2⅜~14（Ⅲ、Ⅳ、Ⅵ型）
			2⅜~7⅝（Ⅱ型）	2⅜~7（Ⅴ型）
最大载荷（kN）	1350	2250	3150	4500
工作压力（MPa）	0.6~0.8	0.6~0.8	0.6~0.8	0.6~0.8
最大压力（MPa）	1	1	1	1

3）液压卡瓦规格型号

W（T/G）Y 液动卡瓦型号有：W（T/G）Y375、W（T/G）Y495，规格型号及性能参数见表 4-40。

表 4-40　液动卡瓦规格型号及性能参数表

项目	型号	
	W（T/G）Y375	W（T/G）Y495
适用转盘	ZP375	ZP495
最大载荷（kN）	4500	6750
工作压力（MPa）	18	18
最大压力（MPa）	18	18

2. 卡瓦结构

1）手动三片式钻杆卡瓦结构

三片式卡瓦由三片扇形卡瓦体组成，三片式卡瓦体用两个铰链销互相铰接，可从无铰接卡瓦体向左右侧打开，钻杆可自由出入，形状如图 4-53 所示。部分规格尺寸接近的卡瓦，通过更换不同规格尺寸的换衬板和卡瓦牙，三片式卡瓦可以用于不同规格尺寸的钻杆。

2）WQ 气动卡瓦结构

WQ 型气动卡瓦整机外形如图 4-54 所示。WQ375 气动卡瓦由主体、上盖、卡瓦体、平衡梁、气缸、导向环牙板载体、喷气刮泥装置、储油润滑装置、电气控制系统等组成，

图 4-53　三片式钻杆卡瓦

具体零部件示意图如图4-55和图4-56所示。使用中气动卡瓦应配置微牙痕卡瓦牙板，钻杆的卡瓦牙痕深度不得超过0.3mm。

图4-54　气动卡瓦形貌

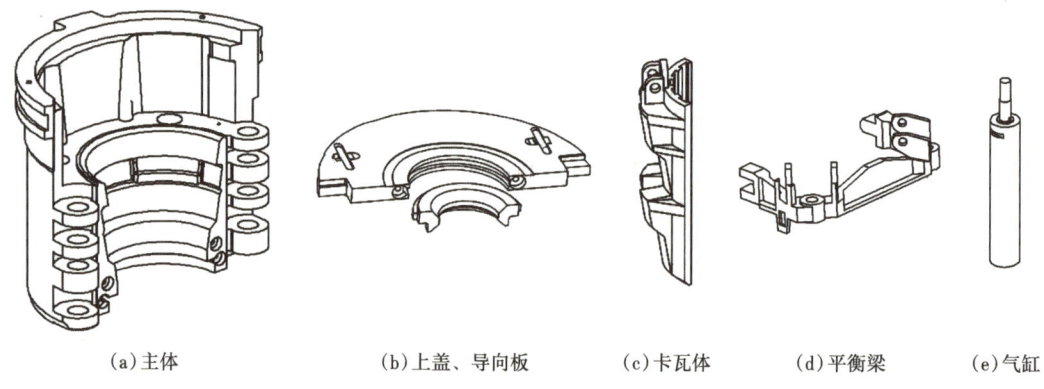

(a)主体　　　　(b)上盖、导向板　　　(c)卡瓦体　　　(d)平衡梁　　(e)气缸

图4-55　气动卡瓦零部件（一）

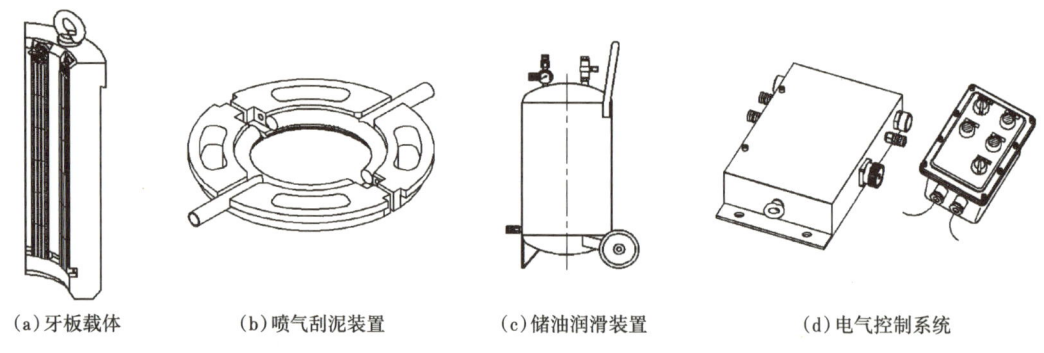

(a)牙板载体　　　(b)喷气刮泥装置　　　(c)储油润滑装置　　　(d)电气控制系统

图4-56　气动卡瓦零部件（二）

3）液动卡瓦结构

W（T/G）Y液动卡瓦外形如图4-57所示，由液控系统、电控系统、控制箱、本体、中间连接体、钳头、齿条油缸、橡胶刮泥盘、气动刮泥、耐磨环等组成，具体零部件示意图如图4-58和图4-59所示。液动卡瓦配置微牙痕卡瓦牙板，钻杆的卡瓦牙痕深度不超过0.3mm。

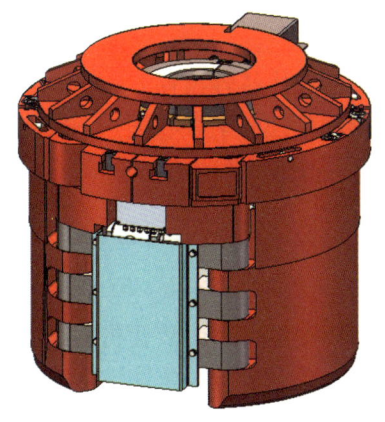

图 4-57　W（T/G）Y375 液动卡瓦形貌

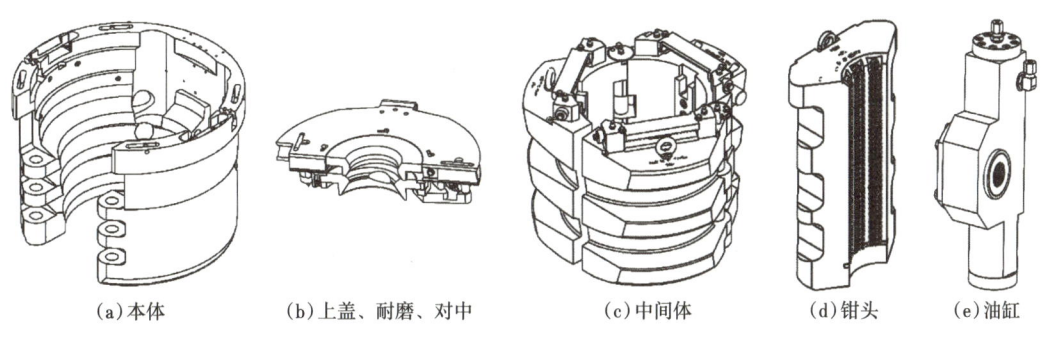

(a)本体　　(b)上盖、耐磨、对中　　(c)中间体　　(d)钳头　　(e)油缸

图 4-58　液动卡瓦零部件（一）

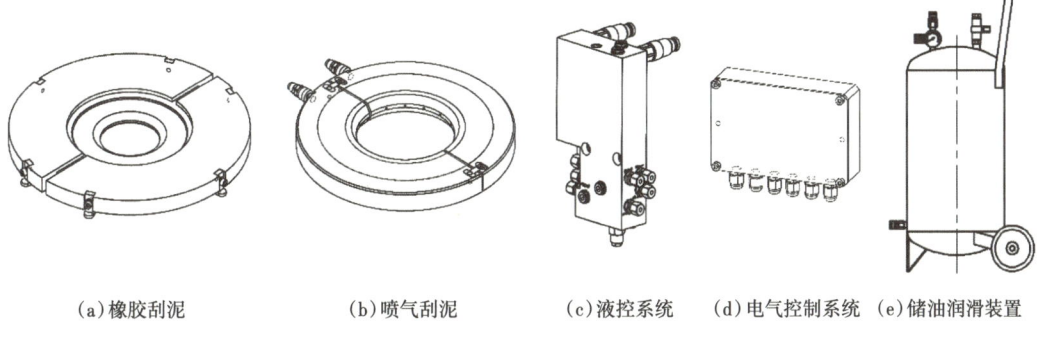

(a)橡胶刮泥　　(b)喷气刮泥　　(c)液控系统　　(d)电气控制系统　　(e)储油润滑装置

图 4-59　液动卡瓦零部件（二）

三、工作原理

1. 手动三片式钻杆卡瓦

三片式卡瓦的卡瓦体背锥与卡瓦座（转盘小方瓦）内孔的锥度都是 1∶3，成楔紧配合。三片式卡瓦扣合在钻杆上，放入卡瓦座（转盘小方瓦）锥孔。下放钻杆，由于楔紧作用，与钻杆接触的卡瓦牙咬入钻杆体表面，形成夹持和悬挂。钻杆重量越大，卡瓦牙咬痕

越深，横向夹持力越大。

2. 气动卡瓦

WQ 系列气动卡瓦安装在转盘内代替转盘补芯和手动卡瓦。工作时，操作换向阀至关位，卡瓦体沿主体锥面下行，推动管柱向中心收拢。下放管柱，管柱被卡持。操作换向阀至开位，上起管柱，卡瓦体松开管柱并上行，到上部位置，让出管柱和接箍通过空间。

3. 液动卡瓦

W（T/G）Y375 液动卡瓦安装在转盘内代替转盘补芯和手动卡瓦。工作时，在得到控制信号后，经 PLC 处理或遥控接收器处理后，控制电磁换向阀动作。电磁换向阀将油路打开后，高压液压油先进入对中油缸，对中装置将钻具向转盘中心推动并完成对中。这时压力升高，顺序阀打开，高压液压油进入齿条油缸，齿条油缸带动连杆向下旋转，带动中间体及通过键连接在一起的卡瓦体沿本体的 60° 斜坡和 9.46° 锥面下行并牢牢卡紧钻柱。下放钻柱，因钳牙与钻柱的摩擦力大于中间连接体与本体 9.46° 之间的摩擦力，在钻柱重力的带动下，中间体起到了楔紧作用。松开卡瓦过程则是先松开对中装置，齿条油缸再带动卡瓦体上行。

四、使用、维护、管理

1. 手动三片式钻杆卡瓦

（1）正常工况下，起下钻杆不得使用三片式卡瓦；在特殊情况不能坐吊卡时可使用三片式卡瓦。三片式卡瓦应采用微牙痕牙板，受卡瓦夹持且表面有明显牙痕的钻杆现场应停用，并做上标记单独存放。

（2）使用三片式卡瓦夹持钻杆，需采取安全措施。如出现下部钻具断裂、震击器误震击、钻头受到高压等情况，井口钻具向上窜动，导致三片式卡瓦向上脱出转盘，发生钻具落井事故。

（3）按钻杆直径及最大载荷选择额定载荷满足要求的卡瓦，使用前应注意销轴是否转动灵活，有无卡阻现象。

（4）使用卡瓦夹持钻具时，卡瓦牙的咬合要均匀，要定期检查卡瓦牙的磨损，磨损不得超过新牙高的 1/4，经常清洁。如出现局部或几片卡瓦牙磨损超标，应及时全部更换，切忌将新旧牙板组合使用，造成牙板、卡瓦体、钻杆的损坏。

（5）按"卡瓦体背锥与锥套（卡瓦座）之间应接触均匀，接触面积不小于 65%，卡瓦牙与钻杆间齿面接触面积不小于 85%，且牙痕分布均匀"要求进行检查，一般情况卡瓦夹持部位的上端或下端牙痕最深。牙痕越深，横向夹持力越大，局部高应力可能导致夹持部位出现缩颈，挤毁钻具。图 4-60 为卡瓦牙接触面检查，图 4-61 为卡瓦体背锥面检查。

（6）下放钻杆，钻具停稳后，将三片式卡瓦扣住钻杆放入卡瓦座；继续下放钻杆，钻杆卡稳不下滑，可打开吊卡。不得在下放钻杆的同时放入三片式卡瓦，防止卡瓦抱死钻杆造成损坏。

（7）上起钻杆，三片式卡瓦与卡瓦座出现松动时，提出三片式卡瓦，防止卡瓦落入井口。

（8）严禁用大锤敲击手把和卡瓦背锥面，或将卡瓦从高处摔下，以免将手把和背锥面碰坏。

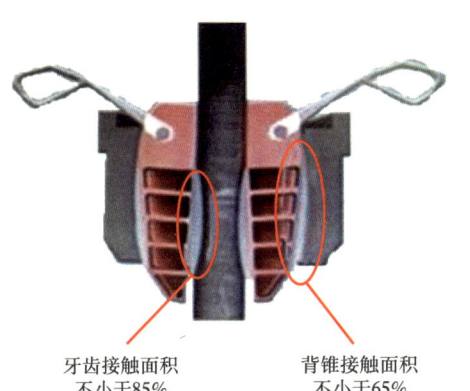
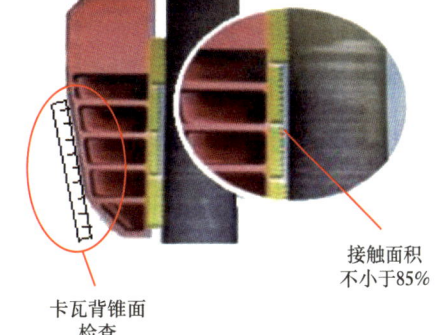

图 4-60　卡瓦牙接触面检查　　　　图 4-61　背锥面检查

（9）应经常清洗、润滑，保持卡瓦表面清洁，防止锈蚀。

（10）两个月一次对卡瓦进行检查，检查牙板槽胀大及牙板松动、卡瓦体背锥磨损、各筋板裂纹、卡瓦体连接销磨损等情况，不合格应停用。

（11）消除卡瓦座（补芯圆锥面）的磨砺性物质，减少卡瓦背锥面的磨损。

（12）经常检查卡瓦座（补芯圆锥面）磨损情况，测量圆锥面小端直径，如因磨损，尺寸超过规定应予更换。

（13）每 6 个月需解体检修，对牙板槽、卡瓦体背锥、各筋板、连接销、卡瓦牙等零件进行磁粉无损检测，对各零件磨损情况必须进行检查，如出现不合格情况，应停用报废。

2. 气动卡瓦

1）使用前准备及检查

（1）根据转盘规格和需要卡持的管柱尺寸，选用合适规格型号的气动卡瓦。

（2）使用前检查气动卡瓦的外观，牙板表面应清洁无杂物。

（3）检查各零部件应齐全完好无缺失，卡瓦体、牙板载体等部件安装连接无松动。

（4）检查导向件是否安装正确；不正确地安装导向件或不装导向件进行作业，可能会导致管柱蹭牙板或卡瓦体，严重时会有管柱撞击卡瓦体，甚至导致卡瓦体或其他零件损坏等更为危险的安全事故发生。

（5）检查连接气路，各管线及接头无渗漏。

（6）操作换向阀使卡瓦体上升、下降活动 3~5 次。

（7）检查各部件应动作灵活可靠，卡瓦体升降自由。

2）安装

用产品配的专用起吊装置起吊气动卡瓦。吊起和放下时，应保持平稳，避免碰撞损坏。

（1）安装前将转盘中主补芯吊出。

（2）连接管路，操作换向阀将卡瓦体升起，并抽出活动铰链销。

（3）将气动卡瓦吊起并打开主体。

（4）移动气动卡瓦将管柱置于气动卡瓦中心，合上主体后，将气动卡瓦整体放入转盘内。

（5）气动卡瓦放好后，插入活动铰链销。

（6）连接气路管线，并试动作。操作换向阀使气动卡瓦卡瓦体上升、下降活动 3~5 次。

检查各部件应动作灵活可靠,卡瓦体升降自由,无卡阻,各管线接头无堵塞、漏气等现象。

3)起钻作业

(1)进行起钻作业时,普通款气动卡瓦先将相应规格的刮泥板套入钻杆上,下放至转盘中心孔以下再安装气动卡瓦(带有喷气刮泥装置的 WQ375 气动卡瓦则无须安装此刮泥板)。

(2)在起钻前,首先操作换向阀至开位。上提钻具 100~150mm,当卡瓦体上升并完全打开后,继续上提钻具,刮泥板同步刮去钻杆表面附着的钻井液(喷气式刮泥装置在卡瓦打开时包围钻杆表面一圈的喷气孔同时向钻杆表面喷出气体,利用气流刮除钻杆表面钻井液)。当卸扣钻杆内螺纹接头的承载斜坡部位高出气动卡瓦 400~450mm(卡持吊卡高度加 100~150mm)距离时,停稳。

(3)操作换向阀至关位,卡瓦体下行完全卡住钻杆,钻杆无下滑时,即可进行钻杆卸扣作业(此时喷气式刮泥装置停止喷气)。

(4)重复步骤,可再次完成钻杆卸扣作业。

4)下钻作业

(1)在下钻作业前,首先操作换向阀至开位。上提管柱 100~150mm,当卡瓦体上升并完全打开后,下放管柱。当吊卡底部平面高出气动卡瓦 100~150mm 距离时,停稳。

(2)操作换向阀至关位,卡瓦体下行完全卡住管柱时,下放吊卡,打开并移开吊卡,即可进行上扣作业。

(3)重复步骤,可再次完成管柱下钻作业。

在下钻作业过程中无须使用刮泥功能,此时可将喷气刮泥装置喷气管线松开或将喷气装置截止阀控制管线松开即可,均不影响卡瓦体正常工作。

5)作业结束

(1)操作换向阀至开位,将卡瓦体抬起,抽出活动铰链销。

(2)将气动卡瓦垂直吊起,并打开主体移出管柱,放置在预定区域内。

(3)及时用空气或清水冲洗气动卡瓦内、外部位,排除钻井液等杂物,并用钢丝刷去除卡瓦牙上杂物。

(4)检查牙板、导向板等磨损情况,超磨损极限须进行整套更换。

(5)检查气动卡瓦的卡瓦体、牙板载体等部件安装连接部位是否松动,松动部件必须紧固。

(6)连接气路管线,并试动作,进行完整性检查。

6)使用注意事项

(1)钻具卡持操作必须在管柱停稳后方可进行;不得在下放钻杆的同时下放卡瓦体,防止卡瓦抱死钻杆造成损坏。

(2)每起、下 50 柱管柱,需在卡瓦体的背锥处加润滑油一次,加润滑油必须在无载荷且卡瓦体处于最低位置时进行。作业时,若发生卡瓦松开反应迟钝或卡死现象初起时,应及时润滑接触锥面,且润滑次数应增多。带有储油润滑装置的应打开注油控制球阀适时适量润滑接触锥面。

(3)在起、下管柱作业中,须保持气动卡瓦内部清洁,特别是卡瓦牙处有干涸的钻井液、泥沙等杂物时,须及时清理干净,确保卡瓦的卡持性能。

(4)作业时,若管柱悬重小于 100kN 时,应谨慎使用该气动卡瓦,避免在卡瓦误操作打开时，造成管柱滑落坠井事故。

（5）作业时，需采取安全措施，预防下部钻具断裂、震击器误震击、钻头受到高压等情况，井口钻具向上窜动，导致卡瓦体向上打开，发生钻具落井事故。

（6）在管柱上卸扣过程中必须使用反钳，气动卡瓦不得承受反扭矩，否则会引起设备损坏。

（7）预防吊卡下降后与气动卡瓦发生撞击，防止造成设备损坏或人身危险。

（8）管柱在通过气动卡瓦内部时，下放或提升速度要慢，防止管柱或接箍碰撞到牙板或卡瓦体，造成设备损坏。

（9）使用过程中，须及时检查气动卡瓦各处连接部件是否紧固牢靠。如有问题须立即处理，确认可靠后方可使用。

（10）检查喷气装置的喷气孔是否堵塞，可用细铁丝等清理喷气孔。

（11）使用电控系统的每次作业前应检查电缆线及航插接头是否有损坏；打开接线箱，检查内部是否有积水等，有则应立即排除并清理干净，否则可能会造成电路短路，损坏电气元件。

7）维护

（1）磨损检测。

定期对卡瓦总成进行磨损检测，一般两月一次。

①检查卡瓦体（或牙板载体）牙槽是否磨损胀大，当牙板背面与牙板槽有缝隙，牙板松动时，就应该更换牙板或者卡瓦体（或牙板载体），防止牙板落井。

②检查牙板是否磨钝，牙板磨损后，应及时全部更换，切忌将新旧牙板混合使用，以免造成牙板、卡瓦体（或牙板载体）或管柱的损坏；在更换牙板时，要注意齿形方向。

③检查主体销孔、铰链销、卡瓦体背锥磨损情况，根据磨损程度及时更换，以避免发生下沉落井事故，如图4-62至图4-64所示。

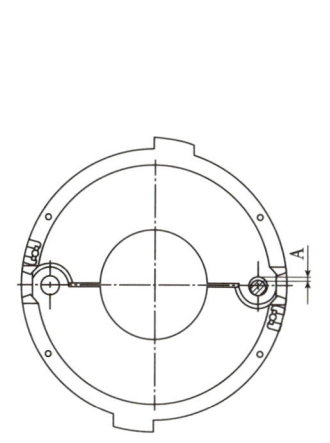 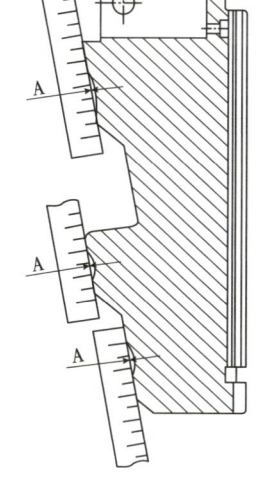 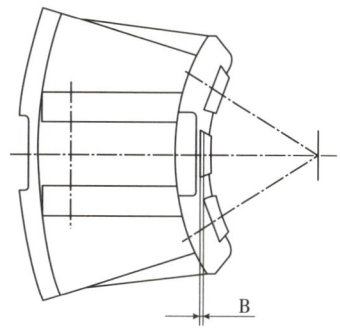

图4-62　磨损后最大总间隙　　图4-63　背锥各台阶磨损　　图4-64　牙板背面与牙板槽间隙
　　A—1.57mm　　　　　　　　A—1.6mm　　　　　　　　B—2.38mm

（2）卡持试验。

定期进行卡瓦卡持试验，一般两月一次。

①清理管柱上没有齿印的一段，用金属刷子清理牙板。

②将试纸一层层地裹在清理过的那段管柱上，裹两层。

③将紧裹有试纸的管柱缓慢地放进卡瓦中，对管柱加载。

④卸载后，小心移开卡瓦，注意不能碰坏试纸；因第一层试纸上卡瓦牙的压痕容易引起误解，用第二层试纸上牙痕的分布情况来分析判断牙板或卡瓦体（或牙板载体）是否需要更换。

⑤如果试验结果表明牙板是完全接触，如图4-65所示，齿痕清晰而且是完整排列，则说明牙板和卡瓦（或牙板载体）是好的，牙板是完全接触，不需要更换。如果试验结果表明牙板不是完全接触，如图4-66所示，齿印不完整，则需要再做一次试验。如果第二次试验齿印接触完全，则不需要更换；如果齿印仍是接触不完全，则需要更换牙板或者卡瓦体（或牙板载体）。

图4-65　牙板完全接触

图4-66　牙板接触不完全

（3）无损检测。

卡瓦每使用6个月或每口井钻井作业结束后，应进行磁粉检测。

（4）减压阀—滤气器维护。

①每次使用前后检查滤气器积水，及时排除积水。

②每三个月或需要时用煤油或燃料柴油清洗滤气器元件。

③滤气器用干净的水或纯煤油清洗。

注意：滤气器的塑料外壳接触到某些溶剂、强碱性物质或含有芳香烃（不易燃油）的压缩油时很容易损坏。

（5）润滑要求。

润滑部位及周期见表4-41。

表 4-41　润滑部位及周期表

编号	项目	使用的润滑油	润滑周期
1	主体内锥/卡瓦接触面	机油	每次作业中，适时润滑（见表注）
2	铰链销	多用途无水黄油	每次工作前
3	连接销	多用途无水黄油	每周

注：每起或下 50 柱管柱加流动润滑油一次，如果要防止卡瓦黏在主体上，加流动润滑油次数要更多。加润滑油必须在无管柱载荷且卡瓦处于下座位置时进行。

8）故障及处理

（1）常见机械故障见表 4-42。

表 4-42　机械故障

序号	故障	可能原因	解决方案
1	卡瓦不能升降或升降缓慢	（1）气源压力异常； （2）气路管线受压扭曲或接头松动泄漏； （3）气缸防尘圈不清洁或有磨损	（1）检查气源压力是否为 0.6~0.8MPa（表压）； （2）理顺气路管线并拧紧各气路接头，确保无泄漏； （3）清洁气缸防尘圈，如有磨损须及时更换
2	管柱打滑	（1）个别卡瓦体或载体规格不正确； （2）牙板损坏、磨损，或个别牙板规格不正确； （3）卡瓦背锥磨损导致在主体中的位置降低，碰到下部喷气装置，阻碍牙板咬紧管柱； （4）卡瓦牙齿间被钻井液糊住，摩擦力降低； （5）牙板螺钉或牙板挡环螺钉松动，凸出牙齿面； （6）牙板规格与管柱规格不匹配	（1）检查每只卡瓦体或载体规格，更换不正确的卡瓦体或载体； （2）更换规格不正确的牙板，若磨损严重须成套更换新牙板； （3）检查卡瓦体磨损是否碰到下部喷气装置，若磨损严重须成付更换卡瓦体； （4）及时处理齿间的污垢，或先行更换新牙板； （5）及时拧紧各处螺钉； （6）检查卡瓦上所装牙板规格与管柱规格，不一致时更换规格一致的牙板
3	损伤管柱	（1）个别卡瓦体或载体规格不正确，不同规格卡瓦体或载体混合使用； （2）牙板损坏、磨损，个别牙板规格不正确	（1）检查每只卡瓦体或载体规格，更换不正确的卡瓦体或载体； （2）更换损坏、磨损严重或规格不正确的牙板

（2）电控故障明细见表 4-43。

表 4-43　电控故障

序号	故障	可能原因	解决方案
1	卡瓦不能升降或升降缓慢	防爆电磁阀损坏	卡瓦升降管线接通气源，检查卡瓦是否动作。若动作完好，更换防爆电磁阀
2	信号灯常亮或不亮	（1）行程开关无法复位； （2）压力开关损坏； （3）电缆损坏	（1）给行程开关活塞心涂油或更换行程开关； （2）调节压力开关，若无反应，更换压力开关； （3）更换电缆
3	行程开关激发后，信号灯不亮	（1）信号灯损坏； （2）电缆损坏	（1）更换损坏信号灯； （2）更换电缆
4	操作面板上开关，设备不动作	控制电缆损坏	更换控制电缆

3. 液动卡瓦

1）使用前准备及检查

（1）检查、确定转盘规格和W（T/G）Y375液动卡瓦匹配、适用。

（2）使用前检查液动卡瓦的外观，牙板表面应清洁无杂物。

（3）检查各零部件应齐全完好无缺失，卡瓦体、牙板载体等部件安装连接无松动。

（4）检查卡瓦体配合锥面是否完好，润滑到位；破损或有异物夹杂，易引起无法夹持到位或卡死等问题。

（5）检查连接液路、气路各管线及接头有无渗漏，电路连接正确、合规。

（6）操作卡瓦，使卡瓦体上升、下降活动3~5次。

（7）检查各部件应动作灵活可靠，卡瓦体动作灵活、有力。

2）安装

用产品专用的起吊装置起吊液动卡瓦；平稳起吊，轻起轻放，避免碰撞损坏。

（1）安装前将转盘中大补芯吊出。

（2）将配套吊链连接到液动卡瓦本体起吊销轴上，起吊液动卡瓦。

（3）井口无管柱时，将液动卡瓦放入转盘内，以液动卡瓦本体定位块对应转盘相应定位槽口，插上转盘销。

（4）井口有管柱时，需先抽出卡瓦大门销轴，打开卡瓦大门，移动卡瓦，将管柱置于卡瓦中心，合上大门，插入销轴后，将卡瓦整体放入转盘内。

（5）锁定液动卡瓦大方瓦锁块，盖上盖板，锁上盖板锁块。

（6）连接液压、气路管线，并试动作。操作卡瓦上升、下降活动3~5次。检查各部件应动作灵活可靠，卡瓦体升降自由，无卡阻，各管线接头无堵塞、泄漏等现象。

（7）安装承载板：井口无管柱时，直接安装承载板；井口有管柱时，需先以液动卡瓦夹持固定管柱，后以承载板中心大孔从管柱接箍处穿过安装。

3）起钻作业

（1）进行起钻作业时，将相应规格的刮泥板套入钻杆上，以压板固定后（带有喷气刮泥装置的卡瓦则无须安装此刮泥板），再操作液动卡瓦。

（2）在起钻前，首先操作卡瓦开关到开位，使钳头在开位。上提钻具，当卡瓦体上升并完全打开后，继续上提钻具，刮泥板同步刮去钻杆表面附着的钻井液（喷气式刮泥装置在卡瓦打开时包围钻杆表面一圈的喷气孔同时向钻杆表面喷出气体，利用气流刮除钻杆表面钻井液）。当卸扣钻杆内螺纹接头承载斜坡部位高出气动卡瓦400~450mm距离时，停稳。

（3）操作卡瓦开关至关位，卡瓦体下行完全卡住钻杆，不下滑时，即可进行钻杆卸扣作业。

（4）重复步骤，可再次完成钻杆卸扣作业。

4）下钻作业

（1）在下钻作业前，首先操作卡瓦，使钳头在开位。上提管柱，当卡瓦体上升并完全打开后，下放管柱。当吊卡底部平面高出卡瓦100~150mm距离时，停稳。

（2）操作卡瓦开关至关位，卡瓦体下行完全卡住管柱，不下滑时，适当动作吊卡，打开并移开吊卡，即可进行上扣作业。

（3）重复步骤，可再次完成管柱下钻作业。

在下钻作业过程中无须使用刮泥功能，此时可将喷气刮泥装置喷气管线松开或将喷气装置截止阀控制管线松开即可，均不影响卡瓦体正常工作。

5）作业结束

（1）停止使用液动卡瓦时，拆卸下承载板、刮泥板等，打开盖板，抽出活动门销。

（2）将卡瓦向上吊起，并打开大门移出管柱，放置在预定区域内。

（3）及时用空气或清水冲洗卡瓦内、外钻井液等杂物，并用钢丝刷去除卡瓦牙上杂物。

（4）检查牙板、耐磨环板等磨损情况，超磨损极限须进行整套更换。

（5）检查卡瓦上盖板、中间体、钳头等部件安装连接部位是否松动，松动部件必须紧固。

（6）操作卡瓦，使钳头上升、下降活动3~5次。检查各部件应灵活可靠，钳头升降自由，无卡阻现象；除喷气头喷气孔外其余各管线及接头处不得有漏气现象，各喷气孔应畅通无堵塞。

（7）所有部位涂油防锈、遮布防雨；吊至坚固地面保存。

6）使用注意事项

（1）转盘和液动卡瓦旋转时，先断开与液动卡瓦连接的快接接头。

（2）开始操作设备前，先使卡瓦做上下交替运动来排除液压管路中的空气；若管路中残留有空气，可能会导致液动卡瓦运转失常及液压压力降低。

（3）钻具卡持操作必须在管柱停稳后方可进行；不得在下放钻杆的同时下放卡瓦体，防止卡瓦抱死钻杆造成损坏。

（4）每起、下50柱管柱，需在动力卡瓦的背锥处加润滑油一次，加润滑油必须在无载荷且卡瓦体处于最低位置时进行。作业时，若发生卡瓦松开反应迟钝或卡死现象初起时，应及时润滑接触锥面，且润滑次数应增多。带有储油润滑装置的应打开注油控制球阀适时适量润滑接触锥面。

（5）在起、下管柱作业中，须保持动力卡瓦内部清洁，特别是卡瓦牙处有干涸的钻井液、泥沙等杂物时，须及时清理干净，确保卡瓦的卡持性能。

（6）作业时，若管柱悬重小于100kN时，应谨慎使用或不使用该卡瓦，避免在卡瓦误操作打开时，造成管柱滑落坠井事故。

（7）作业时，需采取安全措施，预防下部钻具断裂、震击器误震击、钻头受到高压等情况，井口钻具向上窜动，导致钳头向上打开，发生钻具落井事故。

（8）预防下放吊卡与液动卡瓦发生撞击，以免造成设备损坏或人身危险。

（9）使用过程中，须及时检查动力卡瓦各处连接部件是否紧固牢靠。如有问题须立即处理，确认可靠后方可使用。

（10）经常检查气动刮泥喷气孔是否堵塞，可用细铁丝等清理喷气孔。

（11）液动卡瓦在转盘上时不要安装或拆卸卡瓦和牙板。

（12）使用电控系统的每次作业前应检查电缆线及航插接头是否有损坏；打开接线箱，检查内部是否有积水等，有则应立即排除并清理干净，否则可能会造成电路短路，损坏电气元件。

7）维护

（1）定期检查。

定期对卡瓦总成进行检测，一般每口井开始或结束后，或每三个月需对液动卡瓦进行全面的检查、保养和测试。

①检查钳头（或牙板载体）牙槽是否磨损胀大，当牙板背面与牙板槽有缝隙，牙板松动时，就应该更换牙板或者钳头（或牙板载体），防止牙板落井。

②检查牙板是否磨钝，牙板磨损后，应及时全部更换，切忌将新旧牙板混合使用，以免造成牙板、钳头（或牙板载体）或管柱损坏；在更换牙板时，要注意齿形方向。

③检查销孔、铰链销、卡瓦体背锥磨损情况，根据磨损程度及时更换，避免发生下沉落井事故，如图4-67至图4-69所示。

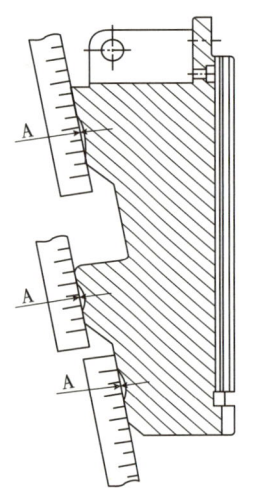

图4-67 背锥各台阶磨损
A—1.0mm

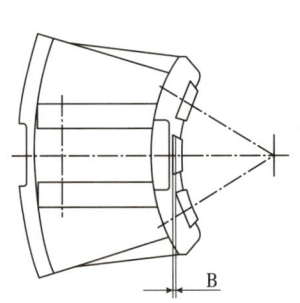

图4-68 牙板背面与牙板槽间隙
B—2.38mm

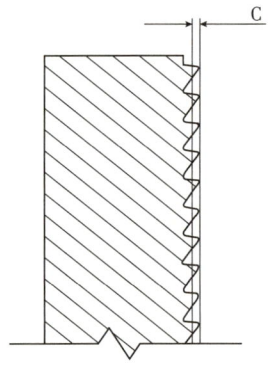

图4-69 牙板牙尖磨损
C—1.0mm

（2）定期卡持试验。

定期进行卡瓦卡持试验，一般每口井开始或结束后，或两月一次。

①清理管柱上没有齿印的一段，用金属刷子清理牙板。

②将试纸一层层裹在清理过的那段管柱上，裹两层。

③将卡瓦夹紧裹有试纸的管柱，然后缓慢地放进卡瓦中对管柱加载。

④卸载后，小心移开卡瓦，注意不能碰坏试纸；因第一层试纸上卡瓦牙的压痕容易引起误解，用第二层试纸上牙痕的分布情况来分析判断牙板或卡瓦体（或牙板载体）是否需要更换。

⑤如果试验结果表明牙板接触面不小于85%，齿痕清晰而且是完整排列的，则说明牙板和卡瓦（或牙板载体）完好，不需更换；如果试验牙板结果达不到标准，齿印不完整，则需要再做一次试验，如果第二次试验牙板齿印接触面不小于85%，则不需更换，如果齿印接触面仍是小于85%，则需要更换牙板或者钳头（或牙板载体）。

（3）无损检测。

卡瓦每使用6个月或每口井钻井作业结束后，应进行磁粉检测。

（4）润滑要求。

润滑部位及周期见表4-44，如图4-70所示。

表4-44 润滑部位及周期表

位号	名称	点数	油品	周期	方法
1	对中铜套	2	锂基酯	24h	黄油枪
2	中间连接体铜套	2	锂基酯	24h	黄油枪
3	转锁铜套	6	锂基酯	24h	黄油枪
4	门销	2	锂基酯	24h	黄油枪
5	锥面	1	柴油机油	2h	浇油

注：每起或下20柱管柱加流动润滑油一次，如果要防止卡瓦黏在主体上，须加流动润滑油次数要更多。加润滑油必须在无管柱载荷且卡瓦处于下座位置时进行。

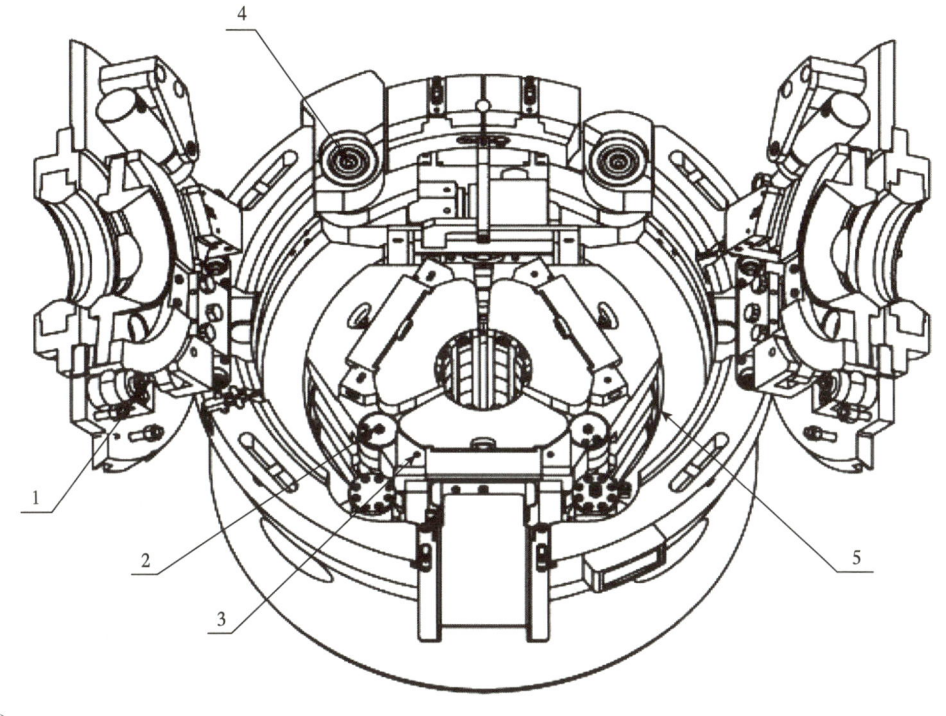

图4-70 卡瓦润滑部位

1—对中铜套；2—中间连接体铜套；3—转锁铜套；4—门销；5—锥面

8）故障及处理

（1）常见机械故障及处置措施见表4-45。

表 4-45 机械故障

故障	可能原因	解决方案
卡瓦体动作慢或者不动作	流量太低	检查接头、阀件，调节流量阀
	压力太低	压力调至 18MPa
	管线太长、太小	管线加大、缩短
	液压站建压时间长	调整液压站
	液压阀卡死	更换阀件
管柱打滑	牙板表面钻井液等附着太多	清洗牙齿表面
	牙板磨损	检查并更换
	钳头规格不对	更换钳头
	装错牙板	更换牙板
	牙板上下装反	重装牙板
	液压缸行走不到位	检查压力至少在 14MPa 以上
	锥面润滑不充分	按说明书润滑章节润滑设备
	对中板规格不对	更换对中板
	牙板太细	更换粗齿牙板
卡瓦体提升后不完全张开	卡瓦背锥面有泥块或其他杂质	清除清洗
	连接销锈蚀	除锈润滑
	弹簧失效	更换弹簧
	油缸不到位	检查更换
卡瓦体下滑	液压管线或油缸渗漏	换密封圈
	液控单向阀卡死	换阀
	液压管路进空气	排除空气

（2）电控故障及处置措施见表 4-46。

表 4-46 电控故障

故障	可能原因	解决方案
液动卡瓦不动作	电磁阀没有 24V 动作电压	查电路
信号指示灯不亮	接近开关损坏	换接近开关
	接近开关感应距离太远	调到适当位置
	线头松动、接错、断开	重新接线
	指示灯坏	更换指示灯
	无 24V 工作电源	检查电路
遥控距离短或失灵	电池电量低	更换电池
操作面板上开关，设备不动作	控制电缆损坏	更换控制电缆

五、动力卡瓦

1. 背景

钻机起下钻具作业采用"双吊卡"或"一吊一卡"作业。"双吊卡"存在钻工劳动强度大、效率低,"单吊环"起钻风险高,阻碍钻具起下的自动化等不足。2010年以前,塔里木起下钻具作业主要采用"双吊卡"方式,几乎每年都会发生1~2起"单吊环"事故,在造成巨大经济损失的同时,对现场作业员工人身安全也带来较大风险。随着塔里木勘探开发向超深层进军,加之钻井提速提效的客观要求,采用更为安全高效的起下钻作业方式已成为必然。为了适应塔里木钻井技术的进步,推广"顶驱系统""铁钻工""动力卡瓦"等组成的自动化装备势在必行。

使用动力卡瓦的"一吊一卡"起下钻具作业对比"双吊卡"具有明显优点:

(1)提高起下钻速度,缩短起下钻的辅助时间,提高钻井时效。对于井深为6000m左右的井,与用"双吊卡"起下钻相比,每次可以节省2h左右。

(2)改善钻工的作业安全条件,减轻钻工劳动强度。由于使用动力卡瓦夹持钻杆,不用来回搬动几百千克重的吊卡和摆动吊环,大大减轻钻工的劳动强度和受伤害的可能性。

(3)避免井口吊卡倒换和拔插安全销,防止发生"单吊环"起钻事故。

(4)在井口使用卡瓦将钻杆卡住,方便处理某些特殊事故。

(5)实现钻具起下钻机械化、自动化。

2. 工作原理

为从原理上论证 WQ-375 气动卡瓦的工作性能,从力学模型建立、钻柱极限载荷计算、有限元分析等方面进行论述验证,具体内容如下。

1)力学模型

使用卡瓦起下钻杆作业时,钻杆靠楔形结构动力卡瓦夹持,该横向载荷作为一种压缩力,作用在钻杆上,动力卡瓦夹持钻杆示意图如图4-71所示。

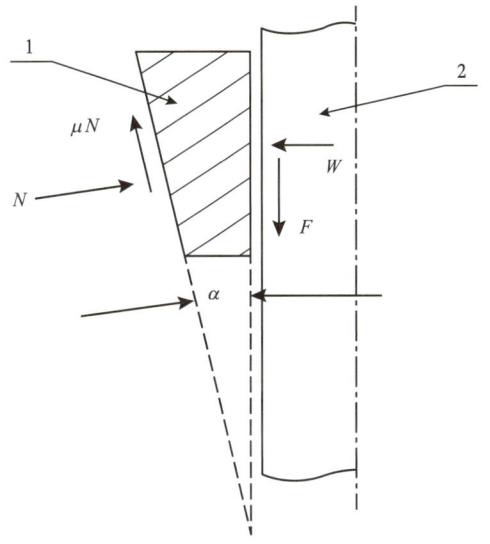

图 4-71 动力卡瓦夹持钻杆力学模型

1—卡瓦;2—钻杆;F—卡瓦体与钻杆之间的摩擦力,或可卡紧钻杆悬重;W—卡瓦体与钻杆之间的挤压力;N—卡瓦座对卡瓦体的正压力;μ—摩擦系数;α—锥度角

卡瓦卡紧钻杆后,根据平衡条件,必满足式(4-1):

$$\begin{cases} \sum Y = 0, & F - \mu N \cos\alpha - N \sin\alpha = 0 \\ \sum X = 0, & W - N \cos\alpha + \mu N \sin\alpha = 0 \end{cases} \quad (4-1)$$

按 API 标准动力卡瓦,取锥度角 $\alpha = 9°27'45'' \pm 2'30''$,从式(4-1)可得:

$$W = \frac{6-\mu}{1+6\mu} F \quad (4-2)$$

当钻杆被卡瓦咬合时，产生的挤压力 W，W 对咬合部位管体产生的应力超过了管材的毁坏强度后，将发生"缩颈"和挤碎现象。

2) 极限载荷计算

卡瓦内悬挂钻柱的极限载荷计算公式很多，按使用最广泛的 API 公式，当钻杆内某点应力增加到 $2O_{yp}$，钻杆直径不发生永久变形的临界条件必须满足式（4-3）的条件：

$$(O_x - O_r)^2 + (O_x - O_\theta)^2 + (O_r - O_\theta)^2 = 2O_{yp}^2 \quad (4\text{-}3)$$

$$O_x = F/A \quad (4\text{-}4)$$

$$O_r = \frac{wb^2}{b^2 - a^2}\left(\frac{a^2}{r^2} - 1\right) \quad (4\text{-}5)$$

$$O_\theta = \frac{wb^2}{b^2 - a^2}\left(\frac{a^2}{r^2} + 1\right) \quad (4\text{-}6)$$

$$w = W/A_1 = KF/A_1 \quad (4\text{-}7)$$

$$K = \frac{1}{\tan(\alpha + \psi)} \quad (4\text{-}8)$$

$$\psi = \tan^{-1}\mu \quad (4\text{-}9)$$

式中 O_x——轴向应力，MPa；
O_r——半径 r 处的径向应力；
O_θ——周向应力，MPa；
O_{yp}——钻杆屈服强度，MPa；
F——钻杆轴向力，N；
A——钻杆横截面积，mm^2；
b——钻杆外径，mm；
a——钻杆内径，mm；
w——钻杆外挤压力，N；
W——侧面挤压力，N；
A_1——侧面卡瓦面积，mm^2；
K——横向载荷系数；
ψ——摩擦角，(°)；
μ——卡瓦和转盘间摩擦系数。

当载荷增加到一定程度，钻杆屈服扩展到整个钻杆壁厚，从式（4-3）分析可知，钻杆被夹持部位最大应力点在钻杆内侧，内侧应力要满足式（4-10）：

$$\left(\frac{F}{A}\right)_{\text{LD}} = \left[\frac{2}{1+\left(1+\frac{a^2+b^2}{b^2-a^2}\cdot\frac{KA}{A_1}\right)^2+\left(\frac{2a^2}{b^2-a^2}\cdot\frac{KA}{A_1}\right)^2}\right]^{1/2} O_{\text{yp}} \qquad (4-10)$$

3）有限元分析

对动力卡瓦内悬挂钻柱来说，卡瓦和钻杆夹持部位是两个主要受力部位，要保证动力卡瓦起下钻作业安全，必须保证动力卡瓦、钻杆的强度满足使用要求。

动力卡瓦夹持钻杆的有限元分析可以更好地了解动力卡瓦牙体的应力分布情况，为了便于简化计算，将卡瓦牙型简化成圆柱面，并忽略连接结构，4 片动力卡瓦夹持钻杆的三维计算模型及网格划分如图 4-72 所示。

根据动力卡瓦的工作情况，限制动力卡瓦 Y 方向的自由度，钻杆 X、Z 轴自由度。动力卡瓦斜面承受来自卡瓦座的均布压力，钻杆下部承受 220t 的轴向载荷。使用 Abaqus 有限元分析软件，计算动力卡瓦夹持钻杆的 Von Mises 等效应力，计算结果如图 4-73 所示。

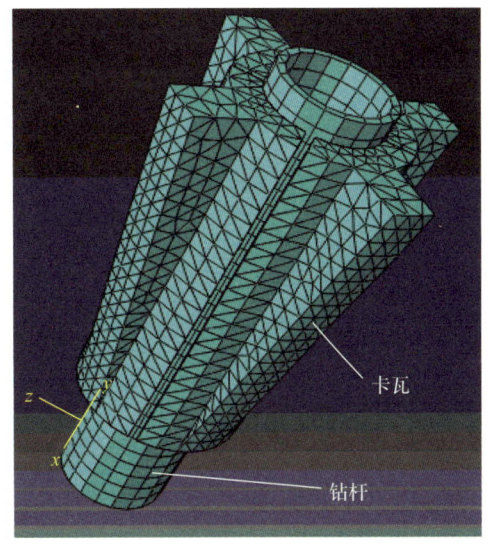

图 4-72　卡瓦夹持钻杆模型网格划分

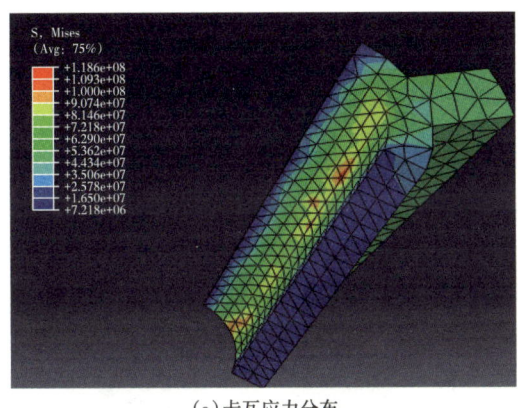

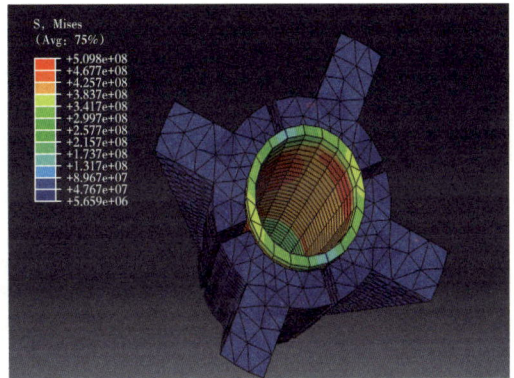

(a) 卡瓦应力分布　　　　(b) 钻杆应力分布

图 4-73　卡瓦 Von Mises 等效应力

从分析结果看出，卡瓦最大应力发生在卡瓦夹持钻杆中间部位，最大应力 118MPa；钻杆最大应力发生在被夹持部位管体内侧，最大应力 509MPa。以上最大应力值没有超过卡瓦及钻杆的屈服应力强度，说明该工况下使用动力卡瓦夹持钻杆作业是安全的。

4）结论

API 经验公式表明，钻杆柱悬挂在卡瓦内时的弹塑性轴向极限载荷的大小，与钻杆外径、壁厚、钻杆材料屈服强度，以及卡瓦夹紧长度成正比。经验公式的计算结果表明卡瓦夹持钻杆的最大安全悬重超过258t，验证使用动力卡瓦夹持钻杆作业是安全的。

有限元分析结果表明，只要钻杆柱的最大悬重不大于API公式计算最小值，被夹持在卡瓦内的钻杆不会出现直径缩小的"缩颈"和压裂等弹塑性变形，使用动力卡瓦起下钻具是安全可行的。

3. 现场应用及效果

2010年，塔里木油田开展了WQ-375气动卡瓦的试验和评价工作，具体情况如下。

1）入厂验收情况

WQ-375气动卡瓦按SY/T 5049—2009《钻井卡瓦》生产，满足塔里木油田签订的补充订货技术要求。标识、规格尺寸及性能要求、零配件要求、材料及机械性能、无损检测、夹持性能、提供的技术资料等均合格。WQ-375气动卡瓦最大载荷为500t，性能参数见表4-47。

表4-47 WQ-375气动卡瓦性能参数

名称	规格（t）	适用转盘规格（in）	适用管径（in）	最大载荷[kN（t）]	气缸工作压力（MPa）	气缸最大压力（MPa）
气动卡瓦	375~500	37½	4½~14	4500（500）	0.7~0.8	1

2）现场试用

（1）第一轮试用。

①试用概况。

2010年10月20日至12月6日，WQ-375气动卡瓦先后在哈803井、HA15-3井、HA7-5井、HA9-2井、HA8-1井、HA15-1井6口井试用，现场钻具具体情况如图4-74所示，使用井段1340~6562m，最大钻具悬重220t，起下钻累计使用时间近420h，现场使用检查统计情况见表4-48。

图4-74 现场试用情况

表 4-48 WQ-375 气动卡瓦使用检查统计表

项目	试用井位号（5in 钻具）					
	HA7-5	HA9-2	HA8-1	HA15-3	HA15-1	哈 803
试用井深（m）	5299~6274	1340~3000	5630~5900	5498~6550	5820~6562	6221~6557
最大悬重（t）	203	50	200	185	186	220
起下钻累计时间（h）	160	10	30	60	40	120
试用过程功能状态	打开、闭合、夹持管柱正常	打开、闭合、夹持管柱正常	打开、闭合、夹持管柱正常	打开、闭合、夹持管柱正常	打开、闭合、夹持管柱正常	打开、闭合、夹持管柱正常
卡瓦咬合管柱牙痕	牙痕均匀，咬痕深度不大于 0.3mm	牙痕均匀，咬痕深度不大于 0.2mm	牙痕均匀，咬痕深度不大于 0.1mm	牙痕均匀，咬痕深度不大于 0.3mm	牙痕均匀，咬痕深度不大于 0.1mm	牙痕均匀，咬痕深度不大于 0.3mm
相对双吊卡一柱起/下钻节约时间	约 1min	约 0.5min	约 0.5min	约 1min	约 1.5min	约 1.5min
相对双吊卡起/下钻综合节约时间	6000m 起下节约 2h	3000m 起下节约 0.5h	5900m 起下节约 1h	6000m 起下节约 2h	6000m 起下节约 3h	6000m 起下节约 3.5h

②钻杆检测情况。

在 6 口井气动卡瓦试用过程中，现场对 5in 钻杆卡瓦夹持部位进行超声波探伤，未发现异常情况；回收检测数量为 3249 根，发现牙痕数量为 962 根，占总数的 29.6%；牙痕最大深度 0.3mm 的为 91 根，占总数的 2.8%，咬痕如图 4-75 所示；对卡瓦夹持部位采用超声波探伤和荧光磁粉探伤未发现裂纹，具体情况见表 4-49。

图 4-75 卡瓦咬痕磁粉检测

表 4-49　气动卡瓦试用井的 5in 钻杆检测分布情况

井号	检测数量（根）	发现牙痕数量（根）	牙痕最大深度/数量（mm/根）
哈 803	619	93	0.3/30
HA15-3	580	86	0.3/25
HA15-1	670	590	0.1/590
HA8-1	700	100	0.1/47
HA7-5	690	120	0.3/36
HA9-2	690	73	0.2/40
合计	3249	962	0.3/91

（2）第二轮试用。

①试用概况。

2011 年 4 月 26 日至 6 月 24 日，WQ-375 气动卡瓦先后在 HA12-3 井（4in 钻杆）、HA601-10 井（5in 钻杆）、HA601-11 井（5in 钻杆）、HA601-14 井（5in 钻杆）、新垦 8H 井（5in 钻杆）、新垦 602 井（5in 钻杆）、LN11-4C 井（5in 钻杆）7 口井试用，最大钻具悬重 220t，卡瓦咬痕如图 4-76 所示，起下钻累计使用时间近 775h。

图 4-76　卡瓦咬痕情况

②钻杆检测情况。

在 7 口井气动卡瓦试用过程中，现场对 5in 钻杆卡瓦夹持部位进行了超声波探伤，未发现异常情况；回收检测情况与首次试用情况基本无差异；对卡瓦夹持部位采用超声波探伤和荧光磁粉探伤未发现裂纹，具体情况见表 4-50。

表4-50 WQ-375气动卡瓦使用检查统计表

项目	试用井位号						
	HA12-3	HA601-10	HA601-11	HA601-14	新垦8H	新垦602	LN11-4C
试用井深（m）	6608~6735	6103~6603	6390~6622	3111~6230	2908~6400	1052~6742	4457~5433
最大悬重（t）	170	210	210	180	180	220	180
起下钻累计时间（h）	40	90	80	160	165	180	60
试用过程功能状态	打开、闭合、夹持管柱正常	打开、闭合、夹持管柱正常	打开、闭合、夹持管柱正常	打开、闭合、夹持管柱正常	打开、闭合、夹持管柱正常	打开、闭合、夹持管柱正常	打开、闭合、夹持管柱正常
卡瓦咬合管柱牙痕	牙痕均匀，咬痕深度不大于0.2mm	牙痕均匀，咬痕深度不大于0.2mm	牙痕均匀，咬痕深度不大于0.2mm	牙痕均匀，咬痕深度不大于0.1mm	牙痕均匀，咬痕深度不大于0.2mm	牙痕均匀，咬痕深度不大于0.2mm	牙痕均匀，咬痕深度不大于0.3mm
相对双吊卡一柱起/下钻节约时间	约1min	约0.5min	约0.5min	约1min	约1.5min	约1.5min	约1.5min
相对双吊卡起/下钻综合节约时间	6600m起下节约3h	6000m起下节约2h	6300m起下节约1.8h	6000m起下节约2.5h	6000m起下节约2.5h	6000m起下节约3.0h	5000m起下节约2h

（3）山前井试用。

①克深207井。

2012年1月7日，克深207井 $5\frac{1}{2}$ in 钻具在4646m开始试用气动卡瓦，$5\frac{1}{2}$ in 钻杆牙痕深度小于0.2mm，现场使用情况正常；3月26日，该井（5in钻具）在5553m、最大钻具悬重200t，继续使用气动卡瓦，5in钻杆牙痕深度小于0.2mm，现场使用情况正常，卡瓦咬痕情况如图4-77所示。

图4-77 克深207井卡瓦咬痕形貌

② HA601-37X 井。

该井使用的 5in 钻杆，钻杆曾在 HA10-1X 井使用气动卡瓦。HA601-37X 井于井深 4879m 开始使用气动卡瓦，最大钻具悬重 205t，5in 钻杆新牙痕深度小于 0.25mm，出现新旧牙痕叠加的钻杆数量 15 根，新旧牙痕叠加深度不明显，现场使用情况正常，卡瓦咬痕形貌如图 4-78 所示。

图 4-78　HA601-37X 井卡瓦咬痕形貌

③ HA9-8 井。

该井使用的 5in 钻杆，钻杆曾在 HD4-92-1 井使用气动卡瓦。HA9-8 井于井深 1536m 开始使用气动卡瓦，最大钻具悬重 180t，5in 钻杆新牙痕深度小于 0.2mm，出现新旧牙痕叠加的钻杆数量 13 根，新旧牙痕叠加深度不明显，现场使用情况正常，卡瓦咬痕形貌如图 4-79 所示。

图 4-79　HA9-8 井卡瓦咬痕形貌

（4）冬季试用。

试用过程中，气动卡瓦需采取防冻措施，防止气路冰堵，用后需用蒸气清理积冰、泥沙，及时加油润滑；下钻时，钻杆夹持部位需采用蒸气除冰。经 5 口井的跟踪，冬季气动卡瓦现场试用正常，试用情况见表 4-51。

表 4-51　冬季气动卡瓦现场试用统计

井号	使用时间段	累计使用时间（h）
克深 207 井	2012 年 1 月 7 日至 2012 年 2 月 28 日	50
哈 601-17 井	2011 年 12 月 4 日至 2012 年 2 月 1 日	60
哈 7-5 井	2010 年 12 月 1 日至 2011 年 1 月 8 日	25
哈 10-1X 井	2011 年 12 月 1 日至 2011 年 12 月 13 日	20
哈 601-19 井	2011 年 12 月 14 日至 2012 年 2 月 17 日	55

3）试用小结

2010 年 10 月至 2012 年 8 月，气动卡瓦共使用 30 井次，单套使用最多为 4 井次，现场使用工作正常。

4）存在的不足

该气动卡瓦现场使用中，存在如下不足：

（1）特殊工况下，如处理不当，该气动卡瓦卡持能力可能降低。

该气动卡瓦的牙板采用特制微痕牙板，牙型为锯齿型，不同型号的牙板与不同规格的钻杆匹配，牙板齿深为 0.65~0.8mm，齿尖宽度 0.2mm，弧形齿的弦长 6.55mm，保证了卡瓦抱合钻杆时产生牙痕不大于 0.3mm，同时带来相应不足：

①当钻井液清理不干净，黏附在钻杆外壁凝固时，厚度大于 0.5mm 的凝固钻井液有可能填塞齿隙，降低卡持能力；

②当钻井液过于黏稠，固相颗粒较大时，有可能填塞齿隙，降低卡持能力；

③当气温低于 0℃，水及水汽黏附在钻杆外壁结冰凝固时，有可能填塞齿隙，降低卡持能力。

（2）配常用侧开斜坡吊卡，使用不太方便。

常用侧开斜坡吊卡，打开时只是吊卡侧门打开，钻杆接头无法垂直通过吊卡，扣合钻杆时，需要把吊环及吊卡推向侧面，从侧面扣合，操作费力、不方便。如配套液压吊卡，当吊卡打开时，钻杆接头可垂直通过吊卡，扣合钻杆时，无须把吊环及吊卡推向侧面，从侧面扣合，极大方便扣合钻杆。

5）综合评价

（1）对钻杆的损伤轻微，满足油田深井使用要求。

现场情况，5in 钻具组合，在钻铤 6 个立柱和钻杆 150 立柱情况下，起下钻时几乎看不到牙痕。当井深 6500m，5in 钻具组合最大悬重 220t 时，该卡瓦牙对钻杆产生的牙痕轻微，无损检测合格，牙痕深度小于 0.3mm。定队使用时，钻杆出现新旧牙痕叠加的数量少，新旧牙痕叠加深度小于 0.3mm，与第一次使用卡瓦相比，几乎没有加深。

（2）防止单吊环起钻事故，较大幅度改善安全工作条件。

由于气动卡瓦的使用，实现了一吊一卡起下钻作业，无须双吊卡倒换，吊环与吊卡不需要挂卸，彻底排除了单吊环起钻事故；在配用液压吊卡情况下，内钳工无须把吊环及吊卡推向侧面扣合钻杆，无须每次挂卸吊卡、拔插吊卡保险销，较大幅度改善了安全工作条件。

（3）较大幅度减轻员工劳动强度，明显节约起下钻时间。

该型气动卡瓦如配合液压吊卡使用，钻台上内钳工的劳动强度可减轻一半；相对井深不同，每趟起下钻可节约 0.5~3h，全井累计，可明显缩短建井周期，节约成本。

（4）结构比较合理，安装与操作方便。

该气动卡瓦导向设计较合理，在起下钻时，只要是天车、游车、大钩与井口的中心偏距不大于 150mm 就不会碰到牙板，适用性较强。该气动卡瓦第一次安装只需 1h，再次连接使用只需 10min，增加的耗时很少。操作方便，有助于安全快捷地完成下钻作业操作。

（5）卡瓦牙板咬痕与夹持力的矛盾还有改进空间。

当钻柱载荷过大时，卡瓦咬痕对钻杆本体的伤害甚至导致现场失效的风险仍然偏高，在钻杆回收检测过程中曾在卡瓦牙底发现裂纹等危害性缺陷；高密度钻井液体系下牙板清洁不及时带来的夹持力下降也需要进一步克服。

第五章　超深井钻柱井下工作状态及受力分析

在超深井的钻探过程中，钻柱结构参数和施工参数是否合理至关重要，它直接影响着钻井作业的效率与安全性。本章主要介绍塔里木油田超深井 BHA 设计、钻柱振动特征及工作状态方面的研究成果。首先详细介绍钟摆 BHA、垂直钻井 BHA、随钻扩眼 BHA，以及定向钻井 BHA 等不同类型的 BHA 结构的设计；其次，以塔标系列井身结构为例，推荐了塔里木油田各开次钻具组合及钻井参数；随后，深入分析了钻柱的井下工作状态，并利用 ESM 振动测量工具对井下钻柱振动特征进行了测量与分析，通过频谱和时频分析揭示实际井下振动的主要频率成分组成。

第一节　底部钻具组合（BHA）设计

一、钟摆 BHA 设计

钟摆钻具是为减少井斜角而设计的一种钻具组合，是利用斜井内切点以下钻铤重量的横向分力把钻头推向井壁低的一侧，以达到逐渐减小井斜的效果，这个横向分力如钟摆一样，所以称之为"钟摆力"，运用这个原理组合的钻具称为钟摆钻具。塔里木油田常用的钟摆 BHA 设计见表 5-1。

表 5-1　塔里木油田常用钟摆 BHA 设计

井眼尺寸（mm）	BHA 设计	备注
444.5	钻头 + 减振器 ×4m+228.6mm 钻铤 ×18m+438~440mm 钻具稳定器 1+228.6mm 钻铤 ×9m+441~443m 钻具稳定器 2+228.6mm 钻铤 ×9m +203.2mm 钻铤 ×126m+……	可根据地层岩性现场确定是否加减振装置。若使用直螺杆（不带稳定器）或单弯螺杆（1.25°弯角不带稳定器），则钻头和钻具稳定器 1 之间去掉减振器及 1 根钻铤
406.4	钻头 + 减振器 ×4m+228.6mm 钻铤 ×18m+400~402mm 钻具稳定器 1+228.6mm 钻铤 ×9m+403~405mm 钻具稳定器 2+196.9mm 钻铤 ×27m+177.8mm 钻铤 ×163m+……	
333.4	钻头 + 减振器 ×4m+228.6mm 钻铤 ×18m+327~329mm 钻具稳定器 1+ 228.6mm 钻铤 ×9m+330~332mm 钻具稳定器 2+203.2mm 钻铤 ×189m+……	
311.2	钻头 + 减振器 ×4m+228.6mm 钻铤 ×18m+305~307mm 钻具稳定器 1+ 228.6mm 钻铤 ×9m+308~310mm 钻具稳定器 2+203.2mm 钻铤 ×153m +203.2mm 震击器 ×4.6m+203.2mm 钻铤 ×18m+……	

续表

井眼尺寸（mm）	BHA 设计	备注
241.3	钻头 +177.8mm 钻铤 ×18m+235~237mm 钻具稳定器 1+177.8mm 钻铤 ×9m+238~240mm 钻具稳定器 2+177.8mm 钻铤 ×189m+……	若使用直螺杆（不带稳定器）或单弯螺杆（1.25°弯角不带稳定器），则钻头和钻具稳定器 1 之间去掉 1 根钻铤
215.9	钻头 +158.8mm 钻铤 ×18m+209~211mm 钻具稳定器 1+158.8mm 钻铤 ×9m+212~214mm 钻具稳定器 2+158.8mm 钻铤 ×143m+……	
168.3	钻头 +120.7mm 钻铤 ×189m+101.6mm 钻杆 ×2300m+127mm 钻杆 +……	
149.2	钻头 +120.7mm 钻铤 ×180m+88.9mm 加重钻杆 ×135m+88.9mm 钻杆 ×800m+127mm 钻杆 +……	

二、垂直钻井 BHA 设计

垂直钻井组合就是在钻头上安装一种旋转导向或防斜工具而形成的一种下部钻具组合，主要用于高陡易斜区域纠斜和垂直快速钻进，塔里木油田常用的垂直钻井 BHA 设计见表 5-2。

表 5-2　塔里木油田常用垂直钻井 BHA 设计

组合类型	井眼尺寸（mm）	BHA 设计	备注
带 Power-V 工具	311.2~444.5	钻头 +Power-V×4.3m+ 钻具稳定器 1+ 单流阀 +304.8mm 减振器 + 无磁钻铤（MWD）+MWD 悬挂短节 + 钻具稳定器 2+228.6mm 钻铤 ×27m+ 转换接头 +203.2mm 钻铤 ×135m+203.2mm 随钻震击器 +203.2mm 钻铤 ×27m+……	可以根据地层岩性情况现场确定是否安装减振器；钻具稳定器欠尺寸 3~5mm 减振器直径不小于相邻钻具外径
	241.3	钻头 +Power-V×4.3m+ 单流阀 + 钻具稳定器 1+177.8mm 无磁钻铤（MWD）+MWD 悬挂短节 + 无磁钻铤 + 钻具稳定器 2+177.8mm 钻铤 ×135m+ 随钻震击器 +177.8mm 钻铤 ×27m+……	钻具稳定器 1、钻具稳定器 2 直径 238mm
	215.9	钻头 +Power-V×4.3m+ 单流阀 + 钻具稳定器 1+165mm 无磁钻铤（MWD）+MWD 悬挂短节 + 无磁钻铤 + 钻具稳定器 2+165mm 钻铤 ×135m+ 随钻震击器 +165mm 钻铤 ×27m+……	钻具稳定器 1、钻具稳定器 2 直径 213mm
带 G3 Steering Unit 旋转导向工具	311.2~444.5	钻头 +241.3mm G3 旋转导向头 +241.3mm Mod Stab（模块稳定器）+241.3mm BCPM（钻井液脉冲器和发电机）+241.3mm 转 209.6mm Top Stop（上部断电短节）+209.6mm 滑眼器 +209.6mm 滤网 +209.6mm 浮阀 +209.6mm 震击器 +……	
	215.9~241.3	钻头 +171.5mm G3 Steering Unit+171.5mm Mod Stab+171.5mm BCPM+171.5mm Top Stop+171.5mm 滤网 +171.5mm 浮阀 +127mm 转换短节 +127mm 加重钻杆 ×2+165.1mm 震击器 +……	

续表

组合类型	井眼尺寸（mm）	BHA 设计	备注
预弯防斜	444.5	钻头+单弯螺杆（1°或1.25°弯角，钻具稳定器1）+228.6mm 短钻铤×（2~3m）+钻具稳定器2+228.6mm 无磁钻铤×9m+228.6mm 钻铤×18m+203.2mm 钻铤×126m+……	螺杆稳定器钻具稳定器1直径438~440mm，钻具稳定器2直径441~443mm
	406.4	钻头+单弯螺杆（1°或1.25°，钻具稳定器1）+228.6mm 短钻铤×（2~3m）+钻具稳定器2+228.6mm 无磁钻铤×9m+228.6mm 钻铤×18m+196.9mm 钻铤×27m+177.8 钻铤×163m+……	螺杆稳定器钻具稳定器1直径400~402mm，钻具稳定器2直径403~405mm
	333.4	钻头+单弯螺杆（1°或1.25°，钻具稳定器1）+228.6mm 短钻铤×（2~3m）+钻具稳定器2+228.6mm 无磁钻铤×9m+228.6mm 钻铤×18m+203.2mm 钻铤×189m+……	螺杆稳定器钻具稳定器1直径327~329mm，钻具稳定器2直径330~332mm
	311.2	钻头+单弯螺杆（1°或1.25°，钻具稳定器1）+228.6mm 短钻铤×（2~3m）+钻具稳定器2+228.6mm 无磁钻铤×9m+228.6mm 钻铤×18m+203.2mm 钻铤×153m+203.2mm 震击器×4.6m+203.2mm 钻铤×18m+……	螺杆稳定器钻具稳定器1直径305~307mm，钻具稳定器2直径308~310mm
	241.3	钻头+单弯螺杆（1°或1.25°，钻具稳定器1）+177.8mm 短钻铤×（1~2m）+钻具稳定器2+177.8mm 无磁钻铤×9m+177.8mm 钻铤×18m+177.8mm 钻铤×189m+……	螺杆稳定器钻具稳定器1直径235~237mm，钻具稳定器2直径238~240mm
	215.9	钻头+单弯螺杆（1°或1.25°，钻具稳定器1）+158.8mm 短钻铤×（0~2m）+钻具稳定器2+158.8mm 无磁钻铤×9m+158.8mm 钻铤×143m+……	螺杆稳定器钻具稳定器1直径209~211mm，钻具稳定器2直径212~214mm

三、随钻扩眼 BHA 设计

随钻扩眼是通过使用专用的扩眼工具和常规钻头程序，在井下全面钻进的同时扩大井眼尺寸，使获得的井眼尺寸比常规井眼尺寸更大，在塔里木油田通常用于膏盐层段，实现提高固井质量和减少井下复杂的目的，此外在易垮易塌及严重漏失层段应用，为膨胀管技术的应用创造条件，塔里木油田常用的随钻扩眼 BHA 设计见表 5-3。

表 5-3 塔里木油田常用带 Schlumberger 随钻扩眼器 BHA 设计

井眼尺寸（mm）	BHA 设计	备注
311.2~444.5	钻头+Power-V×4.3m+钻具稳定器1+单流阀+无磁钻铤（MWD）+MWD悬挂短节+钻具稳定器2+228.6mm 钻铤×9m+随钻扩眼器+228.6mm 钻铤×18m+转换接头+203.2mm 钻铤×135m+203.2mm 随钻震击器+203.2mm 钻铤×27m+……	（1）444.5mm 井眼：钻具稳定器1、钻具稳定器2 直径440mm； （2）406.4mm 井眼：钻具稳定器1、钻具稳定器2 直径400mm； （3）333.4mm 井眼：钻具稳定器1、钻具稳定器2 直径329mm； （4）311.2mm 井眼：钻具稳定器1、钻具稳定器2 直径308mm
241.3	钻头+Power Drive×4.3m+单流阀+177.8mm 无磁钻铤（MWD）+MWD悬挂短节+无磁承压钻杆+钻具稳定器1+177.8mm 短钻铤×（4~9m）+随钻扩眼器+177.8mm 钻铤×27m+……	钻具稳定器1直径238mm
215.9	钻头+Power Drive×4.3m+单流阀+165mm 无磁钻铤（MWD）+MWD悬挂短节+无磁承压钻杆+钻具稳定器1+165mm 短钻铤×（4~9m）+随钻扩眼器+165mm 钻铤×27m+……	钻具稳定器1直径213mm

四、定向钻井 BHA 设计

塔里木油田常用的定向组合设计主要有旋转导向组合和带弯螺杆钻具组合两种，常用组合见表 5-4。

表 5-4 塔里木油田常用定向钻井 BHA 设计

组合类型	井眼尺寸（mm）	BHA 设计
带 Power Drive 工具	241.3	钻头 +Power Drive×4.3m+ 单流阀 +177.8mm 无磁钻铤（MWD）+MWD 悬挂短节 + 无磁承压钻杆 +……
	215.9	钻头 +Power Drive×4.3m+ 单流阀 +165mm 无磁钻铤（MWD）+MWD 悬挂短节 + 无磁承压钻杆 +……
	168.3	钻头 +Power Drive+ 浮阀 +127mm 无磁钻铤（MWD）+MWD 悬挂短节 +127mm 无磁钻铤 + 转换接头 +……
	149.2	钻头 +Power Drive+ 浮阀 +120.6mm 无磁钻铤（MWD）+MWD 悬挂短节 +120.6mm 无磁钻铤 + 转换接头 +……
带 AutoTrak 工具	406.4、444.5	钻头 +241.3mm G3 Steering Unit+241.3mm Flex Stab+241.3mm BCPM +241.3mm Navi Probe+ 209.6mm 转换短节 +209.6mm 滑眼器 +209.6mm 滤网 +209.6mm 浮阀 +209.6mm 震击器 +127mm 转换短节 +……
	311.2、333.4	钻头 +241.3mm G3 Steering Unit+241.3mm Flex Stab+241.3mm BCPM+209.6mm Navi Probe+ 209.6mm 滑眼器 +209.6mm 滤网 +209.6mm 浮阀 +209.6mm 震击器 +127mm 转换短节 +……
	215.9、241.3	钻头 +171.5mm eXact Steering Unit+171.5mm Flex Sub+171.5mm BCPM+171.5mm Mod Stab+ 171.5mm Navi Probe+171.5mm 滤网 +171.5mm 浮阀 +127mm 转换短节 +127mm 加重钻杆 ×2+165.1mm 震击器 +……
	168.3	钻头 +120.7mm eXact Steering Unit+120.7mm BCPM+120.7mm Mod Stab+120.7mm Navi Probe+ 120.7mm 滑眼器 +120.7mm 滤网 +120.7mm 浮阀 +101.6mm 加重钻杆 +101.6mm 震击器 +……
	149.2	钻头 +120.7mm eXact Steering Unit+120.7mm BCPM+120.7mm Mod Stab+120.7mm Navi Probe+ 120.7mm 滑眼器 +120.7mm 滤网 +120.7mm 浮阀 +101.6mm 加重钻杆 +101.6mm 震击器 +……
带单弯螺杆工具	333.4	钻头 + 单弯螺杆（1.25°~1.5°，带 330~332mm 钻具稳定器）+ 228.6mm 钻铤 ×9m+ 327~ 329mm 钻具稳定器或无稳定器 +228.6mm NMDC×9m+228.6mm 钻铤 ×18m+203.2mm 钻铤 ×189m+ 139.7mm 加重钻杆 ×135m+139.7mm 钻杆 +……
	311.2	钻头 + 单弯螺杆（1.25°~1.5°，带 308~310mm 钻具稳定器）+ 228.6mm 钻铤 ×9m+305~ 307mm 稳定器或无稳定器 +228.6mm NMDC×9m+228.6mm 钻铤 ×18m+ 203.2mm 钻铤 ×153m+203.2mm 震击器 ×4.6m+203.2mm 钻铤 ×18m+……
	241.3	钻头 + 单弯螺杆（1.25°~1.5°，带 238~240mm 钻具稳定器）+177.8mm 钻铤 ×9m+235~ 237mm 稳定器或无稳定器 +177.8mm 无磁钻铤 ×9m+177.8mm 钻铤 ×18m+177.8mm 钻铤 ×189m+……
	215.9	钻头 + 单弯螺杆（1.25°~1.5°，带 212~214mm 钻具稳定器）+158.8mm 短钻铤 ×（0~2m）+209~ 211mm 钻具稳定器或无稳定器 +158.8mm 无磁钻铤 ×9m+ 158.8mm 钻铤 ×143m+……

第二节 塔标系列井身结构各开钻具组合及作业参数推荐

一、塔标Ⅰ井身结构各开钻具组合及作业参数推荐

1. 二开钻具组合及作业参数推荐

1）推荐钻具组合

444.5mm 钻头 + 减振器 ×4m+228.6mm 钻铤 ×18m+（438~440）mm 钻具稳定器 +228.6mm 钻铤 ×9m+（441~443）mm 钻具稳定器 +228.6mm 钻铤 ×9m +203.2mm 钻铤 ×126m+139.7mm 加重钻杆 ×135m+139.7mm 钻杆 +……

2）推荐钻井作业参数

推荐参数范围：【10~220kN，50~130r/min】，其中应该避开的参数为：【80kN，120r/min】，【100kN，120r/min】，【190kN，120r/min】，钻具组合动态安全性三维图计算结果如图 5-1 所示，动态安全性版图如图 5-2 所示。

安全系数
7
6
5
4
3
2
1
动态安全系数
8
6
4
2
0
220
200
180
160
140
120
100
80
钻压（kN）
60
70
80
90
100
110
120
130
140
150
160
转速（r/min）

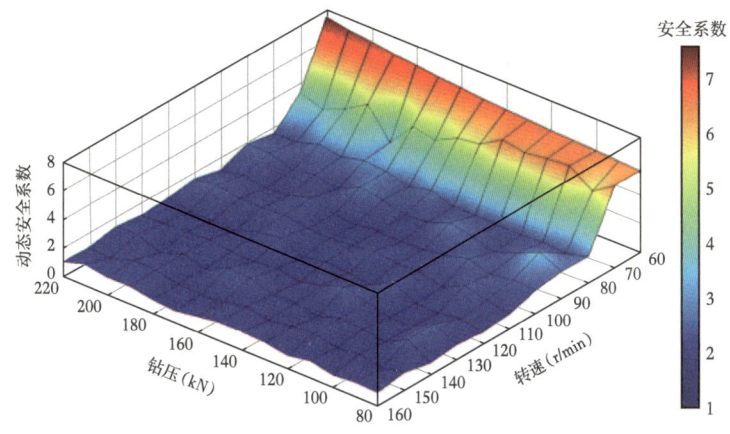

图 5-1 二开钻具组合动态安全性三维图

钻压（kN）
转速（r/min）
80
90
100
110
120
130
140
150
160
170
180
190
200
210
220
60
70
80
90
100
110
120
130
140
150
160

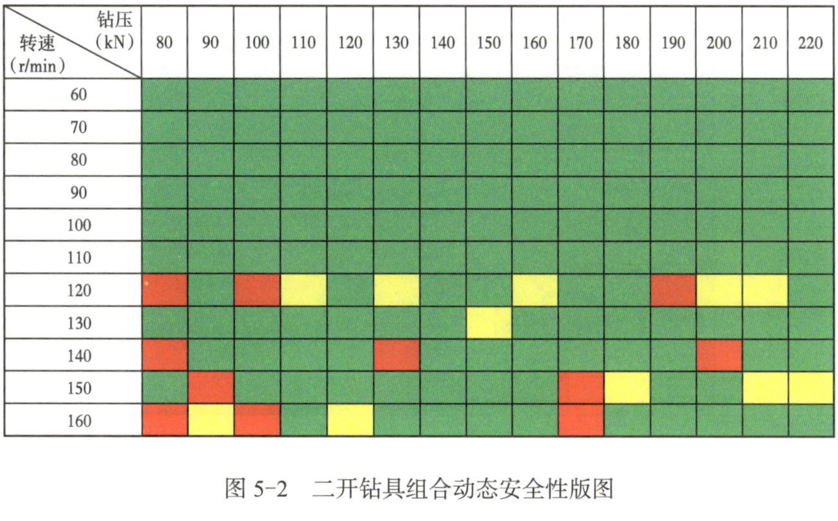

图 5-2 二开钻具组合动态安全性版图

2. 三开钻具组合及作业参数推荐

1）推荐钻具组合

311.2mm 钻头 + 减振器 ×4m+228.6mm 钻铤 ×18m+（305~307）mm 钻具稳定器 +228.6mm 钻铤 ×9m+（308~310）mm 钻具稳定器 +203.2mm 钻铤 ×153m+203.2mm 震击器 ×4.6m+203.2mm 钻铤 ×18m+139.7mm 加重钻杆 ×135m+139.7mm 钻杆 +……

2）推荐钻井作业参数

推荐参数范围：【10~170kN，50~160r/min】，其中应该避开的参数为：【150kN，140r/min】，【100kN，160r/min】，【120kN，160r/min】，钻具组合动态安全性三维图计算结果如图 5-3 所示，动态安全性版图如图 5-4 所示。

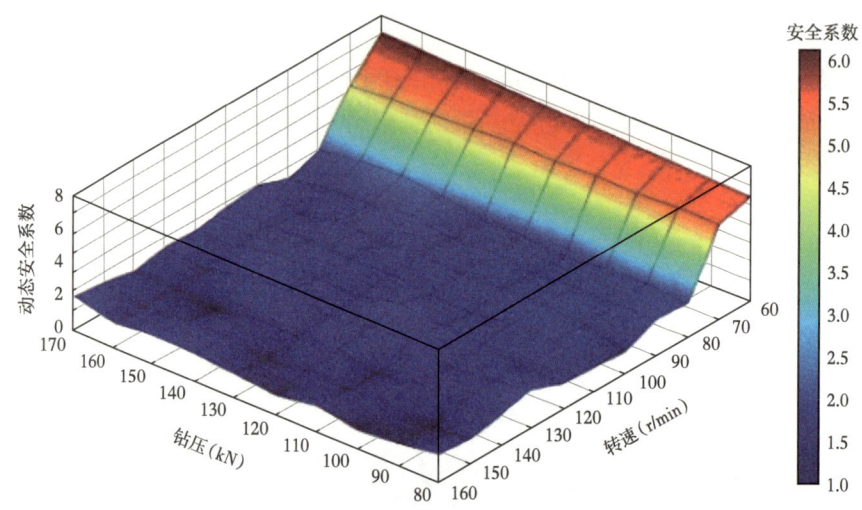

图 5-3　三开钻具组合动态安全性三维图

转速 (r/min) \ 钻压(kN)	80	90	100	110	120	130	140	150	160	170
60										
70										
80										
90										
100										
110										
120										
130										
140				黄				红		
150		黄	黄			黄				
160		黄	红		红					

图 5-4　三开钻具组合动态安全性版图

3. 四开钻具组合及作业参数推荐

1)推荐钻具组合

215.9mm 钻头 +158.8mm 钻铤 ×18m+(209~211)mm 钻具稳定器 +158.8mm 钻铤 ×9m+(212~214)mm 钻具稳定器 +158.8mm 钻铤 ×143m+127mm 加重钻杆 ×135m+127mm 钻杆 +……

2)推荐钻井作业参数

推荐参数范围:【10~120kN,50~120r/min】,钻具组合动态安全性三维图计算结果如图 5-5 所示,动态安全性版图如图 5-6 所示。

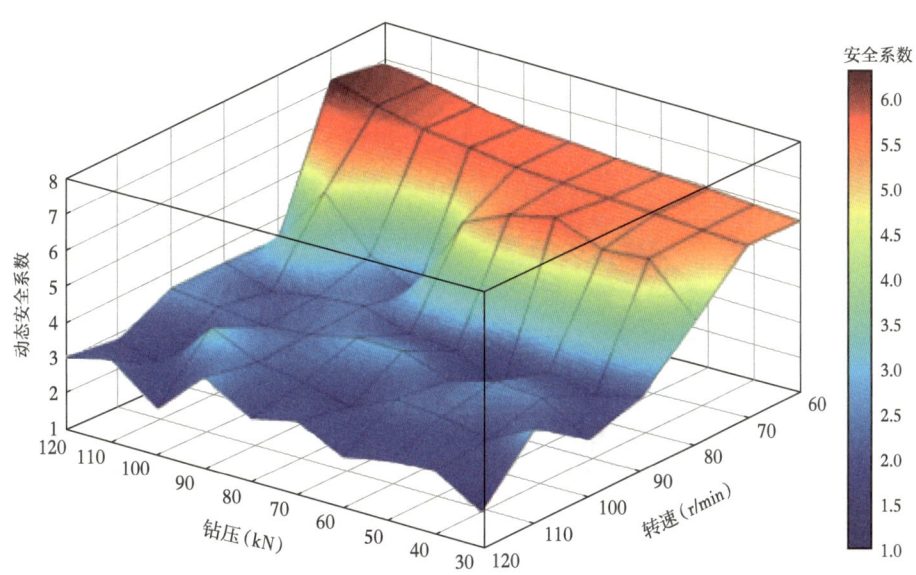

图 5-5　四开钻具组合动态安全性三维图

转速 (r/min) \ 钻压(kN)	30	40	50	60	70	80	90	100	110	120
60										
70										
80										
90										
100										
110										
120										

图 5-6　四开钻具组合动态安全性版图

4. 五开钻具组合及作业参数推荐

1）推荐钻具组合

149.2mm 钻头 +120.7mm 钻铤 ×180m+88.9mm 加重钻杆 ×135m+88.9mm 钻杆 ×800m+ 127mm 钻杆 +……

2）推荐钻井作业参数

推荐参数范围：【10~60kN，50~120r/min】和【70~120kN，60~100r/min】，其中应避开的参数为：【90kN，100r/min】，【100kN，90r/min】，【120kN，90r/min】，钻具组合动态安全性三维图计算结果如图 5-7 所示，动态安全性版图如图 5-8 所示。

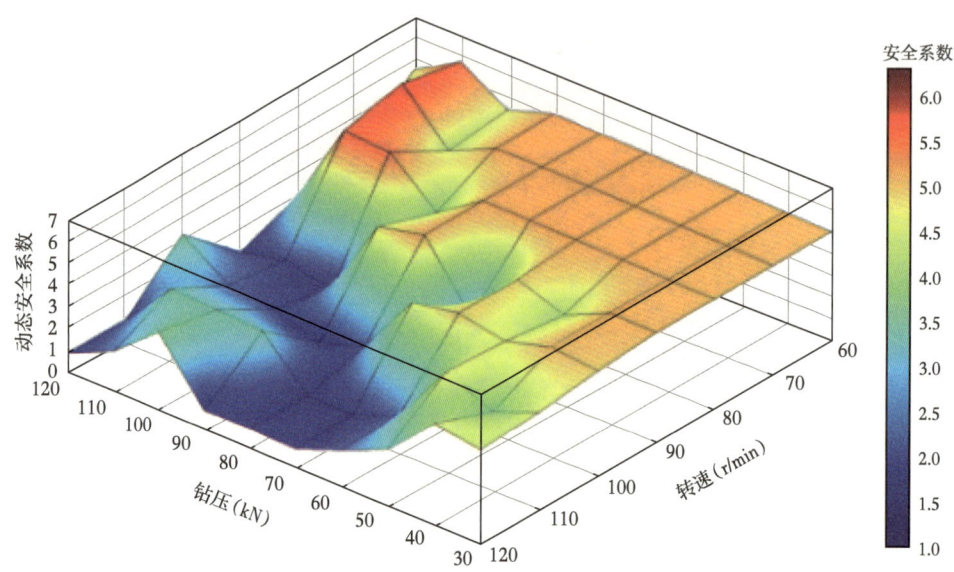

图 5-7　五开钻具组合动态安全性三维图

转速 (r/min) \ 钻压 (kN)	30	40	50	60	70	80	90	100	110	120
60										
70										
80										
90								红	红	红
100							红			
110					红	红				红
120					红	红	红			红

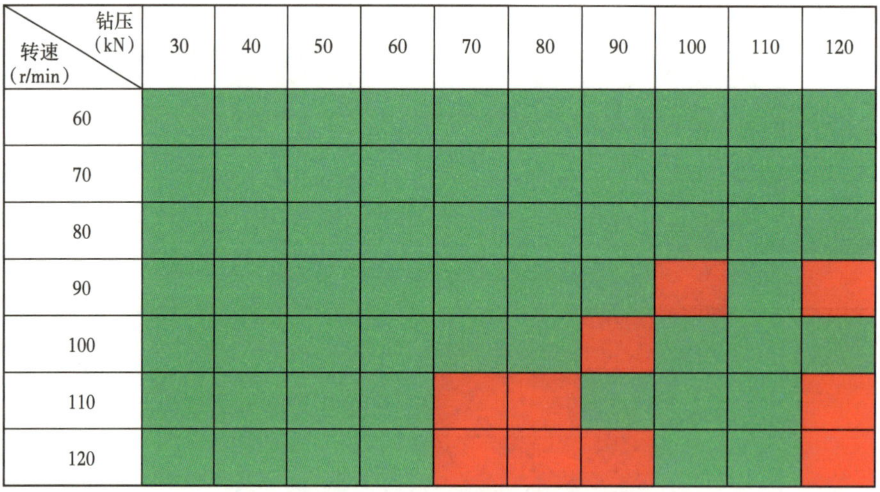

图 5-8　五开钻具组合动态安全性版图

二、塔标Ⅱ井身结构各开钻具组合及作业参数推荐

1. 二开钻具组合及作业参数推荐

1）推荐钻具组合

444.5mm 钻头 + 减振器 ×4m+228.6mm 钻铤 ×18m+（438~440）mm 钻具稳定器 +228.6mm 钻铤 ×9m+（441~443）mm 钻具稳定器 +228.6mm 钻铤 ×9m+203.2mm 钻铤 ×135m+139.7mm 加重钻杆 ×135m+139.7mm 钻杆 +……

2）推荐钻井作业参数

推荐的参数范围为：【10~220kN，60~130r/min】，钻具组合动态安全性三维图计算结果如图 5-9 所示，动态安全性版图如图 5-10 所示。

安全系数
1
2
3
4
5
6
动态安全系数
0
1
2
3
4
5
6
7
钻压（kN）
80
100
120
140
160
180
200
220
转速（r/min）
60
70
80
90
100
110
120
130
140
150
160

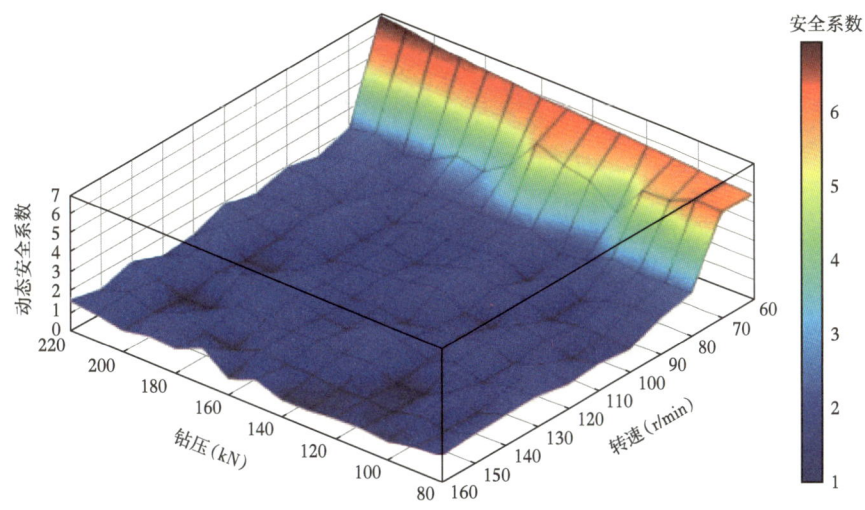

图 5-9　二开钻具组合动态安全性三维图

钻压（kN）
转速（r/min）
80
90
100
110
120
130
140
150
160
170
180
190
200
210
220
60
70
80
90
100
110
120
130
140
150
160

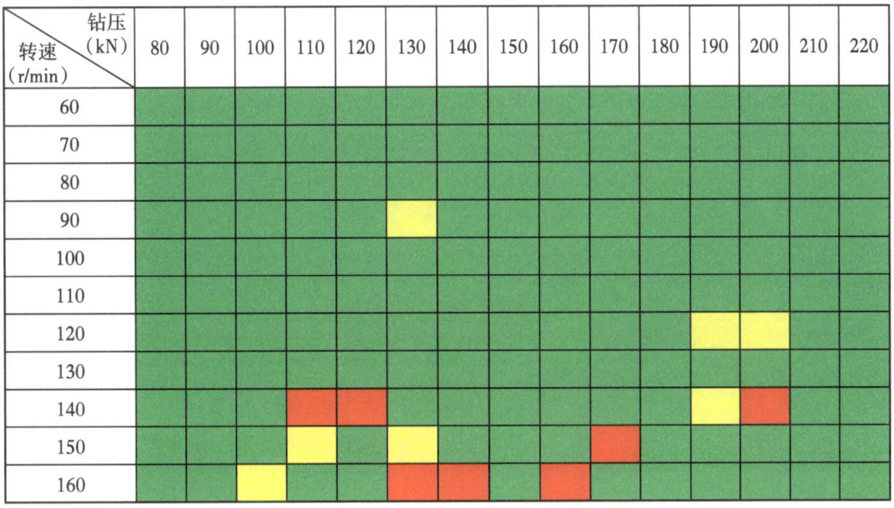

图 5-10　二开钻具组合动态安全性版图

2. 三开钻具组合及作业参数推荐

1）推荐钻具组合

333.4mm 钻头＋减振器×4m+228.6mm 钻铤×18m+（327~329）mm 钻具稳定器+228.6mm 钻铤×9m+（330~332）mm 钻具稳定器+203.2mm 钻铤×189m+139.7mm 加重钻杆×135m+139.7mm 钻杆+……

2）推荐钻井作业参数

推荐的参数范围为：【10~200kN，50~140r/min】，其中应该避开的参数为：【200kN，140r/min】，钻具组合动态安全性三维图计算结果如图 5-11 所示，动态安全性版图如图 5-12 所示。

安全系数
6.0
5.5
5.0
4.5
4.0
3.5
3.0
2.5
2.0
1.5
1.0
动态安全系数
0
1
2
3
4
5
6
7
钻压（kN）
200
180
160
140
120
100
80
转速（r/min）
160
150
140
130
120
110
100
90
80
70
60

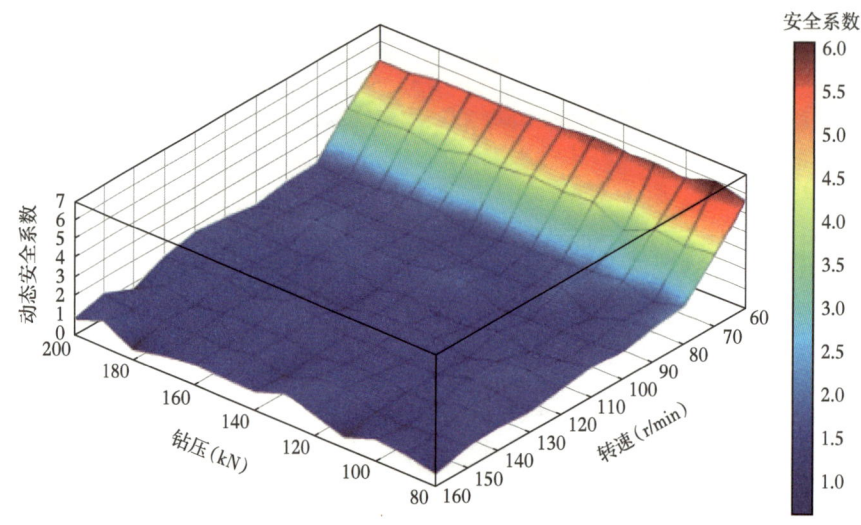

图 5-11　三开钻具组合动态安全性三维图

钻压（kN）
转速（r/min）
80
90
100
110
120
130
140
150
160
170
180
190
200
60
70
80
90
100
110
120
130
140
150
160

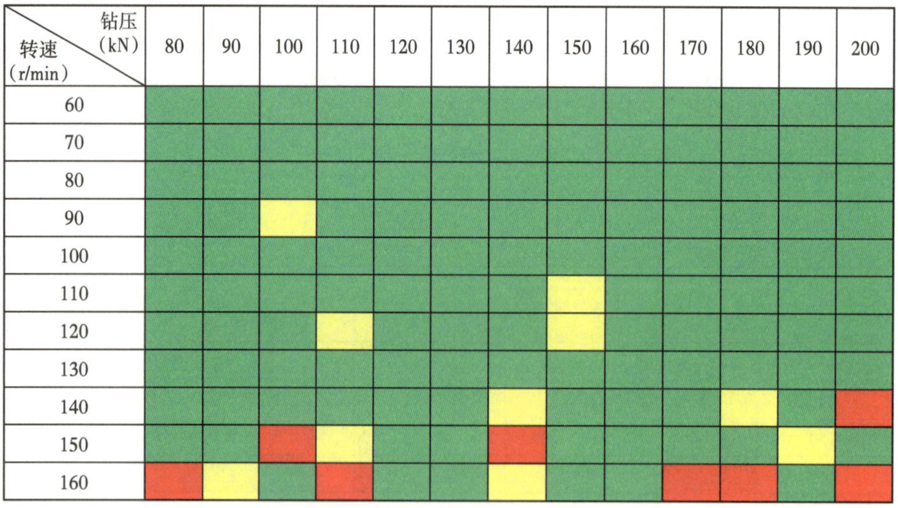

图 5-12　三开钻具组合动态安全性版图

3. 四开钻具组合及作业参数推荐

1）推荐钻具组合

241.3mm 钻头 +177.8mm 钻铤 ×18m+（235~237）mm 钻具稳定器 +177.8mm 钻铤 ×9m+（238~240）mm 钻具稳定器 +177.8mm 钻铤 ×189m+127mm 加重钻杆 ×135m+127mm 钻杆 +……

2）推荐钻井作业参数

推荐的参数范围为：【10~180kN，50~120r/min】，钻具组合动态安全性三维图计算结果如图 5-13 所示，动态安全性版图如图 5-14 所示。

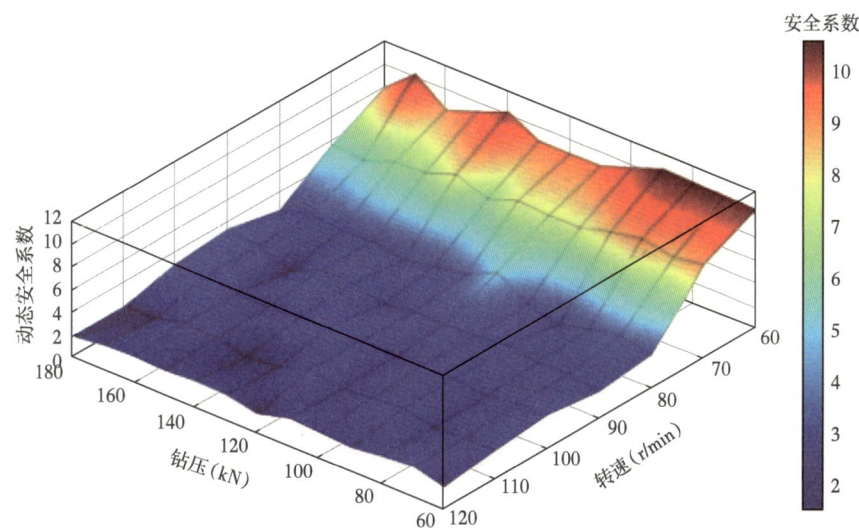

图 5-13　四开钻具组合动态安全性三维图

转速 (r/min) \ 钻压 (kN)	60	70	80	90	100	110	120	130	140	150	160	170	180
60													
70													
80													
90													
100													
110													
120													

图 5-14　四开钻具组合动态安全性版图

4. 五开钻具组合及作业参数推荐

1）推荐钻具组合

168.3mm 钻头 +120.7mm 钻铤 ×189m+101.6mm 钻杆 ×2300m+127mm 钻杆 +……

2）推荐钻井作业参数

推荐的参数范围为：【10~100kN，50~120r/min】和【100~130kN，50~80r/min】，其中应避开的参数为：【90kN，120r/min】，【100kN，90r/min】，【130kN，70r/min】，钻具组合动态安全性三维图计算结果如图 5-15 所示，动态安全性版图如图 5-16 所示。

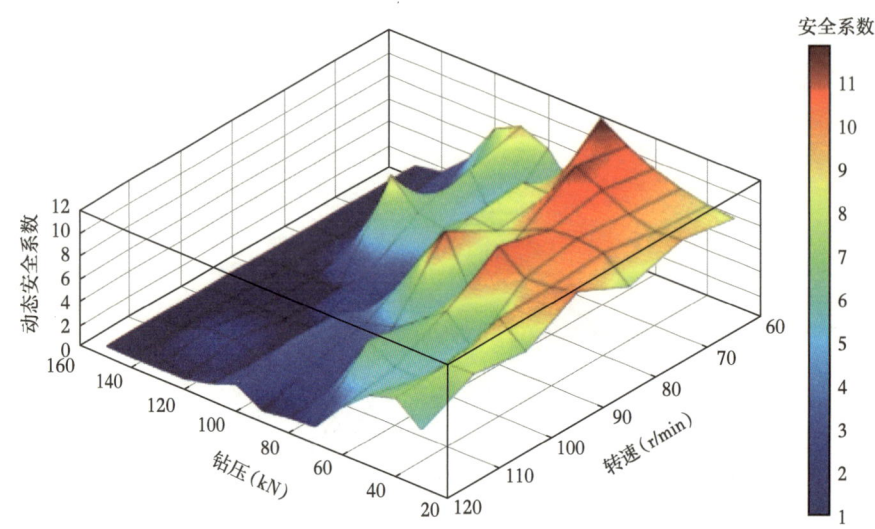

图 5-15　五开钻具组合动态安全性三维图

转速 （r/min）	钻压 （kN） 30	40	50	60	70	80	90	100	110	120	130	140	150
60													■
70												■	■
80											■	■	■
90								■		■	■	■	■
100									■	■	■	■	■
110									■	■	■	■	■
120						■		■	■	■	■	■	■

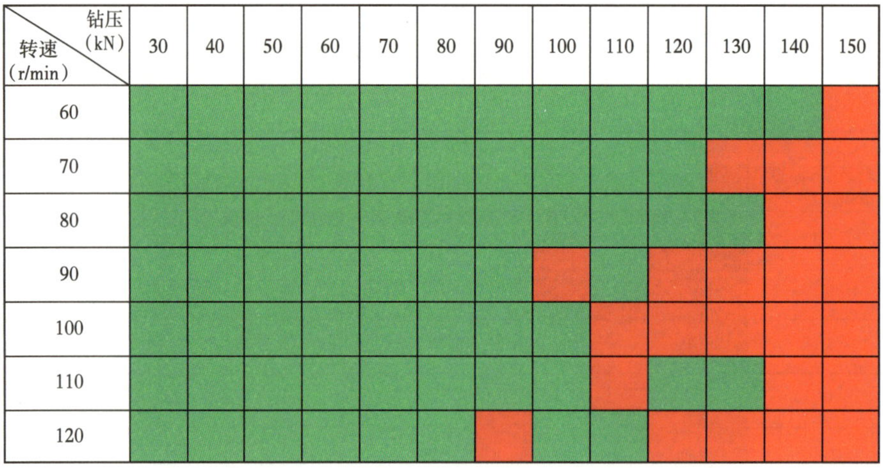

图 5-16　五开钻具组合动态安全性版图

三、塔标Ⅲ井身结构各开钻具组合及作业参数推荐

1. 一开钻具组合及作业参数推荐

1）推荐钻具组合

406.4mm 钻头 + 减振器 +228.6mm 钻铤 ×18m+（400~402）mm 钻具稳定器 +228.6mm 钻铤 ×9m+（403~405）mm 钻具稳定器 +196.9mm 钻铤 ×27m+177.8 钻铤 ×163m+127mm 加

重钻杆×141m+127mm钻杆+……

2)推荐钻井作业参数

推荐参数范围:【10~220kN,50~160r/min】,其中应该避开的参数为:【170kN,140r/min】、【190kN,140r/min】、【200kN,90r/min】,钻具组合动态安全性三维图计算结果如图5-17所示,动态安全性版图如图5-18所示。

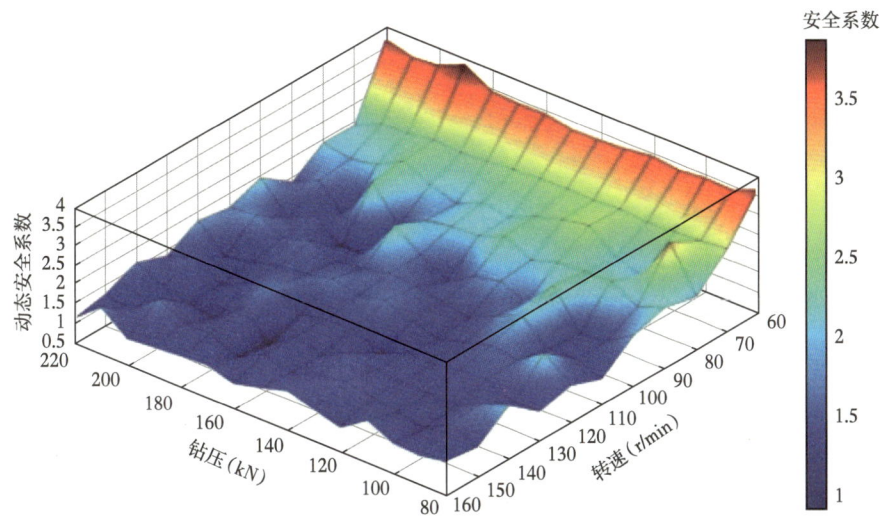

图5-17 一开钻具组合动态安全性三维图

转速(r/min)\钻压(kN)	80	90	100	110	120	130	140	150	160	170	180	190	200	210	220
60															
70															
80															
90															
100															
110															
120															
130															
140															
150															
160															

图5-18 一开钻具组合动态安全性版图

2. 二开钻具组合及作业参数推荐

1)推荐钻具组合

241.3mm钻头+196.9mm钻铤×18m+(235~237)mm钻具稳定器+196.9mm钻铤×9m+(238~240)mm钻具稳定器+196.9mm钻铤×27m+177.8mm钻铤×126m+177.8mm随钻震击器+177.8mm钻铤×27m+127mm加重钻杆×141m+127mm钻杆+……

2）推荐钻井作业参数

推荐参数范围：【10~170kN，50~140r/min】，其中应该避开的参数为：【150~160kN，140r/min】，钻具组合动态安全性三维图计算结果如图 5-19 所示，动态安全性版图如图 5-20 所示。

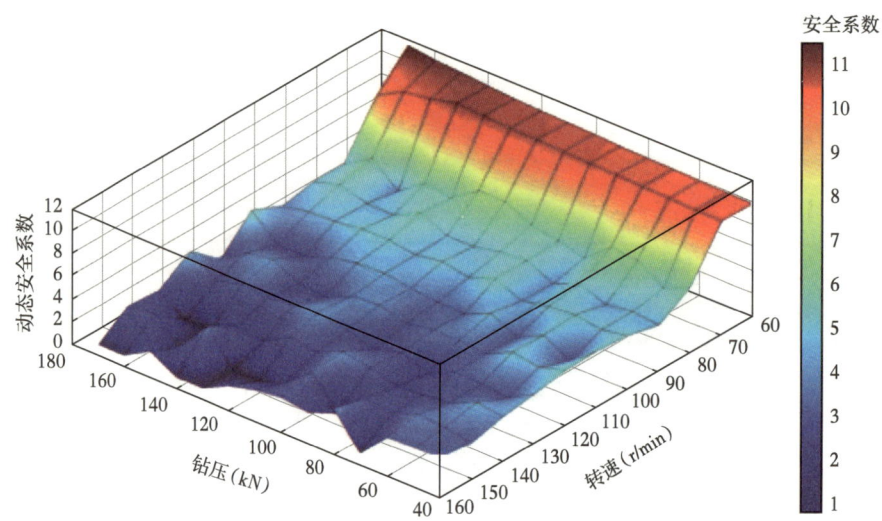

图 5-19　二开钻具组合动态安全性三维图

转速 (r/min) \ 钻压 (kN)	40	50	60	70	80	90	100	110	120	130	140	150	160	170
60														
70														
80														
90														
100														
110														
120														
130														
140												■	■	
150						■			■					
160				■					■		■			

图 5-20　二开钻具组合动态安全性版图

3. 三开钻具组合及作业参数推荐

1）推荐钻具组合

168.28mm 钻头 +127mm 钻铤 ×162m+114.3mm 加重钻杆 ×141m+101.6mm 钻杆 +……

2）推荐钻井作业参数

推荐参数范围：【10~120kN，50~120r/min】，其中应该避开的参数为：【60kN，110r/min】，【80kN，110r/min】，【110kN，80r/min】，【110kN，90r/min】，【120kN，110r/min】，钻具组

合动态安全性三维图计算结果如图 5-21 所示，动态安全性版图如图 5-22 所示。

安全系数
7
6
5
4
3
2
1
动态安全系数
8
6
4
2
0
120
110
100
90
80
70
60
50
40
30
钻压(kN)
60
70
80
90
100
110
120
转速(r/min)

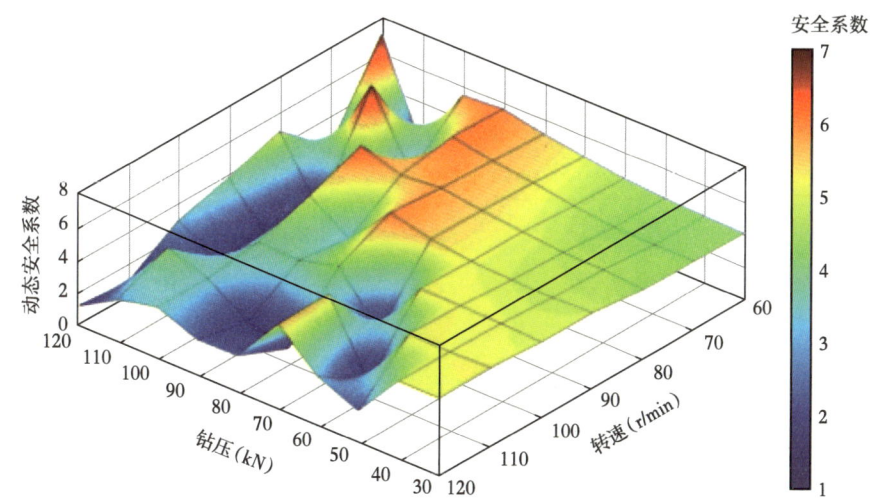

图 5-21　三开钻具组合动态安全性三维图

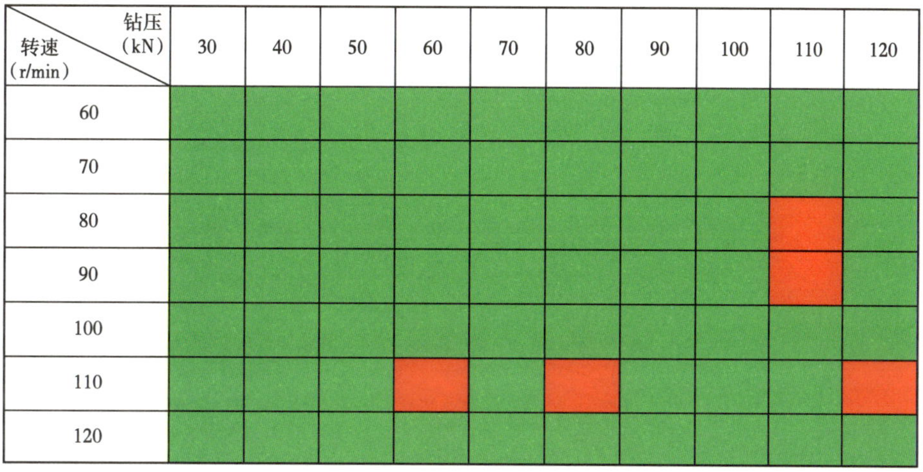

钻压(kN)
转速(r/min)
30
40
50
60
70
80
90
100
110
120
60
70
80
90
100
110
120

图 5-22　三开钻具组合动态安全性版图

第三节　钻柱的井下工作状态分析

一、直井钻具组合的动力学特性分析

钻具组合的动态工作应力是钻具失效的一个重要因素，因此分析钻具组合的动力学特性，对了解和控制钻具组合的动态工作应力十分有益。本节将针对塔式钻具组合开展动力学特性分析，钻具组合结构为：311.2mm 钻头 +228.6mm 钻铤 ×81m+203.2mm 钻铤 ×27m+127mm 钻杆 ×432m，井眼直径 311.2mm，井斜角 3°，钻压为 100kN，转速为 60r/min，

钻井液密度为 $1.2g/cm^3$。

1. 钻具组合的三维动态变形分析

图 5-23 是钻具组合在不同时刻的三维动态变形图，从图 5-23 中可以清晰地看到全井钻具组合的变形状态。因为钻具组合横向位移相对其长度很小，为了观察方便，作图时按照一定比例放大了横向位移。从图 5-23 中可以发现，钻具组合变形十分复杂，没有明显的规律。

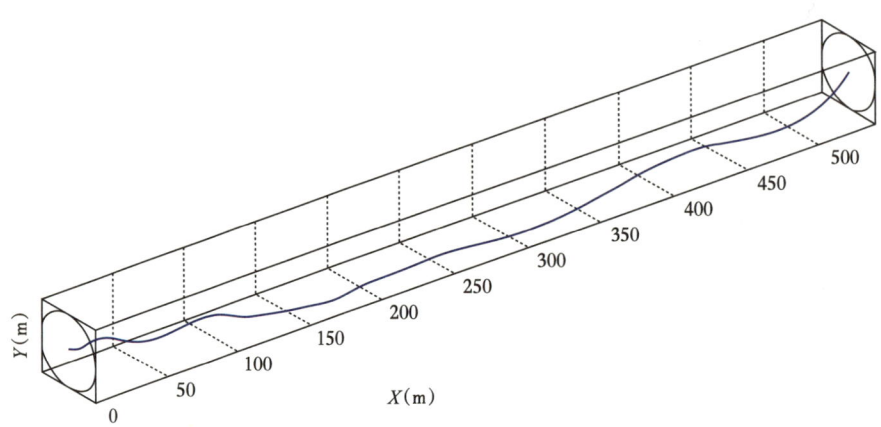

（a）井斜角=3°，转盘转速=60r/min，钻柱从静止开始第15.6s的形态

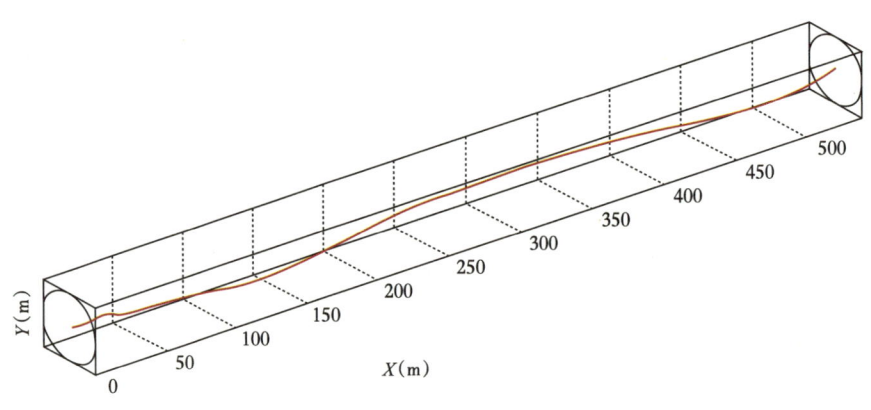

（b）井斜角=3°，转盘转速=60r/min，钻柱从静止开始第30s的形态

图 5-23 钻具组合三维动态变形图

2. 钻具组合的涡动情况分析

钻具组合的运动，尤其是钻具组合的涡动，是研究者和工程人员比较关心的问题之一。图 5-24 至图 5-29 分别是距离钻头 18m 处钻铤和 270m 处钻杆的涡动轨迹、时程曲线和涡动速度图。从涡动轨迹图和涡动速度图看出，既有正向涡动，也有反向涡动，涡动速度较大，涡动范围广，涡动轨迹主要分布在井眼下半区域。同时，由涡动轨迹分析得出，钻具组合和井壁既存在摩擦，也存在碰撞，这种碰摩引起了不规则涡动。一方面

会造成钻具组合偏磨,强度降低,另一方面使钻具组合长时间受到冲击载荷,可能导致钻具组合裂纹萌生,甚至断裂。根据涡动轨迹和时程曲线分析,还认识到近钻头处的钻铤和井壁以摩擦为主,碰撞作用力较大;而距离钻头270m处的钻杆和井壁的接触以碰撞为主,摩擦较少。

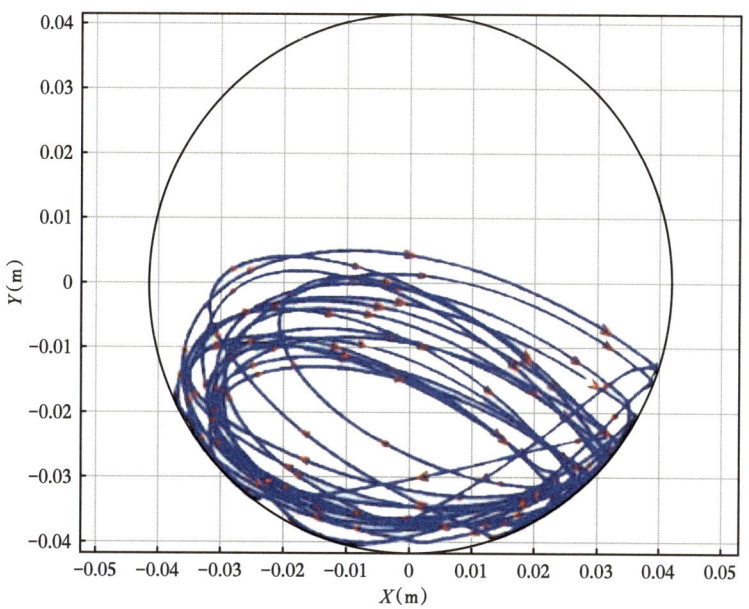

图 5-24　涡动轨迹(距钻头 18m)

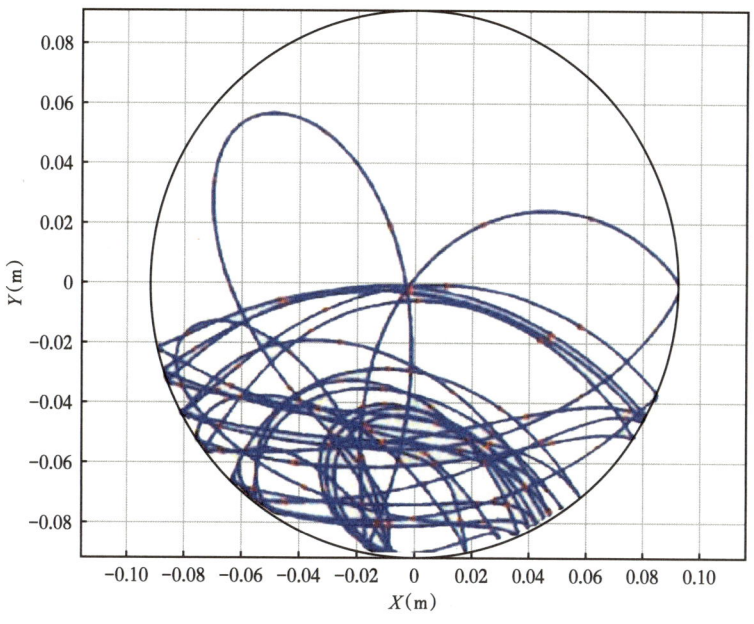

图 5-25　涡动轨迹(距钻头 270m)

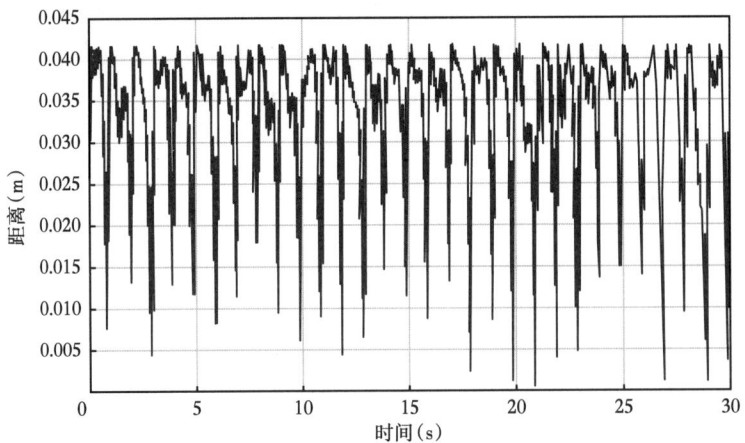

图 5-26　时程曲线（距钻头 18m）

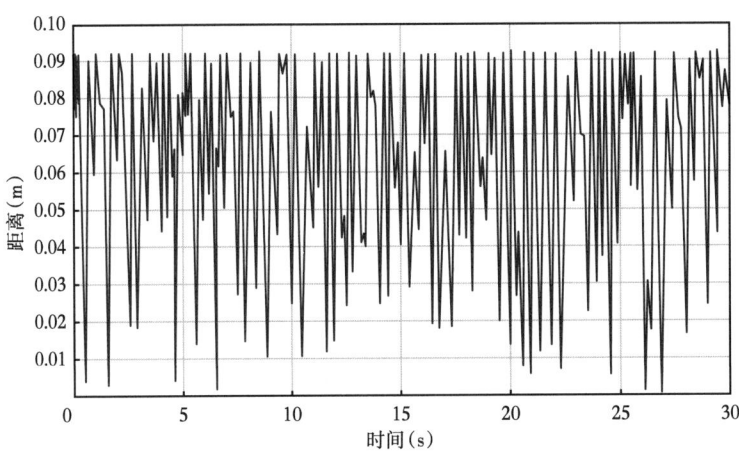

图 5-27　时程曲线（距钻头 270m）

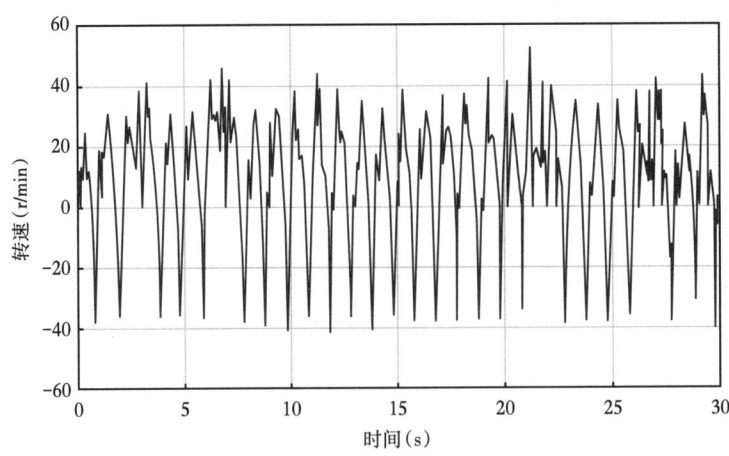

图 5-28　涡动速度（距钻头 18m）

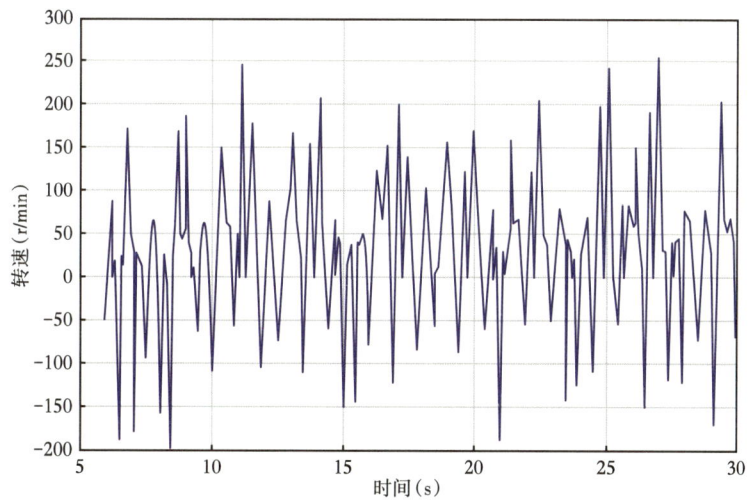

图 5-29　涡动速度（距钻头 270m）

3. 钻具组合的动态应力分析

图 5-30 是计算得到的钻具组合动态应力图。一般工作状况下，上部钻具组合存在轴向拉应力，其数值较大，虽然也存在弯曲应力，但是其数值较小。距离钻头大约 10m 的钻具组合中存在着应力波动，该处的钻铤不仅承受较大的钻压，而且受到摩擦和扭矩作用，所以运动过程比较复杂。从图 5-30 中不难发现弯曲应力较大，轴向应力较小，说明此时该段钻具组合存在较强烈的横向振动。

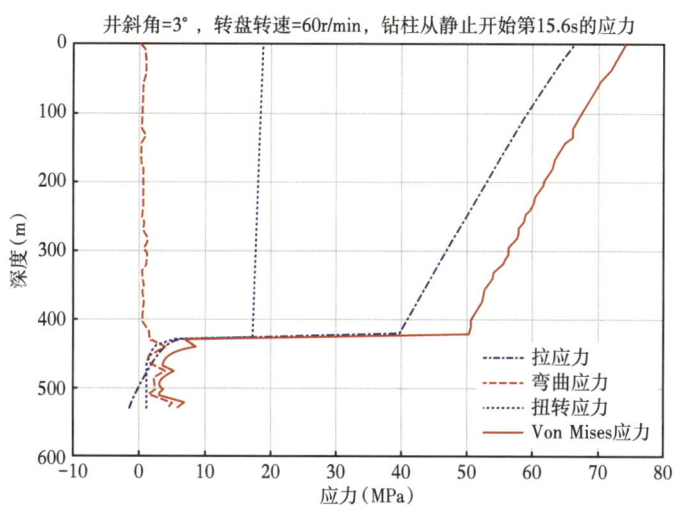

图 5-30　钻具组合第 15.6s 时的应力图

图 5-31 和图 5-32 为不同时刻钻具组合的动态应力情况，对比可以看出，主要是近钻头处的钻具组合存在应力波动。对于上部钻具组合，在不同时刻钻具组合的动态应力有所变化，但只要共振不出现，这种应力变化不是很大。

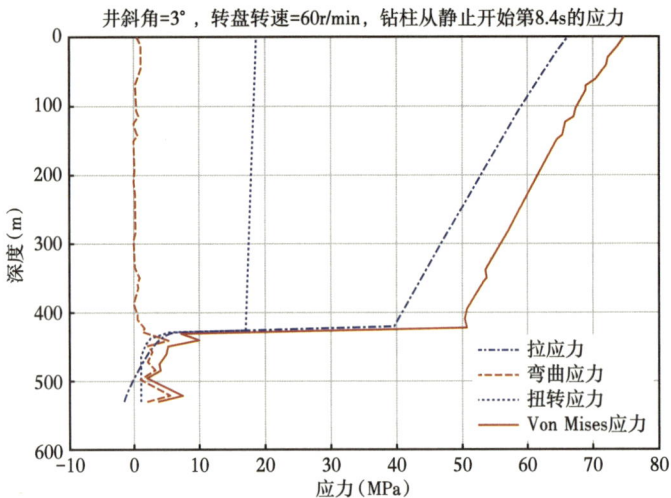

图 5-31　钻具组合第 8.4s 时的应力图

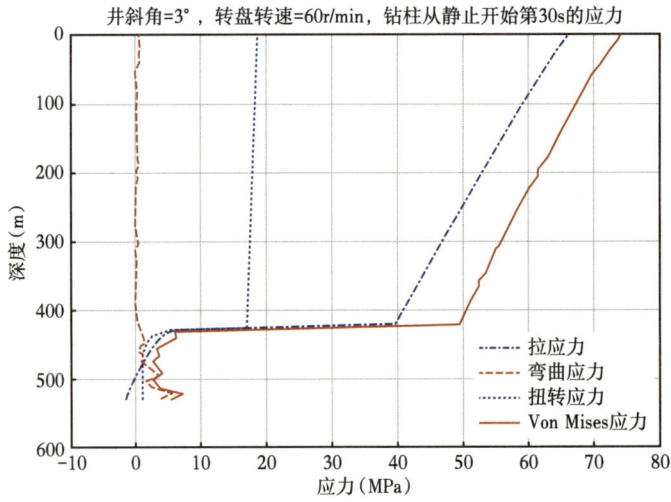

图 5-32　钻具组合第 30s 时的应力图

二、超深井钻具组合动力学特性分析

以大北 3 井 4in 井眼中的钻具组合为例进行动力学特性分析，大北 3 井井身结构如图 5-33 所示。由于采用了 7in 和 5in 两层尾管，使得井眼成为复杂的变间隙空间。由于钻具组合也是变截面的管串结构，这样钻具组合与井壁（或套管）之间的环形空间将是比较复杂的空间结构。

大北 3 井 4in 井眼中的钻具组合结构：101.6mm 钻头 +88.9mm 钻铤 ×189m+60.3mm 钻杆 ×1200m+88.9mm 钻杆 ×500m+127.0mm 钻杆 ×5461m。第六次开钻使用 4in 钻头，钻压为 40kN，转速为 60r/min，钻井液密度为 1.6g/cm³。计算时取井斜角为 5°。

图 5-34 是钻具组合在不同时刻的三维动态变形图，从图 5-34 中可以清晰地看到全井钻具组合的变形，可以发现钻具组合变形十分复杂，没有明显的规律。

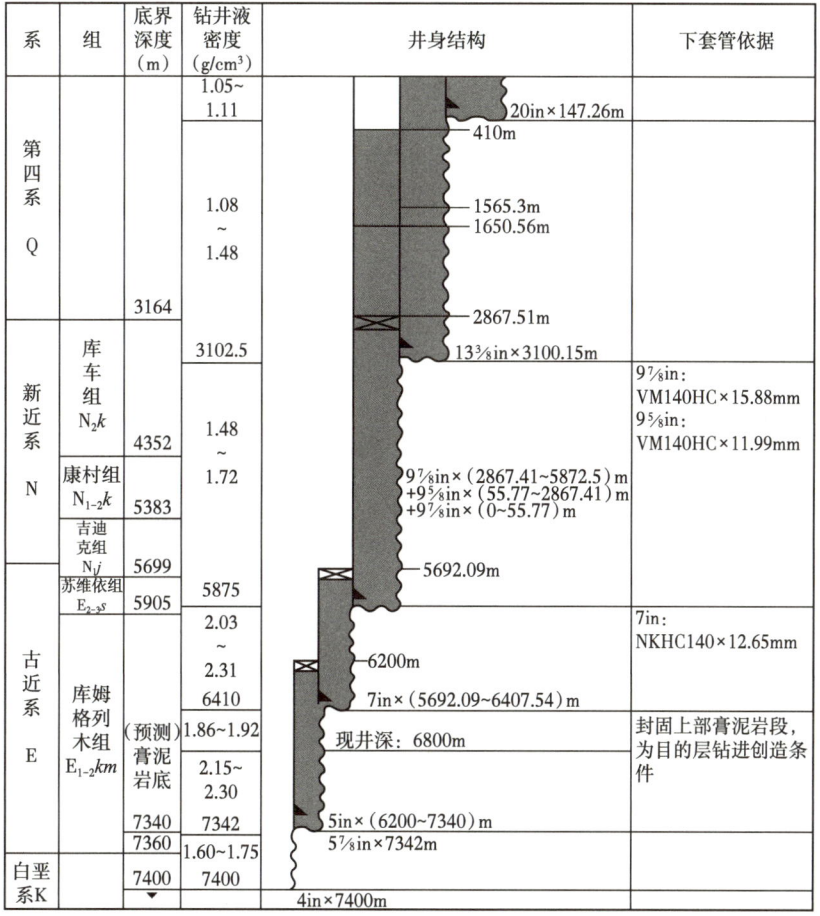

图 5-33 大北 3 井井身结构

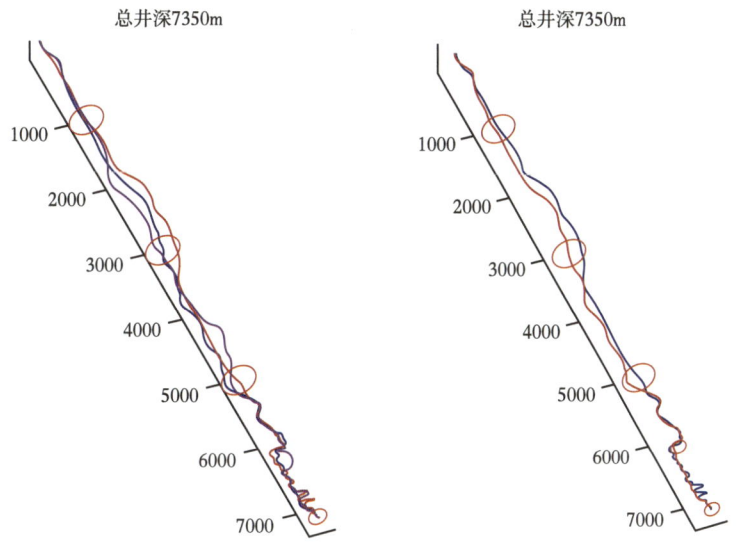

图 5-34 钻具组合三维动态变形图

图 5-35 至图 5-40 分别是距离钻头 18m 处钻铤和 270m 处钻杆的涡动轨迹、时程曲线和涡动速度图。从涡动轨迹图和涡动速度图可以看出,既有正向涡动,也有反向涡动,涡动速度较大,涡动范围广,涡动轨迹主要分布在井眼下半区域。

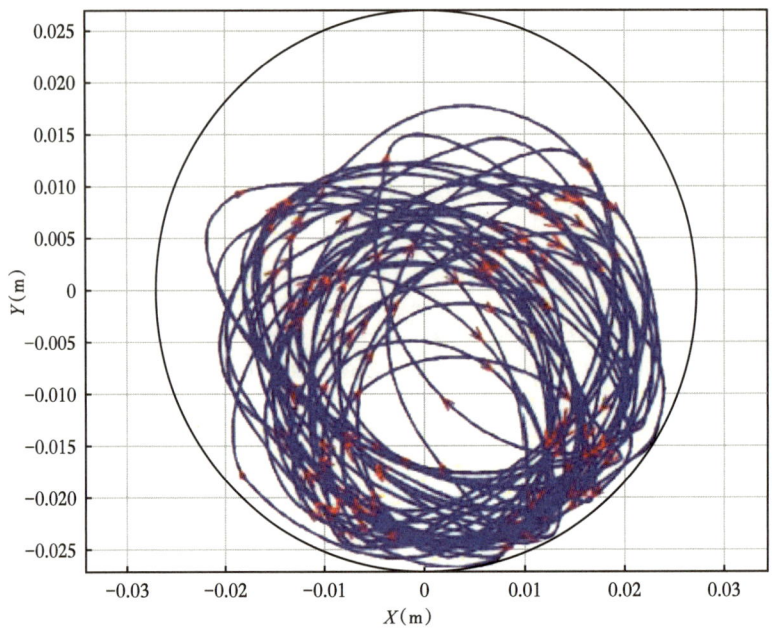

图 5-35　涡动轨迹(距钻头 18m)

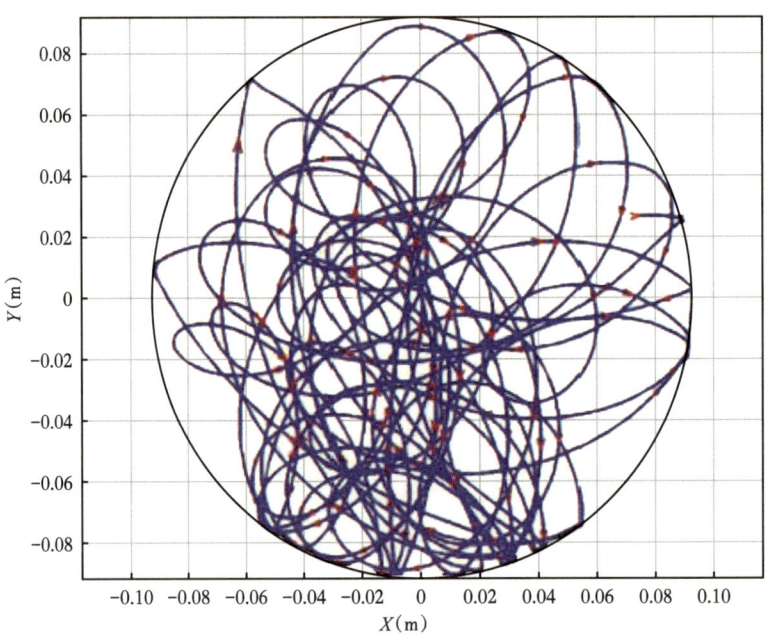

图 5-36　涡动轨迹(距钻头 270m)

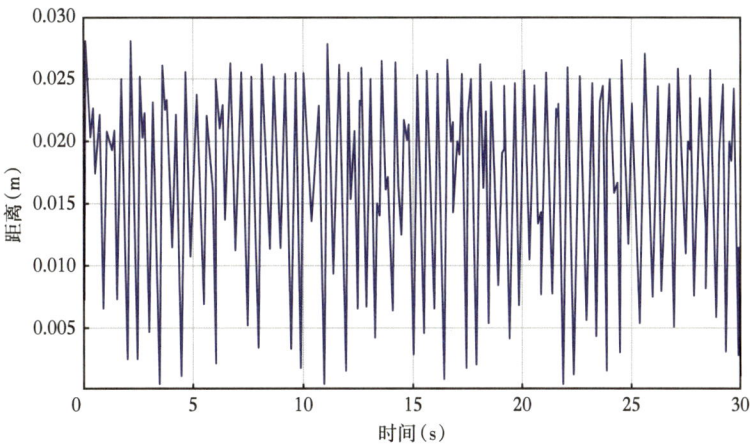

图 5-37　时程曲线（距钻头 18m）

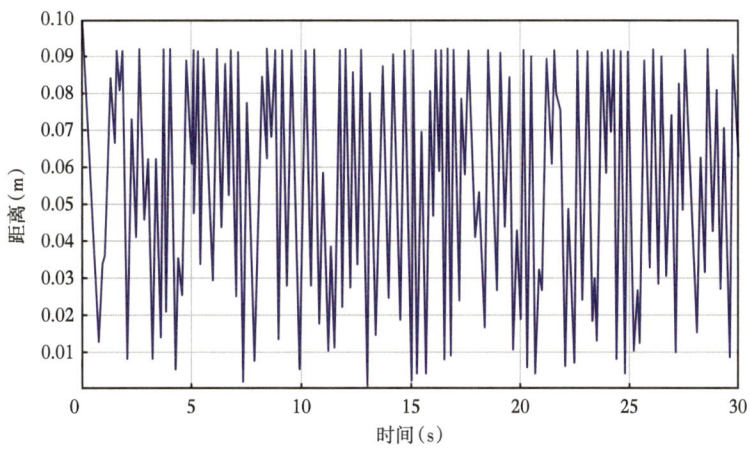

图 5-38　时程曲线（距钻头 270m）

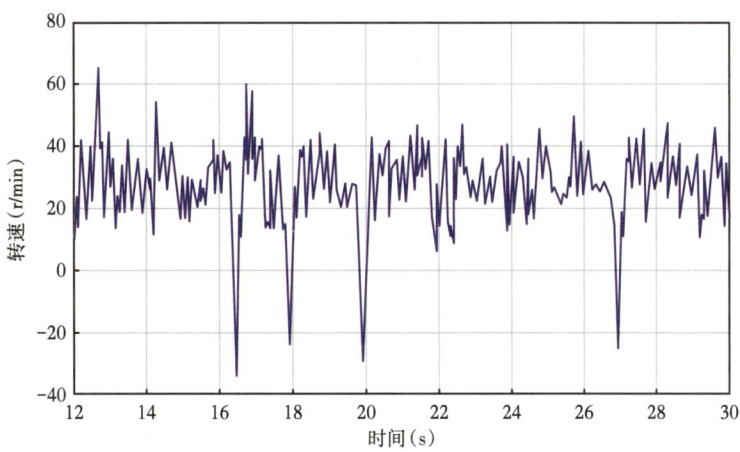

图 5-39　涡动速度（距钻头 18m）

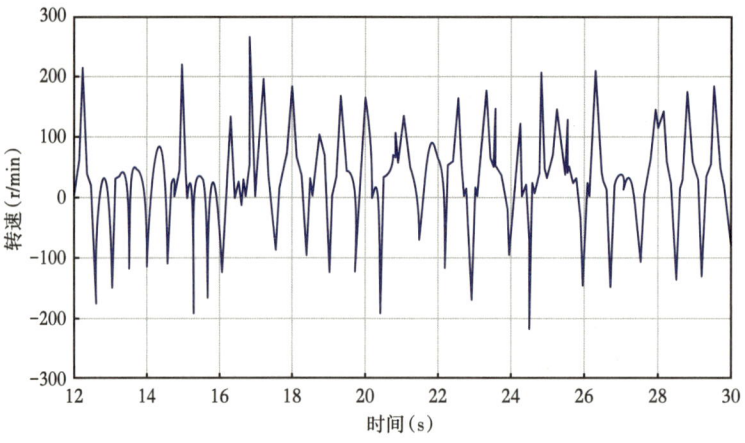

图 5-40 涡动速度（距钻头 270m）

根据涡动轨迹和时程曲线分析，还认识到近钻头处的钻铤和井壁以摩擦为主，碰撞作用力较大，而且涡动速度以正向涡动为主，但是由于摩擦和碰撞作用，会突然出现反向涡动。而距离钻头 270m 处的钻杆和井壁的接触以碰撞为主，摩擦较少。

图 5-41 是计算得到的钻具组合动态应力图。一般工作状况下，上部钻具组合存在轴向拉应力，其数值较大，虽然也存在弯曲应力，但是其数值较小，因此上部钻具组合的动态应力基本为一直线。距离钻头大约 10m 的钻具组合，该处的钻铤不仅承受较大的钻压，而且受到摩擦和扭矩作用，所以运动过程比较复杂，反映为存在着应力波动。从图 5-41 中不难发现弯曲应力较大，轴向应力较小，说明此时该段钻具组合存在较强烈的扭转和横向振动。

图 5-42 是钻具组合下端近钻头的部分，可以看出，近钻头处的钻具组合也存在应力波动，该部分钻具组合中，弯曲应力随着井深变化而波动，说明钻具组合此时不但发生弯曲，而且有横向振动。

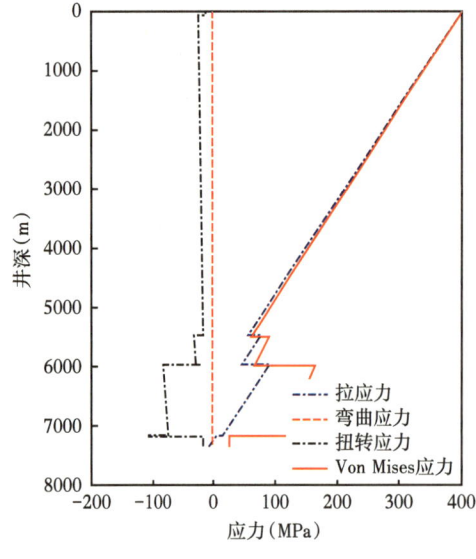

图 5-41 钻具组合某一时刻的应力图

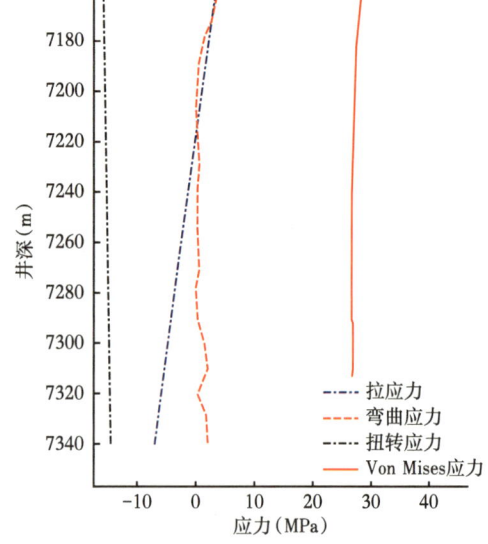

图 5-42 下端近钻头处应力图

图 5-43 中列出了井深 25m 处钻具组合截面形心的涡动轨迹。由于钻具组合处于大拉应力状态，在小井斜直井眼中钻具组合基本在下井壁附近涡动，涡动区域很小。

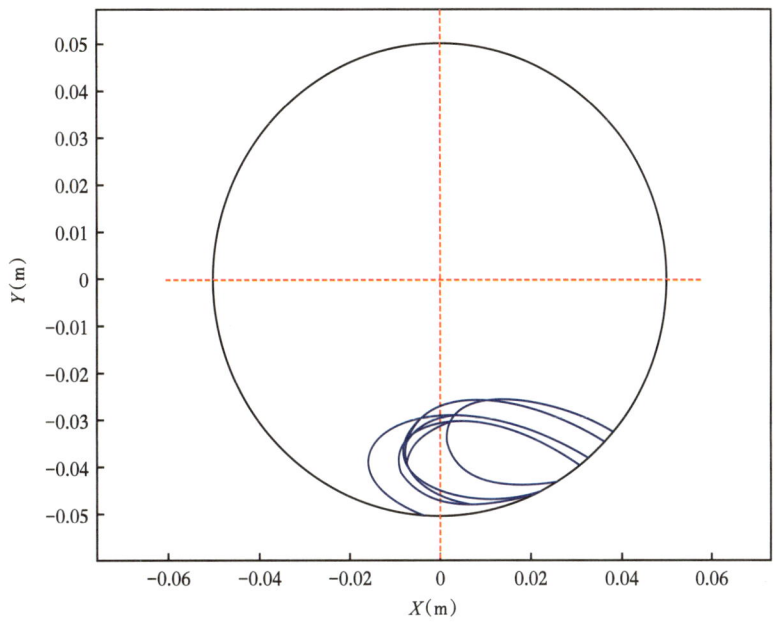

图 5-43　涡动轨迹（井深 250m）

图 5-44 为该处钻杆形心的涡动速度曲线。从图 5-44 中可以发现该处钻杆的涡动为一偏向（位于井眼轴线的低边一侧）的运动，并具有较好的周期性。由于涡动速度较小，该处钻具组合的运动比较稳定。

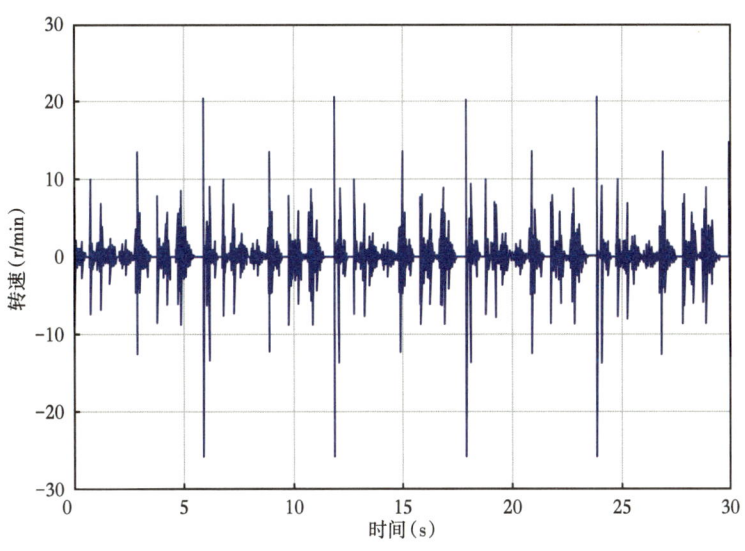

图 5-44　涡动速度（井深 250m）

三、钻柱振动特征测量与分析

1. ESM 振动测量工具工作原理

ESM 测量短节和传感器安装方式如图 5-45 所示,ESM 传感器位于钻柱的偏心位置,其偏心距 r 为 4.7cm(1.82in)。X_a、Y_a 分别为沿钻柱切向、径向的加速度测量值,Z_a 为轴向加速度值,指向如图 5-45 中所示。

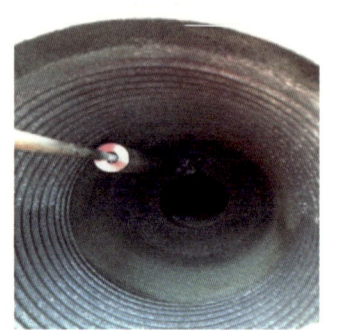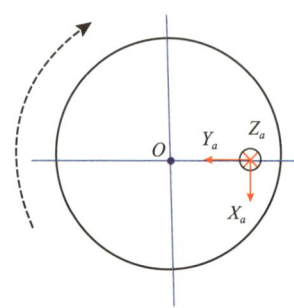

图 5-45　ESM 测量短节和传感器安装方式示意图

根据加速度计的安装方式,三个加速度传感器测量值的表达式为:

$$\begin{cases} X_a = a_{xc} + r\dot{\omega} \\ Y_a = a_{yc} + r\omega^2 \\ Z_a = a_{zc} \end{cases} \qquad (5-1)$$

由式(5-1)可知,X_a 由横向加速度分量 a_{xc} 和切向加速度 $r\dot{\omega}$ 组成,Y_a 由另一横向加速度分量 a_{yc} 和径向加速度 $r\omega^2$(向心加速度)组成,Z_a 则直接反映轴向振动加速度大小。因此,对于钻柱中多种振动形式耦合而成的复杂运动,ESM 测量数据无法准确地量化横向振动和扭转振动,但可根据测得加速度信号的特征初步判断钻柱的运动状态及主要振动形式。

1)轴向振动

钻柱轴向振动可通过测得峰值 $\hat{Z}_a$ 的大小及波动情况判断。

2)横向振动

根据钻井作业时实际钻柱转速大小及变化情况估算可知,$r\dot{\omega} \ll r\omega^2$,即切向力远小于向心力。由于两个横向振动分量 a_{xc} 和 a_{yc} 在时间周期内积分应相等,可知,当 $\bar{Y}_a - \bar{X}_a$ 值较小(即 X_a、Y_a 均值相差较小)时钻柱以横向振动为主,扭转振动较弱。此时,钻柱横向加速度约为:

$$a_{\text{lat}} = \sqrt{X_a^2 + Y_a^2} \qquad (5-2)$$

3)扭转振动

同样可知,当 $\bar{Y}_a - \bar{X}_a$ 值较大时,钻柱以扭转振动为主,横向振动次之。

扭转振动是由于钻头—地层相互作用和摩擦力较大时产生的一种振动类型,当扭转振动很剧烈时,往往演变为黏滑运动。研究表明,黏滑运动是一种自激产生的剧烈扭转振动,当井下发生黏滑运动时,三轴加速度测量值均会产生周期和间歇性的波包,同时井下转速也发生大幅波动和停滞。可根据式(5-3)估算出井下转速的最大变化量为:

$$\omega_{\max} \approx \sqrt{\text{sgn}\,\xi \cdot (\overline{Y}_a - \overline{X}_a)/r} \qquad (5-3)$$

其中,$\xi = \overline{Y}_a - \overline{X}_a$,$\text{sgn}\,\xi = \begin{cases} 1, & \xi > 0 \\ 0, & \xi \leq 0 \end{cases}$。

几种典型的钻柱运动特征对应的振动形式及判别依据见表5-5。

表5-5 钻柱运动特征对应的振动形式及判别依据

钻柱运动特征	主要振动形式	判断依据
跳钻	轴向振动	峰值 $\hat{Z}_a$ 较大
钻头涡动	轴向振动和扭转振动	$\hat{Z}_a$、$\overline{Y}_a - \overline{X}_a$ 均较大
BHA涡动	横向振动和扭转振动	X_a、$\overline{Y}_a - \overline{X}_a$ 均较大
黏滑运动	周期性扭转振动	$\omega_{\max}$ 周期波动

由于采用的ESM测量传感器位于钻柱的偏心位置,钻柱自转信息同时包含于X_a、Y_a值中,可通过X_a、Y_a值间接求解井下转速。

4)黏滑运动时井下转速计算

钻柱处于黏滑运动状态时,黏滞时长往往长达数秒,此时切向加速度远低于径向加速度,因此在式(5-1)中可以被忽略。而对于旋转钻柱,两个横向加速度分量的均值$\overline{a}_{xc}$、$\overline{a}_{yc}$具有强烈的相关性,两者应近似相等。因此,由式(5-1)可得黏滑运动时转速公式如下:

$$\omega \approx \sqrt{(\overline{Y}_a - \overline{X}_a)/r} \qquad (5-4)$$

式中 ω——实际转速;

$\overline{X}$,$\overline{Y}$——分别为X_a、Y_a的均值,g;

r——半径。

5)涡动时井下转速计算

钻柱产生涡动时,$r\omega^2 \gg r\dot{\omega}$这一前提条件不再满足,因此无法利用式(5-4)计算井下转速。本文采用直接积分法求解涡动状态下的井下转速ω。

直接积分方法的思想是首先将X_a、Y_a值中的横向振动部分(a_{xc},a_{yc})分离,建立关于ω的常微分方程,用前一时刻的转速作为初始值求出积分常数,然后依次积分求得每一时刻的转速值。

根据式(5-1)可得:

$$\frac{1}{n}\sum_{i=1}^{n}(r\dot{\omega})_i - \frac{1}{n}\sum_{i=1}^{n}(r\omega^2)_i = \overline{X}_a - \overline{Y}_a \qquad (5-5)$$

取时间段内所有实测数据点的平均值作为该时间段内的 $\overline{X}_a$、$\overline{Y}_a$,则有:

$$\dot{\tilde{\omega}} = \tilde{\omega}^2 - \frac{\overline{Y}_a - \overline{X}_a}{r} = \tilde{\omega}^2 - A \tag{5-6}$$

整理后可得常微分方程形式为:

$$\dot{\omega} = \omega^2 - A \tag{5-7}$$

其中,常数项 $A = \dfrac{\overline{Y}_a - \overline{X}_a}{r}$ 其通解形式为:

$$\omega = -\sqrt{A}\tanh[\sqrt{A}(t+C)] \tag{5-8}$$

积分常数 C 值可通过前一时刻的转速作为初值计算得出:

$$C = \frac{\arctan h\left(-\dfrac{\omega_{i-1} - \omega_0}{A_{i-1}}\right)}{\sqrt{A_{i-1}}} \tag{5-9}$$

2. 钻柱振动测试方案

塔里木油田先后在 Kes8-4 井、Kes8-11 井和 Kes8-5 井开展井下测试,其中 Kes8-4 井测试 18 井次,Kes8-11 井测试 10 井次,Kes8-5 井测试 8 井次。测试过程中钻具组合上均安装了两个 ESM 测量短节(图 5-46),短节 1 安装于第一个稳定器与钻头之间,离钻头位置 5.9m,测得的结果比较接近钻头处的实际振动状态。短节 2 安装于第二个稳定器上方,位于估算的中和点位置附近,离钻头约 135.0m,测试过程中两短节参数设置相同,测试过程中所用钻具组合及测试参数设置见表 5-6。

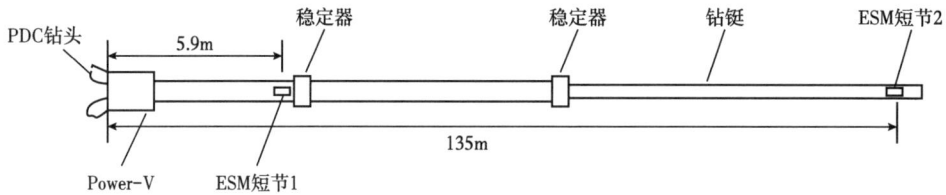

图 5-46 钻具组合结构及 ESM 短节安装位置示意图

表 5-6 测试过程中所用钻具组合及测试参数设置

序号	测试井次	井段 (m)	井眼尺寸 (in)	钻头类型	稳定器数量及大小	采样频率 (Hz)	采样时长 (min)	采样间隔 (min)
1	8-4(1)	4848~5103	13⅛	6翼PDC	2(13⅛in)	120	2	25
2	8-4(2)							
3	8-4(3)	5103~5389	13⅛	6翼PDC	2(13⅛in)	120	2	20
4	8-4(4)							

续表

序号	测试井次	井段（m）	井眼尺寸（in）	钻头类型	稳定器数量及大小	采样频率（Hz）	采样时长（min）	采样间隔（min）
5	8-4（5）	5389~5625	13⅛	6翼PDC	2（13⅛in）	120	2	20
6	8-4（6）							
7	8-4（7）	5625~5785	13⅛	6翼PDC	2（13⅛in）	120	2	20
8	8-4（8）							
9	8-4（9）	5785~5841	13⅛	6翼PDC	2（13⅛in）	120	2	20
10	8-4（10）							
11	8-4（11）	5841~5894	13⅛	6翼PDC	2（13⅛in）	200	2	20
12	8-4（12）							
13	8-4（13）	5914~5990	13⅛	6翼PDC	2（13⅛in）	200	2	20
14	8-4（14）							
15	8-4（15）	5990~6118	13⅛	6翼PDC	2（13⅛in）	200	2	20
16	8-4（16）							
17	8-4（17）	6118~6212	13⅛	6翼PDC	2（13⅛in）	200	2	20
18	8-4（18）							
19	8-11（1）	3888-3928	17	5翼PDC	2（17in）	120	2	30
20	8-11（2）							
21	8-11（3）	3928~4525	17	5翼PDC	2（17in）	120	2	30
22	8-11（4）							
23	8-11（5）	4525~5073	13⅛		2（13⅛in）	120	2	30
24	8-11（6）							
25	8-11（7）	5073~5213	13⅛	5翼PDC	2（13⅛in）	140	2	30
26	8-11（8）							
27	8-11（9）	5214~5616	13⅛	6翼PDC	2（13⅛in）	140	2	30
28	8-11（10）							
29	8-5（1）	5720~5736	13⅛	6翼PDC	2（13⅛in）	120	4	5
30	8-5（2）							
31	8-5（3）	5889~5897	13⅛	6翼PDC	2（13⅛in）	120	4	15
32	8-5（4）							
33	8-5（5）	5966~5993	13⅛	6翼PDC	1（13⅛in）	120	4	15
34	8-5（6）							
35	8-5（7）	6003~6035	13⅛	6翼PDC	1（13⅛in）	120	4	15
36	8-5（8）							

3. 典型钻柱振动特征分析

根据上述测试方案对3口井的钻柱振动进行了测试，共得到近钻头数据3077组和远钻头数据3060组。利用时域分析方法，分析了上述6137组数据X、Y、Z轴加速度、加速度均值、峰值、均方根值变化规律，求得钻柱旋转钻进过程中的井下转速变化规律。

1）轴向振动

本次使用ESM短节对井下钻柱振动加速度进行测量，所测得的Z轴加速度值即为轴向振动加速度。由于所测井型为直井（井斜角小于0.5°），当钻柱静止时，Z值约为1.0g；钻柱轴向振动强烈时，Z值围绕1.0g上下剧烈波动。

图5-47和图5-48为Kes8-4井钻至井深5216.3m时，近、远钻头两个位置处轴向加速度在2.0min内的时程曲线及对应峰值的时程曲线。由图5-47和图5-48可知，近、远钻头两个位置Z值最大值分别为2.1g和1.5g，且具有明显的周期性，表明Kes8-4井钻至井深5216.3m时钻柱的轴向振动较弱。

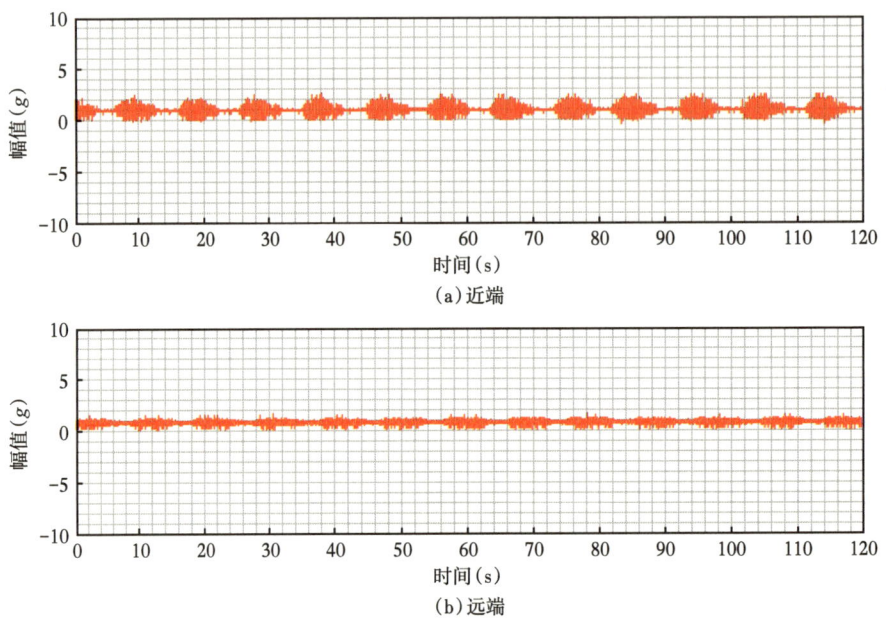

图5-47　Kes8-4井井深5216.3m时近、远钻头位置处轴向加速度时程曲线

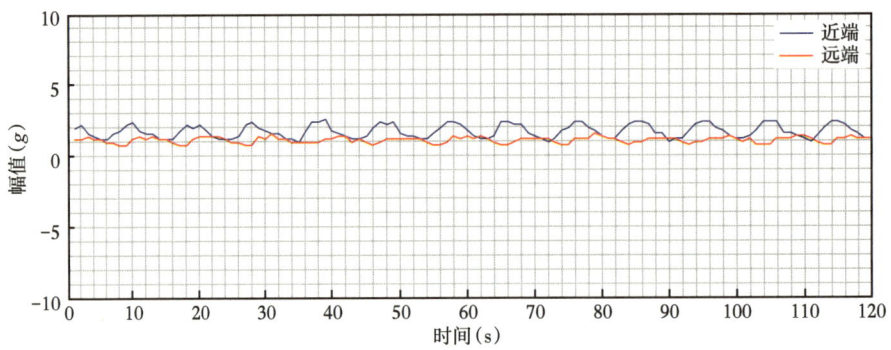

图5-48　Kes8-4井井深5216.3m时近、远钻头位置处轴向加速度峰值曲线

保持钻井参数不变，测得Kes8-4井井深5230.1m时近、远钻头两个位置的轴向加速度时程曲线及峰值时程曲线，如图5-49和图5-50所示。由图5-49和图5-50可知，该深度处近、远钻头两个位置Z值最大值分别为8.5g和4.5g，且加速度变化曲线整体一致，表明钻至井深5230.1m时钻柱的轴向振动较为强烈。

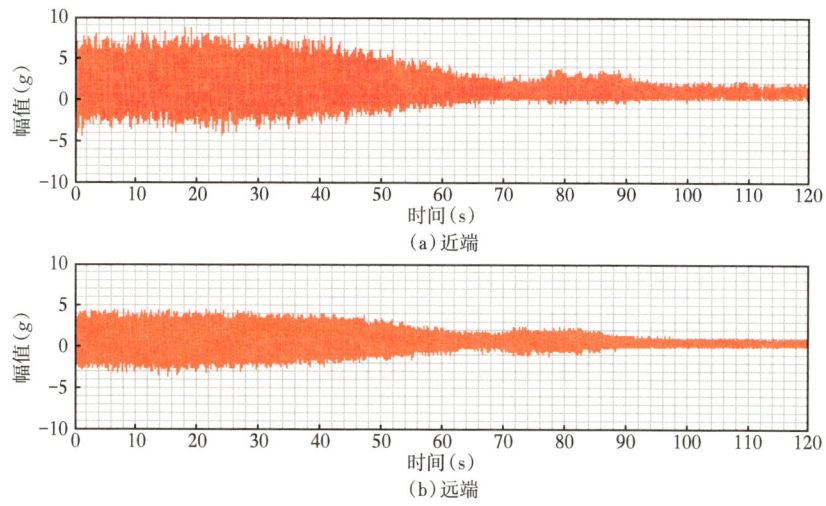

图 5-49　井深 5230.1m 时近、远钻头位置处轴向加速度时程曲线

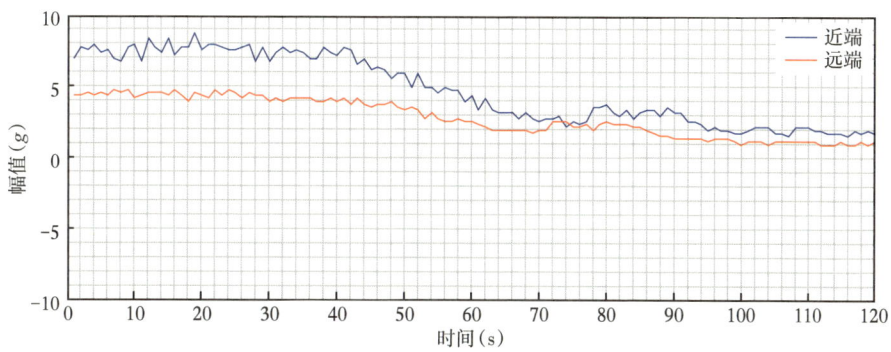

图 5-50　井深 5230.1m 时近、远钻头位置处轴向加速度峰值时程曲线

2）扭转振动

扭转振动是指在钻进过程中钻柱旋转速度发生振荡，最严重的扭转振动是黏滑运动。钻柱的黏滑运动包括两个阶段，黏滞阶段和滑脱阶段，而钻柱与井壁、钻头与岩石间的摩擦是引起黏滑运动的直接原因。钻柱发生黏滑运动时，钻头的转速可以瞬间达到地面转速的两倍以上，高速转动的钻头与井底岩石或井壁发生强烈的撞击，加速其磨损失效，同时剧烈的周期性交变应力也将导致井下工具过早疲劳失效。此外，黏滑运动过程中井下钻柱扭矩波动通常较大，不仅大幅度降低了钻井效率，甚至可能导致钻具接头螺纹卸扣或断裂。

钻井工程中，黏滑运动是引起钻头和 BHA 失效破坏的重要原因。对于深井、超深井，由于钻柱长细比很大，扭转刚度较低，而且钻柱与井壁的摩阻扭矩也较大，使得井下钻柱更容易发生黏滑运动。例如，现场测试结果显示，Kes8-4 井在 4840.0~5200.0m 井段钻进过程中钻柱产生了持续的黏滑运动，相应地，地面扭矩也产生了持续的周期性剧烈波动。为保证钻具安全，司钻不得不通过频繁调整转速和钻压来控制振动，严重降低了钻井时效。因此，从本质上理解黏滑运动的产生机理，才能有效地避免黏滑运动，保证钻井作业的安全和高效。

由 ESM 测量原理可知，X 轴加速度测量值 X_a 由横向加速度分量（a_{xc}）和切向加速度（$r\dot{\omega}$）叠加，Y 轴加速度测量值 Y_a 由横向加速度分量（a_{yc}）和向心加速度（$r\omega^2$）叠加，Z_a 为轴向加速度测量值。根据横向振动随机不规则的特点，X_a、Y_a 值包含的横向加速度分量均值应相等，因此其共同部分能够反映横向振动强弱，差异部分则主要由钻柱转动（向心力）导致。

测试的 3 口井中，Kes8-4 井 4840.0~5200.0m 井段及 Kes8-5 井的 5720~5736m 井段井下实测振动数据显示，三轴加速度值呈现显著的周期性波动，反映该井段产生大量的黏滑运动。图 5-51 为井深 5165.0m 时近钻头加速度数据随时间的变化曲线。由图 5-51 可见，三轴加速度信号均呈同步的周期性，Z_a 值以 1.0g 为基线上下波动，体现了垂直井重力加速度特征。X_a、Y_a 值均以 0 值为中心线上下波动，当振动剧烈时，X_a、Y_a 值峰值均高达 13.0g，Z_a 值峰值约为 2.5g，体现了此时钻柱在狭小井眼中的横向振动较大，轴向振动水平较弱。当振动较小时，X_a、Y_a 值峰值接近 0，Z_a 值峰值约为 1.0g，反映此时钻柱处于微弱振动状态，钻柱可能已停止运动，体现了一个"剧烈振动—弱振动—剧烈振动—弱振动"的周期性特征，属于典型的黏滑振动特征。

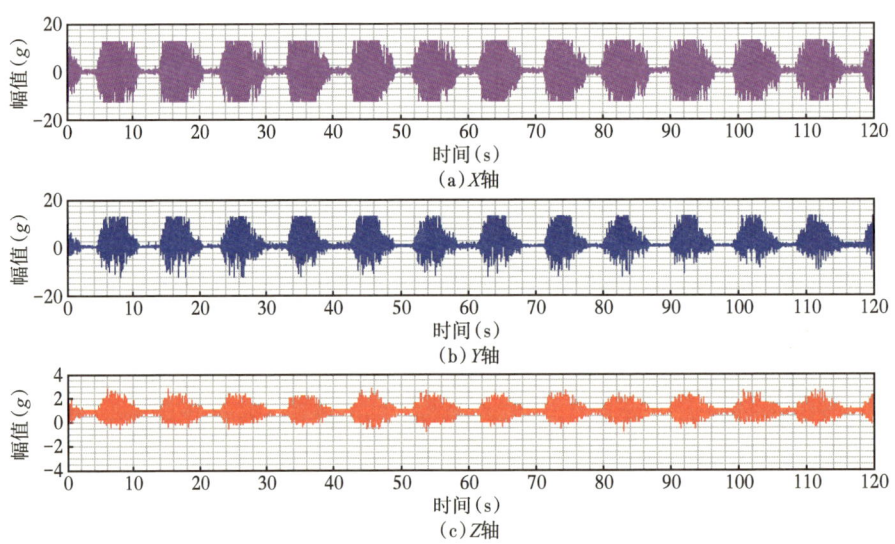

图 5-51　Kes8-4 井井深 5165.0m 时近钻头瞬时加速度时程曲线

为了更清楚地了解黏滑振动的特点，取其中一个周期（11.0~20.0s）进行分析，其加速度局部放大图如图 5-52 所示。11.0~14.2s 内，轴向加速度接近 1.0g，X_a 值、Y_a 值接近 0，并持续约 4.2s，此期间钻柱并无振动产生，且向心加速度为 0，由此可知钻柱转速也为 0，钻柱处于停转状态（Stick）；从 14.2s 开始，X_a 值、Y_a 值均在短时间内迅速增大，峰值达到 13.0g（注意：最大值可能超过此值，图 5-52 中数据有被仪器自动截断的特征），并以 0 为基线上下大幅度波动，两者的异同特征表明此期间横向振动和扭转振动均加剧，向心加速度大幅增加，即钻柱转速短期内大幅提高（slip）；18.0~20.0s 期间，X_a、Y_a 值开始缓慢减小直至 0，横向振动逐渐减弱，同时向心加速度也逐渐减至 0，反映此时转速由较大值缓慢减至 0，钻柱再次停转。

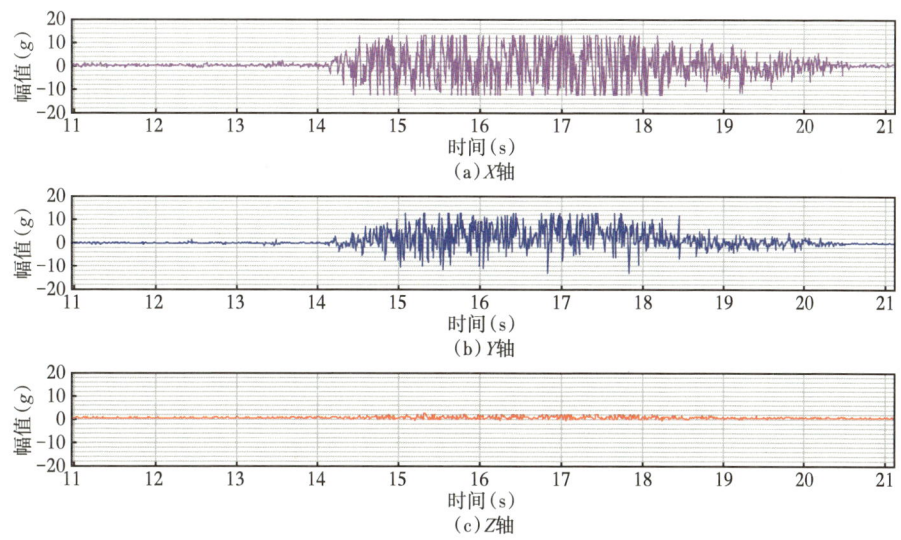

图 5-52　加速度时程曲线局部放大图（11.0~20.0s）

根据上述加速度信号反映出的转速特征，可判断出此井段井下钻柱产生了黏滑运动，黏滑周期约 9.0s，黏滞时长约 4.0s，滑脱时长约 5.0s。对 Kes8-4 井 4840.0~5200.0m 井段全部实测数据的统计结果分析表明此井段钻进过程中井下产生了大量的黏滑运动，测得黏滑运动的时长（没有考虑测量间隔）占总测量时程的比例高达 53.9%，而实际井下黏滑运动估计也应该接近这一数值，甚至更高。

对图 5-51 中的信号进行时域分析，可得到三个方向加速度测量值的均值、峰值和均方根统计结果，如图 5-53 所示。

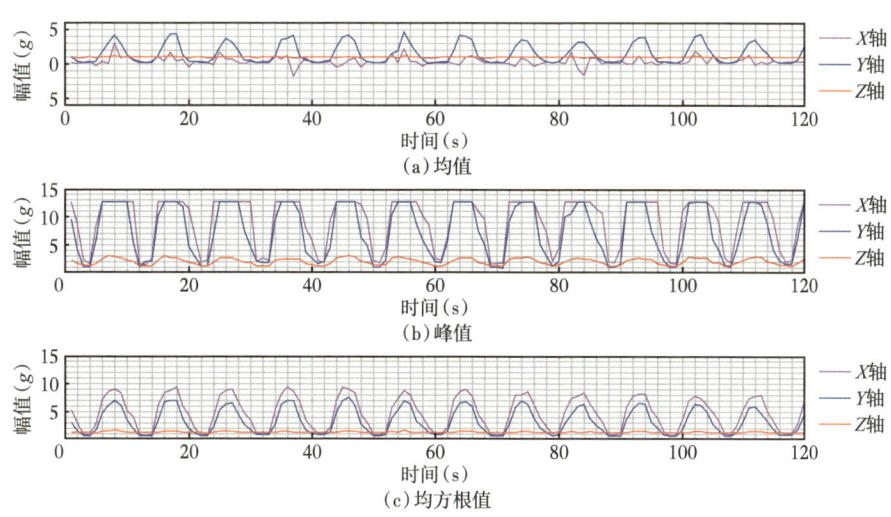

图 5-53　三轴加速度均值、峰值及均方根值时程曲线

由图 5-53 可知，X_a 的均值（$\bar{X}_a$）更接近 0，说明 X_a 值对称性更好，估算可知切向加速度量级较小（最大约 0.1g），因此 X_a 值可以更准确地反映无规则的横向振动强度。Y_a 值由于受到黏滑振荡中向心加速度的影响，均值相对较大，均值最大值达到 5.0g，因此 Y_a 的均值（$\bar{Y}_a$）更直观地反映了扭转振动强度，但具体井下扭转振动水平大小则需要通过实际钻柱转速情况去衡量。Z_a 的均值（$\bar{Z}_a$）较稳定，约为 1.0g，由于井斜角很小（实测井斜角为 0.15°），表明此时轴向振动水平较弱。

由峰值曲线可以看出，X_a、Y_a 的峰值曲线拟合重合度高，峰值 $\hat{X}_a \approx \hat{Y}_a \approx 13.0g$，这表明横向振动加速度最大值为 13.0g，而轴向振动加速度最大值约 2.2g，反映了滑脱（slip）运动中包含着强烈的横向振动和较弱的轴向振动，但无法从峰值曲线得知扭转振动强度。

加速度的均方根值能够评价钻柱振动的平均能量强度。X_a 的均方根（X_{arms}）最大值约为 9.0g，Y_a 的均方根（Y_{arms}）最大值约为 7.5g，而 Z_a 的均方根（Z_{arms}）变化较小，约为 1.0g。这表明在滑脱（slip）过程中，钻柱与井壁间的横向冲击能量很大，而扭转振动和轴向振动相对较弱。

根据图 5-53 中的加速度均值数据，可求得井下转速随时间变化曲线，如图 5-54 所示。

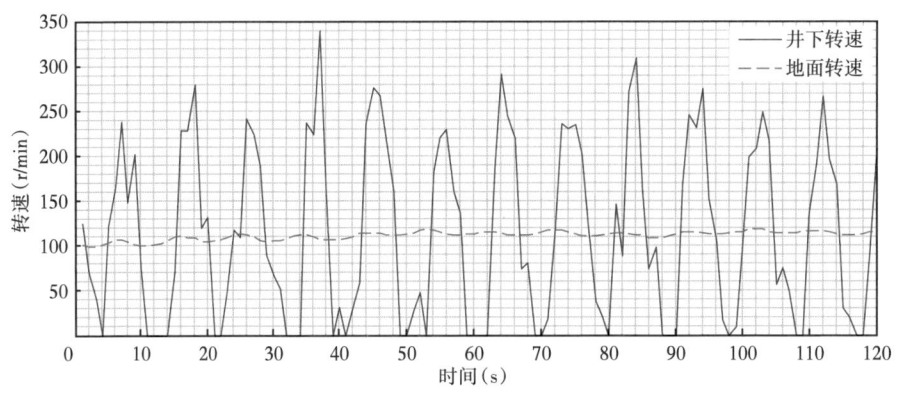

图 5-54 钻至井深 5165.0m 时近钻头井下转速随时间变化曲线

由图 5-54 可知，井下转速随时间呈周期性变化，当振动较小时，钻柱处于黏滞阶段时，井下转速基本为 0；而当钻柱振动较强，钻柱处于滑脱阶段时，井下转速较大，最高可达 340r/min，而地面转速为 110r/min，井下转速已高达地面转速的 3 倍以上。

综上分析可知，Kes8-4 井钻至井深 5165.0m 时，近钻头位置处于典型的黏滑运动状态，由于井下转速最低已达 0，钻柱已停转，故为充分黏滑运动状态。Kes8-4 井钻至井深 5165.0m 时远钻头加速度数据随时间的变化曲线及计算得到的井下转速变化曲线如图 5-55 和图 5-56 所示。

由图 5-55 和图 5-56 可知，钻至井深 5165.0m 时远钻头处三轴加速度信号均呈同步的周期性，Z_a 值以略小于 1.0g 的位置为基线上下波动，体现了垂直井重力加速度特征，X_a、Y_a 值均以 0 值为中心线上下波动。当振动剧烈时，X_a 值峰值高达 5g，Y_a 值峰值高达 6.5g，Z_a 值峰值约为 1.5g，井下转速峰值高达 340r/min，体现了此时钻柱在狭小井眼中的横向振动较大,轴向振动水平较弱。当振动较小时,X_a、Y_a 值峰值接近 0,Z_a 值峰值略小于 1.0g,而此时井下转速并不为 0,而是在 40r/min 左右,反映此时钻柱处于微弱振动状态,体现了一个"剧烈振动—弱振动—剧烈振动—弱振动"的周期性特征,属于典型的非充分黏滑振动特征,其黏滑周期约 9.0s,黏滞时长约 4.0s,滑脱时长约 5.0s。

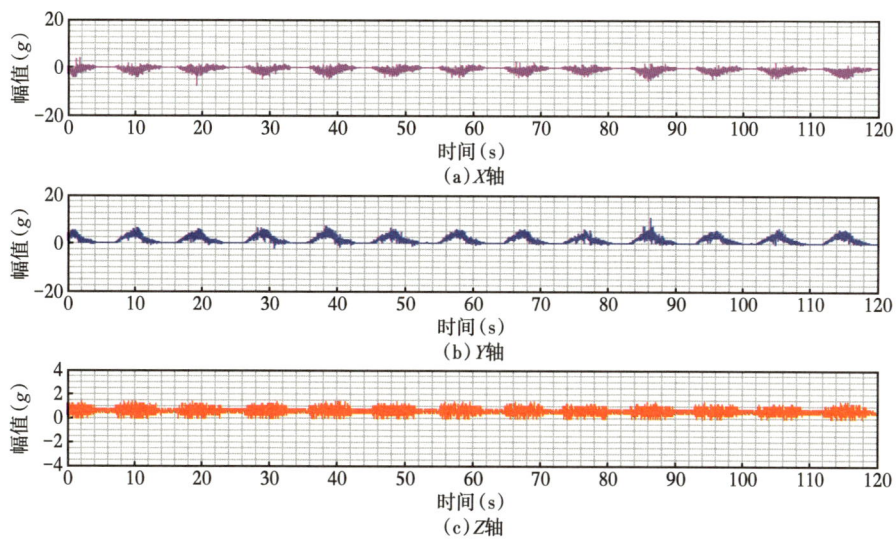

图 5-55　Kes8-4 井钻至井深 5165.0m 时远钻头瞬时加速度时程曲线

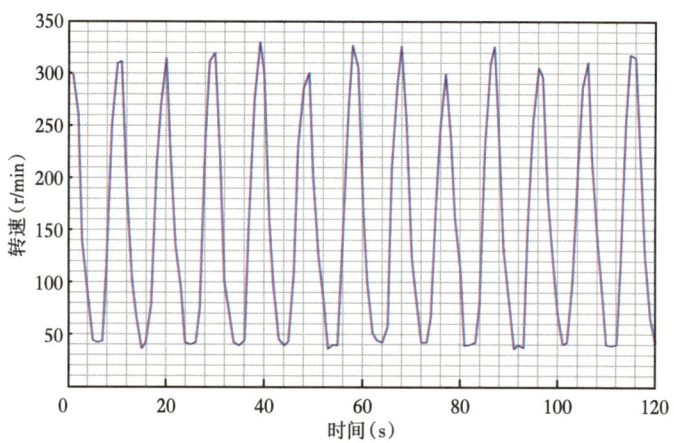

图 5-56　钻至井深 5165.0m 时远钻头井下转速随时间变化曲线

3)涡动

在实际钻进过程中,BHA 涡动是最普遍的钻柱振动形式之一。当钻柱在井眼内以地面转速按顺时针方向绕自身轴线旋转时,由于质量不平衡等因素,使得钻柱轴线以一定的速度绕井眼轴线旋转,形成涡动。当钻柱轴线绕井眼中心以逆时针方向旋转时,形成反向涡动或向后涡动,反之则为正向涡动或向前涡动。

钻柱涡动通常由横向振动和扭转振动耦合而成，按轨迹形状可分为规则涡动和不规则涡动。通过对钻柱涡动进行大量研究，其涡动轨迹如图 5-57 所示，图 5-57（a）为典型的不规则涡动，此时钻柱形心在井眼中作碰摩运动，图 5-57（b）中为模拟的钻柱形心较为规则的涡动，此时钻柱形心绕井眼中心的公转较有规律性。

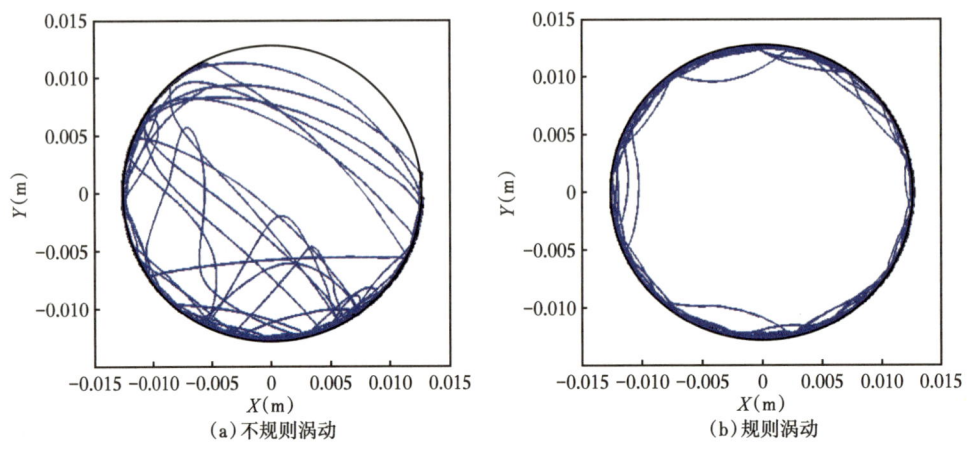

图 5-57　钻柱形心轨迹涡动轨迹模拟结果

根据 ESM 钻柱振动测量工具原理，对 3 口井 36 井次测试中钻柱涡动特征进行了分析，结果表明，3 口井旋转钻进过程中均存在钻柱涡动。Kes8-4 井钻至井深 5204.4m 时，测得 2.0min 内三轴加速度值如图 5-58 所示。从图 5-58 中可看出，X、Y、Z 轴加速度的峰值分别约为 13.0g、13.0g、2.0g。对图 5-58 中 10.0~20.0s 期间加速度曲线局部放大，得到图 5-59 所示结果。从图 5-59 中可看出，三轴加速度均呈杂乱无章的不规则波动，X_a 值以零值为中心线上下波动，可较为恰当地反映随机的不规则横向振动。Y_a 值由于钻柱自转引起向心加速度项（$r\omega^2$）的叠加效应，均值整体上较 X_a 值偏大，且大部分位于零值上方。同时，轴向振动加速度 Z_a 值也以 1.0g 为中心线上下不规则波动。因此，此时钻柱处于较强烈的涡动状态中。

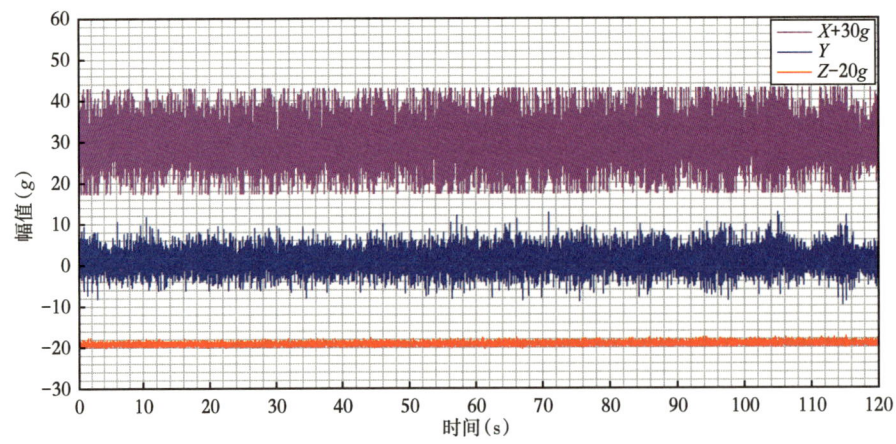

图 5-58　钻至井深 5204.4m 时测得的 2.0min 内三轴加速度时程曲线

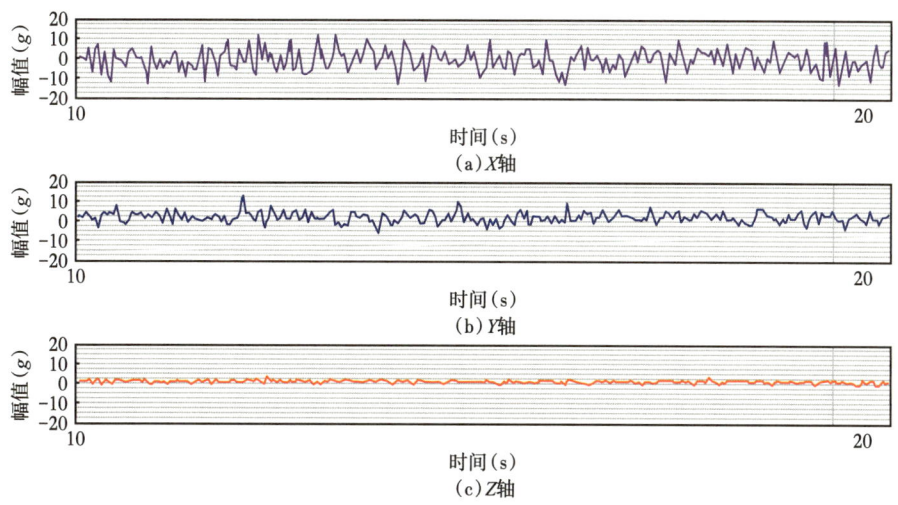

图 5-59 加速度时程曲线局部放大图（10.0~20.0s）

因此，钻柱涡动的强烈程度可初步通过 X_a 峰值大小判断。通常情况下 X_a 峰值较大表示横向振动较强烈，对应于涡动剧烈，反之，则涡动较弱。

通过对塔里木油田 3 口井 36 井次测试数据的分析，得到各井次测试振动特征，并对其振动特性进行了统计分析，见表 5-7。

表 5-7 塔里木油田 3 口井 36 井次测试振动特征数据表

序号	测试井次	井深（m）	黏滑		强烈涡动			说明
			次数	比例（%）	次数	X 轴峰值（g）	比例（%）	
1	8-4（1）	4848~5103	76	53.9	10	>5	7.1	以黏滑运动为主
2	8-4（2）							
3	8-4（3）	5103~5389	3	2.3	75	>10	54.3	以涡动为主
4	8-4（4）							
5	8-4（5）	5389~5625	21	10.0	4	>10	2.0	弱振动，含少量黏滑
6	8-4（6）							
7	8-4（7）	5625~5785	28	18	29	>10	18.7	涡动为主，含少量黏滑
8	8-4（8）							
9	8-4（9）	5785~5841	8	4.2	0	>5	0	振动较弱
10	8-4（10）							
11	8-4（11）	5841~5894	16	10.6	3	>5	2.1	振动较弱
12	8-4（12）							
13	8-4（13）	5914~5990	0	0	67	>10	57.3	涡动为主，轴向加剧
14	8-4（14）							
15	8-4（15）	5990~6118	0	0	4	>5	2.8	振动微弱
16	8-4（16）							
17	8-4（17）	6118~6212	4	2.8	5	>5	2.8	振动微弱
18	8-4（18）							

续表

序号	测试井次	井深(m)	黏滑 次数	黏滑 比例(%)	强烈涡动 次数	X轴峰值(g)	比例(%)	说明
19	8-11(1)	3888~3928	0	0	21	>5	16.0	振动较弱,涡动为主
20	8-11(2)							
21	8-11(3)	3928~4525	0	0	23	>5	9.7	振动较弱,涡动为主
22	8-11(4)							
23	8-11(5)	4525~5073	0	0	22	>5	9.3	振动较弱,涡动为主
24	8-11(6)							
25	8-11(7)	5073~5213	26	15.6	8	>5	4.0	振动较弱,涡动为主
26	8-11(8)							
27	8-11(9)	5214~5616	7	3.5	27	>5	13.4	振动较弱,涡动为主
28	8-11(10)							
29	8-5(1)	5720~5736	53	44.9	4	>5	3.4	以黏滑运动为主
30	8-5(2)							
31	8-5(3)	5889~5897	21	17.8	8	>5	6.8	涡动为主,含少量黏滑
32	8-5(4)							
33	8-5(5)	5966~5993	1	1.1	8	>5	8.7	以涡动为主
34	8-5(6)							
35	8-5(7)	6003~6035	4	3.4	6	>5	5.1	以涡动为主
36	8-5(8)							

由表5-7可知,Kes8-4井最严重的黏滑运动仅发生在第一井次、第二井次测试井段,第三井次至第十二井次测试井段也发生少量黏滑运动,第十三井次到第十八井次测试井段并无黏滑运动;第三井次、第四井次、第七井次、第八井次、第十三井次、第十四井次测试发生强烈涡动,且第三井次、第四井次、第七井次、第八井次测试X轴加速度峰值大于$10g$的比例已高达50%以上。Kes8-5井最严重的黏滑发生在前四井次测试井段,后四井次测试井段主要为涡动。

以上通过分析振动信号的时域特征对钻柱振动形式做出初步辨别。然而,由于钻柱振动信号是典型的非平稳的随机信号,在时间域内很难分辨出钻柱振动的内在特征,因此,需要对钻柱振动信号进行频谱和时频分析,以及时辨别诱发振动的主要因素及井下的工作状况。

4. 钻柱振动频谱分析

频谱反映振动信号在频率域随频率的分布特征,如幅值谱、相位谱、能量谱及功率谱等。钻柱振动信号的频谱分析以傅里叶变换为基础,通过计算振动信号各个频率成分的分布情况和对应的幅值,提取出重要的频率成分和其对应的能量大小。也就是说,通过频域的谱分析能够获取时域特征分析中无法了解的信息。

本节主要采用一种改进的傅里叶变换——快速傅里叶变换(FFT)对测试井段中不同振动形式下的振动信号进行频谱分析,从而得出不同振动形式的主要频率成分组成。

1)黏滑运动信号的频谱特征

通过前面的时域特征分析可知,Kes8-4井当钻经4950.0~5103.0m井段时井下钻柱产生持续强烈的黏滑运动。例如在钻至井深5017.6m时，测试结果表明井下处于剧烈的黏滑运动状态。测得2.0min内的加速度随时间变化曲线如图5-60所示，由图5-60可知，X、Y、Z三轴加速度值均体现出黏滞—滑脱这一典型的黏滑运动特征，且黏滑周期约为9.0s。此时Y_a最大值约为8.0g，X_a最大值约为6.0g，Z_a最大值则为1.5g，表明发生黏滑运动时径向幅值能量最大，切向次之，轴向最弱，这是由于在直井眼中产生黏滑运动时向心加速度项较大所致。

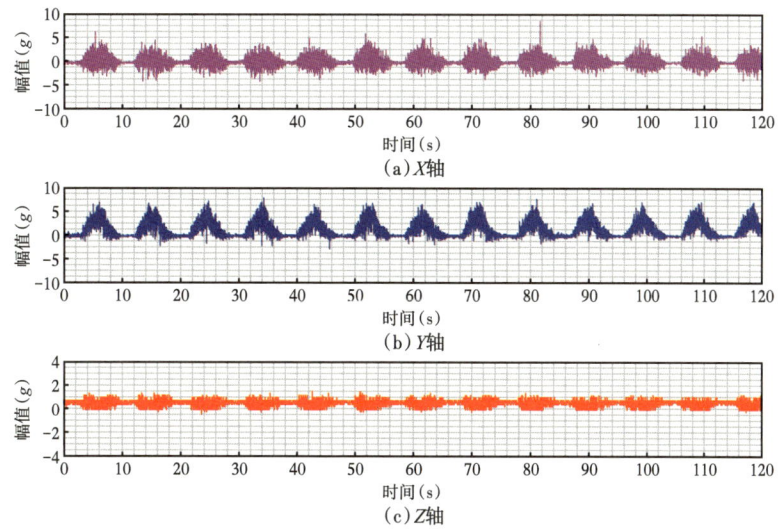

图5-60　Kes8-4井井深5017.6m时加速度时程曲线

对图5-60中的时域波形进行FFT频谱分析，得到0~60Hz内的频率成分组成及分布情况，并按幅值从大到小取前十个频率成分，如图5-61所示。

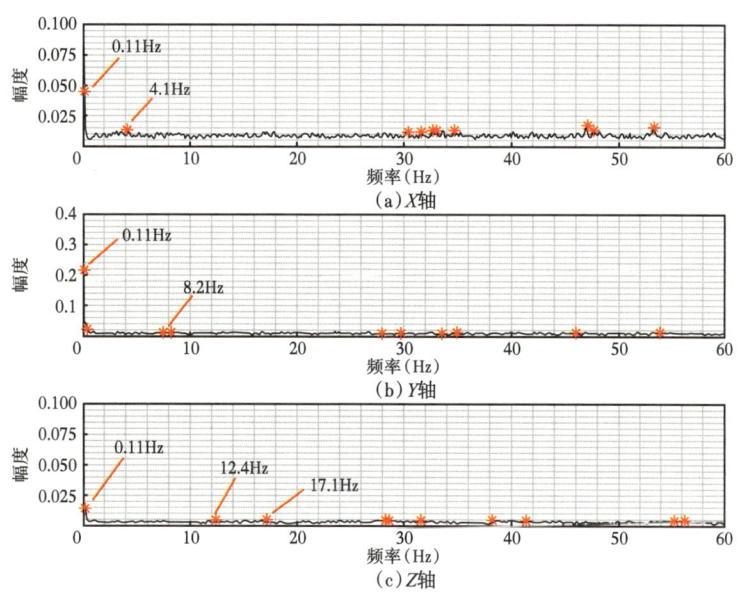

图5-61　三轴加速度FFT频谱图

由图 5-61 可知，三轴加速度频谱中主频成分均为 0.11Hz，由黏滑周期为 9.0s 可推断 0.11Hz 为钻柱的黏滑频率，其 X 轴、Y 轴、Z 轴的幅值分别为 0.042、0.21、0.012。Y 轴的黏滑频率幅值最大，说明发生黏滑时由于转速骤增或骤减而导致向心作用力显著（即径向加速度受黏滑运动影响最大）。同时也表明黏滑运动中扭转振动能量最大、横向振动能量次之、轴向振动能量最小。

此外，在低频段中，X 轴加速度频谱中含有 4.1Hz 这一频率成分，Y 轴加速度频谱中含有 8.2Hz 的频率，而 Z 轴加速度则含有 12.4Hz 的频率。根据录井数据，钻至井深 5017.6m 时，转盘转速为 122.0r/min（2.03Hz），井斜角为 0.1°，因此可以判断 4.1Hz、8.2Hz、12.4Hz 分别为转速基频的 2 倍频、4 倍频和 6 倍频，这是由钻头与井底表面间歇切入引起的激励频率。

为了解 0.11Hz 这一主频成分对应的时域信息，采用低通滤波对图 5-60 中的振动加速度 X_a 进行滤波分析从而提取出主频成分的时域波形，图 5-62 所示为 0.11Hz 所在低频带（0~0.15Hz）对应的时域波形分量及其 FFT 频谱。

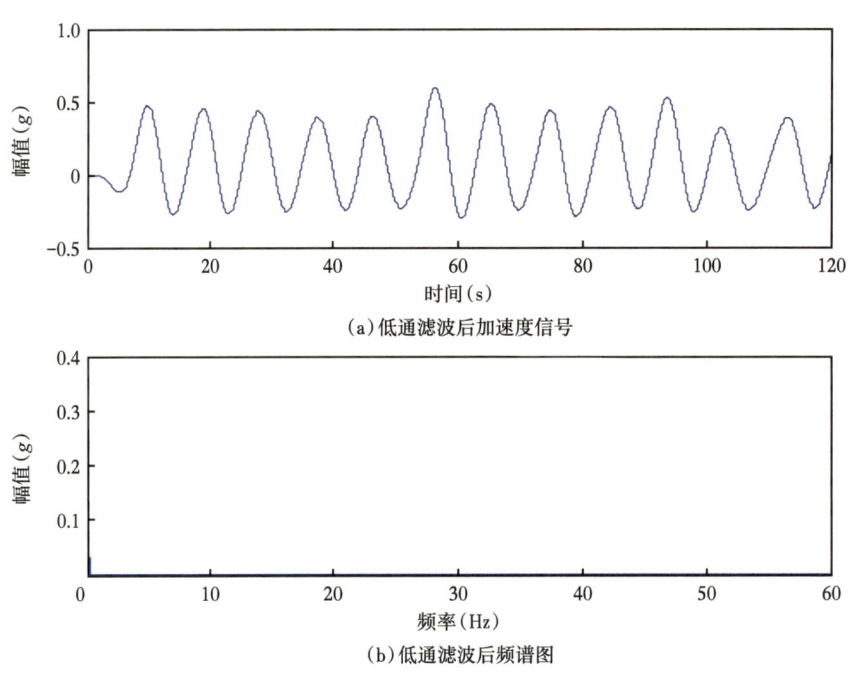

图 5-62 低通滤波后的时域波形分量及其 FFT 频谱

从图 5-62 中可看出，0.11Hz 主频成分对应的时域波形分量为周期性正弦波形，周期为 9.0s，与黏滑周期一致，同时也准确反映了黏滑运动中黏滞—滑脱这一典型的正弦波形特征。

作为对比，对 X_a 中的 4.1Hz 这一频率成分所对应的时域波形分量进行提取，通过带通滤波得出 4.1Hz 所在频带（3.5~4.5Hz）的时域波形分量及其 FFT 频谱，如图 5-63 所示。4.1Hz 这一频率成分所对应的时域波形分量并不具有很强的周期性，也不具有黏滞—滑脱这一典型的黏滑运动特征，这是因为 4.1Hz 为转速基频谐波。

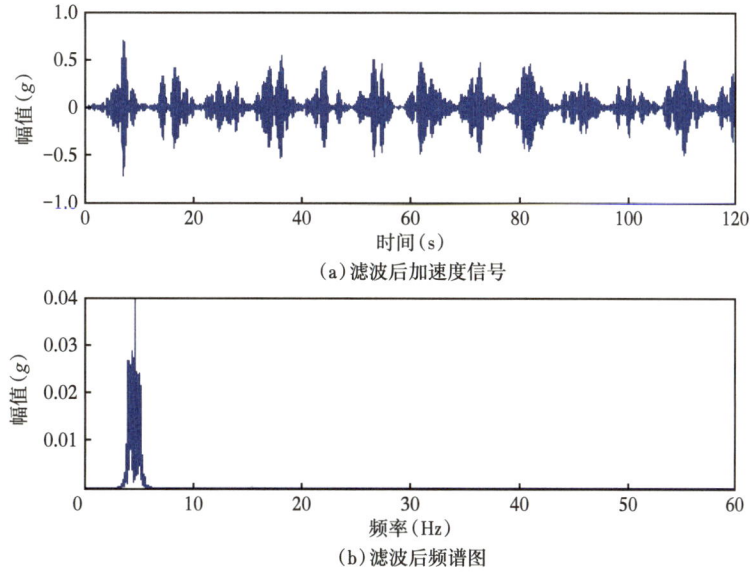

图 5-63 带通滤波后的时域波形分量及其 FFT 频谱

同样,Kes8-5 井第一井次、第二井次测试井段（5720~5736m）也存在大量的黏滑运动,例如,当钻至 5720.65m 时,测试结果表明井下处于剧烈的黏滑运动状态。测得 2.0min 内的加速度随时间变化曲线如图 5-64 所示。

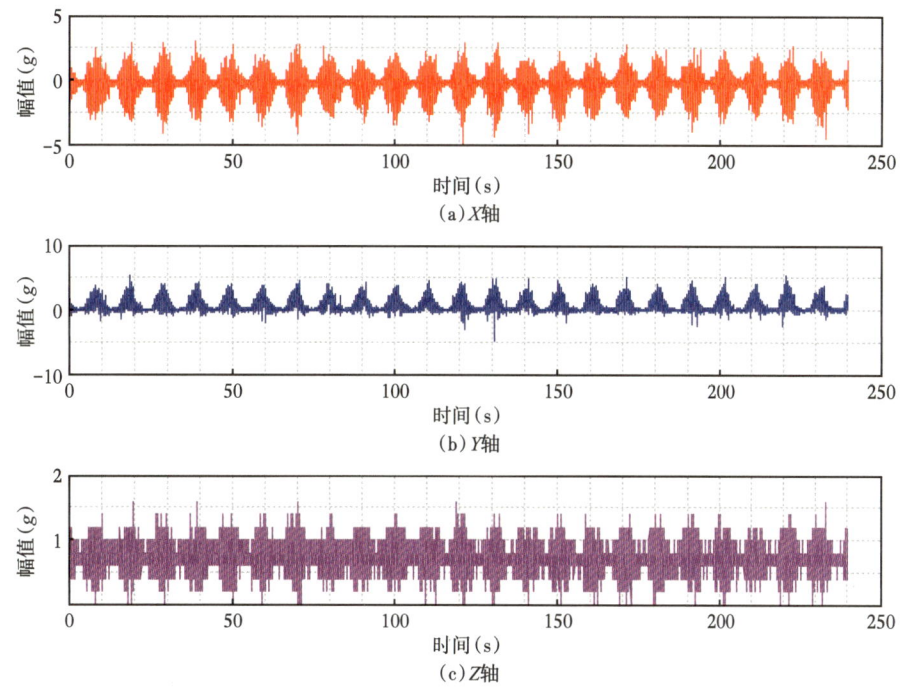

图 5-64 Kes8-5 井井深 5720.65m 时加速度时程曲线

由图 5-64 可知，X、Y、Z 三轴加速度值均体现出黏滞—滑脱这一典型的黏滑运动特征，且黏滑周期约为 10.0s。对图 5-64 中的时域波形进行 FFT 频谱分析，得到 0~60Hz 内的频率成分组成及分布情况，并按幅值从大到小取前十个频率成分，如图 5-65 所示，由图 5-65 可知，三轴加速度频谱中主频成分均为 0.1Hz 和 0.2Hz，由黏滑周期为 10s 秒可推断 0.1Hz 为钻柱的黏滑频率，其在 X 轴、Y 轴、Z 轴的幅值分别为 0.18、0.69、0.011。Y 轴的黏滑频率幅值最大，说明发生黏滑时由于转速骤增或骤减而导致向心作用力显著（即径向加速度受黏滑运动影响最大）。同时也表明黏滑运动中扭转振动能量最大、横向振动能量次之、轴向振动能量最小。

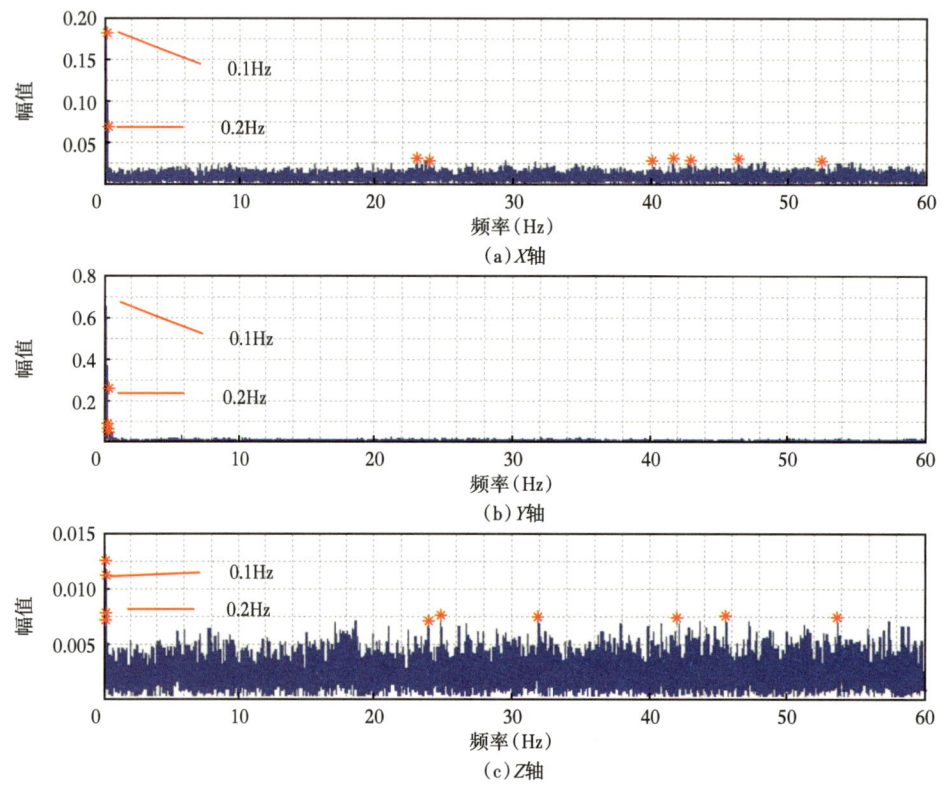

图 5-65　Kes8-5 井钻至井深 5720.65m 时三轴加速度 FFT 图

2）涡动信号的频谱特征

Kes8-4 井钻进至测试井段 5103.0~5389.0m 时，持续的黏滑运动消失，较强的涡动开始形成。录井数据及地质记录显示，泥岩含量由之前的 63.0% 增至 75.0%，转盘转速为 122.0r/min，钻井液单泵冲数为 86 冲次/min，其他参数均不变。

例如，Kes8-4 井在钻至井深 5290.8m 时，钻柱振动形式以横向振动为主。测得 2.0min 内 X、Y、Z 三轴加速度时域波形如图 5-66 所示，由图 5-66 可知，X、Y、Z 三轴加速度值均呈高频高幅的不规则波动，判断此时钻柱处于涡动状态。X_a 最大值约为 13.0g，Y_a 最大值约为 11.0g，Z_a 最大值则为 8.0g，表明此时涡动中横向振动最剧烈，轴向振动相对较弱。

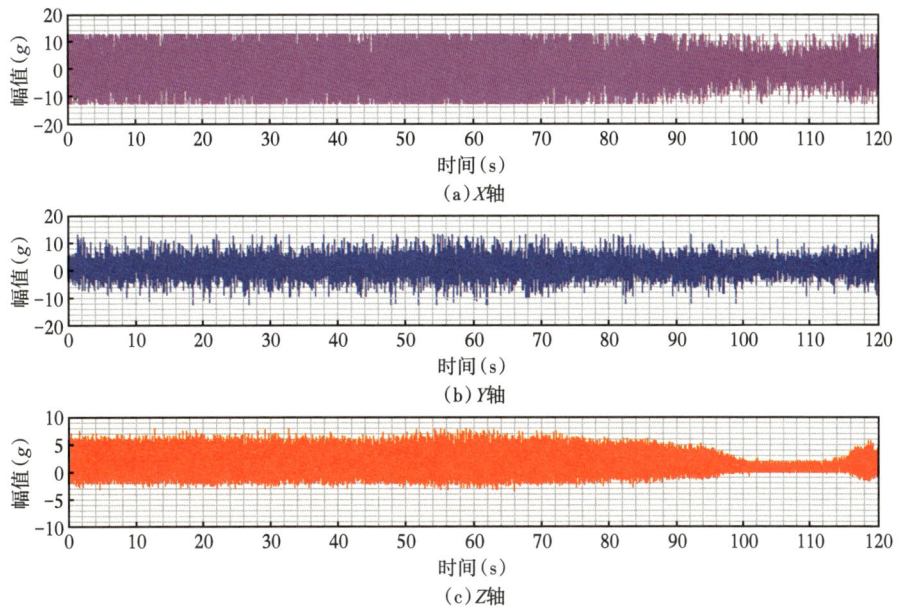

图 5-66　Kes8-4 井井深 5290.8m 测得 2.0min 内三轴加速度时域波形

对图 5-66 中的时域波形进行 FFT 频谱分析，计算其对应的频率成分组成及分布特征，并按幅值从大到小取前十个频率成分，如图 5-67 所示。

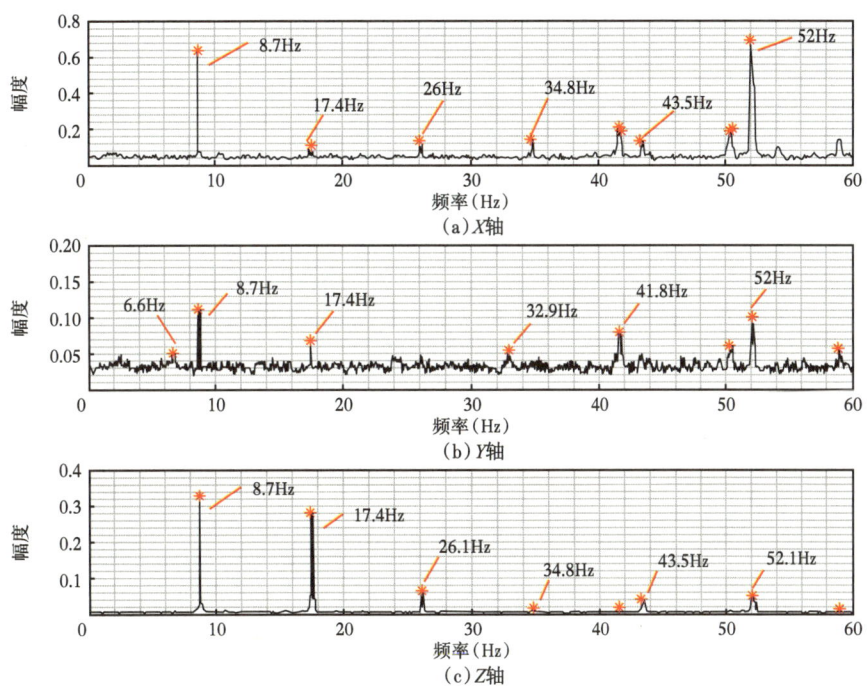

图 5-67　Kes8-4 井井深 5290.8m 三轴加速度 FFT 频谱图

由图 5-67 可知，由于井深 5290.8m 处井段泥岩含量高达 75.0%（砂岩含量为 25.0%），岩层较松软，钻头刀具牙齿较易切入井底岩层，因此频谱图中并没有出现钻头与岩石相互作用的频率成分 12.4Hz（6 倍转速）。与此同时，X_a、Y_a、Z_a 值均包含 8.7Hz 这一重要频率（约为钻井泵冲频率 2.87Hz 的 3 倍频），其幅值分别达到 0.64、0.11、0.32，可初步判断在当前地层环境中钻井液脉冲三倍频对钻柱的横向振动和轴向振动影响较大，而对扭转振动影响则相对较小。钻柱振动信号中还出现了钻井泵冲频率的 6~18 倍频，分别为 17.4Hz、26.1Hz、34.8Hz、43.5Hz 及 52.0Hz。需要注意的是，X_a 值频率成分中，52.0Hz 频率的幅值高达 0.68，结合井深 5290.8m 附近大量测试数据的频谱分析可判断，52.0Hz 比较接近钻柱横向振动的某阶固有频率，使得钻柱此时接近共振态。有关文献同样指出，钻井液脉冲在钻柱振动中具有重要影响作用。此外，由于 Y_a 值携带重要的扭转运动信息，钻柱旋转时稳定器与井壁间的刮擦作用在 Y 轴上产生了 3 倍转速（即 6.6Hz）的频率成分。

继续钻进至 5964.0~5990.0m 井段时，井下测试数据显示钻柱再次进入强烈涡动的状态。根据录井参数，发现井下产生强烈涡动后钻井人员将转盘转速由 110.0r/min 降至 100.0r/min，钻速也由 6.0m/h 大幅降至 2.0~3.0m/h，同时岩屑成分显示岩层进入含砾段。

例如，在钻至井深 5972.5m 时，钻柱振动形式以横向振动为主，即处于涡动状态。测得 2.0min 内 X、Y、Z 三轴加速度时域波形如图 5-68 所示。

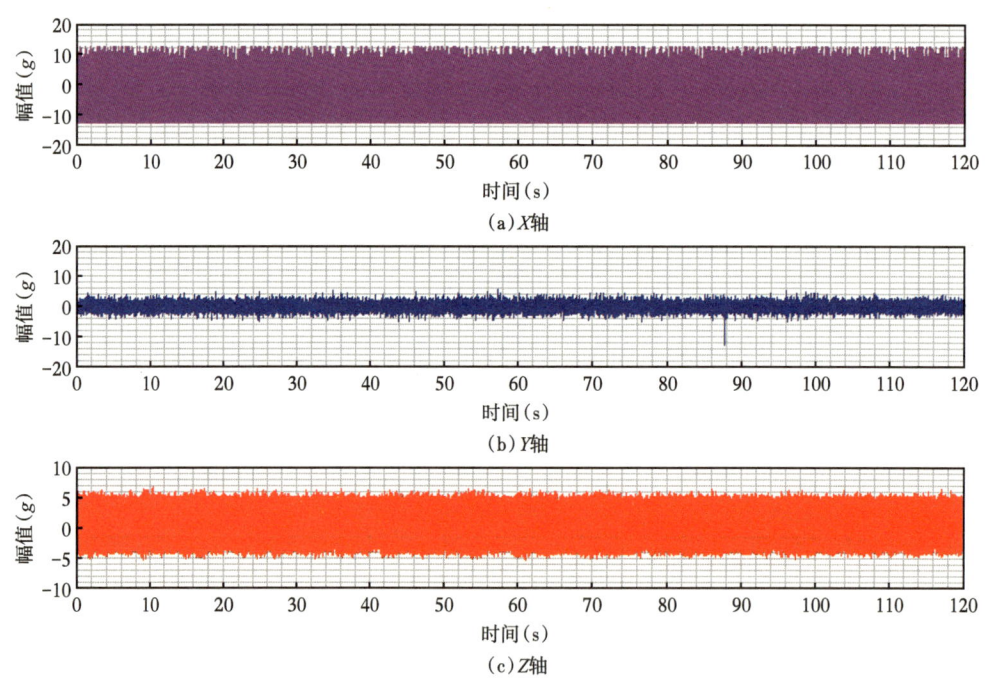

图 5-68　Kes8-4 井井深 5972.5m 时 2.0min 内三轴加速度时程曲线

由图 5-68 可知，X、Y、Z 三轴加速度值同样呈高频高幅的不规则波动，此时钻柱处于剧烈涡动状态。X_a 最大值约为 13.0g，Y_a 最大值约为 6.0g，Z_a 最大值则为 8.0g，表明此时涡动中横向振动最剧烈，轴向振动次之，扭转振动较弱。

对其进行FFT频谱分析，计算得频率成分谱如图5-69所示。

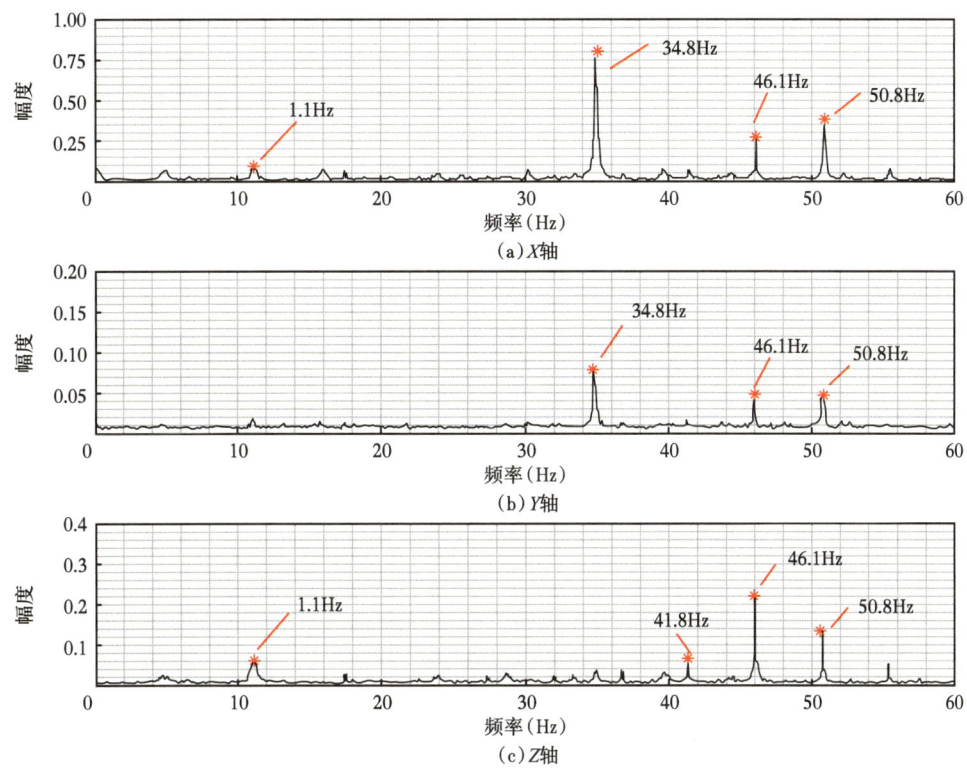

图5-69　Kes8-4井井深5972.5m三轴加速度FFT频谱图

对比图5-67与图5-69发现，在三轴加速度频谱中，6刀翼PDC钻头与地层的作用频率11.0Hz（$6 \times f_R$，f_R为1.83Hz）出现。这是由于5972.5m所在井段的岩层硬度大幅增加，砂岩含量由前面的25.0%增至70.0%，且出现了大量的含砾岩，导致井底表面与钻头刀翼产生较为强烈的激励力。

与此同时，除8倍频34.8Hz外，钻井液脉冲基频及其他倍频成分均消失，且仅有X_a、Y_a值的频谱中出现了34.8Hz这一新的主频成分。由此可判断此时钻柱的某阶横向固有频率应接近34.8Hz。结合图5-67可知，在井深5290.8m时34.8Hz频率幅值较小，并非主频成分，表明钻柱长度及其空间构型的变化引起了固有频率的变化。

同样，Kes8-5井8井次测试中也存在大量涡动。例如，当钻至5899.3m时，钻柱振动形式以横向振动为主，测得2.0min内X、Y、Z三轴加速度时域波形如图5-70所示。

由图5-70可知，X、Y、Z三轴加速度呈不规则波动，此时钻柱处于涡动状态。

对其进行FFT频谱分析，计算得频率成分谱如图5-71所示，由图5-71可知，三轴加速度频谱中，6刀翼PDC钻头与地层的作用频率9.4Hz（$6 \times f_R$，f_R为1.57Hz）的2倍频，即18.8Hz出现，表明此时钻头与井底的相互作用是引起钻柱振动的主要激励源。此外，在Y轴加速度频谱中，还存在3.14Hz的频率，即转速的2倍频。

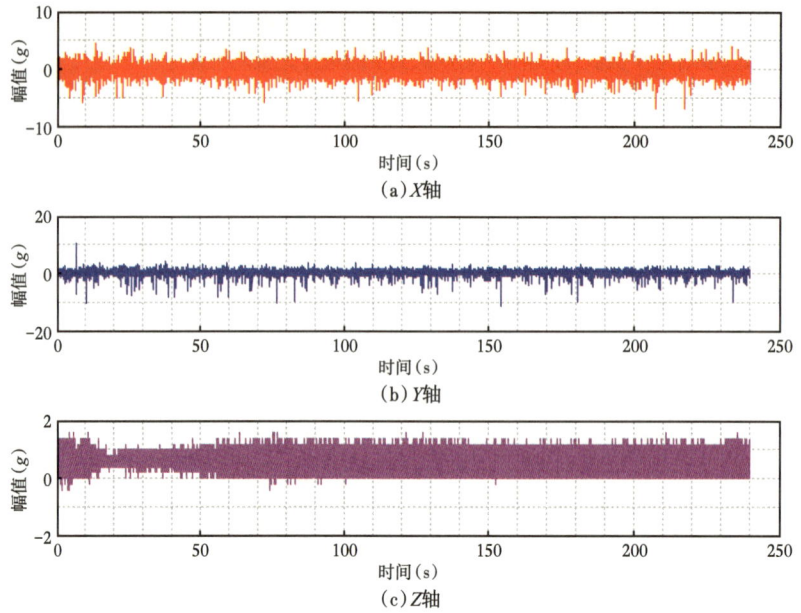

图 5-70　Kes8-5 井井深 5899.3m 三轴加速度时程曲线

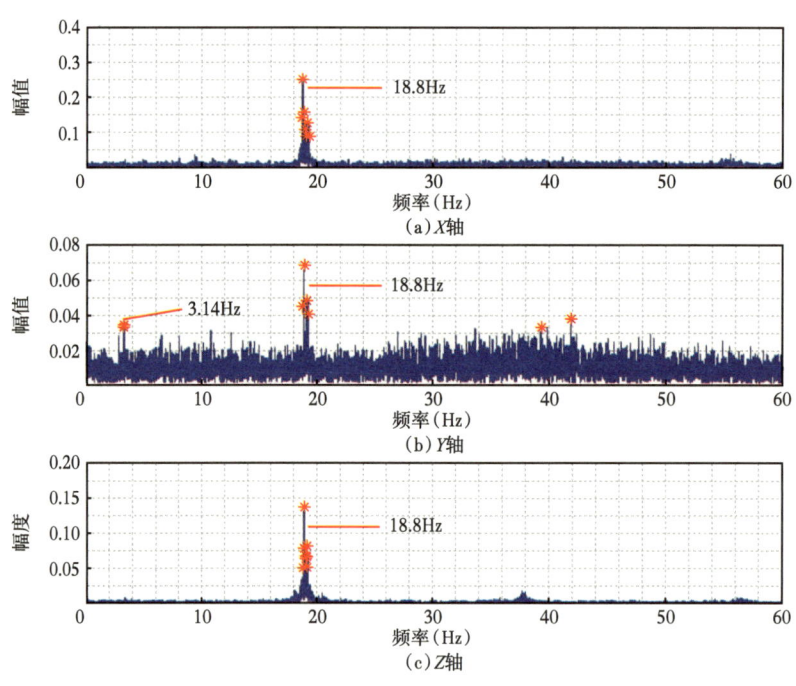

图 5-71　Kes8-5 井井深 5899.3m 三轴加速度 FFT 频谱图

3）轴向振动信号的频谱特征

一般情况下，钻柱的轴向振动发生在钻经较坚硬的岩层时。大量现场试验表明，地层较硬的井段，钻柱的轴向振动强度通常较高。Kes8-4 井所测井段中，仅在 5964.0~5990.0m 井段发现了持续的剧烈轴向振动。此井段对应的地层中砂岩含量高达 70.0%，且出现了大量的含砾砂岩，标志着钻头钻至含砾岩层。

以 Kes8-4 井井深 5972.5m 时为例，Z 轴加速度时域曲线与其 FFT 频谱分别如图 5-68 和图 5-69 所示。根据前述可知，Z_a 最大值达到 8.0g，可判断此时井下已发生"跳钻"现象。

以上对振动信号的频率成分组成进行了分析，但 FFT 频谱分析方法缺乏频率随时间变化的信息，无法对振动影响因素的变化进行监测。同时，频谱上的幅值无法反映该频率自身所对应的振动特征和能量。因此，需借助时频分析弥补 FFT 方法的不足。

4）钻柱振动时频分析

利用短时傅里叶变换对振动信号频率构成随时间的变化情况进行分析。

Kes8-4 井当钻经 4950.0~5103.0m 井段时井下钻柱产生持续强烈的黏滑运动。其钻至井深 5017.6m 时测得 2.0min 内的加速度随时间变化曲线及由 FFT 计算的频谱图已在前文进行了详细阐述。现采用 STFT 方法对其进行时频分析，结果如图 5-72 至图 5-74 所示，由图 5-72 至图 5-74 可知，三轴加速度在频率 0.11Hz 时幅值均较高，这与频谱分析结果一致；并且该频率在 60s 时间内持续保持较高的幅值，表明该黏滑运动在 60s 时间内持续存在。

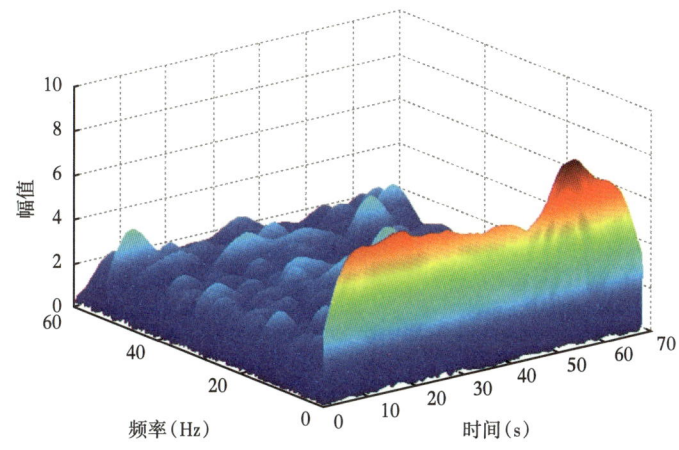

图 5-72　Kes8-4 井钻至井深 5017.6m 时 X 轴加速度三维时频图

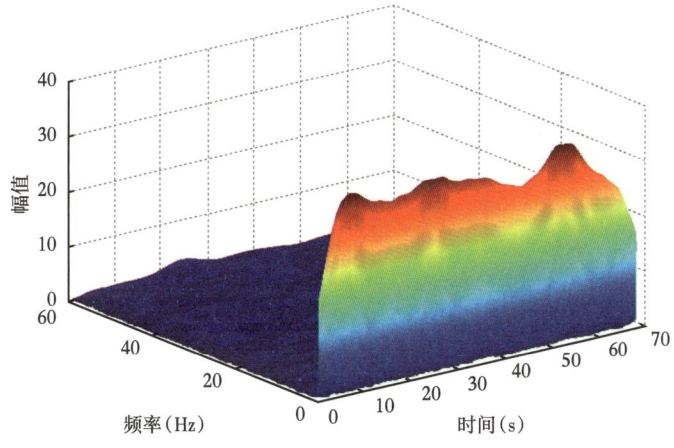

图 5-73　Kes8-4 井钻至井深 5017.6m 时 Y 轴加速度三维时频图

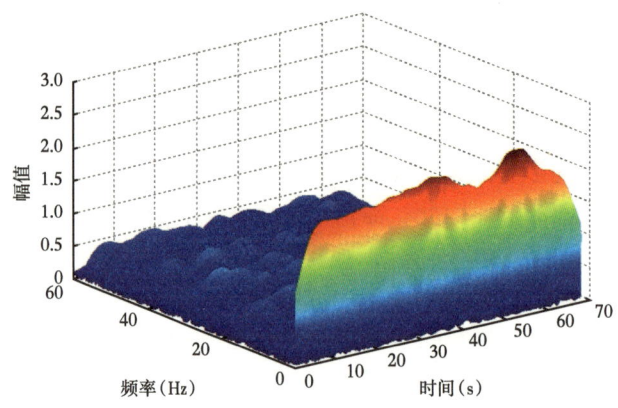

图 5-74　Kes8-4 井钻至井深 5017.6m 时 Z 轴加速度三维时频图

Kes8-4 井钻至井深 5290.8m 时发生了强烈涡动。图 5-75 至图 5-77 为 Kes8-4 井钻至井深 5290.8m 时三轴加速度三维时频图。

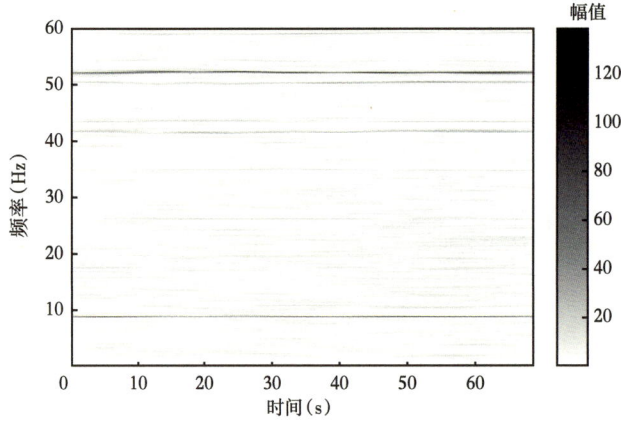

图 5-75　Kes8-4 井钻至井深 5290.8m 时 X 轴加速度三维时频图

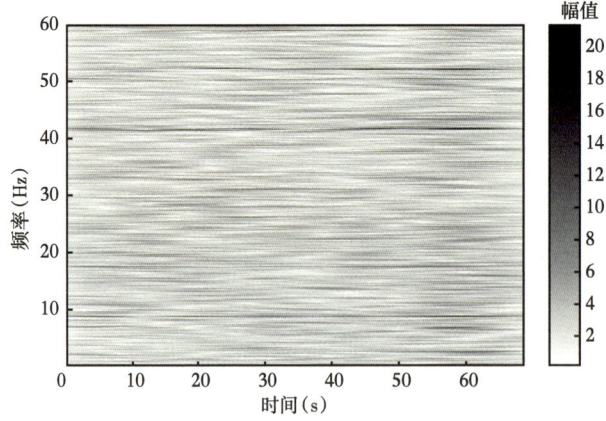

图 5-76　Kes8-4 井钻至井深 5290.8m 时 Y 轴加速度三维时频图

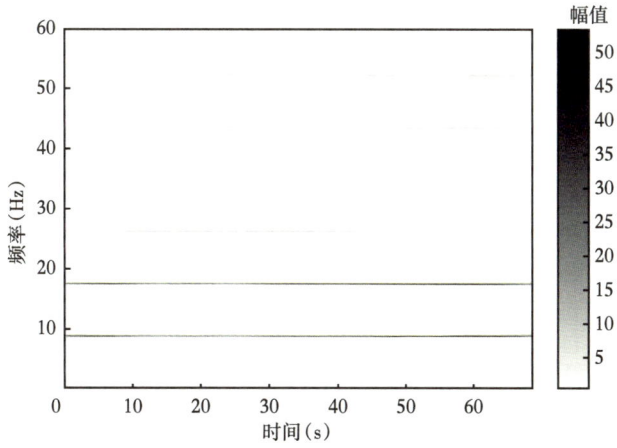

图 5-77　Kes8-4 井钻至井深 5290.8m 时 Z 轴加速度三维时频图

由图 5-75 至图 5-77 可知，X 轴加速度频率在 8.7Hz 和 52Hz 时幅值最大，且在分析的时间段内持续存在；Y 轴加速度频率在 8.7Hz、41Hz 和 52Hz 处幅值较大，但在分析的时间段内幅值大小略有变化；Z 轴加速度频率在 8.7Hz、17.4Hz 时幅值均较大，而在 26Hz、43Hz、52Hz 时也有较大幅值，并且在分析的时间段内均持续存在，表明该涡动特征在该时间段内持续存在。该分析结果与频谱分析结果一致。

Kes8-5 井 8 井次测试过程中也发生了大量的涡动，除图 5-70 所示涡动特征外，该井第一次测试过程中还发生了有规则的涡动，图 5-78 为该井钻至井深 5722.1m 时三轴加速度变化曲线。

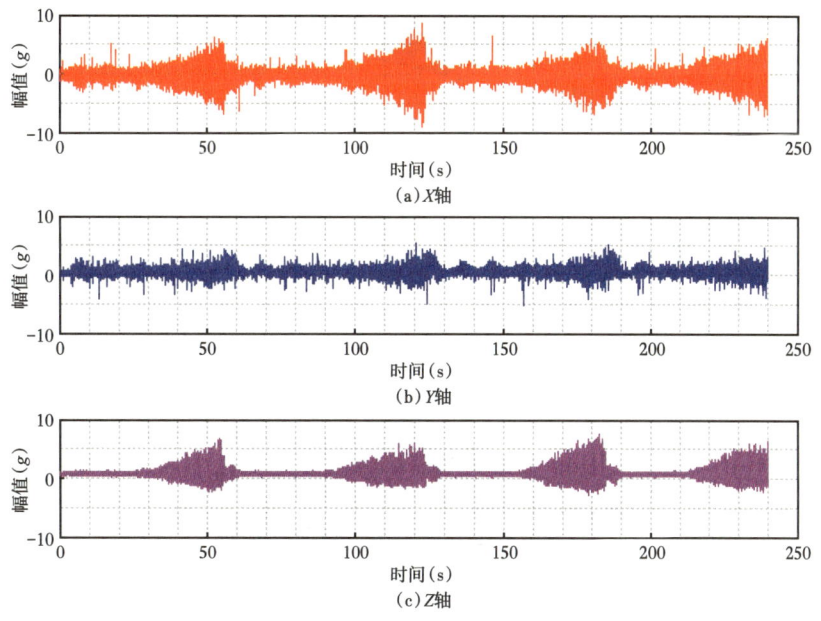

图 5-78　Kes8-5 井钻至井深 5722.1m 时三轴加速度变化示意图

由图 5-78 可知，三轴加速度均呈现"由小到大再由小到大"的倒三角分布特征。对其进行短时傅里叶变换得三维时频分布示意图，如图 5-79 至图 5-81 所示。

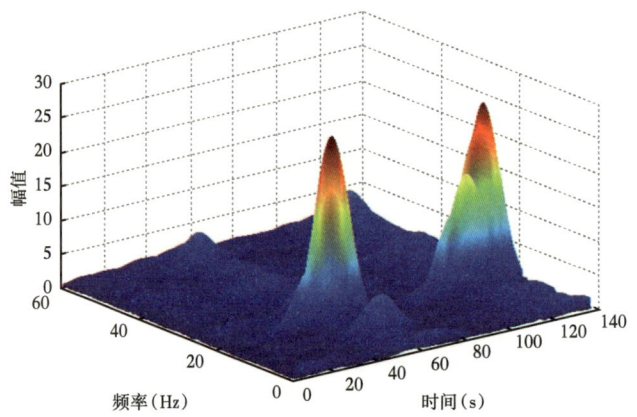

图 5-79　Kes8-5 井钻至井深 5722.1m 时 X 轴加速度三维时频图

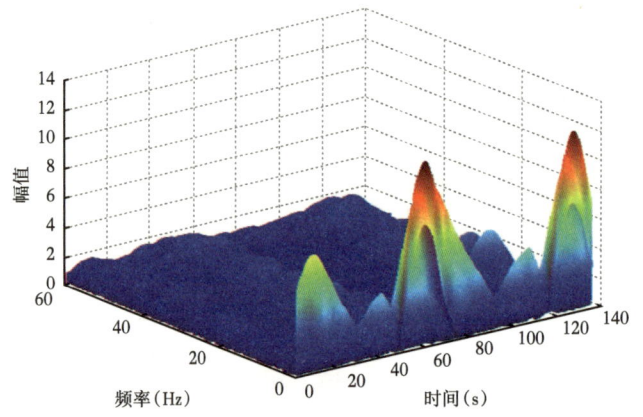

图 5-80　Kes8-5 井钻至井深 5722.1m 时 Y 轴加速度三维时频图

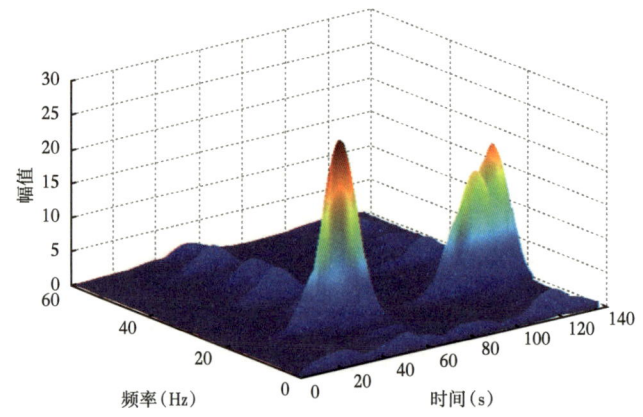

图 5-81　Kes8-5 井钻至井深 5722.1m 时 Z 轴加速度三维时频图

由图 5-79 至图 5-81 可知，X、Z 轴时频图均在加速度较大值位置处出现了 17.2Hz 的频率，且频率幅值较高。

通过对各井各次测试数据进行频谱和时频分析，得到各次测试主要频率成分，见表 5-8。

表 5-8　塔里木油田 3 口井 36 井次测试频率特征数据表

序号	测试井次	黏滑		涡动（横向振动）			主频（Hz）	可能的激励源
		次数	比例（%）	次数	水平加速度（g）	比例（%）		
1	8-4（1）	76	53.9	10	>5	37.6	0.1	黏滑运动
2	8-4（2）							
3	8-4（3）	3	6.5	75	>10	54.7	8.67	泵
4	8-4（4）							
5	8-4（5）	21	10.0	4	>10	2.0	0.1/8/25	黏滑/泵/PDC 钻头
6	8-4（6）							
7	8-4（7）	28	18.0	29	>10	18.7	0.1/8.2/25	黏滑/PDC 钻头/泵
8	8-4（8）							
9	8-4（9）	8	4.2	0	>5	0	0.1/24.7/34	黏滑/PDC 钻头/泵
10	8-4（10）							
11	8-4（11）	16	10.6	3	>5	2.1	0.1/10	黏滑运动/PDC 钻头
12	8-4（12）							
13	8-4（13）	0	0	67	>10	57.3	34/86	
14	8-4（14）							
15	8-4（15）	0	0	4	>5	2.8	16/32	
16	8-4（16）							
17	8-4（17）	4	2.8	5	>5	2.8	20	PDC 钻头
18	8-4（18）							
19	8-11（1）	0	0	21	>5	16.0	3.6/8/7.4/16	PDC 钻头/转速
20	8-11（2）							
21	8-11（3）	0	0	23	>5	9.7	3.6/8/7.4/16	PDC 钻头/转速
22	8-11（4）							
23	8-11（5）	0	0	22	>5	9.3	17.5	PDC 钻头
24	8-11（6）							
25	8-11（7）	26	15.6	8	>5	4.0	2.3/5.4/15/25	泵冲/转速
26	8-11（8）							
27	8-11（9）	7	3.5	27	>5	13.4	2.3/21/3.6	泵冲/钻头/转速
28	8-11（10）							

续表

序号	测试井次	黏滑		涡动（横向振动）			主频（Hz）	可能的激励源
		次数	比例（%）	次数	水平加速度（g）	比例（%）		
29	8-5（1）	53	44.9	4	>5	3.4	0.1/18	黏滑/转速
30	8-5（2）							
31	8-5（3）	21	17.8	8	>5	6.8	0.1/20	黏滑/PDC钻头
32	8-5（4）							
33	8-5（5）	1	1.1	8	>5	8.7	9/18/1.7/1.5及倍频	PDC钻头/转速
34	8-5（6）							
35	8-5（7）	4	3.4	6	>5	5.1	1.5/2.3及倍频	转速
36	8-5（8）							

第六章　塔里木典型钻工具失效分析与预防

塔里木油田石油勘探开发早期，曾发生单井钻杆连续刺穿失效15根、年度刺穿失效近100根，单井底部钻具螺纹断裂失效5起、年度螺纹断裂失效超30起，统计分析30多年来典型钻工具失效故障，在推动国内钻工具制造质量提升、助力钻完井提质增效等方面发挥重要作用。

第一节　失效分析概述

《金属手册》（美国）认为，机械产品的零件或部件处于下列三种状态之一时，就可定义为失效：（1）当它完全不能工作时；（2）仍然可以工作，但已不能令人满意地实现预期的功能；（3）受到严重损伤不能可靠而安全地继续使用，必须立即从产品或装备上拆下来进行维修更换时。

机械产品及零部件的失效是一个由损伤（裂纹）萌生到扩展（积累）直至破坏的发展过程。不同失效类型其发展过程不同，过程的各个阶段发展速度也不相同。例如疲劳断裂过程一般较长，发展速度较慢，而解理断裂失效过程则很短，速度很快[8]。

按照机械产品使用的过程，可将失效分为三类：

（1）早期失效：是在使用初期，由于设计和制造上的缺陷而诱发的失效。因为使用初期容易暴露上述缺陷而导致失效，因此失效率往往较高，但随着使用时间的延长，其失效率则很快下降。

（2）随机失效：在理想的情况下，产品或装备发生损伤或老化之前，应是无"失效"的。但由于环境的偶然变化、操作时的人为差错或者由于管理不善，仍可能产生随机失效或称偶然失效。偶然失效率是随机分布的，很低而且基本上是恒定的。

（3）耗损失效：又称损伤累积失效。经过随机失效期后，产品中的零部件已到寿命后期，于是失效开始急剧增加，这种失效叫作耗损失效或损伤累积失效。如果在进入耗损失效期之前进行必要的预防维修，它的失效率仍可保持在随机失效率附近。

一、失效分析的意义及任务

1. 失效分析及其意义

按一定的思路和方法判断失效性质、分析失效原因、研究失效事故处理方法和预防措施的技术活动及管理活动，统称失效分析[8]。失效分析预防是提高产品质量的重要途径，其意义和作用在于：

（1）失效分析可减少和预防产品或装备同类失效现象重复发生，从而减少经济损失和提高产品质量。

（2）失效是产品质量控制网发生偏差的反映，失效分析是可靠性工程的重要基础技术工作，是产品全面质量管理中的重要组成部分和关键技术环节。

（3）失效分析可为技术开发、技术改造、科学技术进步提供信息、方向、途径和方法。

（4）失效分析可为裁决事故责任、修改和制订产品质量标准等提供可靠的科学技术依据。

（5）失效分析可为各级领导进行宏观经济和技术决策提供重要的科学的信息来源。

2. 失效分析的任务

失效分析预测预防的总任务就是不断降低产品或装备的失效率，提高可靠性，防止重大失效事故的发生[8]。从系统工程的观点来看，失效分析的具体任务可归纳为：

（1）失效性质的判断；

（2）失效原因的分析；

（3）采取措施提高材料或产品的失效抗力。

产品或装备失效分析的目的不仅在于失效性质的判断和失效原因的明确，而更重要的还在于为预防重复失效找到有效的途径。通过失效分析，找到造成产品或装备失效的真正原因，从而建立结构设计、材料选择与使用、加工制造、装配调整、使用与保养方面主要的失效抗力指标与措施，特别是确定这种失效抗力指标随材料成分、组织、状态的变化规律，运用金属学、材料强度学、工程力学等方面的研究成果，提出增强失效抗力的改进措施。既能提高产品或装备承载能力和使用寿命，又可做到充分发挥产品或装备的使用潜力，使材尽其用，这是产品或装备失效分析、预测预防研究的重要目的与内容。

二、石油钻具主要失效类型

钻柱作业时，其工作状态可大致归纳为起下钻和正常钻进两种，起下钻时，由于自重，钻柱承受轴向拉力，越接近井口其值越大，在正常钻进过程中，钻柱中和点以下钻柱承受轴向压力。转盘或顶驱钻井时，钻柱处于旋转状态，承受扭矩和离心力。在轴向压力和离心力共同作用下，钻柱发生弯曲。在旋转钻进过程便产生了交变弯曲应力。在井眼偏斜、方位变化大的情况下，钻柱承受的交变弯曲应力大。

除承受拉、压、弯、扭载荷外，钻柱还承受强烈的振动（包括轴向振动、扭转振动和横向振动）。同时，钻柱内壁受高压、高速钻井液的冲刷，外壁受套管或井壁的摩擦。起下钻作业中的猛提猛刹，产生较大的冲击载荷，容易使钻柱瞬时超载。此外，腐蚀介质、温度、井下压力等也都是不可忽视的服役条件。

钻具失效是钻具使用过程中由于钻具本身缺陷或疲劳应力超过材料许用应力而导致钻具功能性损坏。主要发生在钻具应力集中部位，失效形式有过量变形、断裂、刺穿和螺纹脱扣等类型。

（1）过量变形：这是由于工作应力超过材料的屈服极限引起的。如钻杆接头在受载情况下螺纹和管体部分的伸长。

（2）断裂：由于钻具本身缺陷或疲劳应力超过材料许用应力而导致钻具螺纹或本体断

开。在钻柱事故中所占比例较大,危害也较严重。主要断裂形式有过载断裂、脆性断裂、应力腐蚀、疲劳和腐蚀疲劳。

①过载断裂:工作应力超过材料的抗拉、抗扭强度所致。如遇卡提升时钻杆薄弱环节(如焊缝热影响区)的断裂。

②低应力脆断:石油管表面或内部存在缺陷或组织不良,在较低应力下脆性断裂。

③应力腐蚀破裂:在含硫油气井作业时,硬度高于HRC22的钻柱构件,易发生硫化物应力腐蚀开裂。高强度钻杆长时间与某些介质(如盐酸)接触也可能发生应力腐蚀破裂。

④疲劳和腐蚀疲劳断裂:一般发生在钻杆接头、钻铤和转换接头螺纹部位,钻杆管体内加厚过渡区等截面变化区域或因表面损伤形成的应力集中区。腐蚀疲劳是交变载荷和钻井液等腐蚀介质联合作用的结果。疲劳和腐蚀疲劳占钻柱失效事故的80%左右。

(3)刺穿:钻具在使用过程中因疲劳等引起的裂纹进一步扩展并贯穿钻具本体,形成钻井液通道的钻具失效,如果刺穿不能及时发现,将导致钻具因承载能力降低而发生断裂失效。刺穿原因包括腐蚀疲劳、管体内加厚过渡带缺陷、机械损伤、上扣扭矩不足等。

(4)螺纹脱扣:螺纹脱扣是钻进过程中由于各类复杂工况而造成钻具螺纹脱开的失效。包括胀扣脱扣、反转脱扣、刺漏脱扣等。

三、失效分析程序

1. 事故调查

(1)现场调查。钻工具失效现场调查主要收集但不限于以下信息:事故发生日期;事故发生时的钻具组合、钻井液、钻压、转速、泵压、排量和扭矩等钻井参数;失效发生前期及失效发生时的钻井复杂等信息;井口上卸扣工具及配套压力表校验情况。

(2)失效件的收集。对失效样件的失效部位全方位拍照,小的失效样件可随失效调查人员带回,大的失效件要求井队回收到基地指定点;收集失效件生产厂家、出厂质量证明文件、检维修情况等相关信息。

(3)走访当事人和目击者。钻工具失效发生后,失效调查人员到现场与钻工具失效发生时相关人员沟通,了解当时的各项参数、工况及异常情况等信息;若下部钻具组合中使用带有井下数据记录功能的钻井工具,应跟踪工具回收数据读取情况,为失效分析提供佐证材料。

2. 资料搜集

(1)材料资料:原材料检测记录、质量证明文件等。

(2)使用资料:维修记录,使用记录等。

3. 失效分析流程

1)失效件的宏观分析(断口)

用眼睛或者放大镜观察失效零件,粗略判断失效类型(性质)。

2)失效件的微观分析

观察失效零件的微观形貌,分析失效类型(性质)和原因。

3)失效件材料的成分分析

用光谱仪、能谱仪等现代分析仪器,测定失效件材料的化学成分。

4)失效件材料的力学性能检测

测定材料的抗拉强度、屈服强度、冲击韧性、硬度等力学性能。

5)模拟试验(必要时)

在同样工况下进行试验,或者在模拟工况下进行试验。

4. 分析结果提交

(1)提出失效性质、失效原因。

(2)提出预防措施。

(3)提交失效分析报告。

第二节 石油钻具主要失效因素及失效预防

一、钻具本身材料质量因素

材料本身的非金属夹杂物和晶粒度超标,材料冲击韧性差,易引起脆性断裂。

失效案例:满深1井接头外螺纹断裂。

失效经过:2020年1月5日,在钻塞至井深6917.76m接完单根上提钻具时,大钩悬重由2767kN下降到259kN,发生7¼in520×521方钻杆保护接头外螺纹断裂。断裂接头外径184.2mm,内径69mm,断口(图6-1)距外螺纹密封面22mm,为外螺纹大端根部第1扣。

图 6-1 断裂接头断口形貌照片

断口形貌:断口平齐、断面粗糙,呈脆性断裂特征。

失效原因分析:从断口形貌判断系材料冲击韧性不足造成的低周脆性断裂失效,对失效接头取样进行冲击功检测发现,20℃条件下纵向平均冲击功20J,横向冲击功13J。失效接头冲击功远低于塔里木油田标准纵向平均冲击功不低于80J的要求是造成失效的根本原因。

认识及预防:

(1)该失效为脆性断裂。失效转换接头为全新接头,失效接头金相组织中存在严重的带状偏析,导致材料冲击韧性极低,从而在较低的应力状态下发生脆性断裂。

(2)材料冲击韧性对钻具的疲劳寿命影响很大,是影响钻具失效的关键因素,如果冲击韧性太低,会导致钻具在很短时间内发生断裂失效,失效前无任何征兆,危害性很大。

（3）入井钻具的订货技术标准要满足油田要求，并经过严格的材料检验合格后才能使用。钻具提供方应持续优选质量控制稳定的钻具制造商，同时加强入库验收时的实物取样第三方性能检测。

二、地层因素

1. 硬地层的影响

牙轮钻头冲击破碎岩石，岩石硬度越大，牙齿吃入越少，则冲击时间越短，冲击载荷越大。钻头工作时产生的冲击载荷有利于岩石破碎，但也会使钻头轴承过早损坏，使牙齿崩碎，而且应力波作用于钻柱上，引发钻柱的纵向振动，出现剧烈跳钻。

2. 砾岩地层的影响

砾岩地层由于中间比周围岩石的硬度大，进尺慢，在井底形成凸起，使得井底形成高低不平的形状，钻头旋转钻进时，引发并加剧纵向振动，同时使钻头产生较大的弯矩，加剧稳定器刮磨井壁，钻出的井眼不规则，当稳定器旋转通过时，可能瞬间卡住，造成瞬间高扭矩，并引发扭转振动，出现所谓"蹩跳"。

1）钻柱振动的种类

（1）纵向振动：由牙轮钻头运动分析可知，由于井底不平（常存在三个凸起）和牙齿交替着地，引起钻柱纵向跳动。当外界的周期干扰力与钻柱固有频率相同时，引起钻柱的共振，出现剧烈跳钻。跳钻不但影响钻头使用寿命，而且易引起钻柱疲劳破坏。

（2）扭转振动：由于钻头结构、地层、钻压等因素的变化，井底的反扭矩也将随之变化。变化着的扭矩将引起扭振。当转速达到某一临界值时，钻柱也可能出现扭转共振现象。用刮刀钻头钻进软硬交错地层时，钻柱上受到剧烈扭振，出现所谓"蹩跳"。

（3）横向摆振：在某一临界转速下，钻柱出现摆振，导致钻柱公转，引起钻柱严重偏磨。

这三种振动在形态上是不同的。纵向振动是沿钻柱轴线方向进行的，它的振动像是在弹簧下悬挂着重物，上下运动。横向摆振是钻柱某一部分，像琴弦那样进行振动，一般又称弦振。扭转振动则像钟内的扭簧（游丝）带动摆轮，左右反复扭动，故这种振动又称弹簧摆振。这三种钻柱振动在本质上是不相同的。但是激励它们的自振条件不但与钻柱本身的物理几何特性有关，而且都取决于钻柱的转速。

2）钻柱振动的危害

（1）由于钻压受到钻柱振动的影响，钻压不能均匀地加在钻头上。实测井底钻压，在±35%～±100%之间变化。钻头因钻柱的剧烈跳动而跳离井底，冲击载荷又使得钻头轴承和镶齿过早地破坏，因此钻头的总进尺和机械钻速都大为降低。

（2）钻柱自身的剧烈振动，将引起钻杆上连接螺纹疲劳断裂。钻铤螺纹受到的影响最为严重，断裂常发生于此。由于横摆振动难以避免，因而在某些井段引起钻柱公转，这是造成钻杆接头严重偏磨的重要原因之一。

（3）当钻柱振动比较严重时，方钻杆将在转盘内猛烈跳动；死绳出现大幅度晃动；指重表指针来回摆动，往往引起钻机和井架的强迫振动，因而对地面设备有一定破坏作用。

现场测量数据表明，钻柱最大动载荷可达到静载荷的3.5倍。另一方面，由于三牙轮钻头的牙轮交替着地，使钻柱纵振频率达到转速的3倍，从而促使钻具螺纹早期疲劳，缩短了钻柱寿命。

3）博孜104井钻具失效案例

（1）11in减振器断裂失效。

失效经过：2015年11月29日钻进至782m，1h无进尺，起钻发现11in减振器距上内螺纹端面0.775m处断裂，断口（图6-2）位于花键心轴的内螺纹接头与心轴之间的过渡带。该减振器入井时间3d，纯钻时间42h，进尺148.48m。

失效时钻具组合：17in三牙轮钻头+730×NC77转换接头+11in减振器（断裂处）+11in

图6-2 减振器断口形貌

钻铤×2根+NC77×NC61转换接头+17in钻具稳定器+NC61×NC77转换接头+11in钻铤×1根+NC77×NC61转换接头+17in钻具稳定器+9in钻铤×3根+NC61×NC56转换接头+8in钻铤×15根+NC56×520转换接头+5½in加重钻杆×15根+5½in钻杆。

钻井参数：钻压100kN，转速60r/min，泵压8MPa，排量55L/s。

失效原因：根据现场调查、沟通与观察情况，以及断口特征，该减振器失效属低周疲劳断裂，原因主要是17in牙轮钻头、钻具组合、钻井参数与复杂地层不匹配导致失效。

①该区块表层存在砾石层，砾石层对牙轮钻头产生严重的蹩跳，诱发减振器早期疲劳。

②新牙轮钻头跑合不充分，引起钻柱共振。本井2015年11月28日更换新牙轮钻头，跑合0.5h后钻进，42h后减振器断裂，断裂减振器的外筒连接螺纹未发现胀扣现象。不排除新牙轮钻头跑合不充分，引起钻柱共振（高频率、低振幅），导致下部承载钻柱中花键心轴过渡部位薄弱点断裂。

（2）NC77×NC61转换接头断裂。

失效经过：2015年12月3日钻进至906m时泵压由8.8MPa下降至7.8MPa，悬重由84t下降至81t，起钻发现11in钻铤与17in钻具稳定器之间的NC77×NC61转换接头距内螺纹端面0.125m处断裂。断口（图6-3）位于转换接头内螺纹端危险截面处。该转换接头入井时间343.67h，其中纯钻时间242.34h，进尺906.76m。

失效时钻具组合：17in三牙轮钻头+730×NC77转换接头+11in钻铤×2根+NC77×NC61转换接头+17in扶正器+NC61×NC77转换接头+11in钻铤×1根+NC77×NC61转换接头+17in钻具稳定器+9in钻铤×3根+NC61×NC56转换接头+8in钻铤×15根+NC56×520转换接头+5½in加重钻杆×15根+5½in钻杆。

钻井参数：钻压120~140kN，转速55r/min，泵压9MPa，排量55L/s。

失效原因：根据现场调查、沟通与观察情况，以及断口特征，该转换接头失效属早期疲劳断裂，主要是17in牙轮钻头、钻具组合、钻井参数与复杂地层不匹配导致失效。

图6-3 转换接头断口形貌

①该转换接头从开钻就接入钻柱使用，该井一开、二开表层存在砾石层，钻柱蹩跳严重，扭矩波动大，易诱发转换接头产生早期疲劳，近几年类似地层已发生多起钻工具断裂失效事故。失效转换接头内螺纹从 17in 扶正器外螺纹拆卸时扭矩增大，且内螺纹密封面存在粘连损伤，证明失效前承受过较大扭矩，冲击上扣。

②钻柱设计时底部钻柱组合刚性较大，螺纹本体存在"大—小—大"过渡（11in—9in—11in），易引发钻柱薄弱点（NC61 螺纹）失效。

③用户对钻工具安全使用认识不足，未按照工具中心现场技术服务人员要求，更换先期已发生失效时同期入井的钻工具。

认识及预防：

①砾石层高度发育地层，钻柱蹩跳严重，扭矩波动大，易诱发钻具产生早期疲劳。宜配套使用减振工具，减振器安装近钻头效果好，但承受的弯曲应力大，由于减振器自身抗弯刚度较钻铤小，宜安放于近钻头钻具稳定器之上，具体位置根据所用钻具组合及井下情况优化。

②钻具稳定器两端本体尺寸应与钻铤一致，尽量避免使用转换接头，否则容易导致失效。下部钻具组合中 B 型转换接头小端外表面应加工应力减轻槽，提高转换接头螺纹疲劳寿命。

③砾石层发育、易跳钻地层，应在下部钻具组合中尽可能增加大尺寸钻铤使用数量，提高下部钻具组合刚度的同时，有利于井身质量控制和防止中和点上移导致邻近钻铤的加重钻杆或钻杆疲劳失效。

④复杂地层钻进过程中一旦出现钻具螺纹失效，就有可能连续多次发生，与失效钻具同期入井的钻具与其经历了相同的疲劳过程，在其螺纹等应力集中部位易萌生裂纹等危害性缺陷，必须全部更换，才能有效预防后续失效。

⑤砾石层高度发育的上部地层钻进作业时，钻柱承受极端恶劣复杂工况，在不能配套使用减振器等减振工具时，可配备双套下部钻具倒换使用并采取加密探伤措施，对于缓解钻柱螺纹疲劳断裂失效有较好的预防作用。

（3）YM470-H10 井 244mm 螺杆钻具传动节外筒螺纹断裂。

失效经过：YM470-H10 井是塔里木盆地英买力油田的一口开发井，井型为水平井。2021 年 5 月 17 日 01：00 钻进至井深 2348m，泵压下降，起钻检查钻具发现螺杆的万向节外筒外螺纹断裂，断口位置如图 6-4 所示。

失效时钻具组合：12¼in PDC 钻头 +244mm 直螺杆 +9in 止回阀 +9in 钻铤 ×1 根 +310mm 钻具稳定器 +9in 钻铤 ×1 根 +NC61×NC56 转换接头 +8in 定向短节 ×1 根 +8in 无磁钻铤 ×1 根 +8in 钻铤 ×15 根 +NC56×520 转换接头 +5½in 加重钻杆 ×15 根 +5½in 钻杆。

图 6-4　YM470-H10 井螺杆万向节外筒螺纹断裂

失效原因：下部钻具在交变弯矩作用下在应

力集中部位产生疲劳累积，诱发薄弱环节产生疲劳裂纹从而发生疲劳断裂。

认识及预防：单稳定器钻具组合时，下部钻具组合刚度较低，在大钻压或者砾石发育地层钻进作业时，下部钻具除承受扭转应力外还易发生弯曲，下部钻具在弯扭交变应力作用下会在应力集中部位产生疲劳累积，易诱发薄弱环节产生疲劳裂纹从而发生疲劳失效。

三、含硫化氢地层的影响

1. 氢脆失效原理

地层中的硫化氢（H_2S）逸出溶解于钻井液中，当硫化氢达到一定程度会对钻具产生侵蚀，导致氢脆断裂。在湿硫化氢环境中，硫化氢会发生离解，使水具有酸性，硫化氢在水中的离解反应式为：

$$H_2S \rightleftharpoons H^+ + HS^- \quad (6-1)$$

$$HS^- \rightleftharpoons H^+ + S^{2-} \quad (6-2)$$

硫化氢电化学腐蚀过程：

阳极：

$$Fe - 2e^- \longrightarrow Fe^{2+} \quad (6-3)$$

阴极：

$$2H^+ + 2e^- \longrightarrow H_{ad} + H_{ad} \longrightarrow 2H \longrightarrow H_2\uparrow \quad (6-4)$$
$$\downarrow$$
$$[H] \longrightarrow 钢中扩散$$

式中 H_{ad}——钢表面吸附的氢原子；
  $[H]$——钢中的扩散氢。

阳极反应产物：

$$Fe^{2+} + S^{2-} \longrightarrow FeS\downarrow \quad (6-5)$$

反应产物氢一般认为有两种去向，一是氢原子之间有较大的亲和力，易相互结合形成氢分子排出；另一个去向就是由于原子半径极小的氢原子获得足够的能量后变成扩散氢[H]而渗入钢的内部并溶入晶格中，溶于晶格中的氢有很强的游离性，在一定条件下将导致材料的脆化（氢脆）和氢损伤。

2. 硫化氢腐蚀的影响因素

（1）强度和硬度：随屈服强度的升高，临界应力和屈服强度的比值下降，即应力腐蚀敏感性增加。材料硬度的提高，对硫化物应力腐蚀的敏感性增加。材料的断裂大多出现在硬度大于HRC22（相当于HB200）的情况下，因此，通常HRC22可作为判断钻柱材料是否适合于含硫油气井钻探的标准。

（2）硫化氢浓度：从对钢材阳极过程产物的形成来看，硫化氢浓度越高，钢材的失重速度也越快。高强度钢即使在溶液中硫化氢浓度很低（体积分数为$1\mu L/L$）的情况下仍能引起破坏，硫化氢体积分数为$5\times10^{-2}\sim6\times10^{-1}mL/L$时，能在很短的时间内引起高强度钢的硫化物应力腐蚀破坏。

（3）pH值对硫化物应力腐蚀的影响：随pH值的增加，钢材发生硫化物应力腐蚀的敏感性下降。

（4）温度的影响：在一定温度范围内，温度升高，硫化物应力腐蚀破裂倾向减小。对钻柱来说，由于井底钻井液的温度较高，因而发生电化学失重腐蚀严重。而上部温度较低，加上钻柱上部承受的拉应力最大，故而钻柱上部容易发生硫化物应力腐蚀开裂。

3. 失效案例

1）中古 7-H1 井 $3\frac{1}{2}$ in 钻杆管体断裂

失效经过：2012 年 10 月 16 日定向钻进至井深 5791.92m，10 月 18 日 18：40 节流循环压井，10 月 19 日 14：30 发现钻具跳动，判断井下钻具断裂。第一断口（图 6-5）距内螺纹接头台肩面 3.83m，第二截断长 4.72m，第三截断长 0.82m，断口（图 6-6）内外径无塑性变形变化，宏观判断以上 4 个断口均表现为硫化氢氢脆断裂特征。本体断裂的 $3\frac{1}{2}$ in 钻杆，纯钻时间 46h，本井进尺 141.92m。

图 6-5　第一断口

图 6-6　第二断口

失效时钻具组合：$6\frac{5}{8}$ in ST316 钻头 +1.5° 单弯螺杆 +$3\frac{1}{2}$ in 浮阀 +120mm 无磁钻铤 + 悬挂短节 +$3\frac{1}{2}$ in 短钻杆 +$3\frac{5}{8}$ in 无磁承压钻杆 +$3\frac{1}{2}$ in 钻杆 ×75 根 +$3\frac{1}{2}$ in 加重钻杆 ×45 根 +$3\frac{1}{2}$ in 钻杆。

钻井参数：钻压 40~60kN，螺杆转速 60r/min，泵压 14MPa，钻井液体系：低土相弱凝胶钻井液体系，密度 1.28g/cm³，pH 值 9~11。

失效原因：S135 钢级钻杆对硫化氢敏感，根据断口形貌，初步认定该钻杆属于硫化氢侵蚀脆性断裂，主要原因如下：

（1）该井 10 月 18 日 8：00~11：10 节流循环排气，进行压井作业，在出口检测到硫化氢 20min 后即发现钻具跳动，判断井下钻具断裂，这说明钻柱已受硫化氢侵害。

（2）断口形貌属于硫化氢侵蚀脆性断裂特征。当井内酸性气体侵袭钻杆本体时即发生化学反应，导致氢鼓泡裂纹，且相互连接，内部裂纹形成氢致开裂。硫化氢应力腐蚀属于一种低应力破坏，严重时一碰就断，不发生塑性变形，该井以下特征也证明了这一点：

①该井 4 断口无塑性变形；

②该井发现硫化氢后，钻具在关井状态下断裂；

③打捞时出现多个断口。

图6-7 钻杆管体断口形貌

2）ZG503-H1井4in钻杆管体断裂

失效经过：2015年4月4日套压由3.9MPa升至8.8MPa，再降至2.3MPa，4月5日4起钻发现第119根4in钻杆管体断裂，断口（图6-7）距内接头台肩5.09m。

失效时钻具组合：6¾in钻头+130mm螺杆（1.5°）+3½in浮阀+定向接头+无磁钻铤×1根+无磁承压钻杆×1根+311×HT40转换接头+4in钻杆×90根+4in加重钻杆×45根+4in钻杆。

钻井参数：钻压40~50kN，螺杆转速40r/min，泵压20MPa，排量14L/s，钻井液体系：聚磺，钻井液密度1.14g/cm³，pH值11。

失效原因：

（1）该钻杆属于硫化氢氢脆断裂，距钻井日报反映，出口便携式硫化氢检测由0升至960μL/L，再降至8μL/L，固定式硫化氢检测由0升至100μL/L（满量程），持续244min，根据断裂钻杆管体颜色和断口特征，具备典型的氢脆断裂特征。

（2）该井4月2日就发现硫化氢，浓度达76.2μL/L，未及时加足除硫剂添加量。

认识及预防：

（1）塔里木油田中古、跃满、哈拉哈塘等高含硫区块，井为超深井，由于强度限制，无法通过选用防硫材料的钻具来满足钻井需求。目前普遍采用S135、V150高钢级钻杆，对硫化氢非常敏感，实验结果表明高钢级钻杆在硫化氢环境断裂时间不超过10h。

（2）硫化氢易溶于水，当温度高于90℃时，敏感性下降，使用油基钻井液可有效抑制氢脆。当井口硫化氢浓度达到30μL/L时，距井口2000m内钻杆易发生氢脆断裂，应及时更换该部分钻具。回收的钻杆应单独存放，等硫化氢逐步释放后再进行分段超声等专项检测。

（3）对于高含硫区域溢流井压井作业时，不宜采用节流循环压井方式，宜采用回压法压井，且打开目的层前，应在钻井液中加入足量除硫剂。塔里木油田在高含硫区域已普遍采用加入除硫剂措施，氢脆断裂失效基本得到控制。

四、井眼轨迹全角变化率的影响

1. 全角变化率影响因素

井斜全角变化率不仅与方位角的变化有关，而且与井斜角的大小也有直接关系。当井斜角较小时，方位变化对全角变化率的影响较小；当井斜角较大时，相同方位变化的全角变化率明显增加。离井口越近的井段，允许全角变化率越小；钻柱越长、钻杆性能越差，允许的全角变化率也越小。

钻杆和钻铤在狗腿井段旋转时会产生更大的周期性弯曲交变应力。因为在狗腿处的钻杆外壁被拉伸，并产生很大的拉伸载荷，当钻杆旋转半周时，此应力便转到钻杆的另一边，周而复始产生较大的弯曲交变应力。当最大应力（包括拉应力和弯曲应力）超过疲劳极限时，即会产生钻具疲劳破坏，尤其在坑点腐蚀区为应力集中点，在钻进过程中受各种交变应力的联合作用，会逐渐产生微裂纹，并迅速发展扩大致使钻具刺穿、断裂失效。

在狗腿井段，拉伸载荷在钻杆及接头与井壁之间产生一个较大的侧向力，其值与全角变化率及拉伸载荷成正比，它不仅使钻具和套管过度磨损，还会形成键槽，从而导致起下钻困难、卡钻等一系列复杂情况和事故。

2. 失效案例

1）轮古 13 井 5in 钻杆刺漏

失效经过：该井在 0~5450m 井段使用一套 5in S135 钻杆钻进。在 4854.48~5450m 钻进过程中共发生 5in 钻杆加厚过渡带（内、外螺纹接头附近）刺漏 17 根次，且刺漏位置均处于井深 1867~1972m 之间。

2）大北 301T 井 5in 钻铤螺纹断裂

失效经过：2022 年 1 月 1 日钻进至井深 7009.99m，悬重下降 5t，1 月 2 日起钻完发现 5in 钻铤外螺纹断裂，断口（图 6-8）距外螺纹密封面 12~24mm。

图 6-8　5in 钻铤外螺纹断裂断口形貌

失效时钻具组合：$6\frac{5}{8}$ in PDC 钻头 +$4\frac{3}{4}$ in330×310 转换接头 +$3\frac{1}{2}$ in 浮阀 +5in 钻铤 ×21 根 +311×HT40 转换接头 +4in 加重钻杆 ×15 根 +4in 钻杆 ×228 根 +HT40×520 转换接头 +$5\frac{7}{8}$ in 钻杆。

钻井参数：钻压 40~60kN，转速 70~80r/min，泵压 15~19MPa，排量 15~17L/s。

失效原因：根据断口判断，初步分析为疲劳断裂，原因如下。

（1）断口有明显疲劳台阶，井下钻铤螺纹在弯扭复合交变应力作用下开裂是此次螺纹失效的直接原因。

（2）该井段井斜约 7°，鱼头 6896m（上次鱼头 6916m，其上 3 根钻铤外螺纹均有伤），分析该部位存在较严重狗腿，导致下部钻具承受恶劣复杂工况，是螺纹失效的间接原因。

认识及预防：

（1）API 7G-2 标准中将狗腿严重度进行了等级划分，轻度为 2°/30m 以内，中度为（2°~4°）/30m，重度为 4°/30m 以上。

（2）轮古 13 井上部井段井斜严重超标，侧钻作业时在侧钻点附近形成一个 5.72°/25m 重度狗腿，上部井段达到重度狗腿时极易诱发钻杆刺穿失效，拉应力越大发生概率越高。

（3）大北 301T 井在 6856~6929m 井段存在严重狗腿，最大在 6895m 处达到 20.19°/30m，钻铤螺纹承受弯扭复合交变应力，狗腿越大，失效前旋转周次越低。

（4）针对上部井段重度狗腿，应采取使用螺杆钻具、控制转盘转速、狗腿附近使用优选钻具并倒换使用等措施。

（5）针对下部井段中度以上狗腿，宜使用螺杆钻具、控制钻压和转盘转速、使用加重钻杆替代钻铤（确需使用钻铤时，螺纹应加工 API 应力减轻槽）、大钻具缩短探伤周期等措施。

五、钻井参数的影响

钻井参数强化超过设计，送钻不平稳等易导致钻具早期疲劳。

1. 钻压的影响

失效案例：大北 207 井 $4\frac{3}{4}$ in 钻铤外螺纹断裂。

失效经过：2013 年 2 月 21 日侧钻至井深 5769.12m，钻时变慢，起钻发现 $4\frac{3}{4}$ in 钻铤外螺纹断，断口（图 6-9）距外螺纹密封面 18mm。纯钻时间 10.3h，进尺 6.12m。

图 6-9　$4\frac{3}{4}$ in 钻铤外螺纹断裂断口形貌

失效时钻具组合：$5\frac{7}{8}$ in PDC 钻头 +330×NC35 转换接头 + $4\frac{3}{4}$ in 钻铤 ×9 根 +NC35× 310 转换接头 + $3\frac{1}{2}$ in 加重钻杆 ×15 根 + $3\frac{1}{2}$ in 钻杆 ×96 根 +311×410 转换接头 +5in 钻杆。

钻井参数：钻压 70~107kN，转速 59r/min，泵压 16~17MPa，排量 15L/s。

失效原因：根据断口分析该钻铤螺纹属于疲劳断裂。

（1）钻压过高，入井 $4\frac{3}{4}$in 钻铤 9 根，除去浮力，钻压为 4.3t，21 日录井资料显示该井加了 7~10.7t 钻压，增加了近钻头钻铤螺纹的压应力。

（2）该井为前期卡钻填井后侧钻，断裂的钻铤位于侧钻部位，且井斜不明，实为盲打，另外钻压不稳，扭矩波动 3.3~4.4kN·m，加剧了钻铤螺纹的弯曲应力。

2. 转速的影响

失效案例：

1）HA701 井 $6\frac{1}{4}$in 钻铤外螺纹断裂

失效经过：2009 年 $9\frac{1}{2}$in 钻头二开钻进期间，6 月 18 日钻至 5538.18m 发生 $6\frac{1}{4}$in 钻铤外螺纹断裂失效，纯钻 443.5h，进尺 4037m。

2）HA701 井 $6\frac{1}{4}$in 高峰随钻上接头内螺纹断裂

失效经过：2009 年 6 月 30 日钻至 5695.74m 发生 $6\frac{1}{4}$in 高峰随钻上接头内螺纹断裂失效，纯钻 78.2h，进尺 150m。

3）HA701 井 7in 钻铤内螺纹断裂

失效经过：2009 年 7 月 9 日钻至 5851.83m 发生 7in 钻铤内螺纹断裂失效，纯钻 192h，进尺 313m。

4）HA701 井 4A1×410 转换接头断裂

失效经过：2009 年 7 月 21 日钻至 5984.83m 发生 4A1×410 转换接头断裂，纯钻 121h，进尺 133m。

5）HA701 井 $5\frac{1}{2}$in 加重钻杆断裂

失效经过：2009 年 7 月 30 日钻至 6516.12m 发生 $5\frac{1}{2}$in 加重钻杆断裂，纯钻 91.2h，进尺 205m。

失效时钻具组合：$9\frac{1}{2}$in 钻头 +630×410 转换接头 +$6\frac{1}{2}$in 钻铤 ×1 根 +7in 螺旋钻铤 ×2 根 +$9\frac{1}{2}$in 钻具稳定器 +7in 螺旋钻铤 ×17 根 +411×4A0 转换接头 +$6\frac{1}{2}$in 随钻 ×1 根 +4A1×410 转换接头 +411×520 转换接头 +$5\frac{1}{2}$in 加重钻杆 ×12 根 +$5\frac{1}{2}$in 钻杆。

钻井参数：钻压 120kN，转速 80r/min，排量 30L/s，泵压 15MPa。

认识及预防：

（1）钻压过高时，下部承压钻具螺纹易承受过高弯曲应力，从而诱发危险截面萌生裂纹，进而导致失效。在小井眼中，钻压对下部钻具弯曲应力的影响更为突出。

（2）高转速下钻具横向振动加剧，钻柱所受的旋转弯曲交变载荷越大、转动惯量越大，在交变的弯曲应力和其他应力载荷的共同作用下，下部钻具螺纹易发生疲劳断裂，钻杆接头易发生因与井壁或套管摩擦产生的过热引发的纵裂和管体加厚区刺穿。

（3）目前油田目的层钻进为了预防卡钻普遍简化下部钻具组合，目的层井眼基本都是小井眼，小尺寸钻铤承压能力弱，井眼轨迹难以有效控制，导致下部钻具受力工况恶劣。应考虑钻具稳定器的合理使用及钻压的合理控制。

（4）钻井现场应在工程设计基础上合理优化钻井参数，平衡好钻井提速提质提效和井下钻柱安全的关系。

六、下部钻具组合的影响

失效案例：中古 261H 井 7in 钻铤螺纹断裂。

发生经过：该井 2011 年 2 月 12 日钻进至井深 4983m，扭矩由 8.5kN·m 下降至 1.4kN·m，泵压由 20MPa 下降至 19MPa，悬重由 170t 下降至 160t，起钻发现钻头上第 7 根 7in 钻铤内螺纹断裂，断口（图 6-10）距内螺纹台肩面 100~110mm。

图 6-10　7in 钻铤内螺纹断裂断口形貌

失效时钻具组合：$9\frac{1}{2}$in 钻头 +630×NC61 转换接头 +NC61×NC56 转换接头 +NC56×NC50 转换接头 +7in 无磁钻铤 +7in 螺旋钻铤 ×1 根 +$9\frac{1}{2}$in 钻具稳定器 +7in 螺旋钻铤 ×12 根 +5in 加重钻杆 ×15 根 +5in 钻杆。

钻井参数：钻压 40~60kN，转速 100r/min，泵压 20MPa，排量 31L/s。

失效原因：钻具组合不合理，造成下部钻具疲劳加剧，是造成本次失效事故的主要原因。

（1）$9\frac{1}{2}$in 钻头与 7in 钻铤之间使用了 3 只转换接头，其中 630×NC61 转换接头外径 230mm、长度 600mm，如不考虑扩径的影响，与井眼 $9\frac{1}{2}$in（241.3mm）的环空间隙不到 6mm。630×NC61 转换接头与环空之间的间隙过小，且长度达到 600mm，大大增加井底的蹩扭、蹩卡现象，致使下部钻具疲劳急剧积累并导致钻铤螺纹失效。

（2）设计二开钻具组合为双钻具稳定器小钟摆钻具组合，而实际失效时的钻具组合为单钻具稳定器。由于只安装了一只钻具稳定器，钻进过程中造成下部钻柱缺少必要的井壁支撑，在转盘钻进时下部钻具不易居中并且频繁拍打井壁，甚至造成已安装的那只钻具稳定器发生"钟锤"效应而大大加剧下部钻具的疲劳。

（3）设计钻具组合中 7in 钻铤为 22 根、7in 无磁钻铤为 1 根，而失效时只入井了 13 根 7in 钻铤和 1 根 7in 无磁钻铤。7in 钻铤数量不足，造成下部钻具的重量不够，转盘钻进时下部钻具的轴向振动急剧增加，中和点上下频繁移动，中和点附近钻具的螺纹所受的拉压交变应力加剧，下部钻具疲劳积累急剧增加，发生失效。

（4）本井 2 月 3 日使用螺杆钻进至 4681m，起钻甩螺杆；2 月 4 日至 5 日钻进至 4769m，井段 4681~4769m，进尺 88m，纯钻 29.45h，5in 浮阀外螺纹断裂失效，转速

100r/min，钻压 5~8t，钻具组合与本次失效时钻具组合相同。2月9日捞获落鱼，2月9日至12日钻进至4973m，井段4769~4983m，进尺214m，纯钻56.15h，7in钻铤内螺纹断裂失效，转速100r/min，钻压4~6t。

上述现象表明，在（1）~（3）分析的原因综合作用下，再加上转速过高，达到100r/min（设计最高80r/min），致使下部钻具疲劳积累急剧增加，最终导致钻具疲劳失效。

认识及预防：

（1）中古261H井设计7in钻铤22根，实际使用13根。下部钻具过度简化，钻铤数量不足，旋转钻进时下部钻具的轴向振动急剧增加，中和点频繁移动，中和点附近钻具螺纹所受的拉压、弯扭复合交变应力加剧，下部钻具疲劳积累急剧增加。

（2）下部钻具组合中，螺纹频繁变化导致转换接头使用数量增加，从而增加了下部钻具危险截面，特别是"大—小—大"截面突变时，小截面端螺纹易成为下部钻具应力集中点，从而引发早期疲劳失效。

（3）钻井现场应严格按照工程设计要求使用下部钻具组合；钻具提供方应保证钻具稳定器接头本体尺寸及螺纹与相连钻铤一致；钻井工具两端螺纹宜与油田常用钻具螺纹型号一致，钻井工具本体尺寸不宜小于相邻钻具本体尺寸。

七、扭矩的影响

失效案例：博孜3井9in钻铤螺纹断裂。

失效经过：2016年10月19日钻进至井深1739m，泵压由11.8MPa下降至10.8MPa，起钻发现第二根9in钻铤距离内螺纹端80mm处断裂，断口（图6-11）断面圆周平坦，已磨损破坏。

图 6-11　9in钻铤内螺纹断裂断口形貌

失效时钻具组合：16in牙轮钻头+730×NC61转换接头+9in螺旋钻铤×2根+16in钻具稳定器+9in螺旋钻铤×1根+16in钻具稳定器+NC61×NC56转换接头+8in螺旋钻铤×18根+NC56×520转换接头+5½in加重钻杆×13根+5½in钻杆。

钻井参数：钻压80~100kN，转速80r/min，泵压12MPa，排量60L/s。

失效原因：根据断口分析，初步判断该钻铤是疲劳断裂。

（1）螺纹紧扣扭矩不足，根据调查，该井 9in 钻铤用 B 型大钳紧扣 12MPa（12MPa 约等于 72kN·m），推荐 9in 钻铤上扣扭矩为 92kN·m，上扣扭矩不足使弯曲疲劳应力增大，是导致该部位断裂的主要原因。

（2）地层因素：该井为山前井，岩性以厚层状杂色砂砾岩、砂岩为主，该区块在上部井段因大块砾石较多，钻进中跳钻导致钻柱纵向振动较严重，增加了钻铤螺纹的疲劳速度。

认识及预防：

（1）螺纹紧扣扭矩不足，使钻柱旋转时螺纹接头主密封面易于分离，易发生密封失效和早期疲劳断裂。

（2）上扣扭矩过大，会使螺纹疲劳寿命降低，同时也可能导致主密封面损伤从而影响密封性能；井下超扭矩会引起螺纹二次紧扣，当二次紧扣扭矩超过相应螺纹抗扭强度时，易导致螺纹胀扣、脱扣、过扭断裂等失效。

（3）8in 以上大尺寸钻铤鼠洞连接钻具后应在井口再次紧扣。井口紧扣工具应按标准要求校验，井口设定扭矩不应超过钻具抗扭强度的 70%。

第三节　断口分析与失效图例

失效钻工具断口包含诸多失效信息，对失效钻工具断口的观察与分析，是推断该失效钻工具失效原因的重要手段和方法。

一、断口分类

（1）按宏观塑性变形的大小，断口可分为韧性断口和脆性断口两类。
（2）按裂纹在多晶材料中的扩展途径，断口可分为穿晶断口和沿晶断口两种。
（3）按受力状态，断口可分为拉伸断口、冲击断口、疲劳断口、扭转断口等。

1. 韧性断裂

韧性断裂是断裂前发生明显宏观塑性变形的断裂方式，断口一般是折锥状的。光滑圆球式样由纤维区、放射区和剪切唇所组成。

断裂裂纹起源于纤维区，并在此区域缓慢地扩展，当达到一定尺寸后（裂纹临界尺寸），裂纹开始迅速扩展（或不稳定扩展）而形成放射区，此时材料由于有效面积的减小，应力状态则由三向应力状态转变为二向应力状态，最后在平面应力状态的拉伸应力作用下形成剪切唇。韧性断裂宏观变形的方式和大小随应力状态的不同而不同。一般说来，应力状态越"软"及载荷的"柔性系数" σ_{max}/τ_{max} 越小（σ_{max} 为该应力状态下的最大正压力，τ_{max} 为其最大切应力），同一种材料所呈现的塑性也就越大；加载或应变速率越小，同一种材料所呈现的塑性也越小。因此材料的塑性变形大小并不是一个材料的常数，可以说，韧性断裂是指在一定的应力状态和应变速率条件下，材料在断裂前宏观塑性变形较大的一种断裂方式。

韧性断裂的原因包括：设计原因（选材错误、强度不够或应力过大）、材质原因（成分不合格）、工艺原因（未热处理）、环境原因等。

2. 脆性断裂

脆性断裂是相对韧性断裂而言的，脆性断裂是指在一定的应力状态和应变速率条件下，材料在断裂后遗留的宏观塑性变形小的一类断裂方式。

脆性断裂共同特征是它们断裂塑性低（断面收缩率小），其宏观断口呈放射状、人字纹或呈颗粒状，微观断口形貌或为解理或为沿晶或沿第二相断裂形貌，脆性断裂原因是材料本身的脆性，如钢淬火状态、回火不充分引起的脆性、回火性，冷作硬化脆性、应变时效脆性，高速加载脆性、低温脆性等材质或加工工艺过程引起的。宏观断口呈颗粒状，微观断口呈沿晶断口形貌。

3. 疲劳断裂

构件在远低于材料的抗拉强度或临界应力变动载荷的长期作用下，由于构件中产生累积损伤也会在其中产生裂纹及裂纹发生扩展而导致断裂，这种现象称为疲劳断裂。钻柱的疲劳破坏可分为疲劳裂纹萌生、疲劳裂纹扩展和失稳断裂三个阶段。

1）疲劳裂纹萌生

疲劳裂纹萌生是由局部金属塑性应变集中引起，钢铁为多晶体，晶粒在反复塑性应变作用下产生微裂纹。

疲劳裂纹一般在钻柱表面萌生，其原因为：

（1）钻柱构件表面应力比内部高；

（2）钻柱表面往往与钻井液等腐蚀性介质接触；

（3）钻柱表面结构形状突变形成应力集中，如钻杆管体内加厚过渡处、螺纹牙底等；

（4）钻柱表面往往有碰伤、划伤等；

（5）钻杆管体是轧制而成，表面的氧化、脱碳层降低表层强度。

疲劳裂纹可以从一处萌生，也可从多处萌生，后者称多源疲劳。在有腐蚀介质作用时，钻柱构件表面首先产生点蚀坑，在蚀坑周围形成腐蚀产物，阻碍氧进入蚀坑，使坑内氧浓度显著降低，坑内金属离子不断增多，导致 pH 值大大降低。若介质中含有 Cl^- 时，Cl^- 不断向蚀坑内迁移，坑内 Cl^- 浓度达到坑外介质的数倍，坑内金属处于 HCl 活化溶解状态。析出的大量氢原子进入钢中，加速疲劳裂纹的产生和扩展，萌生的裂纹比常规多，具有许多从腐蚀损伤区发展成的初始裂纹。

2）疲劳裂纹扩展

疲劳裂纹萌生后沿钻柱构件厚度方向扩展，在这个过程中，便形成疲劳断口上的平坦区，在扫描电镜下，有时可在该平坦区看到条带状的疲劳辉纹特征。钻井液通常为弱碱性，高强度钻杆如 S135 钢级钻杆对介质很敏感，特别是在中等 ΔK（ΔK 为应力强度因子幅度）区域的 da/dN（疲劳裂纹扩展速率）远大于低强度钻杆。析氢反应析出的氢进入裂纹尖端，分布在晶界区，产生沿晶断裂特征，钻杆腐蚀疲劳发生时，裂纹往往很快萌生，裂纹扩展寿命占总寿命的大部分。

3）失稳断裂

失稳断裂是疲劳破坏的最后阶段，当疲劳裂纹扩展到一定临界尺寸时，钻具突然断裂。

疲劳断裂的主要特征是宏观断口上存在疲劳弧线和疲劳沟线（又称疲劳台阶线）、微观断口上存在疲劳条带。在不同的条件和情况下，宏观的疲劳弧线和微观的疲劳条带的清晰程度不同，一般情况下，腐蚀疲劳、高强度或超高强度材料、大应力疲劳、切应力疲劳的微观条带是不清晰的、很少的，甚至会消失。因此，它们的疲劳断裂应以宏观的疲劳弧线为准。虽然宏观的疲劳弧线和疲劳沟线都是疲劳断裂的宏观特征形貌，前者是疲劳裂纹瞬时前沿线上的宏观塑性变形痕迹，后者则是两个不同高度的疲劳源，裂纹分别扩展时，它们的前沿线相交留下宏观塑性变形痕迹，但是由于疲劳沟线有时容易与脆性断口上的放射线（人字纹）相混淆，因此，在一般情况下疲劳断裂的特征判据也应以宏观的疲劳弧线为其主要判据，只有在十分特殊的情况下，例如断口被腐蚀或磨损无法从断口上找到宏观的疲劳弧线和微观的疲劳条带的情况下，可以根据疲劳沟线作为疲劳断裂的必要判据。

确认疲劳断裂后，根据疲劳裂纹宏观所在位置和走向，可判断疲劳断裂的原因：

（1）如果疲劳裂纹起始于或沿着几何缺口，一般属于缺口疲劳或因缺口的应力集中而引起的疲劳，或因材料里有疲劳缺口的敏感性导致的疲劳；

（2）如果疲劳裂纹位于最小截面处，它常是由于材料的疲劳强度不够或承受的交变应力过大或是热处理工艺不当，使得疲劳强度没有达到要求指标的缘故；

（3）如果疲劳裂纹位于共振节线附近，这种共振节线可以是弯曲共振节线，这种疲劳断裂很可能是属于共振疲劳断裂，这时，还应进一步分析其自振频率 $f_{自}$ 和激振频率 $f_{激}$ 的大小，并符合 $f_{自} \approx f_{激}$ 的条件，此外，在一般情况下，它们的疲劳断口还具有大应力疲劳的特征（如疲劳源的数目多，疲劳沟线多，疲劳弧线稀甚至很少等）；

（4）如果疲劳裂纹都是沿锻造的流线方向的，那么它将与沿流线分布的杂质物有关，即与材质有关；

（5）如果疲劳裂纹是沿着切应力方向扩展，那么这种疲劳主要是由于切应力作用下形成和扩展的。

二、典型失效断口图例

油田典型失效断口如图 6-12 至图 6-28 所示。

图 6-12 疲劳断裂

图 6-13 脆性断裂

图 6-14 硫化氢氢脆断裂

图 6-15 钻杆焊缝断裂

图 6-16 过扭断裂

图 6-17 管体过拉断裂缩径

图 6-18 大肚子井眼弯曲折断

图 6-19 单吊环起钻折断

图 6-20　钻杆外表面卡瓦挤伤断裂

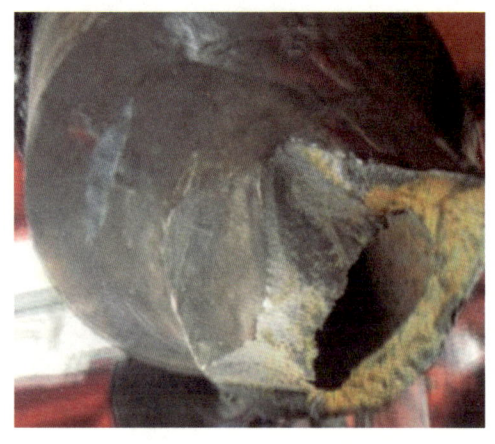
图 6-21　方钻杆压弯断裂

图 6-22　钻杆管体刺穿图

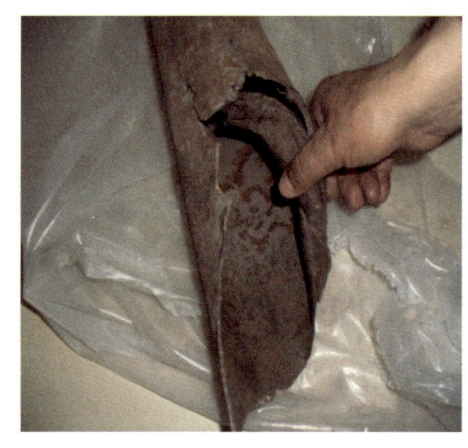
图 6-23　钻杆管体酸腐蚀断裂

图 6-24　钻杆接头纵裂

图 6-25　螺纹黏扣

图 6-26　螺纹刺漏

图 6-27　钻杆接头胀扣

图 6-28　减振器花键心轴断裂

参考文献

[1] 陈谱. 钻井技术手册（四）：钻具 [M]. 北京：石油工业出版社，1992.
[2] 李应超，林腾蛟，林元华. 钻铤双台阶螺纹接头尺寸偏差对接触特性的影响. 机械设计，2009，26（10）：10-20.
[3] DS-1™ 第2卷 钻柱设计和操作（中文版）[S]，西安摩尔石油工程实验室，译. 2009.
[4] DS-1™ 第3卷 钻柱设计和操作（中文版）[S]，西安摩尔石油工程实验室，译. 2009.
[5] DS-1™ 第1卷 钻井用管材产品规范（中文版）[S]，西安摩尔石油工程实验室，译. 2009.
[6] 杜晓瑞，李华泰. 钻井工具手册 [M]. 北京：中国石化出版社，2012.
[7] 金业权，刘刚. 钻井装备与工具 [M]. 北京：石油工业出版社，2012.
[8] 李鹤林，冯耀荣. 石油管材与装备失效分析案例集（一）[M]. 北京：石油工业出版社，2006.